“2022.1.1 시행 국가기술자격법 시행규칙 개정”

굴삭기×

# 굴착기 운전 기능사 필기

한국자동차정보 임순기 지음

피앤피북

# 머리말

굴착기운전기능사 자격에 응시하려는 분께 알려드립니다!

굴착기운전 자격시험은 건설기계(굴착기)를 효율적으로 관리하고 안전도를 확보하여 건설공사의 기계화를 촉진하기 위하여 **2022년 1월 1일부터 과목을 개편하고 명칭을 변경**하여 시행하고 있으며, 현재 시험문제는 주기적으로 바뀌는 비공개 문제은행방식으로 출제되고 있습니다.
때문에 본문 내용을 정확하게 이해하려 하지 않고 무조건 예상문제와 답만 달달 외워서 합격하려고 한다면 결국은 시간과 비용만 낭비하게 됩니다.

이 책으로 공부하면 가장 쉽게 한 번에 합격할 수 있는 이유!!

**1. 핵심이론(본문)**
군더더기 없이 간략하지만 변형되어 출제되는 어떤 문제도 해결할 수 있는 핵심 내용만을 요약하여 알기 쉽게 수록하였다.

**2. 대표문제**
지난 10여 년 동안 출제된 기출문제를 단원 및 유형별로 일일이 치밀하게 분석하여 대표 핵심문제를 추출, 본문과 교차 체크(cross-check) 후 내용을 찾기 쉽게 소제목을 달아서 수록하였다.

**3. 과년도 기출문제**
과년도 기출문제 중에서 출제빈도가 높은 문제만을 엄선하여 수록하고 모든 문제에 해설을 달았다.

**4. 최신 CBT(Computer-Based Testing) 모의고사**
기출문제를 토대로 최신 출제 경향이 반영된 예상문제를 엄선하여 컴퓨터 기반시험 방식으로 실제 컴퓨터 화면과 유사하게 수록하여 최종적으로 합격 여부를 갈음할 수 있도록 하였으며, 문제별 해설을 수록하여 이해를 돕는다.

꼼꼼하게 살펴보시고 차별화된 좋은 책을 선택하여 한 번에 합격하시길 기원합니다.

저자 임순기

# 출제기준

| 직무분야 | 건설 | 중직무분야 | 건설기계운전 | 자격종목 | 굴착기운전기능사 | 적용기간 | 2022.1.1.~2024.12.31. |
|---|---|---|---|---|---|---|---|
| ○ 직무내용 : 건설 현장의 토목 공사 등을 위하여 장비를 조종하여 터파기, 깎기, 상차, 쌓기, 메우기 등의 작업을 수행하는 직무이다. | | | | | | | |
| 필기검정방법 | 객관식 | 문제수 | 60 | 시험시간 | 1시간 | | |

| 필기과목명 | 문제수 | 주요항목 | 세부항목 | 세세항목 |
|---|---|---|---|---|
| 굴착기 조종, 점검 및 안전관리 | 60 | 1. 점검 | 1. 운전 전、후 점검 | 1. 작업 환경 점검<br>2. 오일、냉각수 점검<br>3. 구동계통 점검 |
| | | | 2. 장비 시운전 | 1. 엔진 시운전<br>2. 구동부 시운전 |
| | | | 3. 작업상황 파악 | 1. 작업공정 파악<br>2. 작업간섭사항 파악<br>3. 작업관계자간 의사소통 |
| | | 2. 주행 및 작업 | 1. 주행 | 1. 주행성능 장치 확인<br>2. 작업현장 내·외 주행 |
| | | | 2. 작업 | 1. 깍기<br>2. 쌓기<br>3. 메우기<br>4. 선택장치 연결 |
| | | | 3. 전·후진 주행장치 | 1. 조향장치 및 현가장치 구조와 기능<br>2. 변속장치 구조와 기능<br>3. 동력전달장치 구조와 기능<br>4. 제동장치 구조와 기능<br>5. 주행장치 구조와 기능<br>6. 타이어 |
| | | 3. 구조 및 기능 | 1. 일반사항 | 1. 개요 및 구조<br>2. 종류 및 용도 |
| | | | 2. 작업장치 | 1. 암, 붐 구조 및 작동<br>2. 버켓 종류 및 기능 |
| | | | 3. 작업용 연결장치 | 1. 연결장치 구조 및 기능 |
| | | | 4. 상부회전체 | 1. 선회장치<br>2. 선회 고정장치<br>3. 카운터웨이트 |
| | | | 5. 하부회전체 | 1. 센터조인트<br>2. 주행모터<br>3. 주행감속기어 |

| 필기과목명 | 문제수 | 주요항목 | 세부항목 | 세세항목 |
| --- | --- | --- | --- | --- |
| | | 4. 안전관리 | 1. 안전보호구 착용 및 안전장치 확인 | 1. 산업안전보건법 준수<br>2. 안전보호구 및 안전장치 |
| | | | 2. 위험요소 확인 | 1. 안전표시<br>2. 안전수칙<br>3. 위험요소 |
| | | | 3. 안전운반 작업 | 1. 장비사용설명서<br>2. 안전운반<br>3. 작업안전 및 기타 안전 사항 |
| | | | 4. 장비 안전관리 | 1. 장비안전관리<br>2. 일상 점검표<br>3. 작업요청서<br>4. 장비안전관리교육<br>5. 기계 · 기구 및 공구에 관한 사항 |
| | | | 5. 가스 및 전기 안전관리 | 1. 가스안전관련 및 가스배관<br>2. 손상방지, 작업시 주의사항(가스배관)<br>3. 전기안전관련 및 전기시설<br>4. 손상방지, 작업시 주의사항(전기시설물) |
| | | 5. 건설기계관리법 및 도로교통법 | 1. 건설기계관리법 | 1. 건설기계 등록 및 검사<br>2. 면허 · 사업 · 벌칙 |
| | | | 2. 도로교통법 | 1. 도로통행방법에 관한 사항<br>2. 도로통행법규의 벌칙 |
| | | 6. 장비구조 | 1. 엔진구조 | 1. 엔진본체 구조와 기능<br>2. 윤활장치 구조와 기능<br>3. 연료장치 구조와 기능<br>4. 흡배기장치 구조와 기능<br>5. 냉각장치 구조와 기능 |
| | | | 2. 전기장치 | 1. 시동장치 구조와 기능<br>2. 충전장치 구조와 기능<br>3. 등화 및 계기장치 구조와 기능<br>4. 퓨즈 및 계기장치 구조와 기능 |
| | | | 3. 유압일반 | 1. 유압유<br>2. 유압펌프, 유압모터 및 유압실린더<br>3. 제어밸브<br>4. 유압기호 및 회로<br>5. 기타 부속장치 |

# 한국산업인력공단 CBT 필기시험제도 안내

상시 종목 필기시험에 대해 CBT(Computer Based Test)로 전환.시행함에 따라 세부사항에 대해 다음과 같이 알려드립니다.

※ CBT : 컴퓨터를 이용하여 시험문제를 읽고, 컴퓨터상에 답안을 마킹하는 시험 방법

## 상시 12종목 CBT 시행 관련 안내사항

□ 주요내용

- (로컬 네트워크) 자격시험센터별 문제은행시스템을 구축시행함으로써 자격검정 CBT 시행의 안정성을 강화하였습니다.
- (평가방법 다양화) 자격의 현장성 제고를 위해 시험문제를 3D, 시뮬레이션 평가, 색상을 이용한 평가 등 다양한 평가요소를 구현하였습니다.
- (자동출제 프로그램 도입) 시험당일 출제범위, 난이도, 문제형태 등을 고려하여 수험자 개개인에게 별도의 시험문제 출제가 가능합니다.

□ 기대효과

- (고객편의 확대) 합격자 발표주기 단축(시험당일 합격자 발표), 환불기간 및 수험자 응시기회 확대를 통한 수요자 중심의 서비스를 제공합니다.
- (자격의 질 제고) 필기시험을 CBT로 시행함으로써 현장중심의 평가요소를 다양하게 활용할 수 있도록 하였습니다.
- (공신력 강화) CBT 필기시험은 시험장소·시험시간별수험자별 상이한 문제를 출제함에 따라 부정행위 예방 기능을 강화하였습니다.

□ CBT 사용설명 동영상 및 웹체험 안내

- (CBT 사용설명) CBT 시험에 대한 수험자 이해도 증진을 위해 CBT 사용설명 동영상을 제작보급하고 있사오니, 참고하시기 바랍니다.
- (CBT 웹체험) CBT 시험에 대한 수험자 적응력 제고를 위해 CBT 웹체험 프로그램에서 CBT 체험이 가능합니다.

※ CBT 사용설명 동영상 및 웹체험 바로가기
http://www.q-net.or.kr/cbt/index.html

한국산업인력공단 이사장

## 1. 큐넷에서 CBT 필기 자격시험 체험

■ 체험하기 버튼을 누르면 진행된다.

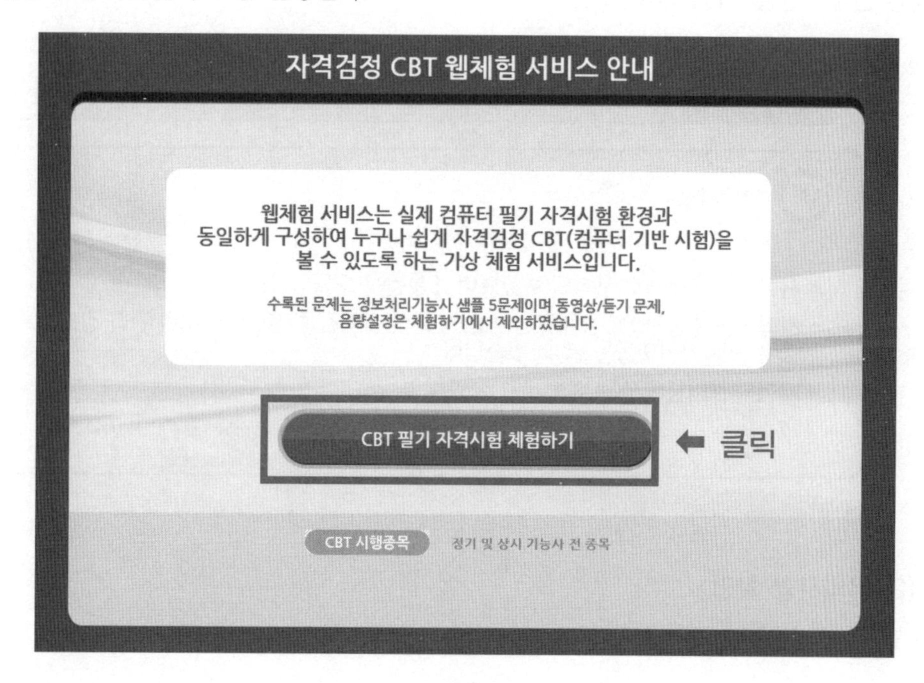


■ 필기시험을 보러 가면 시험 시작 전 신분 확인 절차가 진행된다.

감독위원분께서 컴퓨터에 나온 수험자 정보와 신분증이 일치하는지 확인한다. 그러니 신분증을 챙겨야 한다.

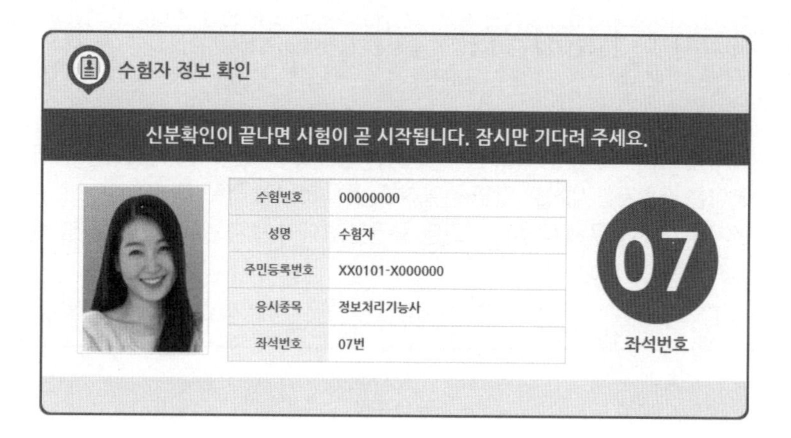

## (1) 안내사항을 가장 먼저 확인

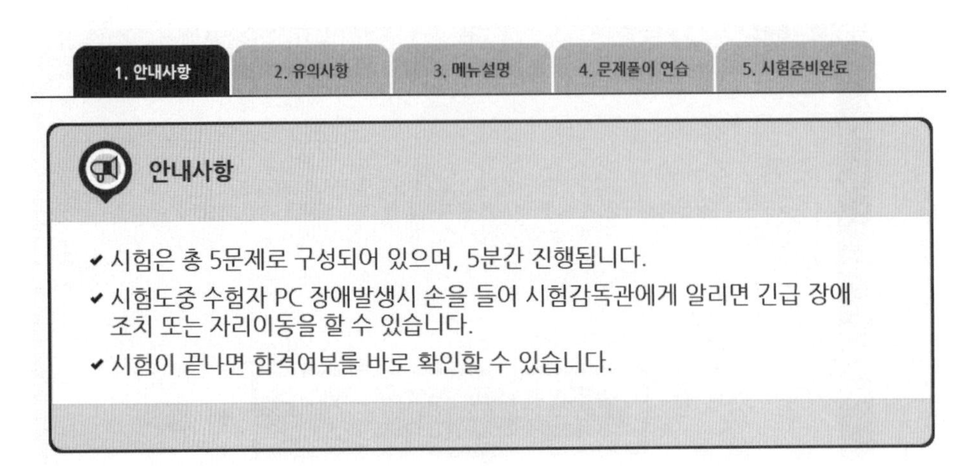


## (2) 유의사항 확인

시험 중 부정행위나 저작권 보호에 대해 나와 있다.

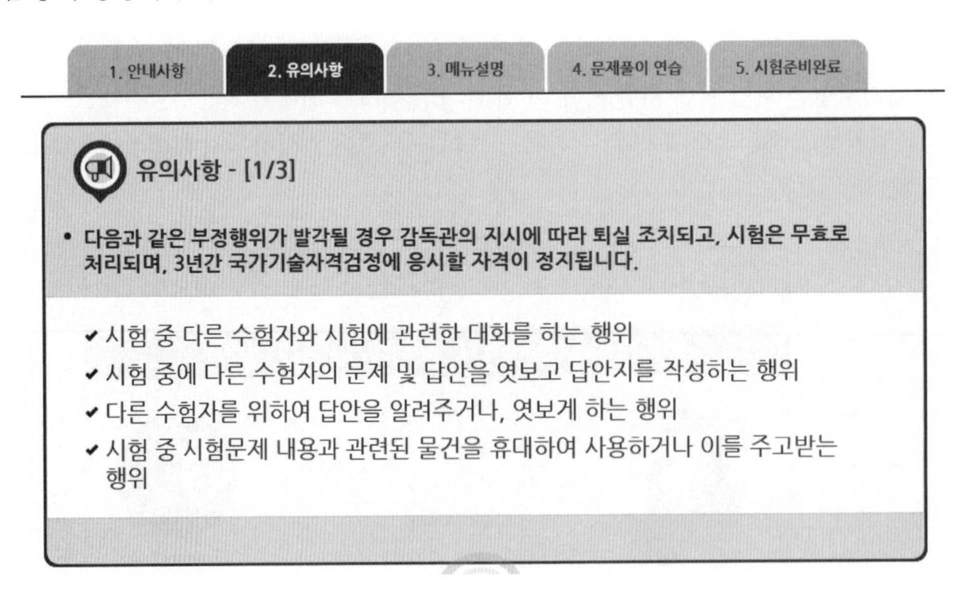

### (3) 메뉴에 대한 설명

글자 크기를 조절할 수 있고 화면배치를 자유롭게 할 수 있다.

오른쪽 상단에 전체 문제수와 안 푼 문제수가 나와 있어 혹시 놓치고 지나간 문제가 없는지 확인할 수 있고 한 번 더 확인하고자 하면 오른쪽 하단에 안 푼 문제 버튼이 있어 누르면 안 푼 문제의 번호가 나온다. 그 번호를 누르면 해당 문제로 이동 가능하다.

필요하다면 계산기 기능도 있기 때문에 활용할 수 있다.

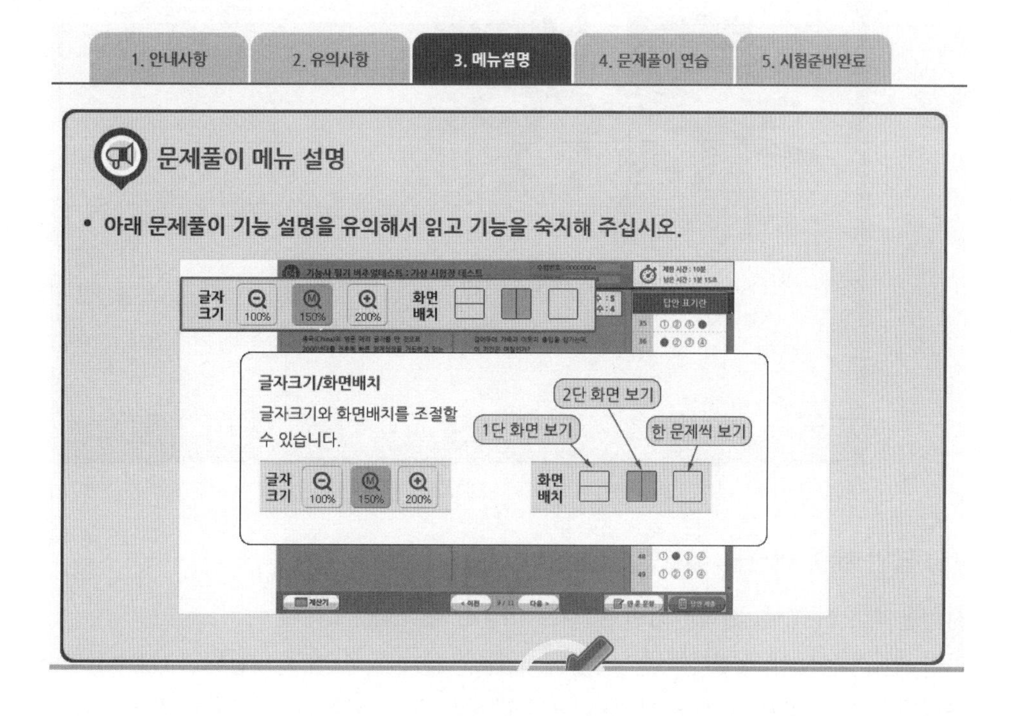

### (4) 문제풀이는 객관식 4지 선다형이고 60문제를 60분 동안 풀어야 한다.

### (5) 답안 제출 버튼을 누르면 알림창이 나온다.

시험을 마치려면 예, 계속하려면 아니오 버튼을 누른다.

만약, 안 푼 문제가 존재한다면 "이 창에서 안 푼 문제가 ㅇ개 존재합니다. 그래도 답안을 제출하시겠습니까?"라고 나온다. 그러면 '아니오' 버튼을 누른 후 다시 문제를 풀면 된다.

답안 제출 버튼을 눌러 '예'를 누르면 다시 한번 확인하는 창이 나타난다.
정말! 답안을 제출하시겠습니까?
YES – 예 / NO – 아니오 누르면 된다.

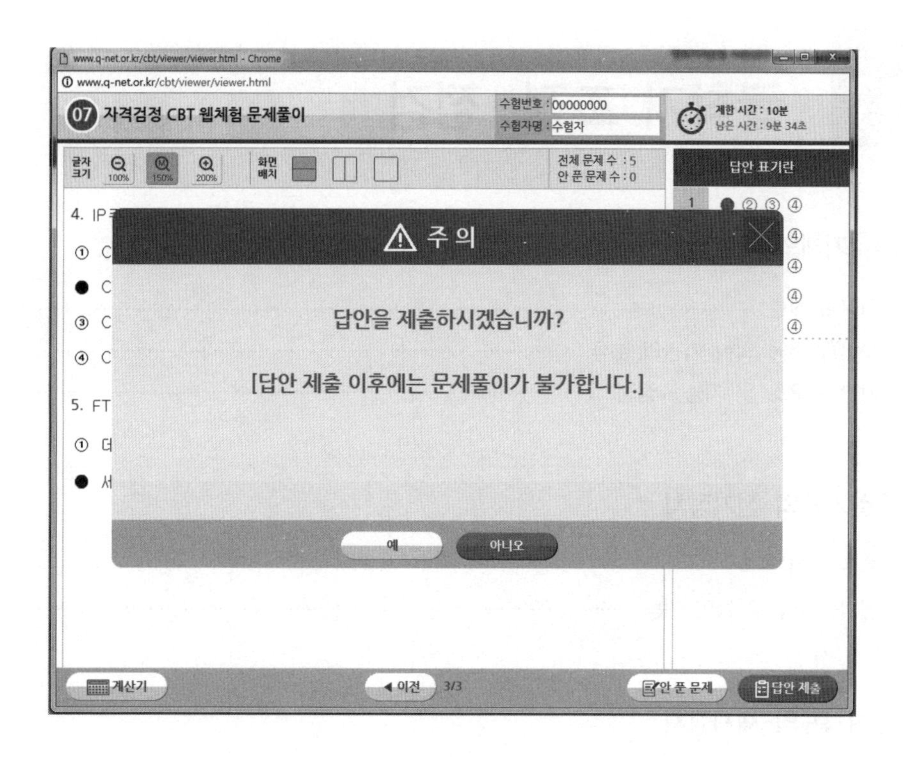


(6) 답안 제출 후 조금 기다리면 바로 합격/불합격 여부가 나온다.

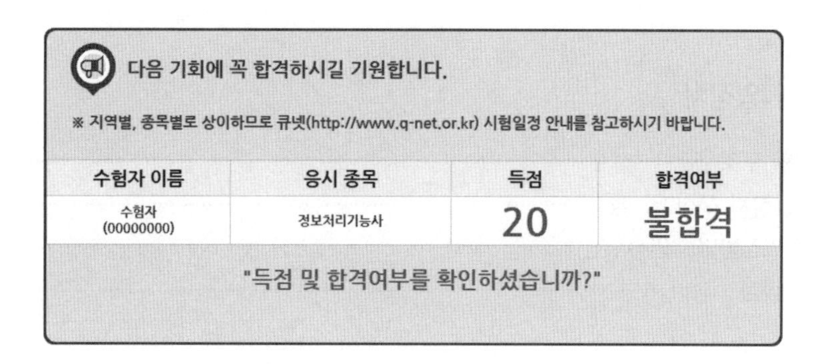

# 차 례

# PART 01 굴착기 조정, 점검

## 건설기계의 기관장치



## 건설기계의 전기장치



## 건설기계의 섀시장치



## 굴착기 작업장치

## 유압 일반



## 건설기계관리법규 및 도로교통법



# PART 02 안전관리

PART 03

# 굴착기 필기문제

## CHAPTER 01 CBT 형식 문제



## CHAPTER 02 모의고사



## CHAPTER 03 과년도 기출문제

P/A/R/T

# 01 굴착기 조정, 점검

## -건설기계의 기관장치

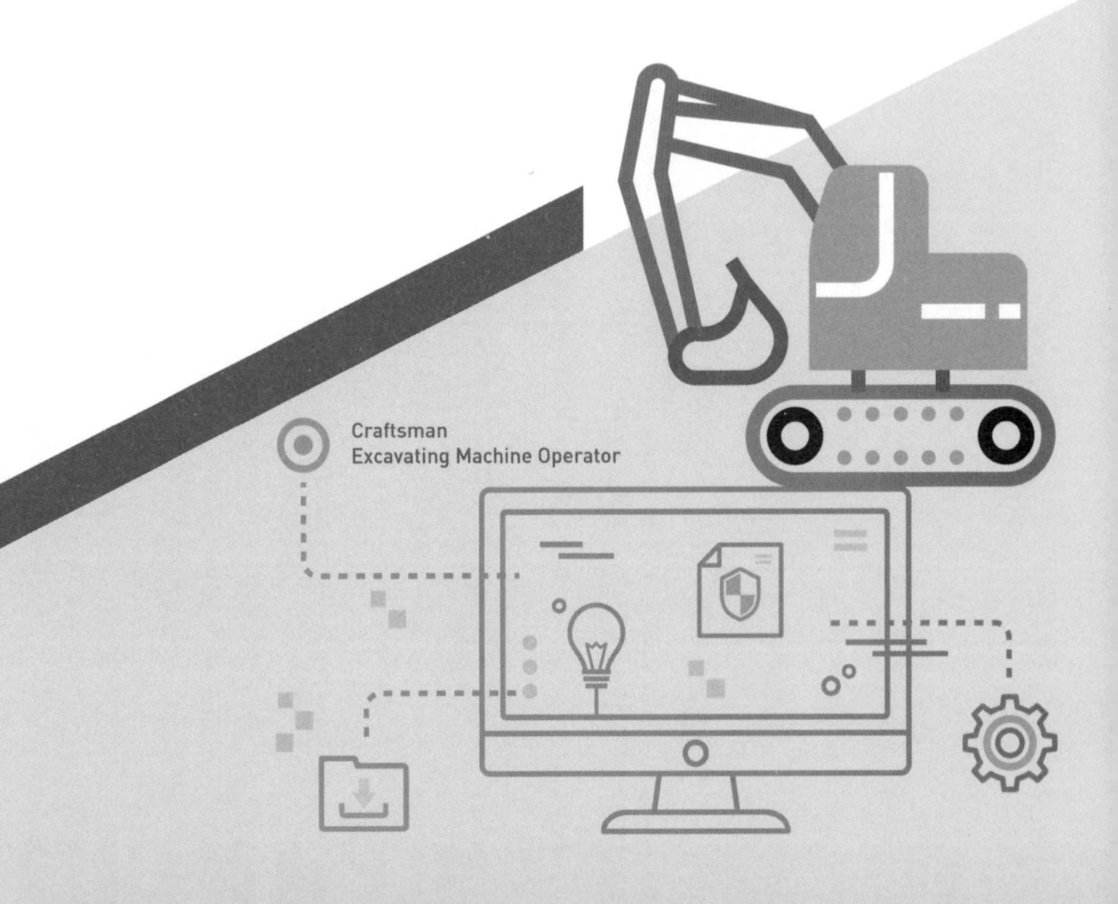

# 01 기관의 개요

## 1 기관의 구분 · 종류

### 1 기관(엔진, engine)의 구분

① 기관의 구분 : 열에너지를 기계적 에너지로 바꾸는 장치를 말하며, 내연기관과 외연기관(증기기관)으로 구분한다.

② 기관의 열효율

**열효율**
실린더 내에 공급된 연료의 연소에 의한 열에너지에서 열손실을 뺀 나머지 일로 변화된 열에너지와 상호 관계의 효율이 열효율이다.

**열효율의 높고 낮음**
열효율이 높다는 것은 배기가스 또는 냉각장치 등에 의한 열손실이 적어서 적은 연료를 소비하여 높은 출력을 얻는 것이다.

③ 내연기관의 구비조건
- 저속에서 회전력이 크고 가속도가 클 것
- 소형 · 경량으로 단위 중량당 출력이 클 것
- 진동 · 소음이 작고 점검 정비가 용이할 것
- 연료 소모율이 적고 열효율이 높을 것

### 2 기관의 종류

① 디젤기관(diesel engine) : 경유를 연료로 사용하며 굴착기를 포함한 대부분의 건설기계에 사용한다.

② 가솔린기관(gasoline engine) : 가솔린을 연료로 사용하며 승용차에 적합하다.

③ 가스엔진(gas engine) : 가스를 연료로 사용한다.

④ 전기모터(electric motor) : 배터리로부터 얻은 전기를 동력으로 전기모터를 작동하여 자동차를 운행한다.

### 3 RPM(Revolution Per Minute)

① RPM의 뜻 : 엔진(크랭크 축)의 회전수를 측정하는 단위로 분당 엔진의 회전수를 나타낸다.
② 고성능 엔진 : RPM이 높을수록 고성능 엔진이다.

### 4 마력(馬力, horse power) HP/PS

① 마력의 뜻 : 일을 하는 능률을 표시하며, 1마력은 1초 동안에 75kg-m의 일을 할 수 있는 능률[1마력(PS) = 735와트(W)]
② 1kw의 마력(PS)환산 : 1000w ÷ 735w = 1.36ps

## 2 디젤기관

### 1 디젤기관의 특징

① 점화방법 : 공기만을 흡입 압축하여 압축열에 의한 자연착화 방식으로서 점화장치가 없으므로 고장률이 적다.

> **가솔린 기관의 점화방법**
> 디젤기관은 자기착화 방식이나 가솔린 기관은 전기장치를 활용하여 점화플러그에 의한 전기 점화방식이다.

② 연료 : 인화점이 높은 경유를 사용한다.

### 2 디젤기관의 장 · 단점

① 디젤기관의 장점
- 열효율이 높아서 연료소비율이 낮다.
- 전기 점화장치가 없어서 고장률이 적다.
- 인화점이 높은 경유를 사용하므로 취급이 용이하고 화재의 위험이 적다.

② 디젤기관의 단점
- 압축비가 높기 때문에 진동이 크다.

– 연소할 때 소음이 높다.
– 구조가 튼튼해야 하므로 마력당 무게가 무겁다.

**가솔린기관의 장 · 단점**
가솔린기관은 디젤기관과 비교하여 디젤기관의 단점이 가솔린기관의 장점이며, 디젤기관의 단점이 가솔린기관의 장점이다.

CHAPTER

# 01 기관의 개요

## 1 기관의 구분 및 종류

〈기 관〉

**01 열기관이란 어떤 에너지를 어떤 에너지로 바꾸어 유효한 일을 할 수 있도록 한 기계인가?**

① 열에너지를 기계적 에너지로
② 전기적 에너지를 기계적 에너지로
③ 위치 에너지를 기계적 에너지로
④ 기계적 에너지를 열에너지로

〈열 효율〉

**02 기관에서 열효율이 높다는 것은?**

① 기관의 온도가 표준보다 높은 것이다.
② 부조가 없고 진동이 적은 것이다.
③ 일정한 연료 소비로서 큰 출력을 얻는 것이다.
④ 연료가 완전 연소하지 않는 것이다.

〈회전수(rpm)〉

**03 엔진의 회전수를 나타낼 때 rpm이란?**

① 초당 엔진회전수
② 분당 엔진회전수
③ 10분당 엔진회전수
④ 시간당 엔진회전수

〈마 력〉

**04 1kw는 몇 마력(ps)인가?**

① 0.75
② 1.36
③ 75
④ 735

## 2 디젤기관

〈착화방법〉

**05 디젤기관의 점화(착화) 방법은?**

① 전기점화
② 마그넷점화
③ 전기착화
④ 압축착화

〈디젤기관 장점〉

**06 디젤기관이 가솔린 기관보다 좋은 점은?**

① 운전 중 소음이 비교적 적다.
② 엔진의 압축비가 낮다.
③ 열효율이 높고 연료 소비율이 적다.
④ 엔진의 출력당 무게가 가볍다.

〈디젤기관 장점〉

**07 가솔린 기관과 비교한 디젤기관의 단점이 아닌 것은?**

① rpm이 높다.
② 진동이 크다.
③ 마력당 무게가 무겁다.
④ 소음이 크다.

정답 01 ① 02 ③ 03 ② 04 ② 05 ④ 06 ③ 07 ①

# 02 사이클 수에 의한 기관의 분류

## 1 사이클 및 행정

### 1 사이클의 뜻

엔진은 흡입, 압축, 동력(폭발), 배기를 반복하며 회전하는데 이것을 피스톤이 상하로 작동하는 행정으로 표현한 것을 사이클이라 한다.

### 2 디젤기관 행정의 종류

피스톤의 행정이란 피스톤이 상사점에서 하사점까지의 간격을 왕복할 때, 상승 또는 하강하는 편도의 거리를 말한다.

① 상사점(上死點) : 피스톤이 맨 위로 올라갔을 때의 점(TDC)

② 하사점(下死點) : 피스톤이 맨 아래로 내려갔을 때의 점(BDC)

## 2 4행정 사이클 기관(four cycle engine)

### 1 4행정 사이클 기관의 작동

엔진의 크랭크축이 2회전 하는 동안 1사이클[(흡입 → 압축 → 동력(폭발) → 배기)]이 완료된다.

### 2 디젤기관 행정의 종류

① 흡입행정

– 피스톤 하강 : 흡입 밸브를 통하여 공기를 흡입하는 행정으로 피스톤은 상사점에서 하사점으

로 내려간다.
- 밸브의 개폐 : 흡입밸브는 열리고 배기밸브는 닫힌다.

② 압축행정
- 피스톤 상승 : 실린더에 유입된 압축공기를 연소실에 압축하는 행정으로 피스톤은 하사점에서 상사점으로 올라간다.
- 밸브의 개폐 : 흡입 및 배기밸브가 모두 닫혀 있다.

③ 동력행정
- 피스톤 하강 : 연료가 급격히 연소하여 동력을 얻는 피스톤의 하강 행정으로 폭발 압력에 의해 크랭크축이 회전한다.
- 밸브의 개폐 : 흡입 및 배기밸브가 모두 닫혀 있다.

④ 배기행정
- 피스톤 상승 : 피스톤이 하사점에서 상사점으로 상승하면서 가스를 배출하는 행정이다.
- 밸브의 개폐 : 배기밸브는 열리고 흡입밸브는 닫힌다.

## 3 크랭크축과 캠축의 회전비율

① 회전비율 : 기어의 비율은 캠축이 크랭크축 대비 2:1(2배)이므로, 크랭크축이 2회전할 때 캠축은 1회전한다.

② 분사펌프 회전수 : 캠축에 의하여 회전하므로 엔진 rpm의 2분의 1 회전(50%) 한다.

> 엔진이 4000rpm일 경우의 "예"
> 4000rpm ×1/2 = 2000rpm(분사펌프 회전수)

## 4 기관의 실화(miss fire)

① 엔진 실화의 뜻 : 엔진의 착화(가솔린기관의 점화)가 불규칙적으로 발생하여 연료가 정상적으로 연소되지 않는 현상을 말한다.

② 엔진 실화의 원인
- 압축 압력이 약하다.
- 흡기공기의 와류가 약하다.
- 노킹이 발생했다.

③ 엔진 실화로 인하여 발생하는 현상
- 엔진의 출력이 감소한다.
- 연료의 소비가 증가한다.

– 엔진이 과열한다.
– 엔진의 회전이 불량하다.

### 5 실린더 헤드 개스킷(cylinder head gasket)

① 기능 : 실린더 블록과 실린더 헤드 사이에 설치되어 혼합기의 밀봉과 냉각수 및 엔진오일의 누출을 방지한다.
② 헤드 개스킷 손상 효과
– 압축 압력과 폭발 압력이 낮아진다.
– 엔진오일이 누출되어 냉각수에 흡입된다.

## 3 2행정 사이클 기관(two cycle engine)

### 1 2행정 사이클 기관의 작동

엔진의 크랭크축이 1회전 하는 동안 피스톤이 2행정을 움직여서 1사이클을 완료한다.

### 2 2행정 사이클 기관의 흡입 및 배기

① 흡입방법 : 별도의 독립된 행정이 없으며, 피스톤이 하강하면서 와류를 동반한 공기가 유입된다.
② 배기방법 : 연소가스 자체의 압력으로 배기가스를 배출한다.
③ 소기방식 : 루프소기식, 횡단소기식, 단류소기식 등

### 3 2행정 사이클 기관의 장 · 단점

① 2행정 사이클 기관의 장점
– 4행정 기관에 비하여 상대적으로 출력이 크다.
– 구조가 간단하여 소형엔진에 유리하다.
② 2행정 사이클 기관의 단점
– 환경오염이 심하다(연료와 윤활유를 혼합사용).
– 연료소모율이 높다.

CHAPTER

# 02 사이클 수에 의한 기관의 분류

## 1 사이클(cycle)의 뜻

〈행정〉

**01 기관에서 피스톤의 행정이란?**

① 상사점과 하사점과의 총면적
② 상사점과 하사점과의 거리
③ 피스톤의 길이
④ 실린더 벽의 상하길이

## 2 4행정 사이클 기관

〈4행정 사이클〉

**02 4행정으로 1사이클을 완성하는 기관에서 각 행정의 순서는?**

① 압축 → 흡입 → 폭발 → 배기
② 흡입 → 압축 → 폭발 → 배기
③ 흡입 → 압축 → 배기 → 폭발
④ 흡입 → 폭발 → 압축 → 배기

〈압축 행정〉

**03 디젤기관에서 압축행정 시 밸브는 어떤 상태가 되는가?**

① 흡입밸브만 닫힌다.
② 배기밸브만 닫힌다.
③ 흡입과 배기밸브 모두 닫힌다.
④ 흡입과 배기밸브 모두 열린다.

〈분사펌프 회전수〉

**04 4행정 사이클 기관에서 엔진이 4,000rpm일 때 분사펌프의 회전수는?**

① 1,000rpm
② 2,000rpm
③ 4,000rpm
④ 8,000rpm

〈기관의 실화〉

**05 기관에서 실화가 일어났을 때 현상으로 맞는 것은?**

① 연료 소비가 적다.
② 엔진 회전이 불량하다.
③ 엔진 출력이 증가한다.
④ 엔진이 과냉한다.

〈흡입 행정〉

**06 4행정 디젤엔진에서 흡입 행정 시 실린더 내에 흡입되는 것은?**

① 혼합기
② 연료
③ 공기
④ 스파크

## 3 2행정 사이클 기관

〈2행정〉

**07 2행정 사이클 기관에만 해당되는 과정(행정)은?**

① 소기
② 압축
③ 흡입
④ 동력

정답 01 ② 02 ② 03 ③ 04 ② 05 ② 06 ③ 07 ①

# 03 기관의 구조 및 기능 · 점검

## 1 기관 본체

### 1 실린더 블록(cylinder block)

① 실린더 블록의 뜻 : 실린더를 가진 엔진의 본체가 되는 부분을 말한다.

② 실린더 블록의 세척 용해액 : 솔벤트 또는 경유 등을 사용하여 찌든 기름때를 세척한다.

③ 실린더 블록에 설치되는 부품 : 실린더 헤드, 실린더, 크랭크케이스, 물재킷, 크랭크축 지지부, 오일 팬 등

### 2 실린더(cylinder)

① 실린더의 역할 : 피스톤 행정의 약 2배가 되는 진원통으로 피스톤이 상하 왕복운동을 하는데 안내 역할을 한다.

② 피스톤의 행정 : 피스톤이 상사점에서 하사점까지 또는 하사점에서 상사점까지 이동한 거리이다.

– 상사점 : 피스톤이 맨 위로 올라갔을 때의 지점

– 하사점 : 피스톤이 맨 아래로 내려갔을 때의 지점

### 3 실린더 라이너(cylinder liner)

① 습식 라이너(디젤엔진에 사용) : 실린더 라이너와 냉각수가 직접 접촉된다.

② 건식 라이너(가솔린엔진에 사용) : 실린더 라이너와 냉각수가 간접적으로 접촉된다.

**습식 라이너의 장 · 단점**
냉각효과가 양호하며 정비는 수월하나, 크랭크케이스에 냉각수가 스며들어 갈 수 있는 단점이 있다.

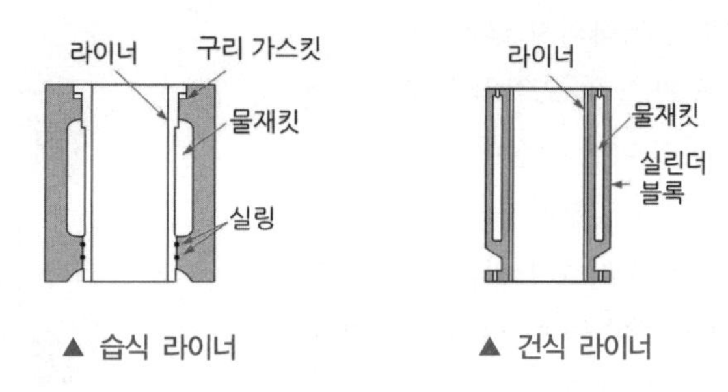


▲ 습식 라이너 ▲ 건식 라이너

## 4 실린더의 마모

① 실린더 마모의 원인
- 상사점 부근의 실린더 벽과 피스톤링의 마찰
- 흡입 공기 중의 먼지, 이물질 등의 혼입
- 카본(연소생성물) 발생

② 실린더 마모 시 발생 현상
- 크랭크 실내 윤활유가 오염되며 과다 소모된다.
- 압축효율 및 출력이 저하된다.

## 6 연소실

① 연소실의 형성 : 실린더, 실린더 헤드, 피스톤 등으로 형성된다.
② 연소실의 기능 : 동력을 발생시키며 밸브 및 노즐을 설치한다.
③ 연소실의 구비조건
- 짧은 화염전파 시간에 완전연소가 되어야 한다.
- 연소실의 표면적은 최소가 되어야 한다.
- 압축행정에서 강한 와류가 형성되어야 한다.
- 진동이나 소음이 적어야 한다.
- 평균 유효 압력이 높으며, 연료 소비량이 적어야 한다.
- 가동이 쉬우며, 노킹이 발생되지 않아야 한다.
- 고속 회전에서도 연소 상태가 양호하여야 한다.

## 7 피스톤(piston)

① 피스톤의 기능 : 실린더 안에서 상하 왕복 운동하며, 동력 행정에서 받은 압력으로 회전력을 발생시킨다.
② 피스톤의 구비조건

– 고온에서 강도가 저하되지 않을 것
– 온도 변화에도 가스 및 오일의 누출이 없을 것
– 열팽창 및 기계적 마찰 손실이 적을 것
– 열전도가 양호하고 열부하가 적을 것
– 관성력의 증대를 방지하기 위해 가벼울 것

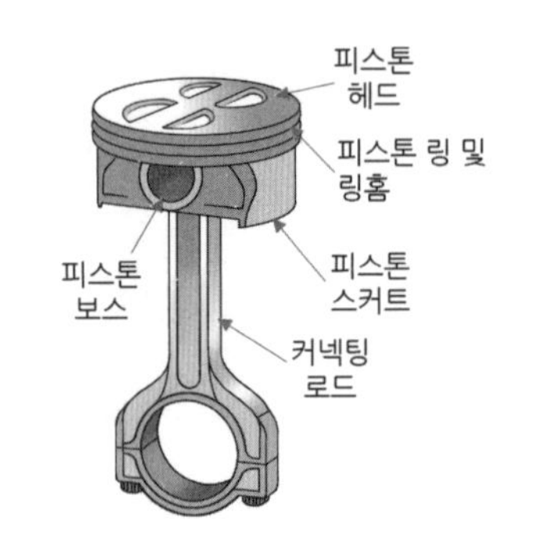


③ 피스톤과 실린더 간극이 클 때 나타나는 현상
– 엔진오일이 연소실에 유입된다.
– 블로바이 현상이 발생되어 압축압력이 저하된다.
– 피스톤 슬랩 현상이 발생되어 출력이 저하된다.

**블로바이(blow–by) 현상**
압축 및 동력행정 시 혼합기 또는 연소가스가 피스톤과 실린더 사이에서 새는 현상이다.

**피스톤 슬랩(piston slap) 현상**
피스톤과 실린더와의 간극이 클 경우, 피스톤이 행정을 바꿀 때마다 실린더 벽을 살짝 때리는 현상이다.

④ 피스톤과 실린더 간극이 작을 때 나타나는 현상
– 피스톤과 실린더의 마찰로 인하여 마멸이 심해진다.
– 피스톤과 실린더가 마찰열에 의하여 서로 밀착된다.

## 8 피스톤링(piston ring)

① 피스톤링의 설치
– 피스톤링의 설치장소 : 링의 일부를 잘라서 절개부를 만들어 적당한 탄성이 있도록 하여 피스톤링 홈에 설치한다.
– 피스톤링의 절개부 : 압축가스의 누출을 방지하도록 절개부를 서로 120° 방향으로 엇갈리게 끼운다.

② 피스톤링의 3대 작용
– 기밀작용 : 기밀을 유지하여 압축가스가 새는 것을 막아준다.
– 오일제어작용 : 실린더 벽의 엔진오일을 긁어내린다.
– 냉각작용 : 실린더 벽과 접촉하여 열을 전도한다.

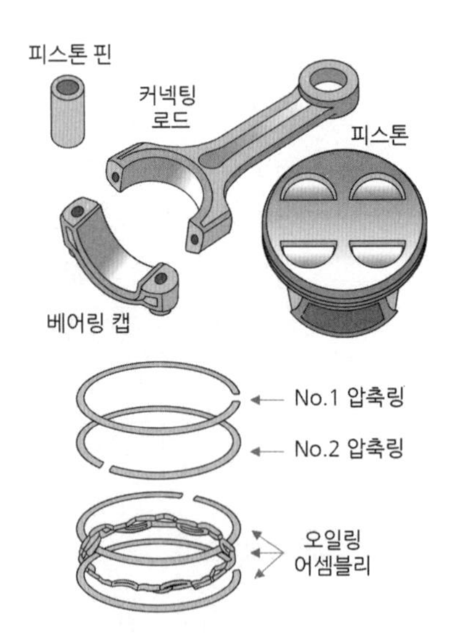


③ 피스톤링의 구성
– 압축 링 : 피스톤 헤드 가까운 쪽의 링 홈에 2~3개가 끼워져 있으며 공기와 연료 및 연소가스

의 누출을 방지한다.
- 오일링 : 압축 링 밑에 1~2개가 끼워져서 실린더 벽을 윤활하고 과잉의 오일을 긁어내려 유막을 조절한다.

> **엔진오일이 연소실로 올라오는 이유**
> 피스톤링이 마모되면 실린더 벽에 잔존한 오일을 전부 긁어내리지 못하여 연소실에 유입된다.

④ 엔진의 피스톤이 고착되는 원인
- 피스톤과 실린더 간극이 적다.
- 냉각수 양이 부족하다.
- 기관이 과열 되었다.
- 기관의 오일이 부족하다.

⑤ 엔진의 압축압력이 낮은 원인
- 실린더 벽이 과다하게 마모되었다.
- 피스톤링이 파손 또는 과다 마모되었다.
- 피스톤링이 탄력이 부족하다.
- 헤드 개스킷에서 압축가스가 누설된다.

## 9 커넥팅 로드(connecting-rod)

① 커넥팅 로드의 기능 : 피스톤의 왕복운동을 크랭크축에 전달한다.
② 커넥팅 로드의 구조 : 피스톤 핀과 연결하는 소단부와 크랭크축의 크랭크 핀에 연결되는 대단부로 되어 있다.
③ 커넥팅 로드의 구비조건 : 반복되는 압축과 굽힘 하중을 견딜 수 있는 강도와 강성이 있어야 한다.

## 10 크랭크축(crank shaft)

① 크랭크축의 기능
- 피스톤의 직선운동을 회전운동으로 변환시킨다.
- 엔진의 출력으로 외부에 전달하는 역할을 한다.
- 흡입, 압축, 배기 행정은 크랭크축에서 피스톤에 운동이 전달된다.

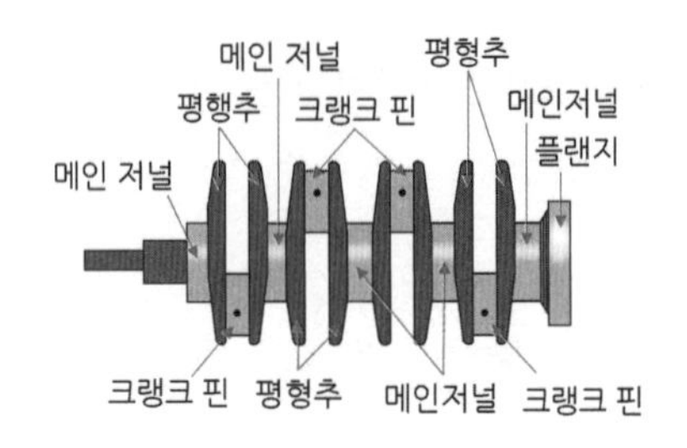


② 크랭크축의 구성 : 메인저널, 크랭크 핀, 크랭크 암, 평형추(밸런스 웨이트)

③ 크랭크축의 회전력으로 작동되는 장치

- 캠 샤프트
- 발전기
- 워터펌프

④ 기관의 착화(폭발) 순서

- 4실린더(4기통)
  - · 우수식 크랭크축 – 1→3→4→2
  - · 좌수식 크랭크축 – 1→2→4→3
- 6실린더(6기통)
  - · 우수식 크랭크축 – 1→5→3→6→2→4
  - · 좌수식 크랭크축 – 1→4→2→6→3→5

## 11 캠축(cam shaft)

① 캠축의 뜻 : 흡·배기밸브를 작동시키는 캠을 기통수만큼 연결한 축이다.

② 캠축의 구동 : 기어나 체인 또는 밸트를 사용하여 구동한다.

③ 텐셔너(tensioner) : 구동체인이 피로감으로 늘어져서 헐거워지려할 때 유압 또는 스프링장력을 이용하여 자동으로 조정하는 장치이다.

④ 유압식 밸브 리프터

- 유압식 밸브 리프터의 뜻 : 밸브간극을 항상 제로(0)가 되도록 하는 장치
- 유압식 밸브 리프터의 효과 : 밸브의 개폐시기를 정확하게 유지
- 유압식 밸브 리프터의 장점
  - · 밸브간극을 자동으로 조정한다.
  - · 밸브의 개폐시기가 정확하다.
  - · 밸브기구의 내구성이 좋다.
- 유압식 밸브 리프터의 단점

· 오일펌프의 고장이 발생하면 작동이 불량하다.
· 기계식보다 유압식은 상대적으로 오일 회로의 구조가 복잡하다.

## 12 밸브(valve)

① 밸브의 종류
- 흡입밸브 : 연소실에 설치되어 공기(가솔린 기관은 혼합기)를 실린더에 유입한다.
- 배기밸브 : 연소실에 설치되어 연소가스를 배출한다.

② 밸브의 구성 · 기능
- 밸브시트 : 밸브 페이스와 접촉되어 연소실의 기밀을 유지한다.
- 밸브페이스 : 시트에 밀착되어 연소실의 기밀을 유지한다.
- 밸브스템 : 밸브 가이드 내부를 상하 왕복 운동하여 밸브를 개폐한다.
- 밸브스템엔드 : 밸브에 캡의 운동을 전달하는 로커암(태핏)과 충격적으로 접촉하는 부분으로 밸브 간극을 설정한다.
- 밸브 스프링 : 밸브가 닫혀 있는 동안 밸브시트와 밸브 페이스를 밀착시켜 기밀을 유지한다.

③ 흡 · 배기 밸브의 구비조건
- 열에 대한 팽창률이 적고 저항력이 클 것
- 열전도율이 좋을 것
- 가스 및 고온에 잘 견딜 것

## 13 밸브의 간극

① 밸브 간극의 뜻 : 밸브스템 앤드와 밸브의 개폐를 돕는 로커암 사이의 간극을 말한다.

② 밸브 간극을 두는 이유 : 엔진이 정상온도로 작동될 때 열로 인한 팽창을 고려하여 간극을 둔다.

③ 밸브 간극이 클 때 나타나는 현상
- 밸브가 늦게 열리고 완전하게 열리지 않는다.
- 흡입량의 부족을 초래한다.
- 배기의 불충분으로 엔진이 과열된다.
- 심한 소음이 나고 밸브기구에 충격을 준다.

④ 밸브 간극이 적을 때 나타나는 현상
- 밸브가 일찍 열리고 정확하게 닫히지 않는다.
- 기관의 출력이 저하된다.
- 역화 및 후화 등 이상연소가 일어나기 쉽다.

## 14 기관의 일상점검 · 정비

① 기관의 시동
- 시동하기 전 점검사항
  - · 연료의 양
  - · 냉각수의 양
  - · 엔진오일의 양과 색깔
- 시동 후 공전 시 점검사항
  - · 엔진오일의 누출 여부
  - · 냉각수의 누출 여부
  - · 배기가스의 색깔

② 운전작업 중 계기판으로 점검사항
- 온도계기 : 냉각수 온도
- 충전경고등 : 충전상태
- 오일압력계기 : 기관오일의 온도 및 압력
- 연료계기 : 연료의 양

③ 기관의 예방정비
- 냉각수 : 부족 시 보충한다.
- 연료여과기 : 엘리먼트 점검 후 불량 시 교환한다.
- 고압 연료파이프 : 연결부의 풀림 여부 확인 후, 풀려서 연료가 샐(누유) 경우 오픈렌치를 사용하여 조여 준다.

④ 디젤기관의 이상 현상
- 시동이 걸리지 않는다.
  - · 연료가 부족하다.
  - · 기관의 압축압력이 낮다.
  - · 연료공급 펌프의 불량
  - · 연료계통에 공기의 혼입
  - · 연료탱크 내에 오물이 연료장치에 유입
  - · 연료 파이프에서 연료가 누설
  - · 연료 필터가 막혀 있다.
- 기관의 진동이 심하다.
  - · 실린더들의 분사압력과 분사량이 서로 다르다.
  - · 분사시기와 분사간격이 불량하다.
  - · 피스톤들의 중량차가 크다.

– 고속회전이 원활하지 못하다.
  · 연료의 압송이 불량하다.
  · 거버너의 작용이 불량하다.
  · 분사시기의 조정이 불량하다.
– 출력이 저하된다.
  · 연료 분사펌프 기능이 불량하다.
  · 연료의 분사시기가 늦다.
  · 연료의 분사시기가 빠르다.
  · 연료의 분사량이 적다.
  · 배기계통의 부품이 막혀 있다.
  · 흡기계통의 부품이 막혀 있다.
– 엔진이 부조하다가 시동이 꺼진다.

**엔진의 부조(不調)**
엔진의 동작이 고르지 않고 불규칙하게 작동하다가 결국에는 시동이 꺼지는 현상

  · 연료 필터가 막혀 있다.
  · 연료에 물 또는 오물이 혼입되었다.
  · 분사노즐이 막혀 있다.
  · 연료 펌프가 고장이다.
  · 연료 파이프의 손상으로 연료가 누출되었다.
  · 연료 파이프 내에 기포(공기)가 형성되었다.

**기포(氣泡) 현상**
연료 속에 공기가 들어가 거품처럼 둥글게 부풀어 있어서 연료의 공급이 원활하지 못한 현상

⑤ 건설기계의 일상점검 · 정비
– 기관의 과열 : 기관을 정지시킨 후 냉각수를 조금씩 보충한다.
– 운전 중 팬벨트가 끊어진 경우 : 충전 경고등이 켜진다.
– 윤활계통에 이상이 발생 : 운전 중에 오일압력 경고등이 켜진다.
– 연료탱크 관리 : 주기적으로 관리하여 물과 찌꺼기를 제거시킨다.
– 디젤기관 정지방법 : 연료공급을 차단하여 완전연소 후 정지하도록 하여 연소실에 잔존하는 연료가 없도록 하여야 한다.

# 2 연료장치

## 1 연소실

① 연소실의 뜻 : 실린더 헤드와 피스톤 헤드로 구성되며 압축공기와 노즐에서 안개와 같이 분사되는 연료의 연소 및 연소가스의 팽창이 시작되는 부분이다.

② 연소실의 종류 : 직접분사식, 예연소실식, 와류실식 등

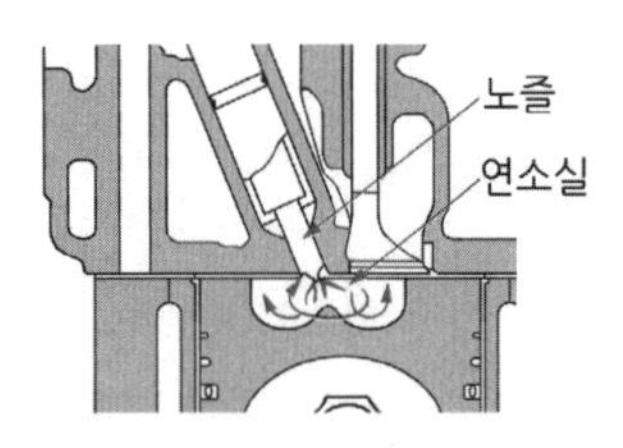

▲ 직접분사식

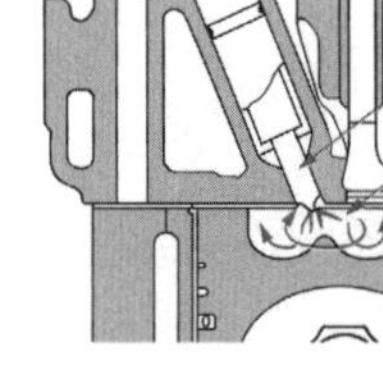

▲ 와류실식

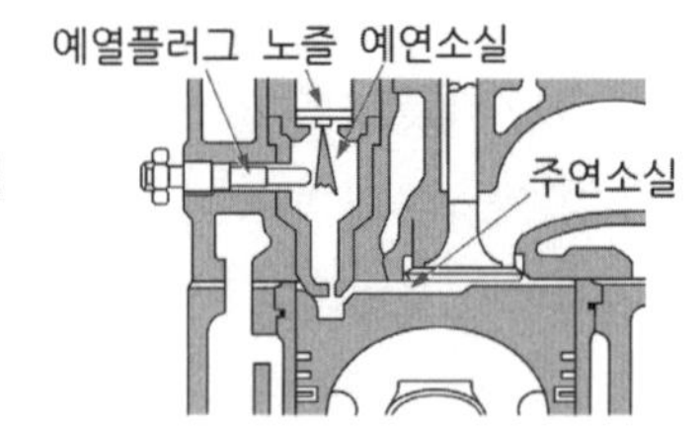

▲ 예연소실식

③ 연소실의 구비조건
- 압축 행정 끝에서 강한 와류를 일으키게 할 것
- 진동이나 소음이 적을 것
- 평균 유효 압력이 높으며, 연료 소비량이 적을 것
- 가동이 쉬우며, 노킹이 발생되지 않을 것
- 고속 회전에서도 연소 상태가 양호할 것
- 분사된 연료를 가능한 한 짧은 시간에 완전 연소시킬 것

## 2 직접분사실식

① 연소실의 구조 : 단일연소실 내에 구멍형 노즐에서 직접 연료를 분사하는 단실식(單室式)으로 흡기 가열식 예열장치를 사용

② 장 · 단점
- 직접분사실식의 장점
  · 연료 소비량이 다른 형식보다 적다.
  · 연소실 체적이 작아 냉각 손실이 적다.
  · 구조가 간단하고 열효율이 높다.
  · 실린더 헤드의 구조가 간단하여 열 변형이 적다.

· 시동이 쉽게 이루어져 예열 플러그가 필요 없다.

– 직접분사실식의 단점

· 분사압력이 높아 분사펌프와 노즐의 수명이 짧고 연료의 누출 우려가 있다.

· 분사노즐의 상태와 연료의 질에 민감하다.

## 3 예연소실식

① 연소실의 구조 : 주연소실 이외에 별도의 보조연소실을 갖춘 복실식(複室式)으로서 예연소실(부실)에 예열 플러그 및 핀틀형 분사노즐을 설치

② 장 · 단점

– 예연소실식의 장점

· 분사압력이 가장 낮아 연료장치의 고장률이 낮다.

· 사용연료 성질의 변화에 둔감하므로 선택의 범위가 넓다.

· 착화지연 기간이 짧아서 노킹의 발생이 적다.

– 예연소실식의 단점

· 연소실의 구조가 복잡하다.

· 연소실 표면이 커서 냉각손실이 많다.

## 4 와류실식

① 와류실식의 구조 : 연소실에 흡입된 공기가 와류현상이 발생할 수 있도록 와류실을 두고 있다.

② 와류실식의 형식 : 직접분사실식과 예연소실식의 중간형식으로 부실에 분사노즐을 설치

> **와류현상(渦流現象)**
> 연소실에서 공기가 소용돌이치며 흐르는 현상으로서 와류현상이 발생하면 연료의 착화 지연 시간이 짧아진다.

## 5 연료의 장치별 공급순서

연료탱크(fuel tank) → 연료펌프(fuel pump) → 연료필터(fuel filter) → 분사펌프(injection pump) → 분사노즐(injection nozzle)

**연료필터(여과기)**
연료 속의 수분, 먼지 등 이물질을 걸러내며 내부에 오버플로 밸브를 설치하여 과잉 연료를 탱크에 되돌려 보낸다.

## 6 연료공급 펌프(fuel pump)

① 연료공급 펌프의 기능 : 탱크의 연료를 필터를 거쳐서 분사펌프의 저압부분까지 송출한다.
② 연료공급 펌프의 작동
- 작동방법 : 크랭크축에 연결된 분사펌프 내의 캠축에 의하여 구동된다.
- 작동원리
  · 연료유입 – 캠축의 캠이 하강하면 흡입밸브가 열리며 연료가 유입된다.
  · 연료배출 – 캠축의 캠이 상승하면 배출밸브가 열리며 연료가 배출되며 송출한다.
  · 연료송출의 정지 – 플런저스프링의 장력과 유압이 같으면 펌프의 작용이 정지된다.

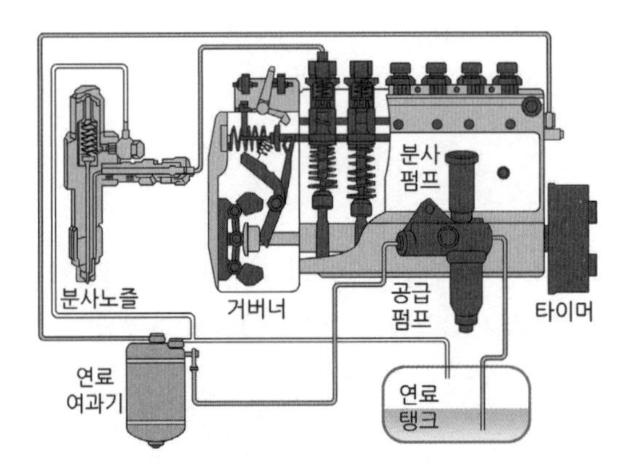


## 7 분사펌프(injection pump)

① 분사펌프의 기능 : 연료를 압축하여 분사 순서에 따라 파이프를 통하여 분사노즐로 보낸다.
② 분사펌프의 구조
- 조속기(governor)
  · 연료의 분사량을 조정하여 엔진의 회전속도를 제어한다.
  · 엔진의 부하 변동에 따라 연료의 분사량을 조정한다.
  · 엔진의 최고 회전속도를 제어하고 저속운전을 안정시킨다.
- 타이머(timer)
  · 엔진의 회전속도에 따라 연료의 분사시기를 조절한다.

· 엔진의 부하 변동에 따라 연료의 분사시기를 조절한다.

## 8 분사노즐(injection nozzle)

① 분사노즐의 기능 : 연소실 내에 설치되어 있으며, 분사펌프에서 받은 고압연료를 연료자체의 압력으로 니들밸브가 열려 연료를 안개 모양으로 분사시킨다.

② 분사노즐의 종류 : 개방형과 밀폐형 등이 있다.

– 개방형 노즐의 장 · 단점

· 장 점 : 구조가 간단하다

· 단 점 : 연료의 무화(안개모양의 분사)가 나쁘고 후적이 많다.

> **후적(後適, dribbling) 현상**
> 분사 노즐에서 연료 분사가 완료된 다음 노즐 팁에 연료 방울이 생기며 연소실에 떨어져서 연소되는 현상으로 엔진이 과열되는 원인이 된다.

– 밀폐형 노즐의 종류 및 장 · 단점

· 종 류 : 핀들형, 스로틀형, 홀형 등

· 장 점 : 연료의 무화가 좋고 후적도 없다.

· 단 점 : 구조가 복잡하고 가공이 어렵다.

③ 분사노즐의 윤활 : 분사노즐 섭동면의 윤활은 연료인 경유로 윤활한다.

④ 분사노즐 테스터기의 시험내용 : 연료의 분포, 연료의 후적 유무, 연료분사압력 등을 시험한다.

## 9 기타 연료기기의 종류 및 기능

① 오버플로 밸브(overflow valve)

– 기 능 : 연료 여과기 내의 압력이 규정 이상으로 높아지면 밸브가 열려서 압력이 상승되는 것을 방지한다.

– 연료누출 방지 : 연료 여과기에서 분사 펌프까지의 연결부에서 연료가 누출되는 것을 방지한다.

– 기포 배출 : 연료 탱크 내에서 발생된 기포를 자동적으로 배출시키는 작용을 한다.

② 프라이밍 펌프(priming pump)

– 기 능 : 수동형 펌프로서 엔진이 정지되었을 때 사용한다.

– 역 할 : 연료 탱크의 연료를 연료 분사 펌프까지 공급한다.

– 활 용 : 연료 라인 내의 공기 빼기에 이용된다.

③ 벤트 플러그(vent plug)

– 설치장소 : 연료필터 등 연료장치의 각 부품에 설치되어 있다.

– 활 용 : 플러그로서 공기를 빼는 데 이용된다.

## 10 연료계통의 공기빼기

① 공기를 빼는 이유 : 디젤기관은 연료 라인에 공기가 있으면 시동이 걸리지 않는다.

② 공기 빼기

– 공기 빼는 방법 : 프라이밍 펌프를 수동으로 작동한다.

– 공기 빼는 순서 : 연료공급펌프 → 연료여과기 → 분사펌프의 순서로 공기를 빼낸 후 기동전동기를 작동시켜 분사노즐 입구 커넥터로부터 공기를 빼낸다.

– 공기 빼기 종료 : 공기가 섞이지 않고 연료만 배출되면 플라이밍 펌프를 누른 상태에서 벤트 플러그를 막는다.

③ 공기를 뺄 수 있는 부품

– 노즐 상단의 피팅

– 분사펌프의 에어브리더 스크루

– 연료 여과기의 벤트 플러그

## 11 커먼레일(common rail) 디젤 분사장치

① 커먼레일 연료장치의 기능

– 커먼레일의 설치 : 연료를 고압으로 연소실에 일정하게 분사하기 위하여 설치한다.

– 연료의 축압(蓄壓) : 고압 펌프로부터 받은 디젤연료의 압력을 저장한다.

– 연료 압력조절 : 연료 압력 조절기에 의해 압력이 일정하게 유지된다.

– 연료의 분배 : 고압의 연료를 저장하고 인젝터에 분배한다.

② 커먼레일 연료장치의 구성

– 저압 계통 : 연료 탱크, 연료 필터, 저압 펌프

– 고압 계통 : 고압 펌프, 커먼레일, 인젝터, 연료 압력 조정기

– 전자제어 시스템 : 연료 압력 센서(RPS), 스로틀 포지션 센서(TPS) 등 각종 센서

– 커먼레일의 연료공급 과정

연료탱크 → 연료필터 → 저압펌프 → 고압펌프 → 커먼레일 → 인젝터

③ 커먼레일 시스템의 효능

– 회전력과 동력성능이 향상된다.

– 배출가스 규제수준을 충족시킬 수 있다.

– 분사펌프의 설치공간이 절약된다.

- 기관의 소음을 감소시킨다.

④ 커먼레일 디젤기관의 각종 센서

- AFS[공기 흐름 센서, (Air Flow Sensor)]
  - · 흡입되는 공기량을 전압비로 전환시켜 신호를 보낸다.
  - · 흡입되는 공기량을 검출하는 방식을 사용 유량을 검출, 연료의 분사량을 증감한다.
- RPS[연료 압력 센서(Revolution Pressure Sensor)]
  - · 반도체 피에조 소자 방식이다.
  - · 센서의 신호를 받아 연료 분사량 조정신호로 사용한다.
  - · 센서의 신호를 받아 연료 분사시기 조정신호로 사용한다.
  - · 고장이 발생하면 연료의 압력을 고정시킨다.
- TPS[스로틀 포지션 센서(Throttle Position Sensor)]
  - · 운전자가 가속페달을 얼마나 밟았는지 감지한다.
  - · 가변 저항식 센서이다.
  - · 급가속을 감지하면 컴퓨터가 연료분사 시간을 늘려 실행시키도록 한다.

⑤ 압력 제어 · 제한 밸브

- 압력 제어 밸브 : 고압펌프에 부착, 연료 압력의 과도한 상승을 방지한다.
- 압력 제한 밸브 : 커먼레일에 설치, 연료압력이 높으면 밸브가 열려 연료의 일부를 연료탱크로 복귀시킨다.

## 12 디젤기관의 연료

① 디젤연료의 구비조건

- 발열량이 클 것
- 카본의 발생이 적을 것
- 연소 속도가 빠를 것
- 세탄가가 높고 착화점이 낮을 것

② 세탄가 : 디젤연료의 착화성을 나타내는 값이며, 세탄가가 클수록 착화성이 좋다(가솔린연료의 폭발성은 옥탄가).

**착화성 · 인화성**

- 착화성 : 공기를 고압으로 압축하여 온도가 높아진 상태에서 연료를 분사하면 발화점 없이 자연발화 연소하는 성질
- 인화성 : 불꽃을 가까이하였을 때 연소하는 성질

## 13 노킹(knocking)

① 노킹의 뜻 : 기관의 실린더 내에서 착화 지연기간이 길어지며 이상연소가 발생하여 망치로 두드리는 것과 같은 소리가 나는 현상

② 디젤기관의 노킹 발생원인

- 연료의 세탄가가 낮다.
- 연료의 분사 압력이 낮다.
- 연소실의 온도가 낮다.
- 착화지연 시간이 길다.
- 분사노즐의 분무상태가 불량하다.
- 기관이 과냉되었다.

③ 디젤기관의 노킹 발생 효과

- 기관의 회전수(rpm)가 낮아진다.
- 기관의 출력이 저하한다.
- 기관이 과열한다.
- 흡기효율이 저하한다.

④ 디젤기관의 노킹 방지법

- 흡기 압력과 온도 : 높인다.
- 실린더 벽의 온도 : 높인다.
- 압축비 : 높인다.
- 착화지연 기간 : 짧게 한다.
- 세탄가 : 높은 연료를 사용한다.

# 3 냉각장치

## 1 냉각장치의 역할

① 적정온도 유지 : 기관의 과열을 방지하여 부품의 과열 및 손상을 방지한다.

② 정상적인 작동 온도 : 실린더 헤드 물 재킷부의 냉각수 온도로 표시하며, 75~95℃로 유지시킨다.

③ 온도 게이지
- C(Cool)와 H(Hot)의 가운데 있으면 : 정상
- C 위치에 근접 : 과냉상태
- H 위치에 근접 : 과열상태

## 2 냉각방식의 종류

① 공랭식 : 공기의 접촉 면적을 크게 하여 공기로 냉각시키는 방식이다.
- 자연 통풍식 : 주행 중에 받는 공기로만 냉각한다.
- 강제 통풍식 : 냉각팬과 슈라우드(shroud)를 설치하여 강제로 냉각한다.

② 수냉식 : 냉각수인 정수나 연수를 사용하여 엔진을 냉각시키는 방식이다.
- 자연 순환식 : 물의 대류작용으로 순환한다.
- 강제 순환식 : 물 펌프로 강제 순환한다.
- 압력 순환식 : 냉각수를 가압하여 비등점을 높여서 순환한다.
- 압력식 : 냉각수의 비등점을 높이기 위하여 밀봉 저장탱크를 설치하며, 밀봉 압력식 라디에이터 캡을 설치한다.

## 3 냉각장치의 구성

① 워터 재킷 : 기관의 냉각수 통로이다.

② 워터 펌프 : 기관의 냉각수를 순환시킨다.

③ 구동 벨트 : 발전기와 물 펌프를 구동시킨다.

④ 수온 조절기 : 냉각수의 온도를 알맞게 조절한다.

⑤ 라디에이터 : 냉각수를 저장하고 흡수한 열을 방출한다.

⑥ 라디에이터 캡 : 냉각 계통을 밀폐시켜 온도 및 압력을 조정한다.

⑦ 냉각팬 : 라디에이터의 냉각 효과를 향상시킨다.

## 4 라디에이터(방열기)

① 라디에이터의 기능 : 코어, 냉각핀, 냉각수 주입구 등으로 구성되어 실린더 블록과 헤드 등 냉각수 통로에서 열을 흡수하여 뜨거워진 냉각수의 온도를 낮춘다.

② 라디에이터 코어

– 라디에이터 코어의 구성 : 냉각수를 통과시키는 튜브와 냉각핀으로 구성된다.

– 라디에이터 코어의 불량 : 막힘률이 20% 이상이면 교환하여야 한다.

③ 라디에이터 냉각수 온도

– 냉각수 수온의 측정 : 온도 측정 유닛을 실린더 헤드 물재킷에 끼워 측정한다.

– 기관의 정상적인 냉각수 온도 : 75~95℃이다.

④ 라디에이터 보조 탱크의 효능

– 장기간 냉각수 보충을 하지 않을 수 있다.

– 오버플로(overflow) 시 증기만 배출된다.

## 5 압력식 라디에이터 캡

① 라디에이터 캡의 기능 : 냉각수의 마개로서 냉각 계통을 밀폐시켜 내부의 온도 및 압력을 조절한다.

② 라디에이터 캡의 밸브

– 압력 밸브 : 냉각장치 내의 압력을 항상 일정하게 유지한다.

– 진공 밸브

· 냉각수 온도가 과냉할 때 : 밸브를 열어 진공으로 인한 라디에이터 코어의 파손을 방지한다.

· 냉각장치 내부 압력이 대기의 압력보다 낮을 때(부압(負壓)) : 공기밸브가 열린다.

③ 라디에이터 캡에서의 이상 현상

– 캡 쪽으로 물이 상승하면서 연소가스가 누출 : 실린더헤드의 균열 또는 개스킷이 파손되었다.

– 캡을 열어 보았을 때

· 냉각수에 오일 유입 : 수냉식 오일쿨러가 파손되었다.

· 기름기 유입 : 헤드 가스킷의 파손 또는 헤드볼트가 이완되었다.

– 라디에이터 캡의 스프링 파손 : 압력 밸브의 밀착이 불량하여 냉각수의 비등점이 낮아진다.

## 6 냉각장치 부품

① 수온조절기(정온기, thermostat)

- 기 능 : 실린더 헤드 냉각수 통로에 설치되어 냉각수의 온도를 알맞게 조절한다.
- 개폐시기 : 65℃에서 서서히 열리기 시작하여 85℃가 되면 완전히 열린다.
- 수온조절기의 불량
  - · 열리는 온도가 낮다 : 65℃ 이하의 낮은 온도에서 열리면 기관의 워밍업 시간이 길어진다.
  - · 닫힌 채 고장 : 기관이 과열한다.
  - · 열린 채 고장 : 기관이 과냉한다.

② 냉각팬

- 냉각팬의 기능 : 방열기가 뜨거워진 냉각수를 식히는 것을 돕기 위하여 공기를 방열기의 방열판 방향으로 끌어들이며, 벨트식과 전동식이 있다.
- 벨트 구동식 팬 : 크랭크축, 발전기, 워터(물) 펌프 등의 풀리 사이에 끼워진 팬벨트로 구동된다.
- 팬벨트의 장력 점검 : 기관을 정지한 상태에서 엄지손가락으로 중심을 "꾸욱" 눌러(10kgf 정도)보아 처짐의 정도가 13~20㎜이면 정상이다.
  - · 장력이 너무 약할 경우(느슨함) – 기관이 과열, 발전기 출력 저하
  - · 장력이 너무 강할 경우(빡빡함) – 기관이 과냉, 발전기 베어링 손상
- 전동식 팬
  - · 구동력 : 전기모터로 구동하므로 팬벨트는 필요 없다.
  - · 간헐적 작동 : 냉각수의 온도(85~100℃)에 따라 필요시 작동한다.
  - · 물 펌프의 작동 : 구동 벨트에 의해서 작동하므로 전동 팬이 작동하지 않을 때도 항상 회전한다.
  - · 유체 커플링 식 : 유체 마찰을 이용하여 2000rpm 이상에서 냉각팬과 물 펌프를 분리 회전시키는 방식으로 냉각수의 온도에 따라 자동으로 작동한다.

③ 부동액

- 부동액의 뜻 : 증류수, 수돗물 등을 사용하는 냉각수의 응고점을 낮추어 기관의 동파를방지하는 액체로서 글리세린, 메타놀 또는 에틸렌글리콜 등을 냉각수와 혼합하여 사용한다.
- 부동액의 구비조건
  - · 물과 쉽게 혼합되며 순환성이 좋을 것
  - · 비등점이 물보다 높을 것
  - · 휘발성이 없을 것
  - · 침전물의 발생이 없을 것
  - · 부식성이 없을 것

# 4 윤활장치

## 1 윤활장치의 뜻

기관 내부에 윤활제인 오일을 공급, 마찰 표면에 유막을 형성하여 기계적인 마찰로 인한 마모를 방지하고 기타 냉각작용 등 여러 가지 기능을 하는 장치를 말한다.

## 2 윤활유의 기능 · 구비조건

① 윤활유의 기능
- 감마작용 : 유막을 형성하여 마찰 및 마멸을 방지한다.
- 기밀(밀봉) 작용 : 유막을 형성하여 가스가 누출되는 것을 방지한다.
- 냉각작용 : 마찰열을 흡수하여 과열을 방지한다.
- 세척작용 : 먼지, 카본, 금속 분말 등을 흡수하여 오염을 방지한다.
- 소음방지 작용 : 기계적인 마찰로 인한 충격을 흡수하여 소음을 방지한다.
- 응력 분산 작용 : 국부의 압력을 오일 전체에 분산하여 완충시킨다.
- 방청 작용 : 수분 및 부식성 가스가 침투하는 것을 막아 부식을 방지한다.

② 윤활유의 구비조건
- 인화점 및 자연 발화점이 높을 것
- 강인한 유막을 형성할 것
- 응고점이 낮을 것
- 비중이 적당할 것
- 기포발생 및 카본생성이 적을 것
- 온도에 의한 점도의 변화가 없을 것

## 3 윤활방식

① 비산식 : 오일펌프 대신 커넥팅 로드 대단부에 설치된 오일 디퍼를 이용하여 윤활한다.

② 압송식 : 오일펌프를 이용하여 윤활부에 공급한다.

③ 비산 압송식 : 압송식과 비산식을 혼합한 방식으로 급유한다.
- 압송식 윤활부품 : 크랭크축 및 캠축 베어링, 각종 밸브기구 등
- 비산식 윤활부품 : 실린더, 피스톤링, 피스톤 핀 등

④ 혼합 급유식(2행정 사이클) : 윤활유에 가솔린을 혼합하여 급유한다.

## 4 오일의 여과방식

① 전류식 : 오일펌프에서 공급된 오일을 모두 여과기로 여과하여 곧바로 윤활부에 공급하며 만약 여과기의 엘리먼트(element)가 막혔을 경우에는 바이패스 밸브를 통하여 공급된다.

> **바이패스 밸브(bypass valve)**
> 전류식 여과방식은 오일의 전부를 여과시켜 오일 팬으로 되돌려 보내지 않고 곧바로 윤활부에 공급하는 방식이므로 만약 여과기가 막힐 경우에는 바이패스 밸브를 열어 윤활유를 공급한다.

② 분류식 : 오일의 일부만 여과하는 방식으로 오일펌프에서 공급되는 오일의 일부는 여과하지 않은 상태에서 윤활부에 공급하고 나머지 오일은 여과기의 엘리먼트를 통하여 여과시킨 후 오일 팬으로 되돌려 보낸다.

③ 샨트식 : 전류식과 분류식을 결합한 여과방식으로 오일의 일부는 여과되지 않은 상태에서 윤활부에 공급하고 나머지 오일도 여과시킨 후 오일 팬으로 되돌려 보내지 않고 윤활부에 곧바로 공급한다.

## 5 윤활장치의 구성

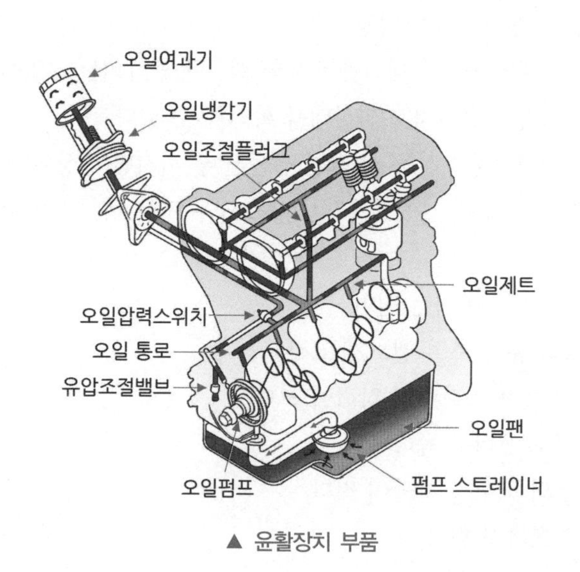


▲ 윤활장치 부품

① 오일 팬(oil pan)

- 오일 팬의 기능 : 기관의 하단 바닥에 부착된 엔진오일을 저장하는 용기이며 방열(냉각)작용을 한다.
- 오일 팬의 구조 : 내부에 배플(칸막이)과 섬프, 드레인 플러그 등이 설치되어 있다.

> **배플(칸막이)와 섬프**
> 급출발이나 급정지 또는 오르막길 주행 시에도 오일이 충분히 공급될 수 있도록 하기 위하여 설치한다.

② 오일 펌프

- 오일 펌프의 기능 : 펌프의 흡입구에 오일 스트레이너가 설치되어 있으며, 오일 팬 내의 오일을 빨아올려 압력을 높여서 각 윤활부에 공급한다.
- 오일 펌프의 종류 : 기어 펌프, 로터리 펌프, 베인 펌프, 플런저 펌프 등이 있다.
  - · 4행정기관 : 기어 펌프식 사용
  - · 2행정기관 : 플런저 펌프식 사용

③ 오일 여과기(oil filter)

- 오일 여과기의 기능 : 오일에 흡수된 먼지, 카본, 금속 분말 등 오염물질을 여과하여 오일을 깨끗한 상태로 유지한다.
- 오일 여과기의 종류 : 엘리먼트 분리식과 일체식으로 구분한다.
  - · 엘리먼트 분리식 – 엘리먼트만 교환하거나 세척하여 사용한다.
  - · 일체식 : 엔진오일 교환 시 여과기도 함께 교환한다.

④ 엔진오일 압력계 · 엔진오일 압력경고등

- 엔진오일 압력계의 표시 : 계기판에 윤활 회로에 공급되는 유압을 표시하는 계기로서 엔진오일의 순환상태를 확인할 수 있다.

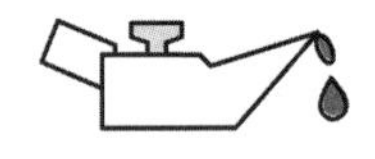
▲ 유압경고등

- 엔진오일 압력경고등 : 시동 시 잠깐 점등된 후 꺼지면 정상이나, 시동 후에도 오일 라인에 유압이 형성되지 않을 경우 또는 너무 낮거나 높으면 점등된다.
- 엔진오일 압력이 높아지는 원인
  - · 오일펌프의 유압 조절 밸브가 고착되었다.
  - · 유압 조절 밸브 스프링의 장력이 크다.
  - · 오일의 점도가 너무 높다.
  - · 각 마찰부의 베어링 간극이 적다.
  - · 오일의 회로가 막혔다.
- 엔진오일 압력이 낮아지는 원인
  - · 오일이 희석되어 점도가 너무 낮다.
  - · 오일펌프의 유압 조절 밸브 접촉이 불량하다.
  - · 유압 조절 밸브 스프링의 장력이 작다.
  - · 오일 통로에 공기가 유입되었다.
  - · 오일 통로의 파손으로 오일이 누출된다.

· 각 마찰부의 베어링 간극이 크다.
· 윤활유의 양이 부족하다.
· 윤활유 펌프의 성능이 좋지 않다.
· 기관 내부의 마모가 심하다.

## 6 엔진오일(윤활유)의 교환 · 점검

① 엔진오일의 종류(SAE 분류)
- 봄, 가을용 오일 : SAE 30 사용
- 여름용 오일 : SAE 40 사용
- 겨울용 오일 : SAE 20 사용
- 다급용 오일
  · 가솔린 기관 : 10W~30W
  · 디젤기관 : 20W~40W

> **점도 · 점도지수**
> 점도는 유체를 이동시킬 때 나타나는 내부저항을 말하며, 점도지수는 오일이 온도 변화의 따라 점도가 변화하는 정도를 표시하는 것으로서, 점도지수가 높을수록 온도에 의한 점도 변화가 적으므로 겨울철에는 점도지수가 낮은 오일을 사용하여야 한다.

② 엔진오일(윤활유)의 교환 및 시기
- 엔진오일의 선택 및 주입 : 엔진에 알맞은 오일을 선택한 후 주입할 때는 사용지침서 및 주유표에 의한다.
- 엔진오일의 교환 시기
  · 정상 사용할 때 : 200~250시간
  · 심한 오염지역 : 100~125시간

③ 엔진오일의 양 · 오염도 점검
- 오일 팬에 저장되어 있는 오일량 점검
  · 점검방법 : 평탄한 곳에서 엔진을 정지시키고 약 5분 후 오일게이지로 점검한다.
  · 엔진오일의 양 : 오일게이지를 찍어보아 F(full선)과 L(low)선의 중간이면 양호하나 F가까이 유지하는 것이 좋다.
- 엔진오일의 오염도 점검
  · 오일이 검은색 – 심하게 불순물에 오염되어 있다.
  · 오일이 우유색 – 냉각수가 유입되어 있다.

· 오일이 붉은색 – 가솔린이 유입되어 있다.

④ 엔진오일의 소비가 많아지는 원인
- 오일 팬 내의 오일이 규정량보다 많다.
- 오일의 열화 또는 점도가 불량하다.
- 피스톤링의 마모가 심하다.
- 밸브 가이드의 마모가 심하다.

⑤ 기관 오일의 온도가 상승되는 원인
- 오일량이 부족하다.
- 오일의 점도가 너무 높다.
- 고속 및 과부하로 연속작업을 하였다.
- 오일 냉각기가 불량하다.

⑥ 오일 냉각기
- 오일 냉각기의 기능 : 오일의 높은 온도를 낮추어 70~80℃로 일정하게 유지하는 역할을 한다.
- 오일 냉각기의 종류 : 공랭식과 수냉식으로 분류된다.

# 5 흡 · 배기장치

## 1 흡기장치의 조건

① 전 회전영역에 걸쳐서 흡입 효율이 좋아야 한다.
② 연소 속도를 빠르게 해야 한다.
③ 흡입부에 와류를 일으키도록 하여야 한다.
④ 균일한 분배성을 가져야 한다.

## 2 공기청정기(에어클리너, Air Cleaner)

① 공기청정기의 기능 : 연소에 필요한 공기를 흡입할 때, 먼지 등의 불순물을 여과하여 피스톤 등의 마모를 방지한다.
② 공기청정기의 종류

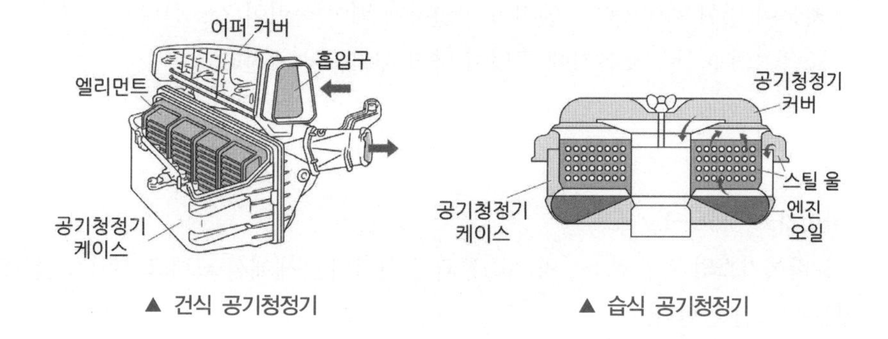

▲ 건식 공기청정기 ▲ 습식 공기청정기

– 건식 공기청정기 : 여과망으로 여과지 또는 여과포를 사용하며, 여과지 세척은 압축공기로 안에서 밖으로 불어낸다.
– 습식 공기청정기 : 여과망으로 스틸 울이나 천을 사용하며, 케이스 아래쪽에 오일을 담아서 공기가 오일에 접촉할 때 여과시킨다.
– 원심식 공기청정기 : 원심력을 이용하여 흡입공기를 선회시켜 미리 이물질을 제거한 후 여과장치를 통하여 정화된 공기만이 실린더로 공급된다.

③ 공기청정기가 막혔을 때 나타나는 현상
– 출력이 감소한다.
– 연소가 나빠지며 배기색은 흙색이 된다.

## 3 흡기 다기관

① 흡기 다기관의 뜻 : 공기 또는 혼합기를 흡입하여 각각의 실린더에 보내는 통로이다.
② 밸브 오버랩 : 배기 행정이 끝나고 흡입 행정이 시작하는 상사점 부근에서 흡기와 배기 밸브가 동시에 열려 있는 기간으로 고회전 시 효율이 높아진다.

## 4 배기장치

① 배기 다기관의 기능 : 배기구에 연결되는 구성품으로 각 실린더에서 배출되는 가스를 소음기로 보낸다.
② 배기 다기관의 불량 : 배압이 높아지며 기관이 과열되고 냉각수의 온도가 올라가며 출력이 감소된다.
③ 소음기(머플러)
– 소음기의 기능 : 기관에서 배출되는 배기가스의 온도와 압력을 낮추어 배기 소음을 감소시킨다.
– 소음기의 불량현상

· 카본이 많이 끼어있다 : 엔진이 과열하게 되어 출력이 감소한다.
· 소음기의 손상 : 소음기에 구멍이 나면 배기음이 커진다.

## 5 배출가스

① 블로바이가스(blow-by gas)

- 블로바이가스의 뜻 : 연소실의 피스톤과 실린더의 틈새에서 크랭크 케이스 안으로 스며들어 가는 가스를 말한다.
- 블로바이가스의 구성 : 대부분 미연소 상태로 탄화수소(HC)이며 일부는 연소가스 및 부분 산화된 혼합가스로 되어있다.
- 블로바이가스의 대책 : 유해물질인 탄화수소(HC)의 비율이 높으므로 재연소시킨 후 배출하는 장치의 부착을 의무화하고 강력한 단속을 시행하고 있다.

**탄화수소(HC)**
석유(디젤유)의 주원료로서 수소(Hydro)와 탄소(Carbon)만으로 된 여러 가지 유기화합물의 총칭이다.

**블로우 다운(Blow Down) 현상**
2행정 사이클 기관의 동력 행정 끝부분에서 피스톤은 하강하지만, 실린더 내의 연소가스 자체의 압력에 의하여 배기가스가 배기밸브를 통해 배출되는 현상이다.

② 배기가스

- 뜻 : 기관의 내부에서 연소된 가스가 배기관을 통하여 외부로 배출되는 가스를 말한다.
- 배기가스의 종류
  · 무해(無害)가스 : 수증기, 질소, 이산화탄소 등
  · 유해(有害)가스 : 탄화수소, 일산화탄소, 질소산화물(높은 연소온도가 발생원인), 매연(단속의 대상) 등
- 배기가스의 색
  · 무색 또는 감청색 : 정상연소 상태이다.
  · 회백색 : 연소실에 윤활유가 유입되어 연료와 함께 연소되는 상태이다.
  · 검은색 : 불완전 연소로 인한 매연 발생 상태이다.
  · 볏짚색 : 혼합비가 희박한 상태이다.

## 6 과급기(turvo charger)

① 과급기(터보차저)의 뜻 : 기관의 출력을 증가시키기 위하여 흡기관과 배기관 사이에 설치하며, 공기를 압축하여 실린더 내에 공급하는 장치이다.

② 과급기의 작동 : 터빈 회전(배기가스를 동력으로 이용)→ 압축기 구동→ 압축공기 냉각→ 실린더 안에 공기유입

③ 과급기의 효능

- 기관이 다소 무거워지지만 출력이 35~45% 증가한다.
- 평균 유효압력이 높아지고 기관의 회전력이 증대된다.
- 고지대에서도 출력의 감소가 적다.
- 착화지연 기간이 짧아진다.
- 세탄가가 낮은 연료의 사용이 가능하다.
- 냉각 손실이 적고 연료소비율이 향상된다.

④ 배기터빈 과급기(터보차저)의 구조

- 터빈의 설치 : 터빈 축 양 끝에 각도가 서로 다른 터빈이 설치되어 있다.
- 터빈 축 베어링의 급유 : 기관 오일로 급유한다.
- 터빈의 회전력 : 배기가스의 압력으로 회전되어 공기는 원심력을 받아 디퓨저에 유입된다.

> **디퓨저(diffuser)** : 과급기의 하우징 내면에 설치되어 공기의 속도에너지를 압력에너지로 바꾸는 장치이다.

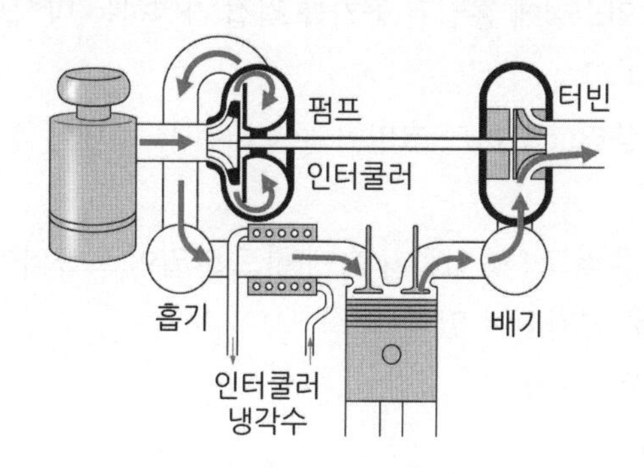


## 7 시동보조장치

① 감압장치(디콤프, De-comp)

- 감압장치의 뜻 : 디젤기관을 시동할 때 운전실에서 감압 레버를 잡아당겨서 캠축의 운동과 관계없이 흡기 및 배기밸브를 열어 실린더 내의 압력을 감압시켜 엔진의 회전이 쉽도록 하는 시동 보조장치이다.
- 감압장치의 기능
  - 한랭 시 시동할 때 원활한 회전으로 시동이 잘 될 수 있도록 한다.
  - 기동전동기에 무리가 가는 것을 예방하는 효과가 있다.
  - 기관의 시동을 정지시킬 때도 사용할 수 있다.

**디젤기관의 시동정지**
디젤기관은 가솔린기관과 달라서 기관의 시동을 정지시키려면 연료의 분사를 차단하거나 실린더 내의 압축을 정지시켜야 한다.

② 예열장치

– 예열장치의 기능 : 흡기다기관 또는 연소실 내의 공기를 미리 가열시켜 겨울철에 시동을 쉽게 하기 위하여 설치하며, 흡기 가열식과 예열 플러그식이 있다.

– 흡기 가열식

· 직접 분사실식에 사용되며 흡입되는 공기를 예열하여 실린더에 공급한다.

· 연소열을 이용하는 흡기 히터와 가열 코일을 이용하는 히트 레인지가 있다.

**히트 레인지**
직접분사실식 디젤기관의 흡기다기관에 설치되는 것으로서 예연소실식의 예열 플러그 역할을 한다.

– 예열 플러그식 :연소실에 흡입된 공기를 직접 가열하는 방식으로 예연소실식과 와류실식 엔진에 사용된다.

· 실드형 예열 플러그 : 히트 코일이 보호금속 튜브 내에 설치되어 있으며, 열선이 병열로 연결되었다.

· 코일형 예열 플러그 : 흡입공기 속에 히트 코일이 노출되어 있기 때문에 예열기간이 짧고 열선은 직렬로 연결되어 있다.

– 예열 플러그의 고장 원인

· 예열시간이 너무 길 때

· 기관이 과열된 상태에서 빈번한 예열

· 예열 플러그를 규정 토크로 조이지 않았을 때(접지 불량)

· 정격이 아닌 예열 플러그를 사용하였을 때

· 규정 이상의 과대전류가 흐를 때

– 예열 플러그 표시등 : 예열 플러그의 적열 상태를 운전석에서 확인할 수 있다.

· 표시등의 점등 : 예열 플러그의 가열과 동시에 점등된다.

· 표시등의 소등 : 예열 플러그의 가열이 완료되면 소등된다.

CHAPTER

# 03 기관의 구조 및 기능·점검

## 1 기관 본체

〈세척액〉

**01 다음 중 기관정비 작업 시 엔진 블록의 찌든 기름때를 깨끗이 세척하고자 할 때 가장 좋은 용해액은?**

① 냉각수
② 엔진오일
③ 솔벤트
④ 절삭유

〈라이너〉

**02 건설기계에 사용되는 습식라이너의 단점은?**

① 냉각효과가 좋다.
② 정비가 수월하지 않다.
③ 라이너의 압입 압력이 높다.
④ 냉각수가 크랭크실로 누출될 우려가 있다.

〈실린더 마모〉

**03 실린더에 마모가 생겼을 때 나타나는 현상이 아닌 것은?**

① 크랭크실 내의 윤활유 오염 및 소모
② 조속기의 작동 불량
③ 압축효율 저하
④ 출력 저하

〈헤드 개스킷〉

**04 실린더 헤드 개스킷이 손상되었을 때 일어나는 현상으로 가장 적합한 것은?**

① 압축압력과 폭발압력이 낮아진다.
② 피스톤이 가벼워진다.
③ 엔진오일의 압력이 높아진다.
④ 피스톤링의 작동이 느려진다.

〈연소실〉

**05 연소실의 구비조건으로 틀린 것은?**

① 평균 유효압력이 높아야 한다.
② 연소실의 표면적은 최대가 되어야 한다.
③ 진동이나 소음이 적어야 한다.
④ 노킹이 발생되지 않아야 한다.

〈피스톤〉

**06 피스톤의 구비조건으로 틀린 것은?**

① 고온 고압에 잘 견딜 것
② 열전도가 양호하고 열부하가 적을 것
③ 온도변화에도 가스 및 오일의 누출이 없을 것
④ 관성력의 증대를 방지하기 위하여 무거울 것

〈피스톤 간극〉

**07 피스톤과 실린더 간극이 너무 클 때 일어나는 현상은?**

① 엔진의 출력 증대
② 압축압력 증가
③ 엔진오일의 소비증가
④ 실린더 소결

〈피스톤링〉

**08 기관에서 엔진오일이 연소실에 올라오는 이유는?**

① 피스톤링 마모
② 커넥팅로드 마모
③ 크랭크축 마모
④ 피스톤 핀 마모

정답 01 ③ 02 ④ 03 ② 04 ① 05 ② 06 ④ 07 ③ 08 ①

〈크랭크축〉

**09 기관에서 크랭크축의 역할은?**

① 직선운동을 회전운동으로 변환시키는 장치이다.
② 원활한 직선운동을 하는 장치이다.
③ 기관의 진동을 줄이는 장치이다.
④ 원운동을 직선운동으로 변환시키는 장치이다.

〈크랭크축 구성〉

**10 건설기계 기관에서 크랭크축(crank shaft)의 구성 부품이 아닌 것은?**

① 크랭크 암(crank arm)
② 크랭크 핀(crank pin)
③ 저널(journal)
④ 플라이 휠(fly wheel)

〈크랭크축 회전〉

**11 기관에서 크랭크축의 회전과 관계없이 작동되는 기구는?**

① 캠 샤프트
② 스타트 모터
③ 발전기
④ 워터펌프

〈착화순서〉

**12 우수식 크랭크축이 설치된 4행정 6실린더 기관의 착화(폭발) 순서는?**

① 1-6-2-5-3-4
② 1-5-3-6-2-4
③ 1-4-3-5-2-6
④ 1-3-2-5-6-4

〈캠축〉

**13 기관에서 캠축을 구동시키는 체인의 헐거움을 자동으로 조정하는 장치는?**

① 서포트(Support)
② 댐퍼(Damper)
③ 텐셔너(Tensioner)
④ 부시(Bush)

〈밸브 리프터〉

**14 유압식 밸브 리프터의 장점이 아닌 것은?**

① 밸브 구조가 간단하다.
② 밸브 기구의 내구성이 좋다.
③ 밸브 간극이 자동으로 조정된다.
④ 밸브 개폐시기가 정확하다.

〈밸브〉

**15 흡입 및 배기 밸브의 구비조건이 아닌 것은?**

① 열에 대한 저항력이 작을 것
② 열전도율이 좋을 것
③ 가스에 견디고 고온에 잘 견딜 것
④ 열에 대한 팽창률이 적을 것

〈밸브의 구성〉

**16 엔진의 밸브가 닫혀 있는 동안 밸브 시트와 밸브 페이스를 밀착시켜 기밀이 유지되도록 하는 것은?**

① 밸브 리테이너
② 밸브 가이드
③ 밸브 스템
④ 밸브 스프링

〈밸브 간극1〉

**17 기관의 밸브 간극이 너무 클 때 발생하는 현상에 관한 설명으로 올바른 것은?**

① 정상온도에서 밸브가 확실히 닫히지 않는다.
② 밸브 스프링의 장력이 약해진다.
③ 푸시로드가 변형된다.
④ 정상온도에서 밸브가 완전히 개방되지 않는다.

〈밸브 간극2〉

**18 밸브 간극이 작을 때 일어나는 현상으로 가장 적당한 것은?**

**정답** 09 ① 10 ④ 11 ② 12 ② 13 ③ 14 ① 15 ① 16 ④ 17 ④ 18 ④

① 기관이 과열된다.
② 밸브시트의 마모가 심하다.
③ 밸브가 적게 열리고 닫히기는 꽉 닫힌다.
④ 실화가 일어날 수 있다.

〈시동 전 점검〉
**19 기관을 시동하기 전에 점검할 사항과 가장 관계가 먼 것은?**
① 냉각수 및 엔진오일의 량
② 기관 오일의 온도
③ 연료의 량
④ 유압유의 량

〈시동 후 점검〉
**20 기관을 시동하여 공전 시에 점검할 사항이 아닌 것은?**
① 냉각수의 누출 여부 점검
② 배기가스의 색깔을 점검
③ 기관의 팬밸트 장력을 점검
④ 오일의 누출 여부 점검

〈계기판 확인〉
**21 운전 중 운전석 계기판에서 확인해야 하는 것이 아닌 것은?**
① 충전 경고등
② 실린더 압력계
③ 연료량 게이지
④ 냉각수 온도 게이지

〈파이프 조임공구〉
**22 디젤기관을 예방 정비 시 고압파이프 연결부에서 연료가 샐(누유) 때 조임 공구로 가장 적합한 것은?**
① 오픈렌치
② 복스렌치
③ 옵셋렌치
④ 파이프렌치

〈시동불량〉
**23 디젤기관에서 시동이 되지 않는 원인과 가장 거리가 먼 것은?**
① 연료 공급펌프가 불량이다.
② 연료계통에 공기가 혼입되어 있다.
③ 기관의 압축압력이 높다.
④ 연료가 부족하다.

〈진동원인〉
**24 디젤기관의 진동 원인과 가장 거리가 먼 것은?**
① 분사시기, 분사간격이 불량하다.
② 윤활펌프의 유압이 높다.
③ 각 피스톤의 중량차가 크다.
④ 각 실린더의 분사압력과 분사량이 다르다.

〈고속회전〉
**25 다음은 디젤기관에서 고속회전이 원활하지 못한 원인을 나열한 것이다. 틀린 것은?**
① 축전지의 불량
② 분사시기 조정불량
③ 연료의 압송불량
④ 거버너 작용 불량

〈출력저하〉
**26 기관에서 출력저하의 원인이 아닌 것은?**
① 압력계 작동 이상
② 흡기계통 막힘
③ 분사시기 늦음
④ 배기계통 막힘

〈엔진부조〉
**27 건설기계에서 엔진부조가 발생되고 있다. 그 원인으로 맞는 것은?**
① 가속페달 케이블의 조정 불량
② 인젝터 연료 리턴 파이프의 연료 누설

정답 19 ② 20 ③ 21 ② 22 ① 23 ③ 24 ② 25 ① 26 ① 27 ②

③ 인젝터 공급 파이프의 연료 누설
④ 자동변속기의 고장 발생

〈기관정지〉

**28 디젤기관을 정지시키는 방법으로 가장 적합한 것은?**

① 축전지에 연결된 전선을 끊는다.
② 기어를 넣어 기관을 정지한다.
③ 초크밸브를 닫는다.
④ 연료공급을 차단한다.

## 2 연료장치

〈연소실 종류〉

**29 보기에 나타난 것은 어느 구성품을 형태에 따라 구분한 것인가?**

[보기]
직접분사식, 예연소실식, 와류실식, 공기실식

① 연료 분사장치
② 연소실
③ 기관 구성
④ 동력전달장치

〈연료공급〉

**30 디젤엔진의 연소실에는 연료가 어떤 상태로 공급되는가?**

① 노즐로 연료를 안개와 같이 분사한다.
② 액체상태로 공급한다.
③ 기화기와 같은 기구를 사용하여 연료를 공급한다.
④ 가솔린 엔진과 동일한 연료 공급펌프로 공급한다.

〈직접분사식〉

**31 직접분사식 엔진의 장점이 아닌 것은?**

① 연료의 분사압력이 낮다.
② 냉각에 의한 열 손실이 적다.
③ 구조가 간단하므로 열효율이 높다.
④ 실린더 헤드의 구조가 간단하다.

〈예연소실식〉

**32 예연소실식 연소실에 대한 설명으로 거리가 먼 것은?**

① 분사압력이 낮다.
② 예연소실은 주연소실보다 작다.
③ 예열플러그가 필요하다.
④ 사용연료의 변화에 민감하다.

〈연료공급〉

**33 디젤엔진의 연료탱크에서 분사노즐까지 연료의 순환 순서로 맞는 것은?**

① 연료탱크 → 연료공급펌프 → 연료필터 → 분사펌프 → 분사노즐
② 연료탱크 → 분사노즐 → 연료공급펌프 → 연료필터 → 분사펌프
③ 연료탱크 → 분사펌프 → 분사노즐 → 연료공급펌프 → 연료필터
④ 연료탱크 → 연료필터 → 분사펌프 → 분사노즐 → 연료공급펌프

〈fuel pump〉

**34 연료탱크의 연료를 분사펌프 저압부까지 공급하는 것은?**

① 인젝션 펌프
② 연료공급 펌프
③ 로터리 펌프
④ 연료분사 펌프

〈injection pump〉

**35 디젤기관에 공급하는 연료의 압력을 높이는 것으로 조속기와 분사시기를 조절하는 장치가 설치되어 있는 것은?**

정답 28 ④ 29 ② 30 ① 31 ① 32 ④ 33 ① 34 ② 35 ②

① 프라이밍 펌프
② 연료분사 펌프
③ 플런져 펌프
④ 유압펌프

〈조속기〉

**36** **디젤기관에서 조속기의 기능으로 맞는 것은?**

① 엔진 부하시기 조정
② 연료 분사시기 조정
③ 연료의 분사량 조절
④ 엔진 부하량 조절

〈타이머〉

**37** **디젤기관에서 타이머의 역할로 가장 적합한 것은?**

① 자동변속 단 조절
② 연료 분사시기 조절
③ 연료의 분사량 조절
④ 기관의 속도 조절

〈nozzle〉

**38** **디젤엔진에서 연료를 고압으로 연소실에 분사하는 것은?**

① 분사노즐(인젝터)
② 조속기
③ 프라이밍 펌프
④ 인젝션 펌프

〈노즐 윤활〉

**39** **디젤기관의 연료분사 노즐에서 섭동면의 윤활은 무엇으로 하는가?**

① 연료
② 그리스
③ 윤활유
④ 기어오일

〈프라이밍 펌프〉

**40** **디젤기관 연료장치의 분사펌프에서 프라이밍 펌프는 어느 때 사용하는가?**

① 연료의 양을 가감할 때
② 연료의 분사압력을 측정할 때
③ 출력을 증가시키고자 할 때
④ 연료계통에 공기를 배출할 때

〈공기빼기〉

**41** **디젤기관에서 연료장치 공기빼기 순서가 바른 것은?**

① 분사펌프 → 공급펌프 → 연료여과기
② 공급펌프 → 연료여과기 → 분사펌프
③ 공급펌프 → 분사펌프 → 연료여과기
④ 연료여과기 → 분사펌프 → 공급펌프

〈커먼레일 구성〉

**42** **커먼레일 디젤 엔진의 연료장치 구성부품이 아닌 것은?**

① 인젝터
② 커먼레일
③ 분사펌프
④ 연료 압력 조정기

〈저압계통〉

**43** **다음 중 커먼레일 연료 분사장치의 저압계통이 아닌 것은?**

① 커먼레일
② 1차 연료 공급 펌프
③ 연료 필터
④ 연료 스트레이너

〈AFS〉

**44** **다음 중 커먼레일 디젤기관의 공기 유량 센서(AFS)에 대한 설명 중 맞지 않는 것은?**

① EGR 피드백 제어기능을 주로 한다.
② 열막 방식을 사용한다.
③ 연료량 제어기능을 주로 한다.
④ 스모그 제한 부스터 압력 제어용으로 사용한다.

**정답** 36 ③ 37 ② 38 ① 39 ① 40 ④ 41 ② 42 ③ 43 ① 44 ③

〈RPS〉

**45 커먼레일 디젤기관의 연료 압력 센서(RPS)에 대한 설명 중 맞지 않는 것은?**

① RPS의 신호를 받아 연료 분사량을 조정하는 신호로 사용한다.
② RPS의 신호를 받아 연료 분사시기를 조정하는 신호로 사용한다.
③ 반도체 피에조 소자방식이다.
④ 이 센서가 고장 나면 시동이 꺼진다.

〈TPS〉

**46 TPS(스로틀 포지션 센서)에 대한 설명으로 틀린 것은?**

① 가변 저항식이다.
② 운전자가 가속페달을 얼마나 밟았는지 감지한다.
③ 급가속을 감지하면 컴퓨터가 연료분사 시간을 늘려 실행시킨다.
④ 분사시기를 결정해주는 가장 중요한 센서이다.

〈압력제한벨브〉

**47 커먼레일 디젤기관의 압력 제한 밸브에 대한 설명 중 틀린 것은?**

① 커먼레일의 압력을 제어한다.
② 커먼레일에 설치되어 있다.
③ 연료압력이 높으면 연료의 일부분이 연료 탱크로 되돌아간다.
④ 컴퓨터가 듀티제어 한다.

〈ECU〉

**48 굴착기에 장착된 전자제어장치(Electronic Control Unit)의 기능으로 가장 옳은 것은?**

① 운전 상황에 맞는 엔진 속도제어 및 고장진단 등을 하는 장치이다.
② 운전자가 편리하도록 작업장치를 자동으로 조작시켜 주는 장치이다.
③ 조이스틱의 작동을 전자화한 장치이다.
④ 컨트롤 밸브의 조작을 용이하게 하기 위해 전자화한 장치이다.

〈시동 불가〉

**49 커먼레일 방식 디젤기관에서 크랭킹은 되는데 기관이 시동되지 않는다. 점검 부위로 틀린 것은?**

① 인젝터
② 레일 압력
③ 연료 탱크 유량
④ 분사펌프 딜리버리 밸브

〈디젤연료〉

**50 건설기계에서 사용하는 경유의 중요한 성질이 아닌 것은?**

① 세탄가 ② 옥탄가
③ 비중 ④ 착화성

〈세탄가〉

**51 연료의 세탄가와 가장 밀접한 관련이 있는 것은?**

① 인화성 ② 열효율
③ 폭발압력 ④ 착화성

〈노킹〉

**52 디젤 노킹의 방지방법으로 가장 적합한 것은?**

① 흡기압력을 낮게 한다.
② 연소실 벽의 온도를 낮게 한다.
③ 압축비를 높게 한다.
④ 착화지연시간을 길게 한다.

〈연료 주유〉

**53 겨울철에는 연료탱크에 연료를 가득 채우는 주된 이유는?**

① 공기 중에 수분이 응축되어 물이 생기기 때문에
② 연료 게이지에 고장이 발생하기 때문에
③ 연료가 적으면 증발하여 손실되므로
④ 연료가 적으면 출렁거리기 때문에

**정답** 45 ④ 46 ④ 47 ④ 48 ① 49 ④ 50 ② 51 ④ 52 ③ 53 ①

## 3 냉각장치

〈수온측정〉

**54 기관 냉각수의 수온을 측정하는 곳으로 다음 중 가장 적당한 것은?**

① 수온 조절기 내부
② 실린더 헤드 물 재킷부
③ 라디에이터 하부
④ 라디에이터 상부

〈냉각수 온도〉

**55 기관의 정상적인 냉각수 온도는?**

① 30~45℃
② 110~120℃
③ 75~95℃
④ 45~65℃

〈냉각방식〉

**56 기관의 냉각장치 방식이 아닌 것은?**

① 강제 순환식
② 압력 순환식
③ 진공 순환식
④ 자연 순환식

〈압력순환식〉

**57 가압식 라디에이터의 장점으로 틀린 것은?**

① 방열기를 작게 할 수 있다.
② 냉각수의 비등점을 높일 수 있다.
③ 냉각수의 순환속도가 빠르다.
④ 냉각수 손실이 적다.

〈냉각장치 구성〉

**58 기관의 냉각장치에 해당되지 않는 부품은?**

① 수온 조절기
② 릴리프 밸브
③ 방열기
④ 팬 및 벨트

〈워터 펌프〉

**59 냉각수 순환용 물 펌프가 고장이 났을 때 기관에 나타날 수 있는 현상으로 가장 옳은 것은?**

① 시동 불능
② 축전지의 비중 저하
③ 발전기 작동 불능
④ 기관과열

〈라디에이터 코어〉

**60 냉각수를 통과시키는 라디에이터 코어는 막힘률이 몇 퍼센트 이상이면 교환하여야 하는가?**

① 10퍼센트
② 20퍼센트
③ 30퍼센트
④ 40퍼센트

〈라디에이터 캡〉

**61 라디에이터 캡의 스프링이 파손되었을 때 가장 먼저 나타나는 현상은?**

① 냉각수 비등점이 높아진다.
② 냉각수 비등점이 낮아진다.
③ 냉각수 순환이 빨라진다.
④ 냉각수 순환이 불량해진다.

〈압력식 캡〉

**62 압력식 라디에이터 캡에 대한 설명으로 옳은 것은?**

① 냉각장치 내부압력이 부압(대기의 압력보다 낮을 때)되면 진공밸브는 열린다.
② 냉각장치 내부압력이 부압되면 공기밸브는 열린다.
③ 냉각장치 내부압력이 규정보다 높을 때 진공밸브는 열린다.

**정답** 54 ② 55 ③ 56 ③ 57 ③ 58 ② 59 ④ 60 ② 61 ② 62 ①

④ 냉각장치 내부압력이 규정보다 낮을 때 공기밸브는 열린다.

〈정온기〉

**63 냉각장치의 수온 조절기는 냉각수 수온이 약 몇 도(℃)일 때 처음 열려 몇 도(℃)에서 완전히 열리는가?**

① 32~55℃
② 65~85℃
③ 45~65℃
④ 95~112℃

〈개폐시기〉

**64 냉각장치의 수온 조절기가 완전히 열리는 온도가 낮을 경우 가장 적절한 것은?**

① 엔진의 회전속도가 빨라진다.
② 엔진이 과열되기 쉽다.
③ 워밍업 시간이 길어지기 쉽다.
④ 물 펌프에 부하가 걸리기 쉽다.

〈기관의 과열〉

**65 디젤기관이 작동될 때 과열되는 원인이 아닌 것은?**

① 냉각수 양이 적다.
② 온도 조절기가 닫혀 있다.
③ 온도 조절기가 열려 있다.
④ 물 펌프의 회전이 느리다.

〈기관의 과냉〉

**66 디젤기관을 시동시킨 후 충분한 시간이 지났는데도 냉각수 온도가 정상적으로 상승하지 않을 경우 그 고장의 원인이 될 수 있는 것은?**

① 물 펌프의 고장
② 라디에이터 코어 막힘
③ 냉각팬 벨트의 헐거움
④ 수온조절기가 열린 채 고장

〈팬밸트〉

**67 팬밸트에 대한 점검 과정이다. 가장 적합하지 않은 것은?**

① 팬밸트는 풀리의 밑 부분에 접촉되어야 한다.
② 팬밸트가 너무 헐거우면 기관 과열의 원인이 된다.
③ 팬밸트는 눌러(약 10kgf) 처짐이 13~20㎜ 정도로 한다.
④ 팬밸트의 조정은 발전기를 움직이면서 조정한다.

〈전동팬〉

**68 냉각장치에 사용되는 전동팬에 대한 설명 중 틀린 것은?**

① 엔진이 시동되면 회전한다.
② 형식에 따라 차이가 있을 수 있으나, 약 85~100℃에서 간헐적으로 작동한다.
③ 팬밸트는 필요 없다.
④ 냉각수 온도에 따라 작동한다.

〈냉각팬〉

**69 기관의 냉각팬이 회전할 때 공기가 불어가는 방향은?**

① 상부방향
② 하부방향
③ 방열기 방향
④ 엔진방향

〈부동액〉

**70 부동액이 구비하여야 할 조건으로 틀린 것은?**

① 비등점이 물보다 낮을 것
② 부식성이 없을 것
③ 물과 쉽게 혼합될 것
④ 침전물의 발생이 없을 것

정답 63 ② 64 ③ 65 ③ 66 ④ 67 ① 68 ① 69 ③ 70 ①

〈기관과열〉

**71 기관 과열의 주요 원인이 아닌 것은?**

① 냉각장치 내부에 물때 과다
② 라디에이터 코어의 막힘
③ 엔진 오일량 과다
④ 냉각수 부족

## 4 윤활장치

〈윤활유 기능〉

**72 건설기계 기관에서 사용하는 윤활유의 주요 기능이 아닌 것은?**

① 기밀 작용
② 방청 작용
③ 냉각 작용
④ 산화 작용

〈윤활유 구비조건〉

**73 엔진 윤활유에 대한 설명 중 틀린 것은?**

① 인화점이 낮은 것이 좋다.
② 응고점이 낮은 것이 좋다.
③ 온도에 의하여 점도가 변하지 않아야 한다.
④ 유막이 끊어지지 않아야 한다.

〈윤활방식〉

**74 윤활 방식 중 오일펌프로 급유하는 방식은?**

① 비산식
② 압송식
③ 분사식
④ 비산분무식

〈여과방식〉

**75 윤활유 공급 펌프에서 공급된 윤활유 전부가 엔진 오일 필터를 거쳐 윤활 부분으로 가는 방식은?**

① 분류식
② 자력식
③ 전류식
④ 샨트식

〈bypass valve〉

**76 기관의 엔진오일 여과기가 막히는 것을 대비해서 설치하는 것은?**

① 체크 밸브(check valve)
② 바이패스 밸브(bypass valve)
③ 오일 디퍼(oil dipper)
④ 오일 팬(oil pan)

〈오일 팬〉

**77 오일 팬(oil pan)에 대한 설명으로 틀린 것은?**

① 엔진오일의 저장용기이다.
② 내부에 격리판이 설치되어 있다.
③ 오일 드레인 플러그가 있다.
④ 오일의 온도를 높인다.

〈오일펌프〉

**78 윤활장치에 사용되고 있는 오일펌프로 적합하지 않은 것은?**

① 기어 펌프
② 로터리 펌프
③ 베인 펌프
④ 나사 펌프

〈오일여과기〉

**79 오일 여과기의 역할은?**

① 오일의 순환 작용
② 오일의 압송 작용
③ 오일 불순물 제거 작용
④ 연료와 오일 정유 작용

**정답** 71 ③ 72 ④ 73 ① 74 ② 75 ③ 76 ② 77 ④ 78 ④ 79 ③

〈유압경고등〉

**80 운전석 계기판에 아래 그림과 같은 경고등이 점등되었다면 가장 관련이 있는 경고등은?**

① 엔진오일 압력 경고등
② 엔진오일 온도 경고등
③ 냉각수 배출 경고등
④ 냉각수 온도 경고

〈압력경고등〉

**81 엔진오일 압력 경고등이 켜지는 경우가 아닌 것은?**

① 오일이 부족할 때
② 오일 필터가 막혔을 때
③ 가속을 하였을 때
④ 오일회로가 막혔을 때

〈경고등 점등〉

**82 건설기계 장비 작업 시 계기판에서 오일 경고등이 점등되었을 때 우선 조치사항으로 적합한 것은?**

① 엔진을 분해한다.
② 즉시 시동을 끄고 오일계통을 점검한다.
③ 엔진오일을 교환하고 운전한다.
④ 냉각수를 보충하고 운전한다.

〈압력상승 원인〉

**83 기관오일 압력이 상승하는 원인에 해당될 수 있는 것은?**

① 오일펌프가 마모되었을 때
② 오일 점도가 너무 높을 때
③ 윤활유가 너무 적을 때
④ 유압 조절 밸브 스프링이 약할 때

〈압력이 낮은 원인〉

**84 디젤기관의 윤활유 압력이 낮은 원인과 관계가 먼 것은?**

① 윤활유의 양이 부족하다.
② 오일펌프가 과대 마모되었다.
③ 윤활유의 점도가 높다.
④ 윤활유 압력 릴리프 밸브가 열린 채 고착되어 있다.

〈SAE 분류〉

**85 윤활유 사용방법으로 옳은 것은?**

① SAE 번호는 일정하다.
② 여름은 겨울보다 SAE 번호가 큰 윤활유를 사용한다.
③ 계절과 윤활유 SAE 번호는 관계가 없다.
④ 겨울은 여름보다 SAE 번호가 큰 윤활유를 사용한다.

〈윤활유 점도〉

**86 윤활유 점도가 기준보다 높은 것을 사용했을 때 일어나는 현상은?**

① 동절기에 사용하면 기관 시동이 용이하다.
② 점차 묽어지므로 경제적이다.
③ 윤활유가 좁은 공간에 잘 스며들어 충분한 주유가 된다.
④ 윤활유 공급이 원활하지 못하다.

〈점도지수〉

**87 점도지수가 큰 오일의 온도변화에 따른 점도 변화는?**

① 적다.
② 크다.
③ 온도와 점도 관계는 무관하다.
④ 불변이다.

정답 80 ① 81 ③ 82 ② 83 ② 84 ③ 85 ② 86 ④ 87 ①

〈오일의 양〉

**88 엔진오일량 점검에서 오일게이지에 상한선(Full)과 하한선(Low) 표시가 되어 있을 때 가장 적합한 것은?**

① Low 표시에 있어야 한다.
② Full 표시에 있어야 한다.
③ Low와 Full 표시 사이에서 Low에 가까이 있으면 좋다.
④ Low와 Full 표시 사이에서 Full에 가까이 있으면 좋다.

〈오일의 오염〉

**89 엔진오일이 우유색을 띠고 있을 때의 원인은?**

① 경유가 유입되었다.
② 연소가스가 섞여 있다.
③ 냉각수가 섞여 있다.
④ 가솔린이 유입되었다.

〈오일의 소비〉

**90 엔진오일이 많이 소비되는 원인이 아닌 것은?**

① 피스톤링의 마모가 심할 때
② 실린더의 마모가 심할 때
③ 기관의 압축 압력이 높을 때
④ 밸브 가이드의 마모가 심할 때

〈소비의 증대〉

**91 윤활유의 소비가 증대될 수 있는 두 가지 원인은?**

① 연소와 누설
② 비산과 압력
③ 비산과 희석
④ 희석과 혼합

〈온도상승〉

**92 엔진오일의 온도가 상승되는 원인이 아닌 것은?**

① 유량의 과다
② 오일의 점도가 부적당할 때
③ 고속 및 과부하 상태에서 연속작업
④ 오일 냉각기의 불량

〈냉각기〉

**93 다음 중 오일 냉각기의 기능으로 맞는 것은?**

① 오일 온도를 125~130℃ 이상 유지
② 오일 온도를 정상온도로 일정하게 유지
③ 유압을 일정하게 유지
④ 수분·슬러지(sludge) 등을 제거

## 5 흡 · 배기장치

〈흡기장치 조건〉

**94 다음 중 흡기장치의 요구조건으로 틀린 것은?**

① 전 회전영역에 걸쳐서 흡입효율이 좋아야 한다.
② 연소속도를 빠르게 해야 한다.
③ 흡입부에서는 와류가 발생하지 말아야 한다.
④ 균일한 분배성을 가져야 한다.

〈에어클리너 기능〉

**95 기관에서 공기청정기의 설치 목적으로 맞는 것은?**

① 연료의 여과와 가압작용
② 공기의 가압작용
③ 공기의 여과와 소음방지
④ 연료의 여과와 소음방지

〈공기청정기 역할〉

**96 연소에 필요한 공기를 실린더로 흡입할 때, 먼지 등의 불순물을 여과하여 피스톤 등의 마모를 방지하는 역할을 하는 장치는?**

**정답** 88 ④ 89 ③ 90 ③ 91 ① 92 ① 93 ② 94 ③ 95 ③ 96 ②

① 과급기(super charger)
② 에어클리너(air cleaner)
③ 냉각장치(cooling system)
④ 플라이 휠(fly wheel)

〈건식 청정기 세척〉

**97 건식 공기 여과기 세척방법으로 가장 적합한 것은?**

① 압축공기로 안에서 밖으로 불어낸다.
② 압축공기로 밖에서 안으로 불어낸다.
③ 압축오일로 안에서 밖으로 불어낸다.
④ 압축오일로 밖에서 안으로 불어낸다.

〈건식 청정기 장점〉

**98 건식 공기청정기의 장점이 아닌 것은?**

① 설치 또는 분해조립이 간단하다.
② 작은 입자의 먼지나 오물을 여과할 수 있다.
③ 구조가 간단하고 여과망을 세척하여 사용할 수 있다.
④ 기관 회전속도의 변동에도 안정된 공기청정 효율을 얻을 수 있다.

〈습식 청정기〉

**99 습식 공기청정기에 대한 설명이 아닌 것은?**

① 청정효율은 공기량이 증가할수록 높아지며, 회전속도가 빠르면 효율이 좋아진다.
② 흡입 공기는 오일로 적셔진 여과망을 통과시켜 여과시킨다.
③ 공기청정기 케이스 밑에는 일정한 양의 오일이 들어있다.
④ 공기청정기는 일정기간 사용 후 무조건 신품으로 교환해야 한다.

〈원심식 청정기〉

**100 여과기 종류 중 원심력을 이용하여 이물질을 분리시키는 형식은?**

① 건식 여과기
② 오일 여과기
③ 습식 여과기
④ 원심식 여과기

〈청정기 막힘〉

**101 공기청정기에 대한 설명으로 틀린 것은?**

① 공기청정기는 실린더 마멸과 관계없다.
② 공기청정기가 막히면 배기 색은 흑색이 된다.
③ 공기청정기가 막히면 출력이 감소한다.
④ 공기청정기가 막히면 연소가 나빠진다.

〈배기장치〉

**102 기관에서 배기상태가 불량하여 배압이 높을 때 생기는 현상과 관련이 없는 것은?**

① 냉각수 온도가 내려간다.
② 기관이 과열한다.
③ 기관의 출력이 감소한다.
④ 피스톤의 운동을 방해한다.

〈소음기〉

**103 머플러(소음기)에 대한 설명으로 틀린 것은?**

① 카본이 쌓이면 엔진 출력이 떨어진다.
② 배기가스의 압력을 높여서 열효율을 증가시킨다.
③ 머플러가 손상되어 구멍이 나면 배기음이 커진다.
④ 카본이 많이 끼면 엔진이 과열되는 원인이 될 수 있다.

〈블로바이가스(blow-by gas)〉

**104 피스톤과 실린더 간격이 클 때 일어나는 현상으로 맞는 것은?**

① 엔진이 과열한다.
② 기관의 출력이 증가한다.
③ 블로바이가스가 생긴다.
④ 기관의 회전속도가 빨라진다.

**정답** 97 ① 98 ③ 99 ④ 100 ④ 101 ① 102 ① 103 ② 104 ③

〈블로우다운(Blow Down)〉

**105 폭발행정 끝 부분에서 실린더 내의 압력에 의해 배기가스가 배기밸브를 통해 배출되는 현상은?**

① 블로우 업(Blow Up)
② 블로우 다운(Blow Down)
③ 블로우 바이(Blow By)
④ 블로우 백(Blow Back)

〈유해가스〉

**106 다음 중 연소 시 발생하는 질소산화물(NOx)의 발생 원인과 가장 밀접한 관계가 있는 것은?**

① 높은 연소온도
② 흡입 공기 부족
③ 소염 경계층
④ 가속 불량

〈배기가스 색〉

**107 배기가스의 색과 기관의 상태를 표시한 것으로 가장 거리가 먼 것은?**

① 무색 – 정상
② 황색 – 공기청정기의 막힘
③ 검은색 – 농후한 혼합비
④ 백색 또는 회색 – 윤활유의 연소

〈과급기〉

**108 디젤기관에 과급기를 부착하는 주된 목적은?**

① 출력의 증대
② 냉각효율의 증대
③ 배기의 정화
④ 윤활성의 증대

〈터보차저〉

**109 과급기를 부착하였을 때의 이점으로 틀린 것은?**

① 고지대에서도 출력의 감소가 적다.
② 회전력이 증가한다.
③ 기관 출력이 향상된다.
④ 압축 온도의 상승으로 착화지연시간이 길어진다.

〈과급기 구동〉

**110 다음 중 터보차저를 구동하는 것으로 가장 적합한 것은?**

① 엔진의 열
② 엔진의 배기가스
③ 엔진의 흡입가스
④ 엔진의 여유 동력

〈감압장치(De-comp)〉

**111 디젤기관 시동보조장치에 사용되는 디콤프(De-comp)의 기능 설명으로 틀린 것은?**

① 한랭 시 시동할 때 원활한 회전으로 시동이 잘 될 수 있도록 하는 역할을 하는 장치이다.
② 기관의 출력을 증대하는 장치이다.
③ 기관의 시동을 정지할 때 사용될 수 있다.
④ 기동전동기에 무리가 가는 것을 예방하는 효과가 있다.

〈디콤프〉

**112 감압장치에 대한 설명 중 옳은 것은?**

① 화염 전파속도를 빨리해주는 장치
② 시동을 도와주는 장치
③ 연료 손실을 감소시키는 장치
④ 출력을 증가시키는 장치

〈예열장치〉

**113 다음 중 예열장치의 설치목적으로 옳은 것은?**

**정답** 105 ② 106 ① 107 ② 108 ① 109 ④ 110 ② 111 ② 112 ② 113 ②

① 연료를 압축하여 분무성을 향상시키기 위함이다.
② 냉간 시동 시 시동을 원활히 하기 위함이다.
③ 연료 분사량을 조절하기 위함이다.
④ 냉각수의 온도를 조절하기 위함이다.

〈흡기가열식〉

**114 디젤기관의 연소실 방식에서 흡기 가열식 예열 장치를 사용하는 것은?**

① 직접분사식
② 예연소실식
③ 와류실식
④ 공기실식

〈사용시기〉

**115 예열 플러그의 사용시기로 가장 알맞은 것은?**

① 냉각수의 양이 많을 때
② 기온이 영하로 떨어졌을 때
③ 축전지가 방전되었을 때
④ 축전지가 과충전되었을 때

〈히트레인지(heat range)〉

**116 디젤기관에서 시동을 돕기 위해 설치된 부품으로 맞는 것은?**

① 과급장치
② 발전기
③ 디퓨저
④ 히트레인지

〈예열 플러그〉

**117 디젤 엔진의 예열장치에서 연소실 내의 압축공기를 직접 예열하는 형식은?**

① 히트 릴레이식
② 예열 플러그식
③ 흡기 히터식
④ 히트 레인지식

〈실드형 예열 플러그〉

**118 실드형 예열 플러그에 대한 설명으로 맞는 것은?**

① 히트 코일이 노출되어 있다.
② 발열량은 많으나 열용량은 적다.
③ 열선이 병렬로 결선되어 있다.
④ 축전지의 전압을 강하시키기 위하여 직렬 접속한다.

〈병렬연결〉

**119 6기통 디젤기관의 병렬로 연결된 예열 플러그 중 3번 기통의 예열 플러그가 단선되었을 때 나타나는 현상에 대한 설명으로 옳은 것은?**

① 2번과 4번의 예열 플러그도 작동이 안 된다.
② 예열 플러그 전체가 작동이 안 된다.
③ 3번 실린더 예열 플러그만 작동이 안 된다.
④ 축전지 용량의 배가 방전된다.

〈예열 플러그 고장원인〉

**120 예열 플러그의 고장이 발생하는 경우로 거리가 먼 것은?**

① 엔진이 과열되었을 때
② 발전기의 발전 전압이 낮을 때
③ 예열시간이 길었을 때
④ 정격이 아닌 예열 플러그를 사용했을 때

〈예열플러그 단선원인〉

**121 디젤기관에서 예열 플러그가 단선되는 원인으로 틀린 것은?**

① 너무 짧은 예열시간
② 규정 이상의 과대 전류 흐름
③ 기관의 과열 상태에서 잦은 예열
④ 예열 플러그 설치할 때 조임 불량

정답 114 ① 115 ② 116 ④ 117 ② 118 ③ 119 ③ 120 ② 121 ①

〈예열 플러그 가열시간〉

**122 예열 플러그가 스위치 ON 후 15~20초에서 완전히 가열되었을 경우의 설명으로 옳은 것은?**

① 정상 상태이다.
② 접지되었다.
③ 단락되었다.
④ 다른 플러그가 모두 단선되었다.

〈예열 플러그 오염〉

**123 예열 플러그를 빼서 보았더니 심하게 오염되어 있다. 그 원인은?**

① 불완전 연소 또는 노킹
② 엔진 과열
③ 플러그의 용량 과다
④ 냉각수 부족

정답 122 ① 123 ①

# 굴착기 조정, 점검

## -건설기계의 전기장치

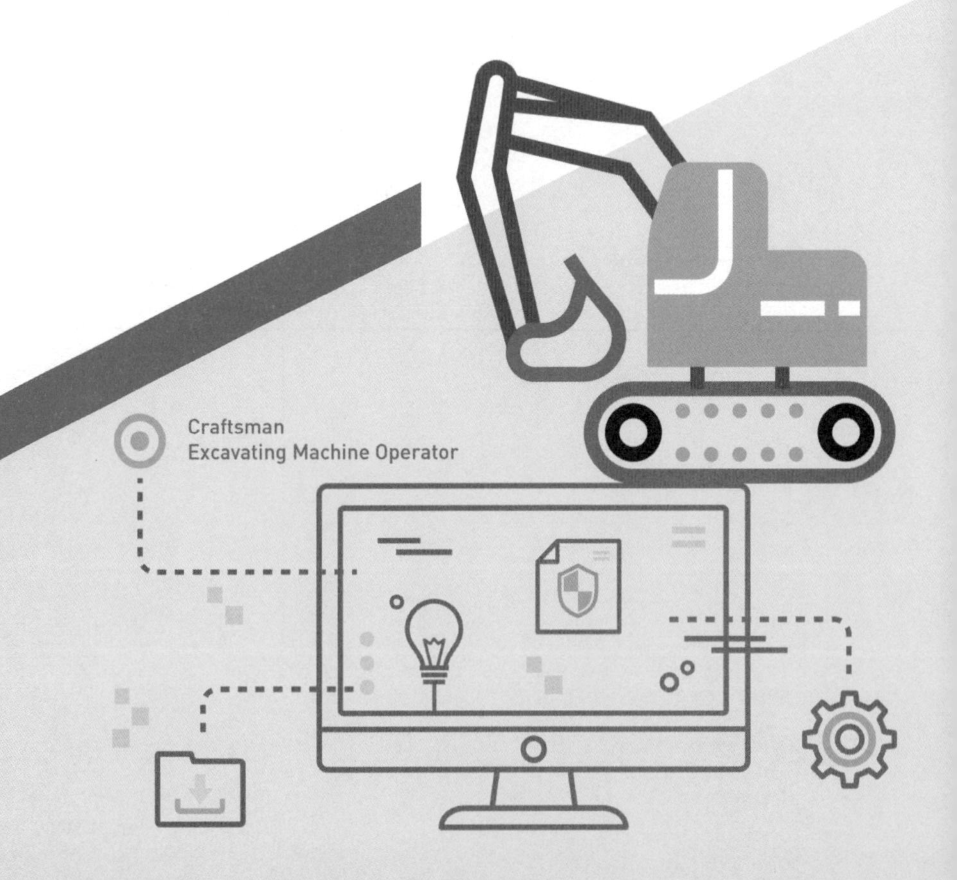

Craftsman Excavating Machine Operator

# 01 기초 전기

## 1 전기의 구성

### 1 정전기와 동전기

① 정전기 : 전기가 이동하지 않고 물질에 정지하고 있는 전기

② 동전기 : 전기가 물질에 정지하지 않고 이동하고 있는 전기

- 직류 전기 : 전압 및 전류가 일정 값을 유지하고 흐름의 방향도 일정한 전기
- 교류 전기 : 전압 및 전류가 시시각각으로 변화하고 흐름의 방향도 정방향과 역방향으로 차례로 반복되어 흐르는 전기

### 2 전류

① 전류의 뜻 : 도선을 통하여 전자가 이동하는 것을 말한다.

② 전류의 3대 작용

- 발열 작용 : 도선에 전류가 흐르면 열이 발생하는 작용으로서 전구, 예열플러그, 전열기 등에 활용한다.
- 화학 작용 : 묽은 황산 속에 전극을 담고 전류를 흐르게 하면 전해하는 작용으로서 축전지, 전기도금 등에 활용한다.
- 자기 작용 : 전선이나 코일에 전류를 흐르게 하였을 때 그 주위 공간에 자기 현상이 발생하는 작용으로서 전동기, 발전기 등에 활용한다.

③ 전류의 단위 : 기호는 I이고 기본 단위는 암페어(Amper, 약호 A)를 사용하며, 1암페어(A)는 도체의 단면에 흐르는 크기를 말한다.

- 1A = 1,000mA(미리 암페어)
- 1mA = 1,000μA(마이크로 암페어)

## 3 저항

① 저항의 뜻 : 전류가 물질 속에 흐를 때 그 흐름을 방해하는 요소를 전기 저항(Resistance, 약호 R)이라 말한다.

② 저항의 단위 : 기호는 R이고 기본단위는 옴(Ohm, Ω )을 사용하며, 1옴(Ω )은 도체에 1암페어(A)의 전류를 흐르게 할 때 1V의 전압을 필요로 하는 도체의 저항을 말한다.

−1㏀ = 1,000Ω

−1㏁ = 1,000,000Ω

## 4 전압

① 전압의 뜻 : 전류가 이동하는 힘을 전압(Electric pressure, 약호 E)이라 말한다. 따라서 전압이 높을수록 전류가 많이 흐른다.

② 전압의 단위 : 기호는 E이고 기본단위는 볼트(Volt, V)를 사용하며, 1볼트(V)는 1옴(Ω)의 도체에 1암페어(A)의 전류를 흐르게 할 수 있는 전압을 말한다.

−1V = 1,000㎷

−㎸ = 1,000V

## 5 전력

① 전력의 뜻 : 저항에 전류가 흐를 때 단위시간에 하는 일의 양을 전력(Electric Power)이라 말한다.

② 전력의 단위 : 기호는 P이고 기본단위는 와트(Watt, 약호 W)를 사용한다.

③ 전력(P) = 전류(I) × 전압(E)

**전기 관련 기호 및 기본단위**

| | |
|---|---|
| – 전류 : 기호(I), 기본단위(A) | – 저항 : 기호(R), 기본단위(Ω ) |
| – 전압 : 기호(E), 기본단위(V) | – 전력 : 기호(P), 기본단위(W) |

## 6 전기회로의 안전수칙

① 접촉저항 : 전선의 접속은 접촉저항을 적게 하여야 한다.

② 접 지 : 전기장치는 반드시 접지하여야 한다.

③ 퓨 즈 : 퓨즈는 용량이 맞는 것을 끼워야 한다.

④ 계기사용 : 모든 계기를 사용 시에는 최대 측정범위를 초과하지 않아야 한다.

# 2 옴(Ohm)의 법칙

## 1 옴의 법칙 원리

도체에 흐르는 전류(I)는 도체에 가해진 전압(E)에 정비례하고 저항(R)에는 반비례한다는 원칙이다.

## 2 옴의 법칙 산식

I = E/R (전류 = 전압/저항)

## 3 저항의 접속

① 직렬접속

- 저항의 한쪽 리드에 다른 저항의 한쪽을 일렬로 연결하는 접속 방법으로 전압을 이용할 때 연결한다.
- 동일 전압의 축전지를 직렬연결하면 전압은 개수에 배가되고 전류의 용량은 1개 때와 같다.

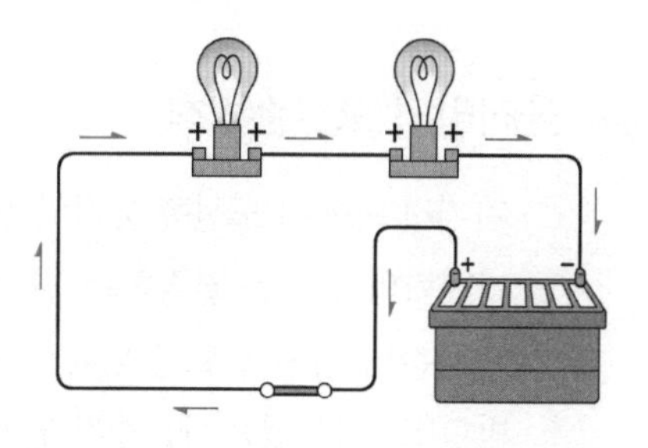

② 병렬접속

- 모든 저항을 두 단자에 공통으로 연결하는 접속 방법으로 전류를 이용할 때 연결한다.
- 동일 전류의 축전지를 병렬연결하면 전류의 용량은 개수에 배가되고 전압은 1개 때와 같다.

③ 직 · 병렬접속 : 직렬접속과 병렬접속을 혼합한 연결로서 회로에 흐르는 전압과 전류는 모두 상승한다.

# 3 플레밍의 법칙

## 1 플레밍의 왼손법칙

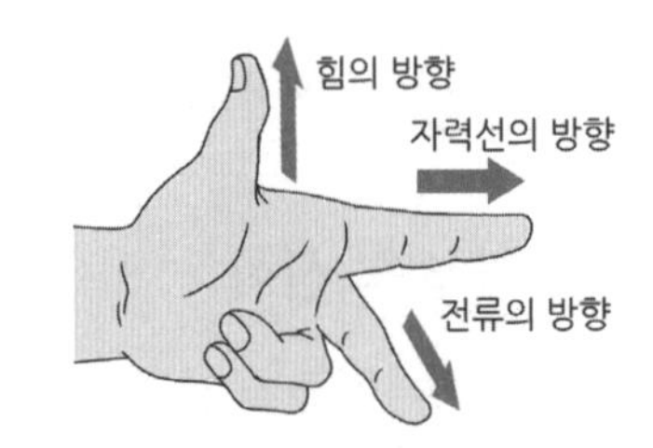


① 자기장 속에 있는 도선에 전류를 흐르게 하였을 때 도체에 작용하는 힘의 방향을 나타내는 법칙이다.

② 왼손의 검지를 자기장(B)의 방향, 중지를 전류(I)의 방향으로 했을 때, 엄지가 가리키는 방향으로 전자력 즉 힘(F)이 작용한다.

③ 플레밍의 왼손법칙은 기동전동기의 원리에 이용된다.

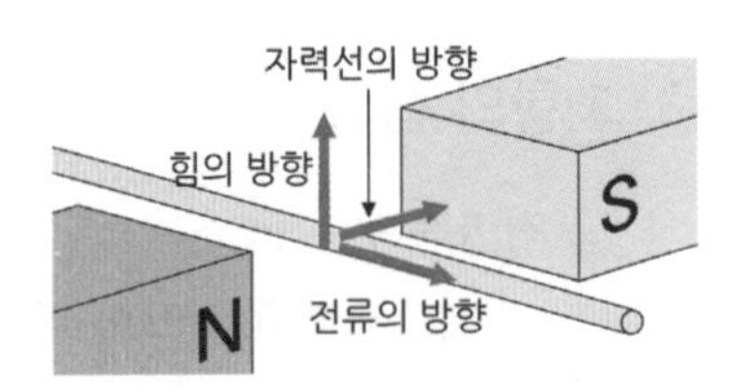


## 2 플레밍의 오른손법칙

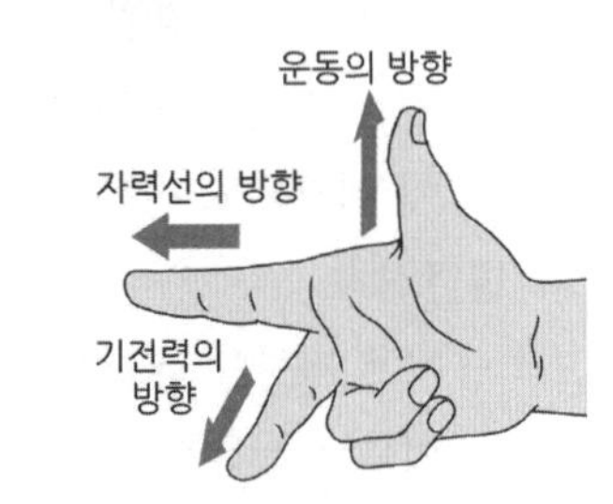


① 자기장 속에서 도선을 움직였을 때 도체에 발생하는 유도 기전력의 방향을 결정하는 법칙이다.

② 오른손의 엄지를 도선의 힘의 방향(F), 검지를 자기장의 방향(B)으로 했을 때, 중지가 가리키는 방향으로 전류(I)가 흐른다.

③ 플레밍의 오른손법칙은 발전기에 원리에 이용된다.

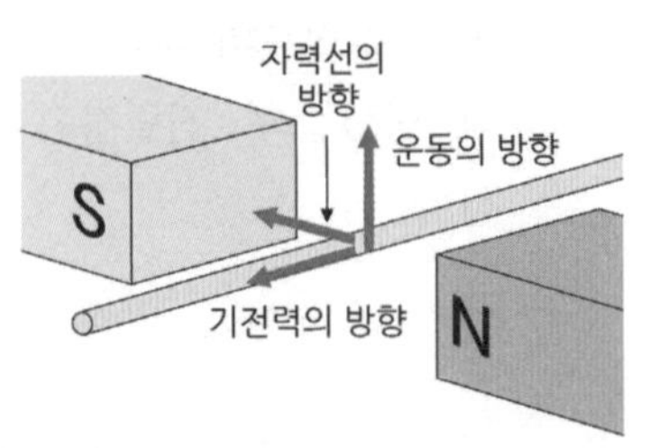


> **플레밍 법칙의 F, B, I**
> - F : 힘의 방향, force(영어)
> - B : 자기장의 방향, Biot라는 과학자의 이름 약자(자기장의 세기는 도선의 길이에 반비례한다는 것을 밝혀낸 과학자)
> - I : 전류의 방향, Intensite(불어), 예전에는 과학의 중심이 미국 중심이 아니라 유럽 중심이었기 때문이다.

# 4 반도체

## 1 다이오드

① 다이오드의 뜻 : 이극 진공관 및 반도체 다이오드를 통틀어 이르는 말이며, P형 반도체(+성질)와 N형 반도체(−성질)를 맞대어 결합한 것이다.

② 다이오드의 종류

−제너 다이오드 : 일정한 전압을 얻을 목적으로 사용하는 다이오드

−포토 다이오드 : 빛에너지를 전기에너지로 변환하는 다이오드(빛이 없으면 전류가 흐르지 않는다)

−발광 다이오드 : 전류를 빛으로 변환시키는 다이오드

③ 다이오드의 장 · 단점

−다이오드의 장점

- 예열시간을 요구하지 않고 곧바로 작동한다.
- 소형이고 가볍다.
- 내부의 전력손실이 적다.

−다이오드의 단점

- 열에 약해서 고온에서는 사용이 어렵다.
- 고전압에서는 사용이 불가능하다.

## 2 트랜지스터

① 트랜지스터의 뜻 : 3개의 반도체를 접합하여 만든 소자로서 2개의 같은 종류와 1개의 다른 종류의 반도체를 접합하여, P−N 접합에 또 하나의 P형 또는 N−P접합에 N형 반도체를 결합한 것을 말한다.

② 트랜지스터의 종류

−P−N−P형 : 접지 단자에 컬렉터가 접지된다.

−N−P−N형 : 접지 단자에 이미터가 접지된다.

③ 트랜지스터의 장 · 단점

−트랜지스터의 장점

- 내구성 : 소형이며 가볍고 튼튼하다.
- 고장률 : 수명이 길어서 반영구적이다.
- 전 압 : 내부전압 강하가 적다.

· 저 항 : 내부저항이 극히 작아 전력 소모가 적다.

–트랜지스터의 단점

· 열에 약해서 고온에서는 사용이 어렵다.

· 출력이 작다.

④트랜지스터의 회로 : 증폭회로, 스위칭회로 및 지연회로 등이 있다.

–증폭회로 : 적은 전류로 큰 출력신호를 얻을 수 있는 회로이다.

–스위칭회로 : 베이스 전류를 단속(on, off)하여 컬렉터 전류를 단속하는 회로이다.

–지연회로 : 입력회로를 일정시간 지연시켜 출력으로 꺼내는 회로(기억장치)이다.

⑤ 트랜지스터의 구성

베이스, 이미터, 컬렉터 등 3개의 전극에서 작은 전기신호를 받아 증폭하는 작용을 한다.

CHAPTER

# 01 기초 전기

## 1 전기의 구성

〈전기의 종류〉

**01 전기가 이동하지 않고 물질에 정지하고 있는 전기는?**

① 동전기
② 정전기
③ 직류전기
④ 교류전기

〈3대작용〉

**02 전류의 3대 작용이 아닌 것은?**

① 발열작용
② 물리작용
③ 자기작용
④ 화학작용

〈충 · 방전작용〉

**03 축전지의 충 · 방전 작용으로 맞는 것은?**

① 화학작용
② 물리작용
③ 환원작용
④ 전기작용

〈저항〉

**04 전기장치에서 접촉저항이 발생하는 개소 중 틀린 것은?**

① 배선 중간 지점
② 스위치 접점
③ 축전지 터미널
④ 배선 커넥터

〈전류〉

**05 전압이 24V 저항이 2Ω 일 때 전류는 얼마인가?**

① 3A
② 6A
③ 12A
④ 24A

〈전기단위〉

**06 전기 관련 단위로 틀린 것은?**

① A – 전류
② Ω – 저항
③ V – 주파수
④ W – 전력

〈전력〉

**07 기동전동기의 전압이 24V이고 출력이 5KW 일 경우 최대 전류는 몇A 인가?**

① 50A
② 100A
③ 208A
④ 416A

〈단위 환산〉

**08 전기 단위 환산으로 맞는 것은?**

① 1KV = 1000V
② 1A = 10mA
③ 1KV = 100V
④ 1A = 100mA

정답 01 ② 02 ② 03 ① 04 ① 05 ③ 06 ③ 07 ③ 08 ①

〈안전수칙〉

**09 전기회로의 안전사항으로 설명이 잘못된 것은?**

① 전선의 접속은 접촉저항이 크게 하는 것이 좋다.
② 모든 계기를 사용할 때는 최대 측정범위를 초과하지 않도록 하여야 한다.
③ 전기장치는 반드시 접지하여야 한다.
④ 퓨즈는 용량이 맞는 것을 끼워야 한다.

## 2 옴(Ohm)의 법칙

〈전류〉

**10 전류에 관한 설명이다. 틀린 것은?**

① 전류는 전압 크기에 비례한다.
② 전류는 저항 크기에 반비례한다.
③ V=IR (V 전압, I 전류, R 저항)이다.
④ 전류는 전압, 저항과 무관하다.

〈옴의 법칙〉

**11 옴의 법칙에 관한 공식으로 맞는 것은?(단, 전류 $=I$, 저항$=R$, 전압$=V$)**

① $I=V\times R$
② $V=\frac{R}{I}$
③ $R=\frac{V}{I}$
④ $I=\frac{R}{V}$

〈옴의 법칙〉

**12 전압이 24V, 저항이 2Ω 일 때 전류는 얼마인가?**

① 3A ② 6A
③ 12A ④ 24A

〈직렬접속〉

**13 그림과 같이 12V용 축전지 2개를 사용하여 24V용 건설기계를 시동하고자 한다. 연결 방법으로 옳은 것은?**

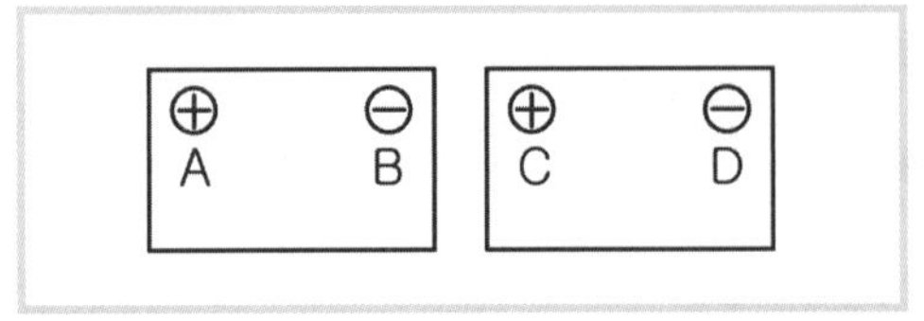


① B–D
② A–C
③ B–C
④ A–B

〈직렬접속〉

**14 건설기계에 사용되는 12볼트(V) 80암페어(A) 축전지 2개를 직렬 연결하면 전압과 전류는?**

① 24볼트(V) 160암페어(A)가 된다.
② 12볼트(V) 160암페어(A)가 된다.
③ 24볼트(V) 80암페어(A)가 된다.
④ 12볼트(V) 80암페어(A)가 된다.

〈병렬접속〉

**15 건설기계에서 사용하는 축전지 2개를 병렬로 연결하였을 때 변화되는 것은?**

① 전압이 증가된다.
② 전류가 증가된다.
③ 비중이 증가된다.
④ 전압 및 전류가 증가된다.

정답 09 ① 10 ④ 11 ③ 12 ③ 13 ③ 14 ③ 15 ②

## 3 플레밍의 법칙

〈플레밍의 왼손법칙〉

**16 건설기계에 사용되는 전기장치 중 플레밍의 왼손법칙이 적용된 부품은?**

① 발전기
② 점화코일
③ 릴레이
④ 시동 전동기

〈플레밍의 오른손법칙〉

**17 건설기계에 사용되는 전기 장치 중 플레밍의 오른손법칙이 적용되어 사용되는 부품은?**

① 발전기
② 기동전동기
③ 점화코일
④ 릴레이

## 4 반도체

〈다이오드〉

**18 빛을 받으면 전류가 흐르지만 빛이 없으면 전류가 흐르지 않는 전기 소자는?**

① 포토 다이오드
② 제너 다이오드
③ 발광 다이오드
④ PN접합 다이오드

〈트랜지스터〉

**19 트랜지스터의 일반적인 특성으로 틀린 것은?**

① 수명이 길다.
② 고온, 고전압에 강하다.
③ 소형, 경량이다.
④ 내부전압 강하가 적다.

〈회로작용〉

**20 트랜지스터의 회로작용이 아닌 것은?**

① 발열 회로
② 지연 회로
③ 스위칭 회로
④ 증폭 회로

정답 16 ④ 17 ① 18 ① 19 ② 20 ①

# 02 전기장치의 구조 및 기능

## 1 축전지(배터리, battery)

### 1 축전지의 역할

① 시동 시 전원 : 기동전동기가 엔진을 시동할 때 전원으로 사용(기동장치의 전기적 부하를 부담)한다.

② 주행 중일 때 : 발전기의 고장 또는 전류가 부족할 때 일시적으로 주행을 확보하기 위한 전원(점화, 등화장치 등)으로 작동한다.

③ 발전기 출력과 부하와의 언밸런스를 조정 : 발전기 출력이 남으면 보관하고 부족하면 보충한다.

### 2 축전지의 구조

① 축전지의 구성

- 케이스 : 극판과 전해액을 보관하는 통이며, 오염 시에는 소다로 중화시킨 후 물로 세척한다.
- 극판
  - 극판의 설치 : 격리판과 유리매트를 사이에 두고 양극판과 음극판이 설치된다.
  - 극판의 변화 : 방전 시에는 황산납으로 변하며, 충전 시에는 양극판은 과산화납, 음극판은 납으로 변한다.

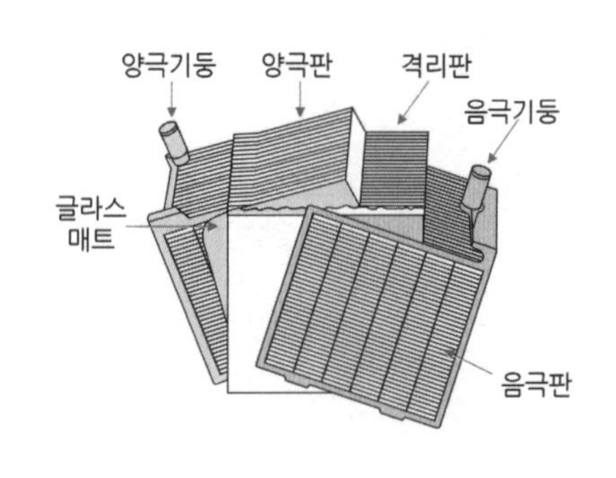


- 벤트 플러그
  - 벤트 플러그의 뜻 : 전해액 또는 증류수를 주입하는 구멍을 막는 마개를 말한다.
  - 설치 : 각 셀마다 1개씩 설치되어 있다.
  - 구조 : 중앙에 구멍이 뚫여 있어서 내부에서 발생하는 수소가스, 산소가스 등을 방출한다.
  - 셀(cell) : 몇 장의 극판을 접속편에 용접하여 단자(터미널) 기둥과 일체가 되도록 한 단전

지이다.

· 셀 커넥터(cell connector) : 납합금으로 만들어 각 셀을 직렬로 연결한다.

· 단자 기둥(terminal post, 터미널 기둥) : 축전지 커버에 노출되어 외부의 회로에 연결하는 단자이다.

· 터미널(단자)의 부식 : 전압강하가 발생되어 기동전동기 회전력이 약해지므로 엔진 크랭킹이 잘 안돼서 결국 시동이 걸리지 않는다.

② 축전지 터미널 식별방법

– 표시 : 양극은 (+), 음극은 (−)로 표시한다.

– 문자 : 양극은 P(Positive), 음극은 N(Negative)

– 크기 : 양극은 굵고, 음극은 가늘다.

– 색깔 : 양극은 적색, 음극은 흑색

③ 충 · 방전 시 화학작용

– 방전 시 화학작용

· 양극판 : 과산화납($PbO_2$) → 황산납($PbSO_4$)

· 음극판 : 해면상납(Pb) → 황산납($PbSO_4$)

– 충전 시 화학작용

· 양극판 : 황산납($PbSO_4$) → 과산화납($PbO_2$)

· 음극판 : 황산납($PbSO_4$) → 순납(Pb)

– 완전 충전된 상태의 화학반응식

과산화납($PbO_2$) + 묽은황산(2h2so4) + 순납(Pb)

## 3 축전지의 종류

① MF(Maintenance Free) 축전지

– 무보수용 : 증류수의 보충이 필요 없다.

– 마개 : 밀봉 촉매 마개를 사용한다.

– 격자의 재질 : 납과 칼슘합금이다.

– 점검창의 색깔로 상태를 파악한다.

· 정상 : 녹색 또는 청색

· 불량 : 적색 또는 검은색

· 과방전(충전필요) : 백색 또는 투명

② 납산 축전지

– 전원공급 : 발전기의 고장 또는 전류가 부족할 때 일시적인 전원을 공급한다.

– 언밸런스 조정 : 발전기의 출력 및 부하와의 언밸런스를 조정한다.
– 전압 : 셀의 수에 의하여 결정한다.
– 전해액 면이 낮아지면 : 증류수를 보충하여야 한다.
– 양극판 : 과산화 납, 음극판은 해면상납을 사용한다.
– 전해액 : 묽은 황산을 사용한다.

③ 알칼리 축전지
– 전해액으로 알칼리 용액을 사용한다.(납산 축전지 전해액은 묽은 황산)
– 진동에 강하고 자기 방전이 적어서 오래 사용할 수 있다.

## 4 축전지의 전압과 용량

① 12V용 납산 축전지의 전압
– 1개 셀의 전압 : 2V
– 6개 셀을 직렬연결 : 2V×6개 =12V

② 방전종지 전압
– 방전종지 전압의 뜻 : 어떤 전압 이하로 방전하여서는 안 되는 방전 한계 전압을 말한다.
– 1개의 셀 당 방전종지 전압 : 1.75V이다.

③ 12V용 납산 축전지의 방전종지 전압 : 1.75V×6개 =10.5V

④ 축전지 용량
– 축전지 용량의 뜻 : 완전 충전된 축전지를 일정의 전류로 연속 방전하여 방전종지 전압까지 사용할 수 있는 전기의 양을 말한다.
– 축전지 용량의 결정
· 극판의 크기, 극판의 형상 및 극판의 수에 의해 좌우된다.
· 전해액의 비중, 전해액의 온도 및 전해액의 양에 의해 좌우된다.
· 격리판의 재질, 격리판의 형상 및 크기에 의해 좌우된다.
· 용량(Ah) = 방전 전류(A) × 방전 시간(h)

## 5 전해액

① 전해액의 비중 : 전해액을 비중계로 측정하여 충전상태를 확인한다.
– 완전충전 상태 : 전해액의 온도가 20℃일 때 비중이 1.280
– 반충전 상태 : 전해액의 온도가 20℃일 때 비중이 1.280 미만

② 전해액의 혼합방법
– 용 기 : 질그릇, 플라스틱 그릇 등의 절연체 용기를 준비한다.

– 혼 합 : 증류수에 황산을 부어 혼합한다.
– 냉 각 : 조금씩 혼합하며 잘 저어서 냉각시킨다.(전해액을 냉각시키면 비중이 올라간다)
– 측 정 : 전해액의 온도가 20℃일 때 비중이 1,280 되는지 측정 확인한다.

## 6 축전지의 자기방전 · 충전

① 축전지의 자기방전(Self-Discharge)
  – 축전지의 자기방전 원인
    · 구조상 자연방전 : 극판의 작용물질이 황산과의 화학작용으로 인한 자연방전
    · 불순불 포함 : 전해액에 포함된 불순물이 국부전지를 구성하여 방전
    · 극판의 퇴적 : 탈락한 극판 작용물질이 축전지 내부에 단락하여 퇴적으로 인한 방전
    · 전기누설 : 축전지 커버와 케이스의 표면에서 전기의 누설로 인한 방전
  – 축전지의 자기 방전량
    · 전해액의 온도가 높을수록 자기 방전량은 크다.
    · 전해액의 비중이 높을수록 자기 방전량은 크다.
    · 기간(날짜)이 경과할수록 자기 방전량이 많아진다.
  – 축전지의 자기 방전율 : 충전 후 시간의 경과에 따라 자기 방전량의 비율은 점차 낮아진다.
  – 축전지의 내부 완전방전 : 축전지 액이 거의 없는 상태에서 장기간 사용하면 극판이 영구 황산납으로 변하여 사용하지 못하게 된다.

② 축전지의 충전(Charging)
  – 충전방식
    · 정전류 충전 : 충전 초기에서부터 끝날 때까지 일정 전류로 충전하는 방식
    · 정전압 충전 : 충전 초기에서부터 끝날 때까지 일정 전압으로 충전하는 방식
    · 단별 전류 충전 : 충전 초기에 큰 전류로 충전하고 시간의 경과와 함께 전류를 2~3단계로 감소시켜 충전하는 방식
    · 급속 충전 : 시간적인 여유가 없을 때 축전지를 자동차에서 탈착하지 않고 급속충전기를 이용하여 그대로 충전하는 방식

③ 축전지의 충전 시 유의사항
  – 충전 시 일반적인 주의사항
    · 전해액 주입구 마개(벤트 플러그)를 모두 열어야 한다.
    · 사용하지 않아도 1개월에 1회 보충전하여야 한다.
    · 축전지가 단락하여 불꽃이 발생하지 않게 하여야 한다.
    · 과충전을 하지 말아야 한다.

· 전해액 온도를 45℃ 이하로 유지하여야 한다.
· 폭발성 수소가스가 발생하므로 화기에 주의하여야 한다.
· 축전지 용량보다 낮은 전압으로 충전하여야 한다.
– 급속충전 시 유의사항
· 충전시간을 짧게 하고 가능한 한 자주 하지 말아야 한다.
· 전해액 온도가 45℃를 넘지 않도록 각별히 유의하여야 한다.
· 통풍이 잘되는 곳에서 충전하여야 한다.
· 충전 중인 축전지에 충격을 가하지 않도록 하여야 한다.
· 충전전류는 축전지 용량의 50%의 전류로 충전하여야 한다.
· 발전기의 다이오드를 보호하기 위하여 접지 케이블을 분리하여야 한다.

## 7 축전지의 연결

① 직렬연결(두 개 이상의 축전지 접속)
– 직렬접속법 : 서로 다른 극과 연결한다[(+)=(–), (–)=(+)]
– 직렬연결의 효과
· 전류(용량) : 1개 때와 같다.(20A)
· 전압 : 개수만큼 늘어난다.(12V×2개 =24V)
② 병렬연결(두 개 이상의 축전지 접속)
– 병렬접속법 : 서로 같은 극끼리 연결한다[(+)=(+), (–)=(–)]
– 병렬연결의 효과
· 전류(용량) : 개수만큼 늘어난다(20A×2개 =40A)
· 전압 : 1개 때와 같다(12V)

## 8 축전지의 탈거 · 부착

① 축전지의 탈거 : 접지 케이블을 우선 떼어낸 다음에, (–)케이블을 먼저 떼어낸 후, (+)케이블을 나중에 떼어낸다.
② 축전지의 부착 : (+)케이블을 먼저 부착한 후, (–)케이블을 나중에 부착한다.

### 9 축전지의 이상현상

① 축전지가 과충전일 때 발생하는 현상
- 전해액이 빨리 줄어들며, 색깔이 갈색으로 변한다.
- 양극판 격자가 산화된다.
- 양극 단자 쪽의 셀 커버가 불룩하게 부풀어진다.

② 축전지의 전해액이 빨리 줄어드는 원인
- 축전지 케이스의 손상
- 축전지의 과충전
- 전압조정기의 불량

## 2 기동장치(Starting System)

### 1 기동장치의 기능

① 기동장치의 뜻 : 정지되어 있는 기관을 시동하기 위하여 최초의 흡입과 압축행정에 필요한 에너지를 외부로부터 공급하여 기관을 회전시키는 장치를 말한다.

② 기동전동기(starting motor)
- 기동전동기의 기능 : 축전지를 전원으로 이용한 회전력으로 기관을 기동시키는 장치이다.
- 전동기의 작동원리 : 플레밍의 왼손법칙 원리가 활용된다.

### 2 기동장치의 종류

① 직권전동기
- 접속방식 : 전기자 코일과 계자코일이 직렬로 연결되어 있다.
- 기동회전력 : 순간적인 기동회전력이 크다.
- 회전속도 : 회전속도의 변화가 커서 전기부하가 걸렸을 때 회전속도가 낮아진다.
- 사용기기 : 자동차(건설기계를 포함) 기동전동기에 주로 사용된다.

② 분권전동기
- 접속방식 : 전기자 코일과 계자코일이 병렬로 연결되어 있다.
- 기동회전력 : 기동회전력이 적다.
- 회전속도 : 회전속도가 변화 없이 거의 일정하다.

– 사용기기 : 자동차의 전동팬 모터, 히터팬 모터 등에 사용된다.

③ 복권전동기

– 접속방식 : 직권과 분권 2개의 계자코일이 설치되어 있다.

– 기동회전력 : 기동할 때는 회전력이 크다.

– 회전속도 : 기동 후에는 회전속도가 변화 없이 일정하다.

– 사용기기 : 자동차의 윈드 실드 와이퍼 모터에 저속과 고속으로 작동된다.

## 3 기동전동기의 시험

① 기동전동기의 시험항목

– 무부하 시험 : 무부하 상태에서 기동전동기의 전류와 회전속도를 측정한다.

– 회전력 시험 : 부하 상태에서 기동전동기의 전류와 회전속도를 측정하며, 전기자가 정지 상태에서 측정하므로 정지 회전력이라고 한다.

– 저항 시험 : 기동전동기를 정지시킨 상태에서 전류를 측정하는 시험이다.

② 기타 시험항목 : 솔레노이드 풀인, 홀드인, 크랭킹 전류 시험 등이 있다.

## 4 기동전동기의 구성

① 전기자 : 전기자 철심, 전기자 코일, 축 및 정류자로 구성되어 있으며, 축 양끝은 베어링으로 지지되어 계자 철심 내를 회전한다.

– 전기자 철심 : 전기자 코일을 지지하고 계자 철심에서 발생한 자력선을 통과시키는 자기 회로 역할을 한다.

– 전기자 코일 : 전자력에 의해 전기자를 회전시키는 역할을 하며, 그롤러 시험기로 측정한다.

– 정류자 : 브러시에서 공급되는 전류를 일정한 방향으로 흐르도록 하는 역할을 한다.

② 기타 구성품

– 계자 철심 : 계자 코일에 전류가 흐르면 강력한 전자석이 된다.

– 계자 코일 : 전류가 흐르면 계자 철심을 자화시켜 토크를 발생한다.

– 기동전동기 브러시

· 기 능 : 축전지의 전기를 정류자와 접촉하여 전기자 코일에 전달시킨다.

· 교환 시기 : 본래 길이의 1/3 정도 마모되면 교환하여야 한다.

③ 기동전동기의 각종 스위치

– 기동전동기 스위치 : 전동기에 흐르는 주 전류를 개폐하는 역할을 한다.

– 푸시 버튼식 스위치 : 기동전동기 스위치를 손이나 발로 단자를 직접 접속시키는 형식이다.

– 전자식(magnetic) 스위치 : 전자석으로 개폐하는 형식으로서 2개의 코일과 플런저 등으로

구성되어 있다.
- 솔레노이드(solenoid) 스위치 : 피니언기어를 링기어에 연결하는 역할을 한다.

## 5 기동전동기의 동력전달

① 동력전달 기구의 뜻 : 기동 모터가 회전하면서 발생한 회전력을 기관의 플라이휠 링 기어에 기동전동기의 피니언을 맞물려 크랭크축을 회전시키는 기구를 말한다.
② 감속비율 : 링 기어와 피니언 기어의 감속비는 10~15:1 정도이다.
③ 동력전달 방식의 종류
- 벤딕스식 : 피니언의 관성과 전동기의 고속 회전을 이용한다.
- 피니언 섭동식 : 솔레노이드의 전자력을 이용한다.
- 전기자 섭동식 : 자력선이 가까운 거리를 통과하려는 성질을 이용한다.

④ 동력전달 기구의 동력전달 순서 : 클러치 → 시프트 레버 → 구동 피니언 기어 → 플라이휠의 링 기어
⑤ 오버 러닝 클러치 : 기동전동기의 회전력을 플라이 휠 회전력에 전달하지만 기관의 시동이 완료되면 플라이 휠 회전력은 기동전동기에 전달되지 않도록 하는 장치이다.

## 6 기동전동기의 취급 · 점검

① 기동전동기의 취급
- 기관의 시동 : 각종 조작 레버가 중립의 위치에 있는가를 확인 후 시동을 건다.
- 예열등 : 동절기에는 예열등을 켜고 잠시 후 소등이 되면 시동을 건다.
- 시동이 걸린 후 : 시동 스위치를 계속 누르고 있으면 시동전동기의 수명이 단축된다.

② 기동전동기가 회전이 안 될 경우 점검사항
- 축전지의 방전 여부
- 배터리 단자의 접촉 불량 여부
- 배선의 단선 여부

# 3 충전장치(Charging System)

## 1 충전장치의 개요

① 충전장치의 역할 : 전기를 발전하여 자동차가 운행 중 각종 전기 장치에 전력을 공급하여 전원으로 사용하고, 동시에 남는 전류는 축전지에 보내서 충전하는 장치이다.

② 충전장치의 구성

– 발전기

· 발전기의 기능 : 전기를 발전하며 기관에 의하여 구동된다.

· 발전기의 작동원리 : 플레밍의 오른손법칙 원리가 활용된다.

– 발전 조정기 : 발전 전압 및 전류를 조정한다.

– 전류계, 충전경고등 : 충전상태를 알려준다.

## 2 교류발전기[AC발전기(Alternator Current)]

① AC(교류) 발전기의 작동

– 발전 : 자계를 형성하는 로터 코일에 축전지 전류를 공급하여 도체를 고정하고 전자석인 로터를 크랭크축 풀리와 구동벨트에 의한 기관 동력으로 회전시키는 타려자식으로 교류를 발전한다.

– 정류 : 정류용 실리콘 다이오드를 조립하여 교류를 정류하여 직류를 출력한다.

② AC(교류) 발전기의 구조

– 스테이터 : 전류가 발생하는 부분으로 외부에 고정되어 있다[DC(직류)발전기의 전기자에 해당].

– 로터 : 로터 코어, 로터 코일 및 슬립링으로 구성되어 있으며, 스테이터 내부에서 회전하여 자속을 형성한다[DC(직류)발전기의 계자 코일과 계자철심에 해당].

– 브러시 : 스프링의 장력으로 슬립 링에 접촉되어 전기자에서 발생된 전류를 로터 코일에 보낸다.

– 실리콘 다이오드

· 정류작용 : 스테이터 코일에 발생된 교류를 직류로 변환시키는 정류 역할을 한다.

· 역류방지 : 전류의 역류(축전지 → 발전기)를 방지한다.

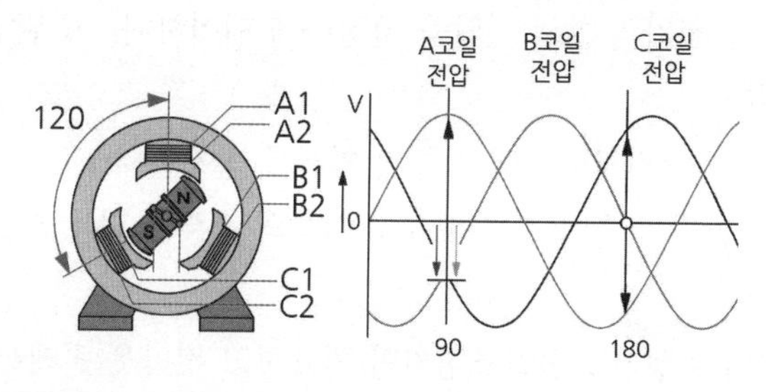


③ AC(교류) 발전기의 특징
- 자동차(건설기계를 포함)의 충전장치는 대부분 3상 교류발전기를 사용한다.
- 3상 교류발전기로 저속에서도 충전 성능이 우수하다.
- 가동이 안정되어 있어서 브러시의 수명이 길다.
- 실리콘 다이오드를 사용하기 때문에 정류 특성이 우수하다.
- 브러시에 불꽃 발생이 없고 점검, 정비가 쉽다.
- 작고 가벼우며(소형, 경량) 출력이 크다.

## 3 직류발전기(DC발전기, Direct Current)

① DC(직류) 발전기(generator)의 작동
- 발전 : 계자 철심과 코일로 형성된 전자석을 고정하고 전기자를 크랭크축 풀리와 구동벨트에 의한 기관 동력으로 회전시키는 자려자식으로 교류의 기전력이 발생한다.
- 정류 : 정류자와 브러시로 교류의 기전력을 직류로 만들어 직류를 출력한다.

② DC(직류) 발전기의 구조
- 전기자[AC(교류)발전기의 스테이터에 해당]
  · 기 능 : 전류가 발생되는 부분이다.
  · 구 성 : 전기자 철심, 전기자 코일, 정류자, 전기자 축 등으로 구성된다.
- 계자 철심과 계자 코일[AC(교류)발전기의 로터에 해당]
  · 기 능 : 계자 코일에 전류가 흐르면 철심이 전자석이 되어 자속을 발생한다.
  · 형 태 : 계자 철심에 계자 코일이 감겨져 있다.
- 정류자와 브러시 : 전기자에서 발생한 교류의 기전력을 직류로 변환한다.

## 4 발전기의 조정기(레귤레이터, Regulator)

① 조정기(레귤레이터)의 뜻 : 발전기의 전압, 전류 등을 조정하는 장치이며, 이러한 조정기에 고장이 발생하면 정상적으로 발전이 되어도 충전이 되지 않는다.

② 조정기(레귤레이터)의 종류

- 전압조정기 : 발전기의 발생 전압을 일정하게 제어하며, AC발전기와 DC발전기에서 공통으로 가지고 있다.
- 컷아웃 릴레이 : 축전지로부터 전류의 역류를 방지한다(DC발전기만 가지고 있다).
- 전류 제한기 : 발전기 출력 전류가 규정 이상의 전류가 되는 것을 방지한다(DC발전기만 가지고 있다).

③ AC발전기(교류)의 조정기 : 전압조정기만 필요하고 컷아웃 릴레이와 전류 제한기는 필요 없다.

④ DC발전기(직류)의 조정기 : 전압조정기와 컷아웃 릴레이 및 전류 제한기가 필요하다.

## 5 발전기 출력 및 축전지 전압이 낮은 원인

① 조정 전압이 낮다.

② 다이오드가 단락되었다.

③ 축전지 케이블의 접속이 불량하다.

④ 충전회로에 부하가 너무 많이 걸려있다.

## 6 축전지가 충전되지 않는 원인

① 발전기의 전압조정기(레귤레이터)가 고장이다.

② 축전지 극판이 손상되었거나 노후 되었다.

③ 전장부품의 전기 사용량이 너무 많다.

④ 축전지 케이블 연결부분의 접속이 이완되었다.

⑤ 발전기가 고장이다.

# 4 등화장치

## 1 조명과 관련한 용어

① 광속(루멘, lumen) : 광원으로부터 방사되는 빛의 에너지로서 빛의 다발을 말한다.

② 광도(칸델라, candera) : 빛의 강도를 나타내는 정도로서 어떤 방향의 빛의 세기이다.

③ 조도(럭스, lux) : 광속의 밀도로서 빛의 밝기를 표시한다.

## 2 등화장치의 종류

① 조명용 : 전조등, 후진등, 안개등, 실내등

② 신호용 : 제동등, 방향지시등, 비상등

③ 외부 표시용 : 차폭등, 차고등, 후미등, 번호판등, 주차등

## 3 전조등

① 전조등의 기능 및 구성

- 전조등의 기능 : 야간에 전방을 확인하기 위한 등화로서 하이 빔과 로우 빔이 각각 병렬로 연결되어 있다.
- 전조등 장치의 구성 : 퓨즈, 전조등 릴레이, 전조등 스위치, 디머 스위치 등으로 구성되어 있다.

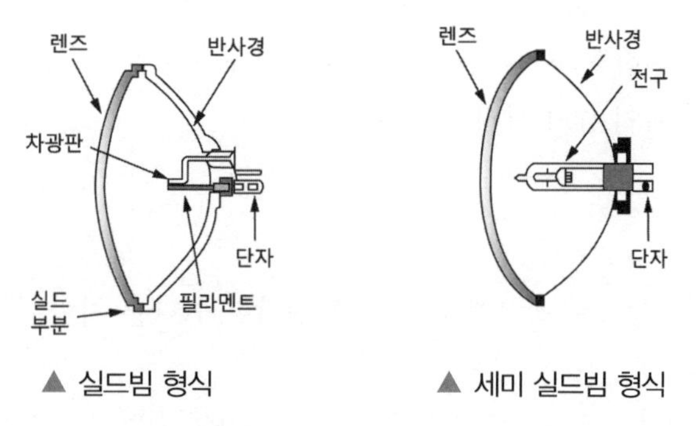


▲ 실드빔 형식　　▲ 세미 실드빔 형식

② 전조등 스위치

- 1단 스위치 : 미등, 차폭등, 번호등이 점등된다.
- 2단 스위치 : 미등, 차폭등, 번호등은 물론 전조등, 보조 전조등(안개등)이 모두 점등된다.

③ 상 · 하향 전환 및 배선

– 상 · 하향 전환 : 교행시 전조등은 디머 스위치에 의해 조명하는 방향과 거리가 변화된다.
– 전조등의 배선 : 전류가 많이 흐르기 때문에 복선식 배선을 사용한다.

④ 전조등의 종류
– 실드빔형 전조등
· 반사경에 필라멘트를 붙이고 렌즈를 녹여 붙인 전조등이다.
· 내부에 불활성 가스를 넣어 그 자체가 1개의 전구가 되도록 한 것이다.
· 밀봉되어 있기 때문에 광도의 변화가 적다.
· 대기의 조건에 따라 반사경이 흐려지지 않는다.
· 필라멘트가 끊어지면 전체를 교환하여야 한다.
– 세미 실드빔형 전조등
· 렌즈와 반사경이 일체로 되어있는 전조등이다.
· 전구는 별개로 설치한다.
· 공기가 유통되기 때문에 반사경이 흐려진다.
· 필라멘트가 끊어지면 전구만 교환한다.
– 할로겐 전조등
· 할로겐 전구를 사용한 세미 실드빔 형식이다.
· 필라멘트에서 증발한 텅스텐 원자와 휘발성의 할로겐 원자가 결합하여 휘발성 할로겐 텅스텐을 형성한다.
· 할로겐 사이클로 흑화 현상이 없어 수명이 다할 때까지 밝기가 변하지 않는다.
· 색 온도가 높아 밝은 백색의 빛을 얻을 수 있다.
· 교행용의 필라멘트 아래에 차광판이 있어 눈부심이 적다.
· 전구의 효율이 높아 밝기가 밝다.

## 4 방향지시등

① 방향지시등의 기능 : 운전자가 차량의 진행방향을 다른 차량이나 보행자에게 알리는 등이다.
② 방향지시등의 작동 : 전류를 일정한 주기로 단속하여 점멸시키거나 광도를 증감시킨다.
③ 전자열선 방식 플래셔 유닛 : 열에 의한 열선의 신축작용을 이용하여 단속한다.
④ 플래셔 유닛 : 램프에 흐르는 전류를 일정한 주기로 단속 점멸한다.
⑤ 중앙에 있는 전자석과 이 전자석에 의해 끌어 당겨지는 2조의 가동 접점으로 구성되어 있다.
⑥ 좌우 방향지시등의 점멸 횟수가 다르거나 한쪽이 작동되지 않는 이유
– 전구의 용량이 규정과 다르다.

- 전구의 접지가 불량하다.
- 하나의 전구가 단선되었다.
- 플래셔 스위치가 불량하다.
- 한쪽 전구 소켓에 녹이 발생하여 전압강하가 있다.

### 5 전기배선

① 단선식 배선
- 입력 쪽에만 전선을 이용하여 배선한다.
- 접지 쪽은 고정 부분에 의해서 자체적으로 접지된다.
- 적은 전류가 흐르는 회로에 이용한다.

② 복선식 배선
- 입력 및 접지 쪽에도 모두 전선을 이용하여 배선한다.
- 전조등과 같이 큰 전류가 흐르는 회로에 이용한다.
- 접지 불량에 의한 전압강하가 없다.

## 5 계기류 및 에어컨

### 1 계기류

① 계기류의 필요조건
- 구조가 간단할 것
- 내구성 및 내진성이 있을 것
- 소형 · 경량일 것
- 지침을 읽기가 쉬울 것
- 지시가 안정되어 있고 확실할 것
- 장식적인 면도 고려되어 있을 것

② 경음기
- 경음기의 기능 : 진동판을 진동시킬 때 공기의 진동에 의해 음을 발생시킨다.
- 경음기의 종류
  - 전기식 경음기 : 전자석을 이용하여 진동판을 진동시켜 음을 발생한다.
  - 공기식 경음기 : 압축공기를 이용하여 진동판을 진동시켜 음을 발생한다.

– 경음기 릴레이 : 경음기 스위치의 소손을 방지하는 역할을 한다.

③ 윈드 실드 와이퍼

– 윈드 실드 와이퍼의 기능 : 비나 눈에 의한 악천후에서 운전자의 시계를 확보시키는 역할을 한다.

– 윈드 실드 와이퍼의 구성 : 와이퍼 모터, 링크 로드, 와이퍼 암, 와이퍼 블레이드로 구성되어 있다.

④ 경고등

– 유압 경고등 : 엔진이 작동되는 도중 유압이 규정 값 이하로 떨어지면 경고등이 점등된다.

– 충전 경고등 : 충전장치에 이상이 발생된 경우에 경고등이 점등된다.

– 냉각수 경고등 : 엔진의 냉각수가 부족한 경우에 경고등이 점등된다.

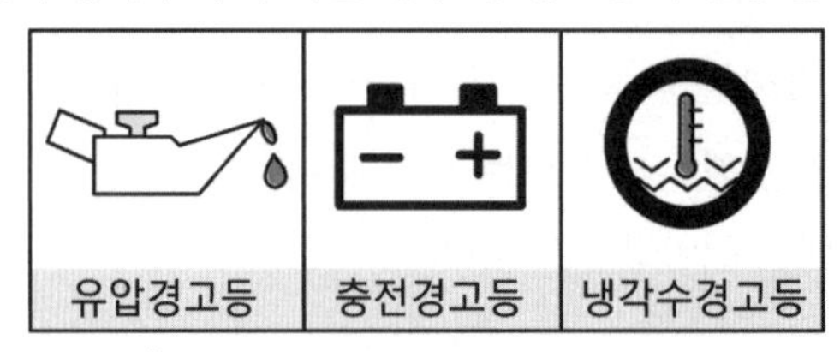


⑤ 유압계

– 유압계의 역할 : 엔진의 오일펌프에서 윤활 회로에 공급되는 유압을 표시한다.

– 정상유압

· 고속 시 : 6~8kg/cm$^2$

· 저속 시 : 3~4kg/cm$^2$

⑥ 수온계(냉각수 온도계)

– 수온의 측정 : 실린더 헤드 물재킷 부분의 냉각수 온도를 나타낸다.

– 정상온도 : 75~95℃

⑦ 전류계

– 전류계의 기능 : 충전·방전되는 전류량을 나타낸다.

– 지침이 (+) 방향을 지시 : 발전기에서 축전지로 충전되는 경우이다.

– 지침이 (–) 방향을 지시 : 축전지에서 부하로 방전되는 경우이다.

⑧ 연료계

– 연료계의 역할 : 연료의 잔량을 나타낸다.

– 연료계의 종류 : 밸런싱 코일식, 바이메탈 저항식, 서모스탯 바이메탈식

## 2 에어컨

① 에어컨의 구조

- 압축기 : 증발기에서 기화된 냉매를 고온·고압가스로 변환시켜 응축기로 보낸다.
- 응축기 : 고온·고압의 기체냉매를 냉각에 의해 액체냉매 상태로 변화시킨다.
- 리시버 드라이어 : 응축기에서 보내온 냉매를 일시 저장하고 항상 액체상태의 냉매를 팽창밸브로 보낸다.
- 팽창밸브 : 고온·고압의 액체냉매를 급격히 팽창시켜 저온·저압의 무상(기체) 냉매로 변화시킨다.
- 증발기 : 주위의 공기로부터 열을 흡수하여 기체 상태의 냉매로 변환시킨다.
- 송풍기 : 직류직권 전동기에 의해 구동되며 공기를 증발기에 순환시킨다.

② 에어컨의 냉매

- 구냉매(R-12) : 오존층의 파괴와 지구 온난화를 유발하는 물질로 판명되어  사용을 규제하고 있다.
- 신냉매 HFC-134a (R-134a) : 환경보전을 위하여 현재 대체물질로 활용하고 있다.

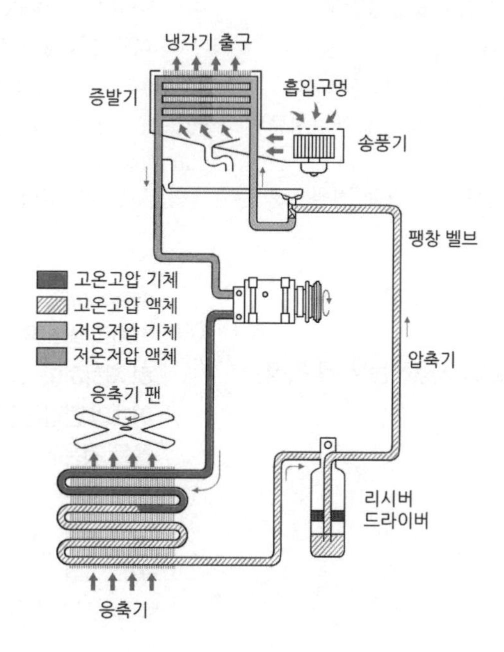

CHAPTER

# 01 전기장치의 구조 및 기능

## 1 축전지(배터리, battery)

〈축전지 기능〉

**01 건설기계 기관에 사용되는 축전지의 가장 중요한 기능은?**

① 주행 중 점화장치에 전류를 공급한다.
② 주행 중 등화장치에 전류를 공급한다.
③ 주행 중 발생하는 전기부하를 담당한다.
④ 기동장치의 전기적 부하를 담당한다.

〈축전지 역할〉

**02 축전지의 역할을 설명한 것으로 틀린 것은?**

① 기동장치의 전기적 부하를 담당한다.
② 발전기 출력과 부하와의 언밸런스를 조정한다.
③ 기관 시동시 전기적 에너지를 화학적 에너지로 바꾼다.
④ 발전기 고장시 주행을 확보하기 위한 전원으로 작동한다.

〈배터리 사용목적〉

**03 건설기계 기관에서 축전지를 사용하는 주된 목적은?**

① 기동전동기의 작동
② 연료펌프의 작동
③ 워터펌프의 작동
④ 오일펌프의 작동

〈축전지 구조〉

**04 축전지의 구조와 기능에 관련하여 중요하지 않은 것은?**

① 축전지 제조회사
② 단자기둥의 [+], [−] 구분
③ 축전지의 용량
④ 축전지 단자의 접촉상태

〈방전시 화학작용〉

**05 축전지에서 방전 중일 때의 화학작용을 설명하였다 틀린 것은?**

① 음극판 : 해면상납 → 황산납
② 전해액 : 묽은황산 → 물
③ 격리판 : 황산납 → 물
④ 양극판 : 과산화납 → 황산납

〈MF축전지〉

**06 MF(Maintenance Free) 축전지에 대한 설명으로 적합하지 않은 것은?**

① 증류수는 15일마다 보충한다.
② 격자의 재질은 납과 칼슘합금이다.
③ 밀봉 촉매 마개를 사용한다.
④ 무보수용 배터리이다.

〈방전종지전압〉

**07 전지의 방전은 어느 한도 내에서 단자 전압이 급격히 저하하며, 그 이후는 방전능력이 없어지게 된다. 이때의 전압을 ( )이라고 한다. ( )에 들어갈 용어로 옳은 것은?**

① 충전 전압
② 누전 전압
③ 방전 전압
④ 방전 종지 전압

〈전해액 혼합〉

**08 황산과 증류수를 사용하여 전해액을 만들 때의 설명으로 옳은 것은?**

정답 01 ④ 02 ③ 03 ① 04 ① 05 ③ 06 ① 07 ④ 08 ①

① 황산을 증류수에 부어야 한다.
② 증류수를 황산에 부어야 한다.
③ 황산과 증류수를 동시에 부어야 한다.
④ 철재 용기를 사용한다.

〈자기방전〉

**09 배터리의 자기방전 원인에 대한 설명으로 틀린 것은?**

① 전해액 중에 불순물이 혼합되어 있다.
② 배터리 케이스의 표면에서는 전기 누설이 없다.
③ 이탈된 작용물질이 극판의 아래 부분에 퇴적되어 있다.
④ 배터리의 구조상 부득이하다.

〈급속충전〉

**10 장비에 장착된 축전지를 급속 충전할 때 축전지의 접지 케이블을 분리시키는 이유로 맞는 것은?**

① 시동스위치를 보호하기 위하여
② 발전기의 다이오드를 보호하기 위하여
③ 기동전동기를 보호하기 위하여
④ 과충전을 방지하기 위하여

〈축전지 셀 접속〉

**11 12V의 납축전지 셀에 대한 설명으로 맞는 것은?**

① 6개의 셀이 직렬로 접속되어 있다.
② 6개의 셀이 병렬로 접속되어 있다.
③ 6개의 셀이 직렬과 병렬로 혼용하여 접속되어 있다.
④ 3개의 셀이 직렬과 병렬로 혼용하여 접속되어 있다.

〈축전지 연결〉

**12 축전지를 교환 및 장착할 때의 연결순서로 맞는 것은?**

① ⊕나 ⊖선 중 편리한 것부터 연결하면 된다.
② 축전지의 ⊖선을 먼저 부착하고, ⊕선을 나중에 부착한다.
③ 축전지의 ⊕, ⊖선을 동시에 부착한다.
④ 축전지의 ⊕선을 먼저 부착하고, ⊖선을 나중에 부착한다.

## 2 기동장치(Starting System)

〈기동전동기 기능〉

**13 기동전동기의 기능으로 틀린 것은?**

① 링 기어와 피니언 기어비는 15~20 : 1 정도이다.
② 플라이휠의 링 기어에 기동전동기의 피니언을 맞물려 크랭크축을 회전시킨다.
③ 기관을 구동시킬 때 사용한다.
④ 기관의 시동이 완료되면 피니언을 링 기어로부터 분리시킨다.

〈기동전동기 종류〉

**14 건설기계에 주로 사용되는 기동전동기로 맞는 것은?**

① 직류 복권전동기
② 직류 직권전동기
③ 직류 분권전동기
④ 교류 분권전동기

〈직권식 기동전동기〉

**15 직권식 기동전동기의 전기자 코일과 계자 코일의 연결이 맞는 것은?**

① 병렬로 연결되어 있다.
② 직렬로 연결되어 있다.
③ 직렬·병렬로 연결되어 있다.
④ 계자 코일은 직렬, 전기자 코일은 병렬로 연결되어 있다.

정답 09 ② 10 ② 11 ① 12 ④ 13 ① 14 ② 15 ②

〈동력전달 방법〉

**16 기동전동기의 피니언을 기관의 링 기어에 물리게 하는 방법이 아닌 것은?**

① 피니언 섭동식
② 벤딕스식
③ 전기자 섭동식
④ 오버런링 클러치식

〈피니언기어〉

**17 기관 시동장치에서 링 기어를 회전시키는 구동 피니언은 어느 곳에 부착되어 있는가?**

① 변속기
② 기동전동기
③ 뒤 차축
④ 클러치

〈기동전동기 시험〉

**18 기동전동기의 시험과 관계없는 것은?**

① 부하(회전력)시험
② 무부하 시험
③ 관성시험
④ 저항시험

〈전기자〉

**19 기동전동기 전기자는 ( A ), 전기자 코일, 축 및 ( B )로 구성되어 있고, 축 양끝은 축받이(bearing)로 지지되어 자극 사이를 회전한다. (A), (B) 안에 알맞은 말은?**

① A : 솔레노이드, B : 스테이터 코일
② A : 전기자 철심, B : 정류자
③ A : 솔레노이드, B : 정류자
④ A : 전기자 철심, B : 계철

〈브러시〉

**20 기동전동기의 브러시는 본래 길이의 얼마정도 마모되면 교환하는가?**

① $\frac{1}{2}$ 정도 마모되면 교환
② $\frac{1}{3}$ 정도 마모되면 교환
③ $\frac{2}{3}$ 정도 마모되면 교환
④ $\frac{3}{4}$ 정도 마모되면 교환

〈동력전달 방식〉

**21 기동전동기의 동력전달 기구를 동력전달 방식으로 구분한 것이 아닌 것은?**

① 벤딕스식
② 피니언 섭동식
③ 계자 섭동식
④ 전기자 섭동식

〈기동전동기 점검〉

**22 건설기계에서 기동전동기가 회전하지 않을 경우 점검할 사항으로 틀린 것은?**

① 축전지의 방전 여부
② 배터리 단자의 접촉 여부
③ 팬벨트의 이완 여부
④ 배선의 단선 여부

**정답** 16 ④ 17 ② 18 ③ 19 ② 20 ② 21 ③ 22 ③

## 3 충전장치(Charging System)

〈충전장치역할〉

**23 충전장치의 역할로 틀린 것은?**

① 램프류에 전력을 공급한다.
② 에어컨 장치에 전력을 공급한다.
③ 축전지에 전력을 공급한다.
④ 기동장치에 전력을 공급한다.

〈건설장비 발전기〉

**24 건설기계 장비의 충전장치에서 가장 많이 사용하고 있는 발전기는?**

① 직류 발전기
② 3상 교류 발전기
③ 와전류 발전기
④ 단상 교류 발전기

〈교류발전기 구조〉

**25 교류 발전기의 설명으로 틀린 것은?**

① 타려자 방식의 발전기다.
② 고정된 스테이터에서 전류가 생성된다.
③ 정류자와 브러시가 정류작용을 한다.
④ 발전기 조정기는 전압조정기만 필요하다.

〈교류발전기 주요부품〉

**26 교류 발전기(AC)의 주요부품이 아닌 것은?**

① 로터
② 브러시
③ 스테이터 코일
④ 컷아웃 릴레이

〈AC발전기 회전체〉

**27 교류 발전기에서 회전체에 해당하는 것은?**

① 스테이터
② 브러시
③ 엔드 프레임
④ 로터

〈AC발전기 전류발생〉

**28 AC 발전기에서 전류가 발생되는 곳은?**

① 여자 코일
② 레귤레이터
③ 스테이터
④ 계자 코일

〈AC발전기 직류전환〉

**29 교류 발전기의 구성품으로 교류를 직류로 변환하는 구성품은 어느 것인가?**

① 스테이터
② 로터
③ 정류기(실리콘 다이오드)
④ 콘덴서

〈AC발전기 출력조정〉

**30 충전장치에서 교류 발전기는 무엇을 변화시켜 충전 출력을 조정하는가?**

① 발전기의 회전속도
② 로터 전류
③ 브러시 위치
④ 스테이터 전류

〈AC발전기 특징〉

**31 직류(DC)발전기와 비교한 교류(AC)발전기의 특징으로 틀린 것은?**

① 소형이며 경량이다.
② 전류 조정기만 있으면 된다.
③ 브러시의 수명이 길다.
④ 저속 시에도 충전이 가능하다.

**정답** 23 ④ 24 ② 25 ③ 26 ④ 27 ④ 28 ③ 29 ③ 30 ② 31 ②

〈출력·전압이 낮은 원인〉

**32 발전기 출력 및 축전지 전압이 낮을 때의 원인으로 가장 거리가 먼 것은?**

① 다이오드 단락
② 조정 전압이 낮을 때
③ 충전회로에 부하가 적을 때
④ 축전지케이블 접속 불량

〈축전지 충전〉

**33 굴착기의 축전지가 충전되지 않는 원인으로 가장 옳은 것은?**

① 전압조정기(레귤레이터)가 고장일 때
② 팬벨트 장력이 셀 때
③ 전해액의 온도가 낮을 때
④ 발전기의 용량이 클 때

## 4 등화장치

〈용어의 뜻〉

**34 조명에 관련된 용어의 설명으로 틀린 것은?**

① 광도에 대한 단위는 칸델라(cd)이다.
② 조도의 단위는 루멘이다.
③ 빛의 밝기를 광도라 한다.
④ 피조면의 밝기는 조도로 나타낸다.

〈조명용 등화〉

**35 건설기계의 등화장치 종류 중에서 조명용 등화가 아닌 것은?**

① 전조등
② 안개등
③ 번호등
④ 후진등

〈회로연결〉

**36 좌우측 전조등 회로의 연결 방법으로 옳은 것은?**

① 직렬연결
② 단식배선
③ 병렬연결
④ 직·병렬연결

〈회로구성〉

**37 전조등 회로의 구성품으로 틀린 것은?**

① 전조등 릴레이
② 전조등 스위치
③ 디머 스위치
④ 플래셔 유닛

〈실드빔형〉

**38 실드빔식 전조등에 대한 설명으로 맞지 않는 것은?**

① 대기조건에 따라 반사경이 흐려지지 않는다.
② 내부에 불활성 가스가 들어있다.
③ 사용에 따른 광도의 변화가 적다.
④ 필라멘트를 갈아 끼울 수 있다.

〈세미 실드빔형〉

**39 세미 실드빔 형식을 사용하는 건설기계 장비에서 전조등이 점등되지 않을 때 가장 올바른 조치 방법은?**

① 렌즈를 교환
② 반사경을 교환
③ 전구를 교환
④ 전조등을 교환

〈할로겐램프〉

**40 현재 널리 사용되고 있는 할로겐램프에 대하여 운전사 두 사람(A, B)이 아래와 같이 서로 주장하고 있다. 어느 운전사의 말이 옳은가?**

정답 32 ③ 33 ① 34 ② 35 ③ 36 ③ 37 ④ 38 ④ 39 ③ 40 ②

> [보기]
> 운전사 A : 실드빔 형이다.
> 운전사 B : 세미실드빔 형이다.

① A가 맞다.
② B가 맞다.
③ A, B 모두 맞다.
④ A, B 모두 틀리다.

〈방향지시등〉

**41 방향지시등에 대한 설명으로 틀린 것은?**

① 램프를 점멸시키거나 광도를 증감시킨다.
② 전자 열선식 플래셔 유닛은 전압에 의한 열선의 차단 작용을 이용한 것이다.
③ 점멸은 플래셔 유닛을 사용하여 램프에 흐르는 전류를 일정한 주기로 단속 점멸한다.
④ 중앙에 있는 전자석과 이 전자석에 의해 끌어 당겨지는 2조의 가동 접점으로 구성되어 있다.

〈이상점멸 점검〉

**42 방향지시등의 한쪽 등이 빠르게 점멸하고 있을 때 운전자가 가장 먼저 점검하여야 할 곳은?**

① 전구(램프)
② 플래셔 유닛
③ 배터리
④ 콤비네이션 스위치

〈방향지시등 고장〉

**43 방향지시등 스위치를 작동할 때 한쪽은 정상이고, 다른 한쪽은 점멸작용이 정상과 다르게(빠르게 또는 느리게) 작용한다. 고장 원인이 아닌 것은?**

① 전구 1개가 단선되었을 때
② 전구를 교체하면서 규정 용량의 전구를 사용하지 않았을 때
③ 플래셔 유닛이 고장 났을 때
④ 한쪽 전구 소켓에 녹이 발생하여 전압강하가 있을 때

〈등화장치〉

**44 다음의 등화장치 설명 중 내용이 잘못된 것은?**

① 후진등은 변속기 시프트 레버를 후진 위치로 넣으면 점등된다.
② 방향지시등은 방향지시등의 신호가 운전석에서 확인되지 않아도 된다.
③ 번호등은 단독으로 점멸되는 회로가 있어서는 안된다.
④ 제동등은 브레이크 페달을 밟았을 때 점등된다.

## 5 계기류 및 에어컨

〈계기의 조건〉

**45 차량에 사용되는 계기의 필요조건으로 틀린 것은?**

① 구조가 복잡할 것
② 소형이고 경량일 것
③ 지침을 읽기가 쉬울 것
④ 가격이 쌀 것

〈경음기〉

**46 경음기 스위치를 작동하지 않았는데 경음기가 계속 울리고 고장이 발생하였다면 그 원인에 해당될 수 있는 것은?**

① 경음기 릴레이의 접점이 융착(融着)
② 배터리의 과충전
③ 경음기 접지선이 단선
④ 경음기 전원 공급선이 단선

정답 41 ② 42 ① 43 ③ 44 ② 45 ① 46 ①

〈와이퍼〉

**47 건설기계에서 윈드 실드 와이퍼를 작동시키는 형식으로 가장 일반적으로 사용하는 것은?**

① 압축 공기식
② 기계식
③ 진공식
④ 전기식

〈경고등〉

**48 운전석 계기판에 아래 그림과 같은 경고등이 점등되었다면 가장 관련이 있는 경고등은?**

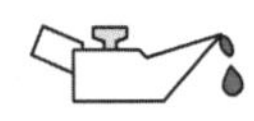

① 엔진오일 압력 경고등
② 엔진오일 온도 경고등
③ 냉각수 배출 경고등
④ 냉각수 온도 경고등

〈오일경고등〉

**49 건설기계 장비 작업 시 계기판에서 오일 경고등이 점등되었을 때 우선 조치사항으로 적합한 것은?**

① 엔진을 분해한다.
② 즉시 시동을 끄고 오일계통을 점검한다.
③ 엔진오일을 교환하고 운전한다.
④ 냉각수를 보충하고 운전한다.

〈오일경고등 점등〉

**50 엔진오일 압력 경고등이 켜지는 경우가 아닌 것은?**

① 오일이 부족할 때
② 오일필터가 막혔을 때
③ 가속하였을 때
④ 오일회로가 막혔을 때

〈냉각수 경고등〉

**51 건설기계 장비 운전 시 계기판에서 냉각수 경고등이 점등되었을 때 운전자로서 가장 적절한 조치는?**

① 라디에이터를 교환한다.
② 냉각수를 보충하고 운전한다.
③ 오일량을 점검한다.
④ 시동을 끄고 정비를 받는다.

〈충전경고등〉

**52 운전 중 운전석 계기판에 그림과 같은 등이 갑자기 점등되었다. 무슨 표시인가?**

① 배터리 완전충전 표시등
② 전원차단 경고등
③ 전기 계통 작동 표시등
④ 충전 경고등

〈유압계〉

**53 계기판을 통해서 엔진오일의 순환상태를 알 수 있는 것은?**

① 연료 잔량계
② 오일 압력계
③ 전류계
④ 진공계

〈온도계〉

**54 기관 온도계가 표시하는 온도는 무엇인가?**

① 연소실 내의 온도
② 작동유 온도
③ 기관 오일 온도
④ 냉각수 온도

**정답** 47 ④ 48 ① 49 ② 50 ③ 51 ④ 52 ④ 53 ② 54 ④

〈냉각계통 확인〉

**55 작업 중 냉각계통의 순환여부를 확인하는 방법은?**

① 유압계의 작동상태를 수시로 확인한다.
② 엔진의 소음으로 판단한다.
③ 전류계의 작동상태를 수시로 확인한다.
④ 온도계의 작동상태를 수시로 확인한다.

〈전류계〉

**56 엔진 정지 상태에서 계기판 전류계의 지침이 정상에서 (−) 방향을 지시하고 있다. 그 원인이 아닌 것은?**

① 전조등 스위치가 점등위치에서 방전되고 있다.
② 배선에서 누전되고 있다.
③ 발전기에서 축전지를 충전되고 있다.
④ 엔진 예열장치를 동작시키고 있다.

〈연료계〉

**57 전기식 연료계의 종류에 속하지 않는 것은?**

① 밸런싱 코일식
② 플래셔 유닛식
③ 바이메탈 저항식
④ 서모스탯 바이메탈식

〈자기진단〉

**58 고장진단 및 테스트용 출력단자를 갖추고 있으며, 항상 시스템을 감시하고, 필요하면 운전자에게 경고 신호를 보내주는 기능은?**

① 자기진단 기능
② 제어유닛 기능
③ 피드백 기능
④ 주파수 신호처리 기능

〈냉매 액화장치〉

**59 에어컨 시스템에서 기화된 냉매를 액화하는 장치는?**

① 건조기
② 응축기
③ 팽창밸브
④ 컴프레서

〈신(新)냉매가스〉

**60 에어컨 장치에서 환경보존을 위한 대체물질로 신냉매가스에 해당되는 것은?**

① R−12
② R−22
③ R−12a
④ R−134a

정답 55 ④ 56 ③ 57 ② 58 ① 59 ② 60 ④

# 굴착기 조정, 점검

## -건설기계의 새시장치

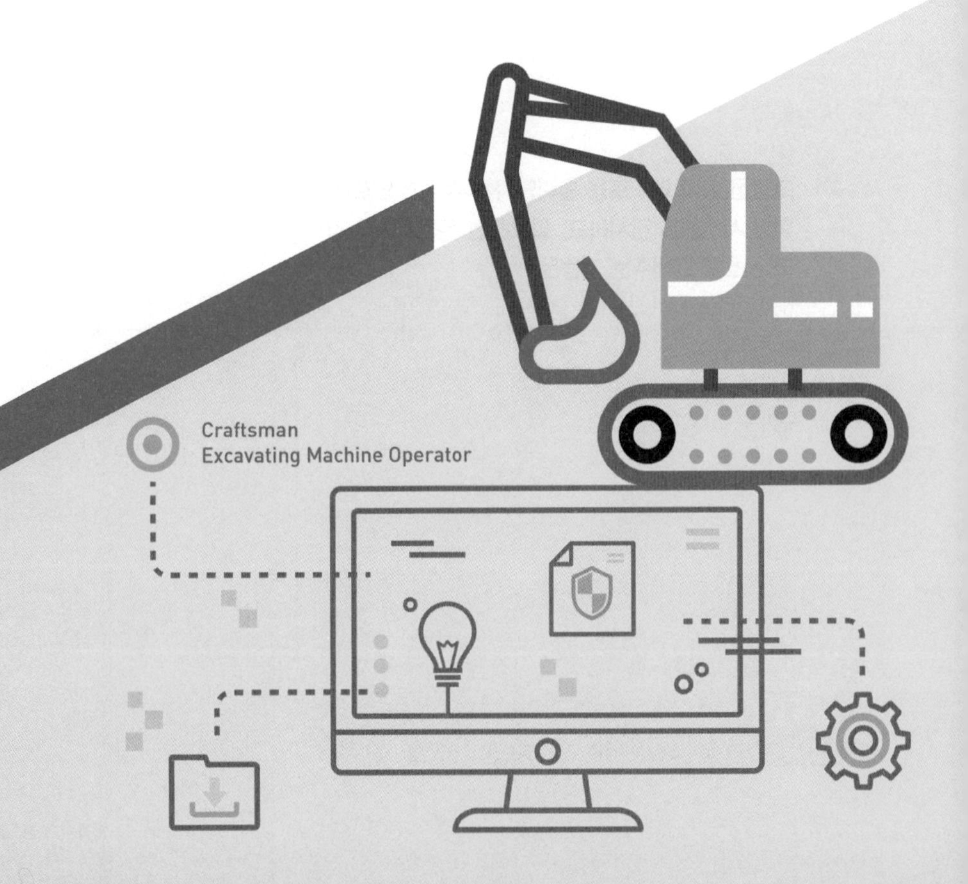

# 섀시장치의 개요

## 1 섀시장치의 일반

### 1 섀시(chassis)의 뜻

섀시는 자동차에서 차량의 차체를 탑재하지 않은 상태의 것으로서 차량이 달리는데 필요한 최소한의 기계장치가 설치되어 있는 것을 말한다.
때문에 자동차는 섀시만으로도 주행은 가능하다.

### 2 구성요소

기관, 동력전달장치, 현가장치, 제동장치, 조향장치, 주행장치 등으로 이루어진다.

## 2 동력의 전달

### 1 기관으로부터 동력 전달

기관(피스톤 → 커넥팅로드 → 크랭크 축) → 클러치 → 변속기 → 추진축 → 종감속 기어 및 차동기어 → 구동축 → 구동 바퀴

### 2 주행장치의 종류

건설기계의 주행장치는 휠형 타이어 구동식과 무한궤도식 크롤러형 트랙 구동식이 있으며, 이 장에서는 휠형 타이어 구동식만 수록하였다.

CHAPTER

# 01 섀시장치의 개요

## 1 섀시장치의 일반

〈섀시〉

**01 타이어식 건설기계 장비에서 섀시장치에 해당하지 않는 것은?**

① 제동장치
② 동력전달장치
③ 현가장치
④ 차량의 차체

## 2 동력의 전달

〈동력전달〉

**02 동력을 전달하는 계통의 순서를 바르게 나타낸 것은?**

① 피스톤 → 커넥팅로드 → 크랭크축 → 클러치
② 피스톤 → 클러치 → 커넥팅로드 → 크랭크축
③ 피스톤 → 크랭크축 → 클러치 → 커넥팅로드
④ 피스톤 → 클러치 → 크랭크축 → 커넥팅로드

정답 01 ④ 02 ①

# 02 섀시장치의 구조 및 기능·점검

## 1 동력전달장치

### 1 클러치(clutch)

① 클러치의 기능 : 기관과 변속기 사이에 설치되어 기관의 회전력을 변속기에 전달하거나 차단한다.

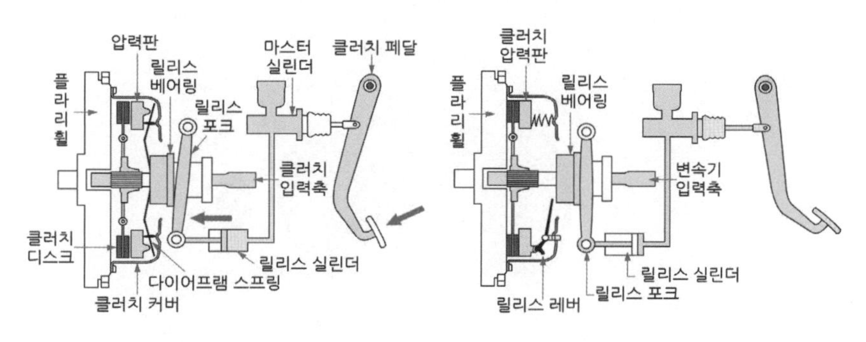


▲ 동력을 차단할 때 ▲ 동력을 전달할 때

② 클러치의 역할
- 시동시 엔진을 무부하 상태로 유지한다.
- 변속시 동력을 차단하여 기어 변속이 원활하게 이루어지도록 한다.
- 자동차의 관성 주행이 되도록 한다.

③ 클러치의 구비조건
- 기관과 변속기 사이에 연결과 분리가 용이할 것
- 동력전달 및 차단이 원활하며 확실할 것
- 구조가 간단할 것
- 회전부분의 평형이 좋을 것
- 과열되지 않아 동력전달 용량이 저하되지 않을 것

④ 클러치의 종류 : 발 또는 손으로 조작하는 마찰클러치와 자동변속기에 부착된 유체클러치(fluide

clutch), 토크 컨버터(torque converter) 등으로 구분된다.

⑤ 마찰클러치 : 압력판, 클러치판, 릴리스 레버 등으로 구성되어 있다.

– 압력판

· 압력판은 플라이휠과 항상 같이 회전한다.

· 클러치 스프링은 압력판에 강력한 힘이 발생되도록 한다.

· 스프링의 장력이 약하면 급가속 시 엔진의 회전수는 상승해도 차속이 증속되지 않는다.

–클러치판(clutch disc)

· 클러치판의 역할 : 플라이휠과 압력판 사이에 설치되어 마찰력으로 변속기에 동력을 전달한다.

· 허브 스플라인 : 변속기 입력축 스플라인과 결합되어 있다.

· 비틀림 코일(댐퍼) 스프링 : 클러치판이 플라이휠에 접속될 때 회전 충격을 흡수한다.

· 쿠션 스프링 : 클러치판의 변형, 편마모, 파손을 방지한다.

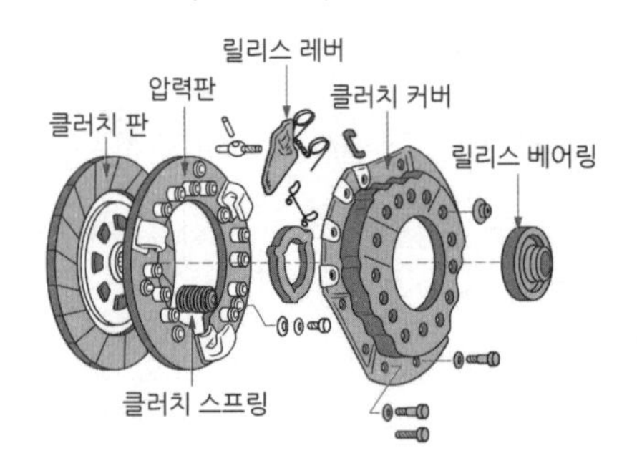


– 릴리스 레버

· 릴리스 레버의 역할 : 릴리스 베어링에서 압력을 받아 압력판을 클러치판으로부터 분리시키는 역할을 한다.

· 릴리스 레버의 높이에 차이가 있으면 : 출발할 때 진동이 발생한다.

· 클러치가 연결되어 있을 때 : 릴리스 베어링과 릴리스 레버는 분리되어 있다.

– 클러치 페달의 자유간극

· 자유간극의 뜻 : 클러치 페달을 놓았을 때 릴리스 베어링과 릴리스 레버 사이의 간극을 말한다.

· 자유간극(페달의 유격) : 클러치의 미끄럼을 방지하기 위하여 통상 20~30mm 정도로 조정한다.

· 자유간극이 작으면 : 릴리스 베어링이 마멸되고 슬립이 발생되어 클러치판이 소손된다.

· 자유간극이 크면 : 클러치 페달을 밟았을 때 동력의 차단이 불량하게 된다.

· 자유간극의 조정 : 클러치 페달의 자유간극은 클러치 링키지 로드로 조정한다.

– 클러치가 미끄러지는 원인

· 클러치 페달의 유격이 작다.

· 클러치판에 오일이 묻었다.

· 클러치 스프링의 장력이 작다.

· 클러치 스프링의 자유고가 감소되었다.

· 클러치판 또는 압력판이 마멸되었다.

## 2 변속기(transmission)

변속기는 클러치와 추진축 사이에 설치되어 기관의 동력을 건설기계의 주행상태에 알맞도록 회전력과 속도를 바꾸는 장치로 수동변속기와 자동변속기로 구분한다.

① 변속기의 기능

– 기관의 회전력을 증대시킨다.

– 기관을 시동할 때 장비를 무부하 상태로 있게 한다.

– 장비의 후진을 위하여 필요하다.

– 주행 조건에 알맞은 회전력으로 바꾸는 역할을 한다.

② 건설기계에서 변속기의 구비조건

– 단계 없이 연속적으로 변속되어야 한다.

– 조작이 쉽고 신속하며 정숙하게 행해져야 한다.

– 전달 효율이 좋아야 한다.

– 소형 경량이고 고장이 없어야 한다.

③ 수동변속기의 주요장치

– 로킹 볼과 스프링 : 주행 중 물려 있는 기어가 빠지는 것을 방지한다.

– 인터록 : 기어의 이중 물림을 방지한다.

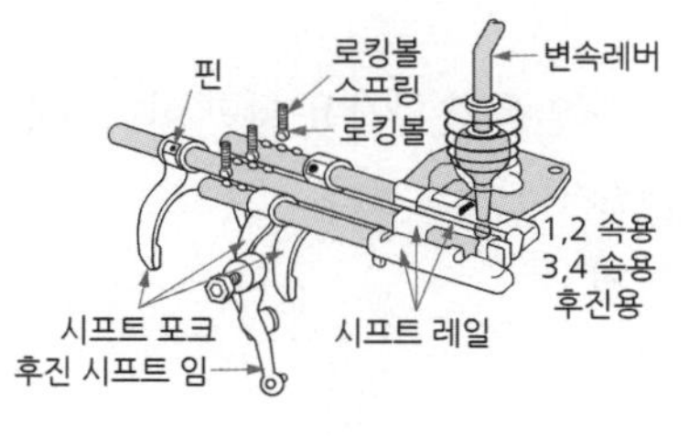


▲ 로킹 볼

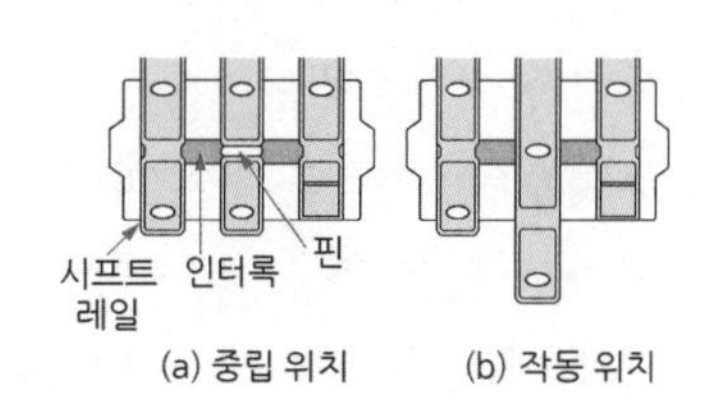


▲ 인터록

④ 수동변속기의 이상 현상

– 변속기에서 잡음이 심하게 난다.

· 변속기 오일의 양이 부족하다.
· 변속기 베어링이 마모되었다.
· 변속기의 기어가 마모되었다.
· 조합기구의 불량으로 치합이 나쁘다.

– 주행 중 수동변속기의 기어가 자주 빠진다.
· 기어의 물림이 덜 물렸다.
· 기어의 마모가 심하다.
· 변속기 록 스프링의 장력이 약하다.
· 변속기 록 상태가 불량하다.

– 기어에서 소리가 나고 심할 경우 기어가 손상된다.
· 클러치가 연결된 상태에서 기어 변속을 하였다.
· 주행 속도에 알맞은 적절한 변속기어를 선택하지 않았다.

## 3 자동변속기(유성기어식 변속기)

① 자동변속기의 구성 : 유체클러치 또는 토크 컨버터, 유성기어 장치, 유압 제어장치 등으로 구성되어 있다.

② 자동변속기의 작동 : 각 요소의 제어에 의해 변속 시기, 변속의 조작이 자동적으로 이루어진다.

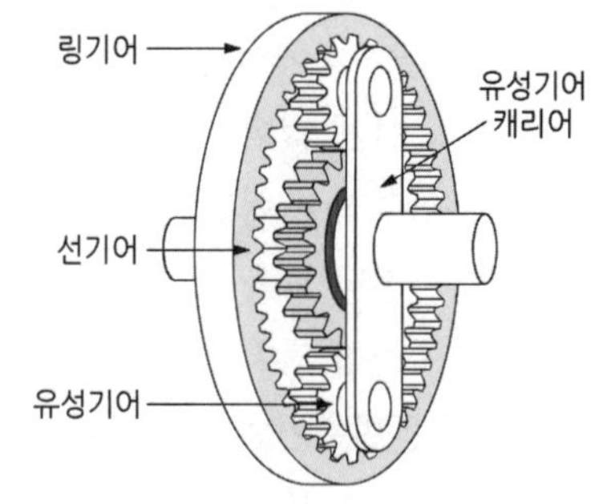


③ 유성기어 장치의 구성 : 선기어, 유성기어, 유성 기어 케리어, 링기어 등

④ 자동변속기의 과열 원인
– 압력이 규정보다 높다.
– 과부하 운전을 계속하고 있다.
– 오일이 규정량보다 적다.
– 변속기 오일쿨러가 막혔다.
– 자동변속기 오일의 구비 조건 : 자동변속기 오일은 윤활작용 뿐만 아니라 동력을 전달하는 구동유(驅動油) 역할을 하기 때문에 특별한 조건이 필요하다.
· 점도가 낮을 것 · 착화점이 높을 것
· 빙점이 낮을 것 · 비점이 높을 것
· 비중이 클 것 · 내산성이 클 것
· 유성이 좋을 것 · 윤활성이 클 것
· 화학변화를 잘 일으키지 않을 것
· 고무나 금속을 변질시키지 않을 것

⑤ 유체클러치(Fluide Clutch)

- 유체클러치의 작동원리 : 케이스 안에 오일을 채우고 서로 마주한 터빈을 넣어 한쪽을 회전시키면 다른 한쪽의 터빈도 회전한다.
- 유체클러치의 기능 : 오일이 동작유 역할을 하며 다른 한쪽의 터빈에 기관의 회전력을 연결하여 자동변속기에 전달한다.
- 유체클러치의 구성 : 펌프, 터빈, 가이드 링 등
  - · 펌 프 : 크랭크축에 연결되어 엔진이 회전하면 유체 에너지를 발생한다.
  - · 터 빈 : 변속기 입력축 스플라인에 접속되어 유체 에너지에 의해 회전한다.
  - · 가이드 링 : 유체의 와류를 감소시키는 역할을 한다.
- 토크 변환율 : 펌프와 터빈의 회전속도가 같을 때 토크 변환률은 1:1이다.

⑥ 토크 컨버터(Torque Converter)

- 토크 컨버터의 기능 : 기본적으로 유체 클러치와 같은 기능을 가지고 있다.
- 토크 컨버터의 구성 : 펌프, 터빈, 스테이터 등
  - · 펌프 : 크랭크축에 연결되어 엔진이 회전하면 유체 에너지를 발생한다.
  - · 터빈 : 입력축 스플라인에 접속되어 유체 에너지에 의해 회전한다.
  - · 스테이터 : 오일의 흐름 방향을 바꾸어 회전력을 증대시킨다.

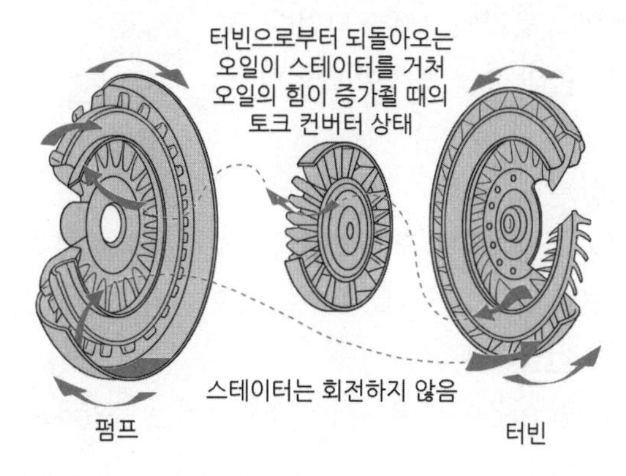


- 토크의 전달 : 스테이터가 오일의 방향을 바꾸어 회전력을 증대시키며 토크를 전달한다.
- 토크 변환율 : 2 : 1 ~ 3 : 1 (유체 클러치는 1:1)
- 동력 전달 효율 : 97~98%

## 4 드라이브 라인(drive line)

① 드라이브 라인의 구성과 기능

- 구 성 : 자재 이음, 추진축, 슬립이음 등으로 구성되어 있다.
- 기 능 : 변속기에서 전달되는 회전력을 종감속 기어장치에 전달한다.

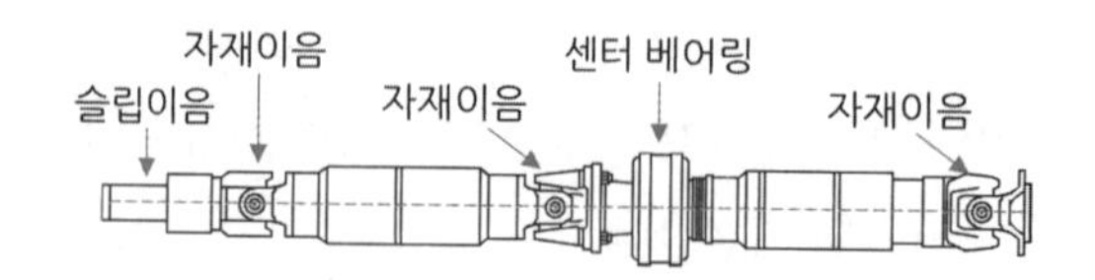


② 자재 이음(유니버셜 조인트, universal joint)

- 유니버셜 조인트의 기능 : 2개의 축이 동일 평면상에 있지 않은 축에 충격을 완화하고 동력을 전달할 때 사용한다.
- 유니버셜 조인트의 역할 : 각도 변화에 융통성 있게 대응하여 원활한 회전력을 전달하는 역할을 한다.
- 설치장소 : 추진축 앞뒤에 십자축 자재이음을 설치하여 회전 각속도의 변화를 상쇄시킨다.

③ 추진축(propeller shaft)

- 추진축의 기능 : 변속기로부터 최종 구동기어까지 기다란 축을 이용하여 동력을 전달하는 역할을 한다.
- 추진축이 진동하는 원인
  - 추진축이 휘었거나 밸런스 웨이트가 떨어졌다.
  - 니들 롤러 베어링의 파손 또는 마모되었다.
  - 슬립 조인트의 스플라인이 마모되었다.
  - 구동축과 피동축의 요크 방향이 틀리다.
  - 체결 볼트의 조임이 헐겁다.

④ 슬립 이음(slip joint)

- 슬립 이음의 기능 : 변속기 출력축 스플라인에 설치되어 추진축의 길이 방향에 변화를 준다.
- 추진축 길이의 변화 흡수 : 험로를 주행할 때 액슬축의 상하 운동에 의해 축 방향으로 길이가 변화되어 동력이 전달된다.
- 그리스 주입 : 슬립 이음이나 유니버셜 조인트에는 윤활유로 그리스를 주입한다.

## 5 종감속 및 차동기어 장치(final reduction, differential gear)

① 종감속 기어 장치

- 종감속 기어 장치의 역할
  - 회전력을 직각 또는 직각에 가까운 각도로 바꾸어 차축에 전달한다.
  - 최종적으로 속도를 감속하여 구동력을 증대시킨다.

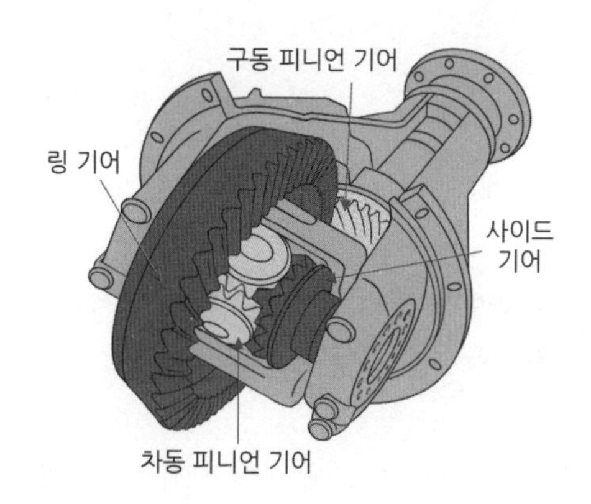


– 종감속비

· 종감속비의 결정 : 중량, 등판 성능, 엔진의 출력, 가속 성능 등에 따라 결정된다.

· 종감속비가 크면 : 등판 성능 및 가속 성능은 향상된다.

· 종감속비가 적으면 : 가속 성능 및 등판 성능은 저하된다.

· 종감속비의 값 : 나누어지지 않는 값으로 정하여 이의 마멸을 고르게 한다.

· 종감속비 : 링기어 잇수를 구동피니언 잇수로 나눈 값이다.
(종감속비 = 링기어 잇수 ÷ 구동피니언 잇수)

② 차동기어 장치

– 차동기어 장치의 역할 : 타이어식 건설기계의 좌우바퀴 회전수의 변화를 가능하게 하여 울퉁불퉁한 도로 또는 선회할 때 원활히 회전하게 한다.

– 차동기어 장치의 기능

· 래크와 피니언 기어의 원리를 이용하여 좌우 바퀴의 회전수를 변화시킨다.

· 선회 시에 양쪽 바퀴가 미끄러지지 않고 원활하게 회전할 수 있도록 한다.

· 회전할 때 바깥쪽 바퀴의 회전수를 빠르게 한다.

· 요철 노면을 주행할 경우 양쪽 바퀴의 회전수를 변화시킨다.

· 노면의 저항을 적게 받는 구동바퀴의 회전속도가 빠르게 될 수 있다.

## 6 구동축(drive shaft)

① 구동축의 역할 : 종감속기어 및 차동기어 장치에서 전달된 동력을 구동바퀴에 전달한다.

② 구동축의 연결 : 안쪽 끝 부분의 스플라인은 사이드 기어 스플라인에, 바깥쪽 끝 부분은 구동 바퀴와 결합되어 있다.

③ 구동축을 지지하는 방식 : 반부동식, 3/4 부동식, 전부동식 등으로 분류된다.

## 7 타이어(tire)

① 타이어의 역할

- 중량지지 : 건설기계의 모든 중량을 지지하며, 노면으로부터의 충격을 흡수하여 승차감을 향상시킨다.
- 구동 및 제동 : 타이어는 휠의 림에 설치되어 일체로 회전하며, 노면과 접촉하여 건설기계의 구동이나 제동을 가능하게 한다.

② 타이어의 구조

- 트레드 : 노면과 접촉되어 마모에 견디고 적은 슬립으로 견인력을 증대시킨다.
- 카커스 : 고무로 피복된 코드를 여러 겹 겹친 층으로 타이어의 골격을 이루며, 코드 층인 플라이 수가 많을수록 큰 하중을 견딘다.
- 브레이커 : 노면에서의 충격을 완화하고 트레이드의 손상이 카커스에 전달되는 것을 방지한다.
- 비드 : 타이어가 림과 접촉하는 부분이며, 비드부가 늘어나는 것을 방지하고 타이어가 림에서 빠지는 것을 방지한다.

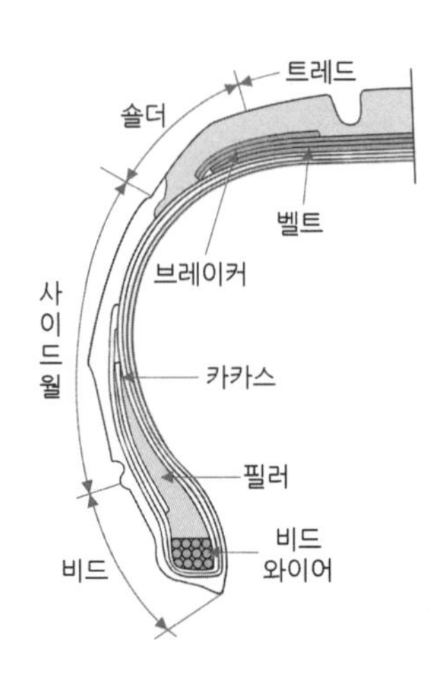


③ 타이어 트레드 패턴

- 과열방지 : 타이어 내부의 열을 발산하여 방열하고 배수효과가 있으며, 트레드에 생긴 절상 등의 확대를 방지한다.
- 제동력 · 구동력 향상 : 전진 방향의 미끄러짐이 방지되어 구동력을 향상시킨다.
- 조향성 · 안정성 확보 : 타이어의 옆 방향 미끄러짐이 방지되어 선회 성능이 확보된다.

④ 타이어 림 : 타이어가 부착된 휠의 일부로서 경미한 균열 및 손상이라도 발생하면 교환하여야 한다.

⑤ 타이어의 표시

- 고압 타이어
  - · 타이어 외경(inch) – 타이어 폭(inch) – 플라이 수
  - · 타이어식 굴착기에는 주로 고압 타이어를 사용한다.
- 저압 타이어
  - · 타이어 폭(inch) – 타이어 내경(inch) – 플라이 수
  - · 표시의 예 : 9.00 – 20 – 14PR
  - · 9.00 : 타이어 폭(inch)
  - · 20 : 타이어 내경(inch)

· 14PR : 플라이 수

## 2 제동장치(brake system)

### 1 제동장치의 역할

– 주행 중인 건설기계를 감속 또는 정지시킨다.
– 건설기계의 주차상태를 유지시킨다.
– 건설기계의 운동에너지를 열에너지로 바꾸어 제동 작용을 한다.

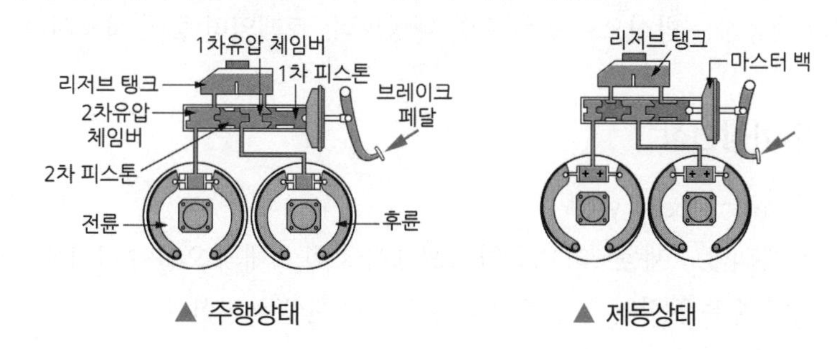


▲ 주행상태 ▲ 제동상태

### 2 제동장치의 구비조건

– 작동이 확실하고 마찰력의 효과가 클 것
– 신뢰성이 높고 내구성이 우수할 것
– 점검이나 조정하기가 쉬울 것
– 최고 속도와 차량 중량에 대하여 항상 충분한 제동 작용을 할 것

### 3 제동장치의 종류

① 유압식 브레이크

– 드럼식과 디스크식이 있으며 유압의 힘에 의하여 모든 바퀴에 균등한 제동력을 발생시킨다.
– 브레이크 오일
  · 브레이크 오일의 성분 : 피마자기름과 알코올로 된 식물성 오일
  · 브레이크 부품의 세척 : 브레이크 오일을 사용한다.

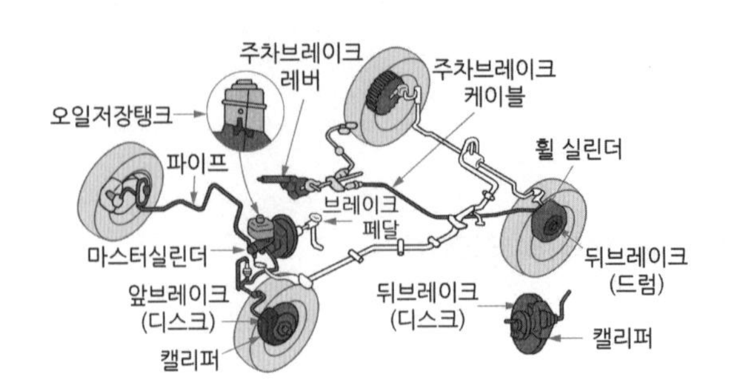


② 하이드로 백 : 유압 브레이크에 진공식 배력 장치를 설치하고 있어서 브레이크를 가볍게 밟아도 잘 들으며, 배력장치에 고장이 발생해도 유압 브레이크는 작동된다.

③ 공기식 브레이크 : 압축공기의 압력을 이용하며 캠의 작용으로 브레이크 슈를 확장하며 드럼에 압착시켜 제동하는 방식으로 건설기계, 대형트럭, 트레일러 등에 사용된다.

## 4 제동장치의 이상현상

① 베이퍼 록(vapor lock) 현상
- 베이퍼 록의 뜻 : 제동부의 마찰열로 브레이크 회로 내의 오일이 끓어올라 파이프 내에 기포가 형성되어 송유 압력의 전달 작용을 방해하는 현상을 말한다.
- 베이퍼 록 현상의 발생원인
  · 긴 내리막길에서 과도한 브레이크를 사용하였다.
  · 브레이크 드럼과 라이닝의 끌림에 의해 가열되었다.
  · 브레이크 오일 변질에 의한 비점의 저하 또는 불량한 오일을 사용하였다.
  · 긴 내리막길에서 엔진브레이크를 사용하지 않았다.

② 페이드(fade) 현상
- 페이드 현상의 뜻 : 브레이크를 연속하여 자주 사용하면 브레이크 드럼이 과열되어 브레이크 라이닝의 마찰계수가 떨어지며, 브레이크가 잘 듣지 않는 것으로서 짧은 시간 내에 반복 조작이나 내리막길을 내려갈 때 브레이크 효과가 나빠지는 현상을 말한다.
- 페이드 현상의 예방법
  · 긴 내리막길을 내려갈 때는 엔진브레이크를 사용한다.
  · 드럼의 냉각성능을 크게 한다.
  · 드럼은 열팽창률이 적은 재질을 사용한다.
  · 온도 상승에 따른 마찰계수 변화가 작은 라이닝을 사용한다.

③ 브레이크가 풀리지 아니하는 원인
- 마스터 실린더 리턴 구멍의 막힘

– 마스터 실린더 컵이 부풀었다.
– 마스터 실린더 리턴 스프링이 불량하다.
– 브레이크 페달 자유 간극이 적다.
– 브레이크 페달 리턴 스프링이 불량하다.
– 브레이크 라이닝이 드럼에 늘어붙었다.
– 푸시로드를 길게 조정하였다.

④ 브레이크가 잘 듣지 아니하는 원인
– 휠 실린더 오일이 누출되었다.
– 라이닝에 오일이 묻었다.
– 브레이크 드럼의 간극이 크다.
– 브레이크 페달 자유 간극이 크다.

# 3 조향장치(Steering System)

## 1 조향장치의 개요

① 조향장치의 뜻 : 건설기계의 주행 방향을 임의로 변환시키는 장치로서 조향 휠을 조작하면 일반적으로 앞바퀴(지게차는 뒷바퀴)가 향하는 위치를 변환시키는 장치를 말한다.

② 조향 조작력의 전달 순서 : 조향 핸들 → 조향 축 → 조향 기어 → 피트먼 암 → 드래그 링크 → 타이로드 → 조향 암 → 바퀴

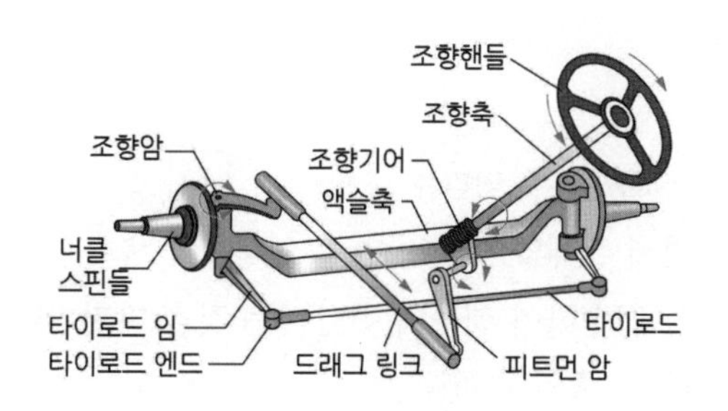


## 2 조향장치의 작동원리

① 조향장치의 원리 : 조향장치는 애커먼 장토식의 원리를 이용한 것이다.

② 직진상태 : 좌우 타이로드 엔드의 중심 연장선이 뒤차축 중심점에서 만난다.
③ 조향 핸들을 회전시키면 : 좌우 바퀴의 너클 스핀들 중심 연장선이 뒤 차축 중심 연장선에서 만난다.
④ 앞바퀴의 선회 : 어떤 선회 상태에서도 동심원을 그리며 선회한다.

## 3 조향핸들이 한쪽으로 쏠리는 원인

① 타이어 공기압이 불균일하다.
② 브레이크 라이닝 간극이 불균일하다.
③ 휠 얼라인먼트 조정이 불량하다.
④ 한쪽의 허브 베어링이 마모되었다.

## 4 조향핸들의 유격이 커지는 원인

① 조향 기어의 백래시가 크다.
② 조향 기어가 마모되었다.
③ 조향 기어 링키지 조정이 불량하다.
④ 조향 바퀴 베어링 마모
⑤ 피트먼 암이 헐겁다.
⑥ 조향 너클 암이 헐겁다.
⑦ 아이들 암 부시의 마모
⑧ 타이로드의 볼 조인트 마모
⑨ 조향(스티어링) 기어 박스 장착부품의 풀림

## 5 동력 조향장치

① 작은 힘으로 조향 조작을 할 수 있다.
② 조향 기어비를 조작력에 관계없이 선정할 수 있다.
③ 굴곡 노면에서 충격을 흡수하여 핸들에 전달되는 것을 방지한다.
④ 조향 핸들의 시미 현상을 줄일 수 있다.
⑤ 노면에서 발생되는 충격을 흡수하기 때문에 킥백을 방지할 수 있다.

## 6 조향 핸들의 조작이 무거운 원인

① 유압 계통 내에 공기가 유입되었다.

② 타이어의 공기 압력이 너무 낮다.
③ 오일이 부족하거나 유압이 낮다.
④ 조향 펌프(오일펌프)의 회전속도가 느리다.
⑤ 오일 펌프의 벨트가 파손되었다.
⑥ 오일 호스가 파손되었다.

## 7 앞바퀴 정렬

① 앞바퀴 정렬의 역할
- 조향 핸들의 조작을 작은 힘으로 쉽게 할 수 있도록 한다.
- 조향 핸들의 조작을 확실하게 하고 안전성을 준다.
- 진행 방향을 변환시키면 조향 핸들에 복원성을 준다.
- 선회 시 사이드슬립을 방지하여 타이어의 마멸을 최소로 한다.
- 앞바퀴 정렬(얼라인먼트)의 요소 : 캠버, 토인, 캐스터, 킹핀 경사각

② 캠버(camber)
- 캠버의 형태 : 앞바퀴를 앞에서 보았을 때 타이어 윗부분이 바깥쪽으로 약간 벌어져 설치되어 있는 상태를 말한다.
- 캠버의 효과
  · 조향 핸들의 조작을 가볍게 한다.
  · 수직 방향의 하중에 의한 앞차축의 휨을 방지한다.
  · 하중을 받았을 때 바퀴의 아래쪽이 바깥쪽으로 벌어지는 것을 방지한다.

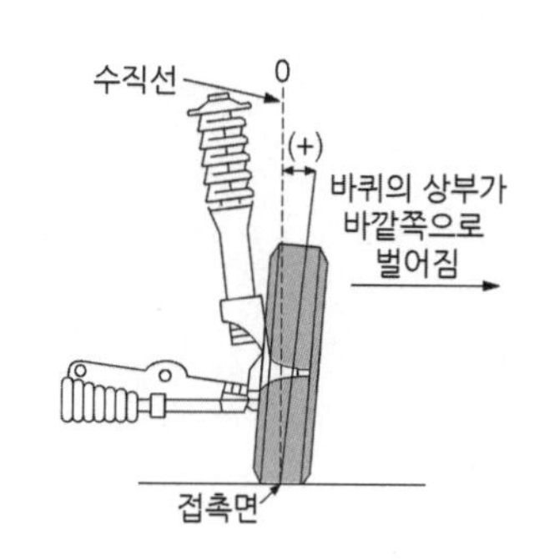


③ 토인(toe-in)
- 토인의 형태 : 앞바퀴를 위에서 보았을 때 좌우 타이어 중심선 간의 거리가 앞쪽이 뒤쪽보다 보통 2~6mm 정도 좁은 것을 말한다.
- 토인의 효과
  · 앞바퀴를 주행 중에 평행하게 회전시킨다.
  · 앞바퀴가 옆 방향으로 미끄러지는 것을 방지한다.
  · 타이어의 이상 마멸을 방지한다.
  · 조향 링키지의 마멸에 의해 토아웃 됨을 방지한다.
  · 토인의 측정 : 반드시 직진상태에서 측정해야 한다.
  · 토인의 조정 : 타이로드 길이로 조정한다.

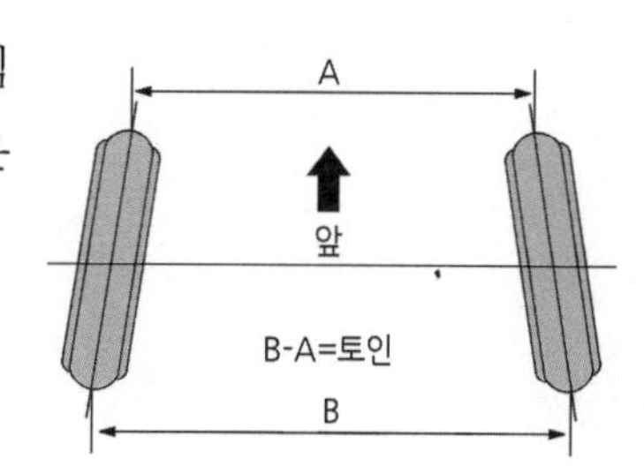

④ 캐스터(caster)

– 캐스터의 형태 : 앞바퀴를 옆에서 보았을 때 조향축(킹핀의 중심선)이 앞으로(정) 또는 뒤로(부) 각도를 두고 설치되어 있는 상태

– 캐스터의 효과

· 주행할 때 방향성을 증대시켜준다.

· 조향 핸들의 복원력을 향상시켜 준다.

CHAPTER

# 02 섀시장치의 구조 및 기능 · 점검

## 1 동력전달장치

〈클러치〉

**01 클러치의 필요성으로 틀린 것은?**

① 전·후진을 위해
② 관성 운동을 하기 위해
③ 기어 변속 시 기관의 동력을 차단하기 위해
④ 기관 시동 시 기관을 무부하 상태로 하기 위해

〈클러치 디스크〉

**02 플라이휠과 압력판 사이에 설치되고 클러치 축을 통하여 변속기로 동력을 전달하는 것은?**

① 클러치 스프링
② 릴리스 베어링
③ 클러치판
④ 클러치 커버

〈비틀림 스프링〉

**03 기계식 변속기가 설치된 건설기계에서 클러치판의 비틀림 코일 스프링의 역할은?**

① 클러치판이 더욱 세게 부착되도록 한다.
② 클러치 작동시 충격을 흡수한다.
③ 클러치의 회전력을 증가시킨다.
④ 클러치 압력판의 마멸을 방지한다.

〈변형방지 스프링〉

**04 클러치판의 변형방지를 위해 설치하는 스프링은?**

① 비틀림(댐퍼) 스프링
② 쿠션 스프링
③ 편심 스프링
④ 압력 스프링

〈클러치판 장착〉

**05 수동변속기가 장착된 건설기계의 동력전달 장치에서 클러치판은 어떤 축의 스플라인에 끼어 있는가?**

① 추진축
② 차동기어 장치
③ 크랭크축
④ 변속기 입력축

〈pressure plate〉

**06 기관의 플라이휠과 항상 같이 회전하는 부품은?**

① 압력판
② 릴리스 베어링
③ 클러치 축
④ 디스크

〈압력판〉

**07 클러치에서 압력판의 역할로 맞는 것은?**

① 클러치판을 밀어서 플라이휠에 압착시키는 역할을 한다.
② 제동역할을 위해 설치한다.
③ 릴리스 베어링의 회전을 용이하게 한다.
④ 엔진의 동력을 받아 속도를 조절한다.

〈릴리스 레버〉

**08 기계식 변속기가 설치된 건설기계 장비에서 출발 시 진동을 일으키는 원인으로 가장 적합한 것은?**

① 릴리스 레버가 마멸되었다.
② 릴리스 레버의 높이가 같지 않다.
③ 페달 리턴 스프링이 강하다.
④ 클러치 스프링이 강하다.

**정답** 01 ① 02 ③ 03 ② 04 ② 05 ④ 06 ① 07 ① 08 ②

〈페달 유격〉

**09 수동식 변속기가 장착된 장비에서 클러치 페달에 유격을 두는 이유는?**

① 클러치 용량을 크게 하기 위하여
② 클러치의 미끄럼을 방지하기 위하여
③ 엔진 출력을 증가시키기 위하여
④ 제동성능을 증가시키기 위하여

〈미끄러짐〉

**10 클러치의 미끄러짐은 언제 가장 현저하게 나타나는가?**

① 공전
② 저속
③ 가속
④ 고속

〈클러치 고장〉

**11 동력 전달 장치에서 클러치의 고장과 관계없는 것은?**

① 클러치 압력판 스프링 손상
② 클러치 면의 마멸
③ 플라이휠 링 기어의 마멸
④ 릴리스 레버의 조정 불량

〈변속기 기능〉

**12 변속기의 필요성이 아닌 것은?**

① 회전력을 증대시킨다.
② 시동 시 장비를 무부하 상태로 한다.
③ 환향을 빠르게 한다.
④ 장비의 후진이 가능하다.

〈변속기 구비조건〉

**13 건설기계에서 변속기의 구비조건으로 가장 적합한 것은?**

① 대형이고, 고장이 없어야 한다.
② 조작이 쉬우므로 신속할 필요가 없다.
③ 연속적 변속에는 단계가 있어야 한다.
④ 전달력이 좋아야 한다.

〈변속기어 빠짐〉

**14 수동변속기가 장착된 건설기계 장비에서 주행 중 기어가 빠지는 원인이 아닌 것은?**

① 기어의 물림이 덜 물렸을 때
② 기어의 마모가 심할 때
③ 클러치의 마모가 심할 때
④ 변속기 록 장치가 불량할 때

〈이중 물림〉

**15 수동변속기가 장착된 건설기계에서 기어의 이중 물림을 방지하는 장치는?**

① 인젝션 장치
② 인터쿨러 장치
③ 인터록 장치
④ 인터널 기어장치

〈주행불가 시 점검〉

**16 타이어식 건설기계에서 전후 주행이 되지 않을 때 점검하여야 할 곳으로 틀린 것은?**

① 타이로드 엔드를 점검한다.
② 변속장치를 점검한다.
③ 유니버셜 조인트를 점검한다.
④ 주차 브레이크 잠김 여부를 점검한다.

〈자동변속기〉

**17 자동변속기의 구성품이 아닌 것은?**

① 토크 변환기
② 유압 제어장치
③ 싱크로메시 기구
④ 유성기어 유닛

**정답** 09 ② 10 ③ 11 ③ 12 ③ 13 ④ 14 ③ 15 ③ 16 ① 17 ③

〈유성기어〉

**18 유성기어 장치의 주요 부품은?**

① 유성기어, 베벨기어, 선기어
② 선기어, 클러치기어, 헬리컬기어
③ 유성기어, 베벨기어, 클러치기어
④ 선기어, 유성기어, 링기어, 유성기어 캐리어

〈동력전달〉

**19 건설기계 장비에서 자동변속기가 동력전달을 하지 못한다면 그 원인으로 가장 적합한 것은?**

① 연속하여 덤프트럭에 토사 상차작업을 하였다.
② 유체클러치 오일의 양이 부족하다.
③ 오일의 압력이 과대하다.
④ 오일이 규정량 이상이다.

〈자동변속기〉

**20 자동변속기의 구성품이 아닌 것은?**

① 토크 변환기
② 유압 제어장치
③ 싱크로메시 기구
④ 유성기어 유닛

〈유성기어〉

**21 유성기어 장치의 주요 부품이 아닌 것은?**

① 유성기어
② 선기어
③ 베벨기어
④ 링기어

〈과열원인〉

**22 자동변속기의 과열 원인이 아닌 것은?**

① 메인압력이 높다.
② 과부하 운전을 계속하였다.
③ 오일이 규정량보다 많다.
④ 변속기 오일쿨러가 막혔다.

〈자동변속기 오일〉

**23 자동변속기 오일의 구비조건이 아닌 것은?**

① 점도가 높을 것
② 착화점이 높을 것
③ 빙점이 낮을 것
④ 비점이 높을 것

〈가이드 링〉

**24 유체클러치에서 가이드 링의 역할은?**

① 유체클러치의 와류를 감소시킨다.
② 유체클러치의 와류를 증가시킨다.
③ 유체클러치의 마찰을 증대시킨다.
④ 유체클러치의 유격을 조정한다.

〈토크 컨버터〉

**25 토크 컨버터의 3대 구성요소가 아닌 것은?**

① 오버런링 클러치
② 스테이터
③ 펌프
④ 터빈

〈토크 컨버터 · 유체 클러치〉

**26 토크 컨버터가 유체 클러치와 구조상 다른 점은?**

① 임펠러
② 터빈
③ 스테이터
④ 펌프

〈스테이터〉

**27 토크 컨버터 구성품 중 스테이터의 기능으로 옳은 것은?**

① 오일의 방향을 바꾸어 회전력을 증대시킨다.
② 토크 컨버터의 동력을 전달 또는 차단시킨다.

정답 18 ④ 19 ② 20 ③ 21 ③ 22 ③ 23 ① 24 ① 25 ① 26 ③ 27 ①

③ 오일의 회전속도를 감속하여 견인력을 증대시킨다.
④ 클러치판의 마찰력을 감소시킨다.

〈토크 컨버터〉

**28 토크 컨버터에 대한 설명으로 맞는 것은?**

① 구성품 중 펌프(임펠러)는 변속기 입력축과 기계적으로 연결되어 있다.
② 펌프, 터빈, 스테이터 등이 상호운동 하여 회전력을 변환시킨다.
③ 엔진 속도가 일정한 상태에서 장비의 속도가 줄어들면 토크는 감소한다.
④ 구성품 중 터빈은 기관의 크랭크축과 기계적으로 연결되어 구동된다.

〈출발방법〉

**29 토크 컨버터가 설치된 건설기계의 출발 방법은?**

① 저속과 고속 레버를 저속위치로 하고 클러치 페달을 밟는다.
② 클러치 페달을 조작할 필요 없이 가속페달을 서서히 밟는다.
③ 저속과 고속 레버를 저속위치로 하고 브레이크 페달을 밟는다.
④ 클러치 페달에서 서서히 발을 떼면서 가속페달을 밟는다.

〈자재이음〉

**30 십자축 자재이음을 추진축 앞뒤에 둔 이유를 가장 적합하게 설명한 것은?**

① 추진축의 진동을 방지하기 위하여
② 회전 각속도의 변화를 상쇄하기 위하여
③ 추진축의 굽음을 방지하기 위하여
④ 길이의 변화를 다소 가능케 하기 위하여

〈추진축〉

**31 타이어식 건설기계의 동력전달장치에서 추진축의 밸런스웨이트에 대한 설명으로 맞는 것은?**

① 추진축의 비틀림을 방지한다.
② 추진축의 회전수를 높인다.
③ 변속 조작 시 변속을 용이하게 한다.
④ 추진축의 회전 시 진동을 방지한다.

〈슬립이음〉

**32 드라이브 라인에 슬립이음을 사용하는 이유는?**

① 회전력을 직각으로 전달하기 위해
② 출발을 원활하게 하기 위해
③ 추진축의 길이 방향에 변화를 주기 위해
④ 추진축의 각도 변화에 대응하기 위해

〈최종감속 기어〉

**33 굴착기 동력전달 계통에서 최종적으로 구동력 증가시키는 것은?**

① 트랙 모터
② 종감속 기어
③ 스프로켓
④ 변속기

〈종감속비〉

**34 종감속비에 대한 설명으로 맞지 않는 것은?**

① 종감속비는 링기어 잇수를 구동피니언 잇수로 나눈 값이다.
② 종감속비가 크면 가속 성능이 향상된다.
③ 종감속비가 적으면 등판능력이 향상된다.
④ 종감속비는 나누어서 떨어지지 않는 값으로 한다.

〈차동장치〉

**35 동력전달장치에 사용되는 차동기어장치에 대한 설명으로 틀린 것은?**

① 선회할 때 좌우 구동 바퀴의 회전속도를 다르게 한다.
② 선회할 때 바깥쪽 바퀴의 회전속도를 증대시킨다.

정답 28 ② 29 ② 30 ② 31 ① 32 ③ 33 ② 34 ③ 35 ④

③ 보통 차동기어장치는 노면의 저항을 작게 받는 구동 바퀴가 더 많이 회전하도록 한다.
④ 기관의 회전력을 크게 하여 구동 바퀴에 전달한다.

〈차동기어장치〉

**36 하부 추진체가 휠로 되어 있는 건설기계 장비로 커브를 돌 때 선회를 원활하게 해주는 장치는?**

① 변속기
② 차동장치
③ 최종 구동장치
④ 트랜스퍼케이스

〈차동장치(differential gear)〉

**37 타이어식 장비에서 커브를 돌 때 장비의 회전을 원활히 하기 위한 장치로 맞는 것은?**

① 차동장치
② 최종 감속기어
③ 유니버셜 조인트
④ 변속기

〈구동축〉

**38 액슬 축과 액슬 하우징의 조합 방법에서 액슬 축의 지지방식이 아닌 것은?**

① 전부동식 ② 반부동식
③ 3/4부동식 ④ 1/4부동식

〈트레드(tread)〉

**39 타이어의 구조에서 직접 노면과 접촉되어 마모에 견디고 적은 슬립으로 견인력을 증대시키는 것의 명칭은?**

① 비드(bead)
② 트레드(tread)
③ 카커스(carcass)
④ 브레이커(breaker)

〈카커스(carcass)〉

**40 타이어에서 고무로 피복 된 코드를 여러 겹으로 겹친 층에 해당되며 타이어 골격을 이루는 부분은?**

① 카커스(carcass)부
② 트레드(tread)부
③ 숄더(shoulder)부
④ 비드(bead)부

〈트레드 패턴〉

**41 타이어에서 트레드 패턴과 관련 없는 것은?**

① 제동력, 구동력 및 견인력
② 타이어의 배수효과
③ 편평률
④ 조향성, 안정성

〈정비 · 점검〉

**42 휠형 건설기계 타이어의 정비 · 점검 중 틀린 것은?**

① 휠 너트를 풀기 전에 차체에 고임목을 고인다.
② 림 부속품의 균열이 있는 것은 재가공, 용접, 땜질, 열처리하여 사용한다.
③ 적절한 공구를 이용하여 절차에 맞춰 수행한다.
④ 타이어와 림의 정비 및 교환 작업은 위험하므로 반드시 숙련공이 한다.

〈타이어 교환〉

**43 타이어식 건설기계의 앞 타이어를 손쉽게 교환할 수 있는 방법은?**

① 뒤 타이어를 빼고 장비를 기울여서 교환한다.
② 버킷을 들고 작업을 한다.
③ 잭으로만 고인다.
④ 버킷을 이용하여 차체를 들고 잭을 고인다.

**정답** 36 ② 37 ① 38 ④ 39 ② 40 ① 41 ③ 42 ② 43 ④

〈표시방법〉

**44 타이어식 건설기계의 타이어에서 저압 타이어의 안지름이 20인치, 바깥지름이 32인치, 폭이 12인치, 플라이 수가 18인 경우 표시방법은?**

① 20.00 - 32 - 18PR
② 20.00 - 12 - 18PR
③ 12.00 - 20 - 18PR
④ 32.00 - 12 - 18PR

## 2 제동장치(brake system)

〈구비조건〉

**45 제동장치의 구비조건 중 틀린 것은?**

① 차량의 중량이 가벼울수록 제동력이 커야 한다.
② 작동이 확실하고 마찰력의 효과가 커야 한다.
③ 신뢰성과 내구성이 뛰어나야 한다.
④ 점검 및 조정이 용이하여야 한다.

〈하이드로 백〉

**46 진공식 제동 배력장치를 설명 중에서 옳은 것은?**

① 진공 밸브가 새면 브레이크가 전혀 작동되지 않는다.
② 릴레이 밸브의 다이어프램이 파손되면 브레이크가 작동되지 않는다.
③ 릴레이 밸브 피스톤 컵 등 배력장치가 파손되어도 브레이크는 작동된다.
④ 하이드로릭 피스톤의 체크 볼이 밀착 불량이면 브레이크가 작동되지 않는다.

〈공기 브레이크〉

**47 공기 브레이크에서 브레이크 슈를 직접 작동시키는 것은?**

① 캠　　② 릴레이 벨브
③ 유압　　④ 브레이크 페달

〈베이퍼 록(vapor lock)〉

**48 유압식 브레이크 파이프 내에서 베이퍼 록 현상이 발생하는 원인과 관계가 없는 것은?**

① 비점이 높은 브레이크 오일 사용
② 브레이크 간극이 작아 끌림 현상 발생
③ 드럼의 과열
④ 과도한 브레이크 사용

〈베이퍼 록(vapor lock)방지〉

**49 긴 내리막길을 내려갈 때 베이퍼 록을 방지하려고 하는 좋은 운전방법은?**

① 변속 레버를 중립으로 놓고 브레이크 페달을 밟고 내려간다.
② 시동을 끄고 브레이크 페달을 밟고 내려간다.
③ 엔진 브레이크를 사용한다.
④ 클러치를 끊고 브레이크 페달을 계속 밟고 속도를 조정하면서 내려간다.

〈브레이크 이상현상〉

**50 브레이크 오일이 비등하여 송유 압력의 전달 작용이 불가능하게 되는 현상은?**

① 페이드 현상
② 베이퍼 록 현상
③ 사이클링 현상
④ 브레이크 록 현상

〈페이드(fade)〉

**51 제동장치의 페이드 현상 방지책으로 틀린 것은?**

① 드럼의 냉각 성능을 크게 한다.
② 드럼은 열팽창률이 적은 재질을 사용한다.
③ 온도 상승에 따른 마찰계수 변화가 큰 라이닝을 사용한다.
④ 드럼의 형상은 열팽창률이 적은 형상으로 한다.

정답 44 ③ 45 ① 46 ③ 47 ① 48 ① 49 ③ 50 ② 51 ③

〈페이드(fade) 조치〉

**52 운행 중 브레이크에 페이드 현상이 발생하였을 때 조치방법은?**

① 브레이크 페달을 자주 밟아 열을 발생시킨다.
② 운행속도를 조금 올려준다.
③ 운행을 멈추고 열이 식도록 한다.
④ 주차 브레이크를 대신 사용한다.

〈잠기는 원인〉

**53 유압식 브레이크 장치에서 제동이 잘 풀리지 않는 원인에 해당되는 것은?**

① 브레이크 오일 점도가 낮기 때문
② 파이프 내의 공기의 침입
③ 체크밸브의 접촉 불량
④ 마스터 실린더의 리턴 구멍 막힘

〈작동불량 원인〉

**54 브레이크가 잘 작동되지 않을 때의 원인으로 가장 거리가 먼 것은?**

① 라이닝에 오일이 묻었을 때
② 휠 실린더 오일이 누출되었을 때
③ 브레이크 페달 자유간극이 작을 때
④ 브레이크 드럼의 간극이 클 때

## 3 조향장치(Steering System)

〈조작력 전달순서〉

**55 건설기계의 조향 핸들에서 바퀴까지의 조작력 전달 순서로 다음 중 가장 적합한 것은?**

① 핸들 → 피트먼 암 → 드래그 링크 → 조향 축 → 조향 기어 → 타이로드 → 조향암 → 바퀴
② 핸들 → 드래그 링크 → 조향 축 → 조향기어 → 피트먼 암 → 타이로드 → 조향암 → 바퀴
③ 핸들 → 조향암 → 조향 축 → 조향기어 → 드래그 링크 → 피트먼 암 → 타이로드 → 바퀴
④ 핸들 → 조향 축 → 조향기어 → 피트먼 암 → 드래그 링크 → 타이로드 → 조향암 → 바퀴

〈조향장치 원리〉

**56 건설기계 장비의 조향 장치 원리는 무슨 형식인가?**

① 애커먼 장토식 ② 포토래스형
③ 전부동식 ④ 빌드업형

〈쏠리는 원인〉

**57 타이어식 건설기계에서 주행 중 조향 핸들이 한쪽으로 쏠리는 원인이 아닌 것은?**

① 타이어 공기압 불균일
② 브레이크 라이닝 간극 조정 불량
③ 베이퍼록 현상 발생
④ 휠 얼라인먼트 조정 불량

〈핸들 유격〉

**58 타이어식 장비에서 핸들 유격이 클 경우가 아닌 것은?**

① 타이로드의 볼 조인트 마모
② 스티어링 기어박스 장착부의 풀림
③ 스태빌라이저 마모
④ 아이들 암 부시의 마모

〈유격이 커지는 원인〉

**59 조향 핸들의 유격이 커지는 원인과 관계없는 것은?**

① 피트먼 암의 헐거움
② 타이어 공기압 과대
③ 조향 기어, 링키지 조정 불량
④ 앞바퀴 베어링 과대 마모

〈동력조향장치〉

**60 동력조향 장치의 장점으로 적합하지 않은 것은?**

① 작은 조작력으로 조향조작을 할 수 있다.
② 조향 기어비는 조작력에 관계없이 선정할 수 있다.

정답 52 ③ 53 ④ 54 ③ 55 ④ 56 ① 57 ③ 58 ③ 59 ② 60 ④

③ 굴곡 노면에서의 충격을 흡수하여 조향 핸들에 전달되는 것을 방지한다.
④ 조작이 미숙하면 엔진이 자동으로 정지된다.

〈핸들이 무거운 원인〉
**61 굴착기 주행 중 동력 조향 핸들의 조작이 무거운 이유가 아닌 것은?**
① 유압이 낮다.
② 호스나 부품 속에 공기가 침입했다.
③ 오일펌프의 회전이 빠르다.
④ 오일이 부족하다.

〈앞바퀴 정렬 역할〉
**62 타이어식 건설기계에서 앞바퀴 정렬의 역할과 거리가 먼 것은?**
① 브레이크의 수명을 길게 한다.
② 타이어 마모를 최소로 한다.
③ 방향 안정성을 준다.
④ 조향핸들의 조작을 작은 힘으로 쉽게 할 수 있다.

〈얼라인먼트〉
**63 타이어식 건설기계 장비에서 조향바퀴의 얼라인먼트 요소와 관련 없는 것은?**
① 캠버 ② 캐스터
③ 토인 ④ 부스터

〈캠버〉
**64 앞바퀴 정렬 중 캠버의 필요성에서 가장 거리가 먼 것은?**
① 앞차축의 휨을 적게 한다.
② 조향 휠의 조작을 가볍게 한다.
③ 조향 시 바퀴의 복원력이 발생한다.
④ 토(Toe)와 관련성이 있다.

〈캠버 역할〉
**65 타이어식 장비에서 캠버가 틀어졌을 때 가장 거리가 먼 것은?**
① 핸들의 쏠림 발생
② 로어 암 휨 발생
③ 타이어 트래드의 편마모 발생
④ 휠 얼라인먼트 점검 필요

〈토인〉
**66 타이어식 건설기계 장비에서 토인에 대한 설명으로 틀린 것은?**
① 토인은 반드시 직진상태에서 측정해야 한다.
② 토인은 직진성을 좋게 하고 조향을 가볍도록 한다.
③ 토인은 좌우 앞바퀴의 간격이 앞보다 뒤가 좁은 것이다.
④ 토인 조정이 잘못되면 타이어가 편마모된다.

〈토인 필요성〉
**67 타이어식 건설기계의 휠 얼라인먼트에서 토인의 필요성이 아닌 것은?**
① 조향 바퀴의 방향성을 증대시킨다.
② 타이어 이상 마멸을 방지한다.
③ 조향 바퀴를 평형하게 회전시킨다.
④ 바퀴가 옆 방향으로 미끄러지는 것을 방지한다.

〈토인 조정〉
**68 타이어식 건설기계에서 조향 바퀴의 토인을 조정하는 것은?**
① 핸들 ② 타이로드
③ 웜 기어 ④ 드래그 링크

〈조향력〉
**69 조향핸들의 조작을 가볍게 하는 방법으로 틀린 것은?**
① 저속으로 주행한다.
② 바퀴의 정렬을 정확히 한다.
③ 동력 조향을 사용한다.
④ 타이어의 공기압을 높인다.

정답 61 ③ 62 ① 63 ④ 64 ③ 65 ② 66 ③ 67 ① 68 ② 69 ①

# 굴착기 조정, 점검

## -굴착기 작업장치

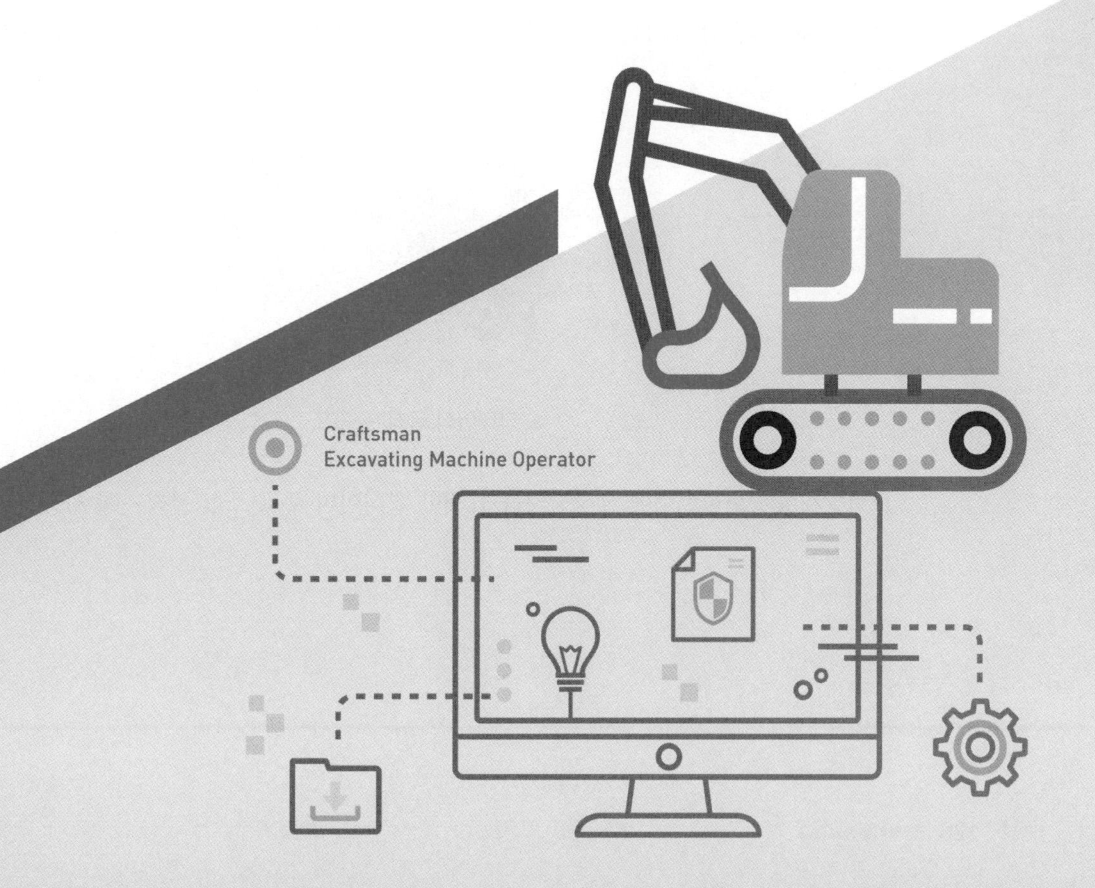

# 01 굴착기의 구조

## 1 굴착기 개요

### 1 굴착기의 용도

굴착기는 택지 조성사업, 건물 기초작업, 토사적재, 화물적재, 말뚝박기, 고철적재, 통나무적재, 구덩이 파기, 암반 및 건축물 파괴 작업, 도로 상하수도 공사 등 다양한 용도로 활용한다.

### 2 굴착기의 구분(주행장치에 따른)

① 무한궤도식(크롤러형, crawler type) : 주행장치가 강철제의 발판을 이어 맞춘 형식이다.

② 타이어식(휠형, wheel type) : 주행장치가 고무 타이어로 된 형식으로 일반 자동차의 형식과 동일하다.

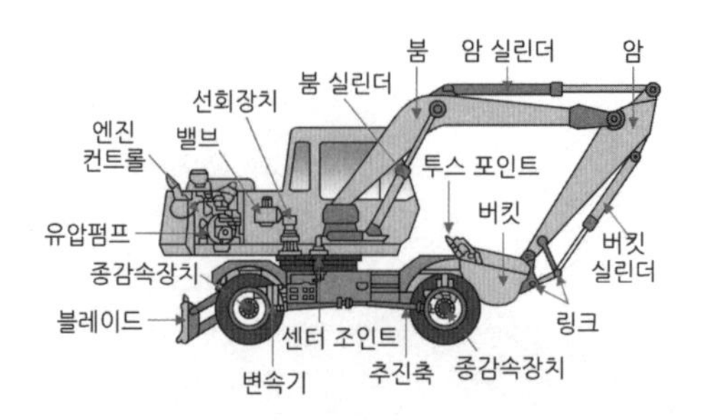


▲ 타이어식 굴착기 구조

③ 트럭탑재형 : 화물트럭에 굴삭장치를 탑재한 형식이며 주로 소형 굴착기에 사용된다.

### 3 무한궤도식(크롤러형, crawlrer type)

① 무한궤도식의 장점

- 접지압이 낮고, 견인력이 크다.
- 습지(濕地), 사지(沙地)에서 작업이 가능하다.
- 암석지에서 작업이 가능하다.

② 무한궤도식의 단점

- 주행 저항이 크다.
- 포장도로를 주행할 때 도로 파손의 우려가 있다.
- 기동성이 나쁘다.
- 장거리 이동이 곤란하다.

### 4 타이어식(휠형, wheel type)

① 타이어식의 장점

- 기동성이 좋다.
- 주행저항이 적다.
- 자력으로 이동한다.
- 도심지 등 근거리 작업에 효과적이다.

② 타이어식의 단점

- 평탄하지 않은 작업장소나 진흙땅 작업이 어렵다.
- 암석 · 암반지대에서 작업할 때 타이어가 손상된다.
- 견인력이 약하다.

## 2 굴착기 구조

### 1 굴착기의 주요부분

① 하부 주행(추진)체 : 굴착기의 상부 회전체와 작업장치 등의 하중을 지지하고 장비를 이동시키는 장치이며 무한궤도형은 유압에 의하여 동력이 전달된다.

② 상부 회전(선회)체 : 기관, 조종석, 유압 조정장치가 설치되어 있으며, 하부 주행체의 프레임에

스윙 베어링으로 결합되어 360°선회할 수 있다.

③ 작업(전부)장치 : 붐, 암, 버킷 등으로 구성되어 유압 실린더에 의해 작동된다.

## 2 하부 주행체(하부 구동체, under carriage)

하부 주행체는 트랙 프레임, 상부 롤러(캐리어 롤러), 하부 롤러(트랙 롤러), 트랙 장력 조정기구, 프런트 아이들러(전부 유동륜), 리코일 스프링, 스프로킷 및 트랙 주행 모터, 평형 스프링 등으로 구성되어 있다.

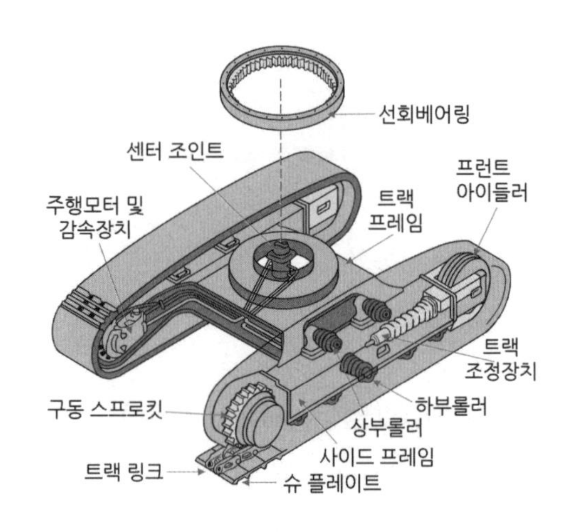


① 트랙 프레임(track frame)

- 트랙 프레임의 기능 : 하부 주행체의 몸체로서 건설기계의 중량을 지탱하고 완충작용을 하며, 대각지주가 설치되어 있다.
- 트랙 프레임의 구성 : 프레임 부분과 안쪽으로 기울어진 대각지주로 구성되어 있다.
- 트랙 프레임의 구조 : 좌우 트랙 프레임이 평형을 유지하면서 상하로 움직인다.
- 트랙 프레임의 종류 : 박스형, 솔리드 스틸형, 오픈 채널형 등이 있다.

② 상부 롤러(캐리어 롤러, carrier roller)

- 상부 롤러의 구성 : 트랙 프레임 위 브래킷에 1~2개가 설치되며 흙 등의 침입을 막기 위하여 더스트 실(dust seal)이 설치되어 있다.
- 상부 롤러의 역할 : 트랙을 지지하여 밑으로 처지는 것을 방지하고 트랙의 회전 위치를 유지하는 역할을 한다.
- 상부 롤러의 형식 : 싱글(단일, single) 플랜지형(바깥쪽으로 플랜지가 있는 형식)을 사용한다.

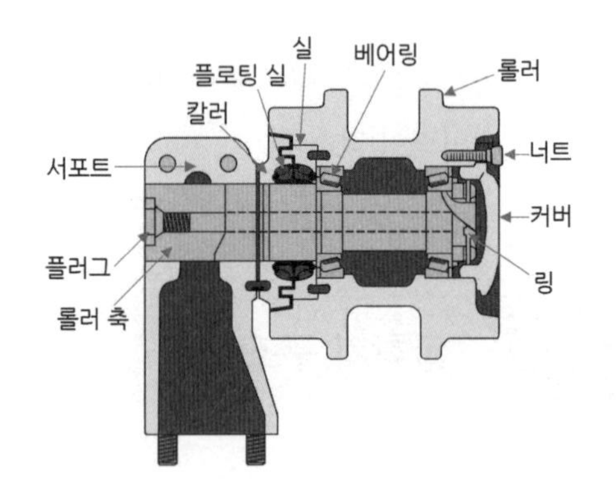

③ 하부 롤러(트랙 롤러 track roller)

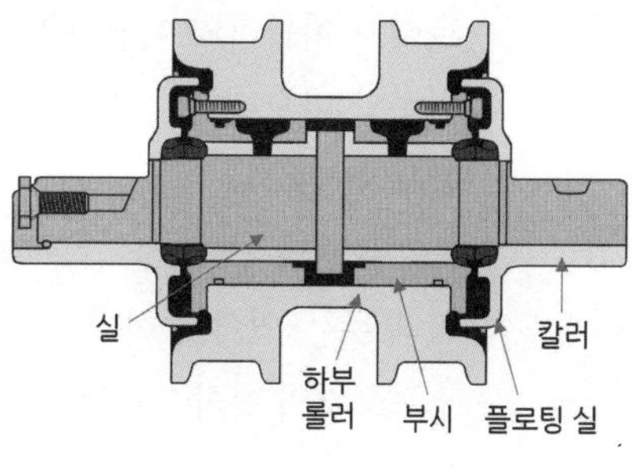


- 하부 롤러의 구성 : 트랙 프레임 아래에 좌우 각각 3~7개 설치되어 있으며 롤러, 부싱, 플로팅 실, 축, 칼러 등으로 구성되어 있다.
- 하부 롤러의 역할 : 중량을 균등하게 트랙 위에 분배하면서 트랙의 회전위치를 유지한다.
- 하부 롤러의 형식 : 싱글(단일, single) 플린지형과 더블(2중, double) 플린지형이 있으며, 스프로킷의 가까운 쪽 롤러는 싱글 플린지형 롤러를 설치하여야 한다.
- 플로팅 실(floating seal) : 먼지, 흙 등 이물질의 침입을 막고 그리스(윤활제)의 누설을 방지하는데 사용된다.

④ 균형 스프링(equalizer spring)

- 균형 스프링의 종류 : 평형 스프링 형식. 스프링 형식, 빔 형식이 있다.
- 균형 스프링의 구조 : 모두 양쪽 끝 부분은 트랙 프레임 위에 얹혀 있고 가운데에는 메인 프레임의 앞부분을 받쳐주고 있다.
- 균형 스프링의 기능 : 요철의 지면을 주행할 때 지면에서 오는 충격을 흡수 및 굴착기의 충격을 완충하여 앞쪽의 균형을 잡아준다.

⑤ 리코일 스프링(recoil spring)

프런트 파일럿
이너 스프링
아우터 스프링
조정 너트
슬리브
볼트
리어 파일럿
너트

- 리코일 스프링의 기능
  · 주행 중 트랙 전면에서 오는 충격을 완화시킨다.
  · 차체의 파손을 방지한다.
  · 운전을 원활하게 해주는 역할을 한다.
- 리코일 스프링의 구성 : 이중 스프링으로 이너 스프링과 아우터 스프링으로 되어 있다.

⑥ 트랙 아이들러(프런트 아이들러, 전부 유동륜)

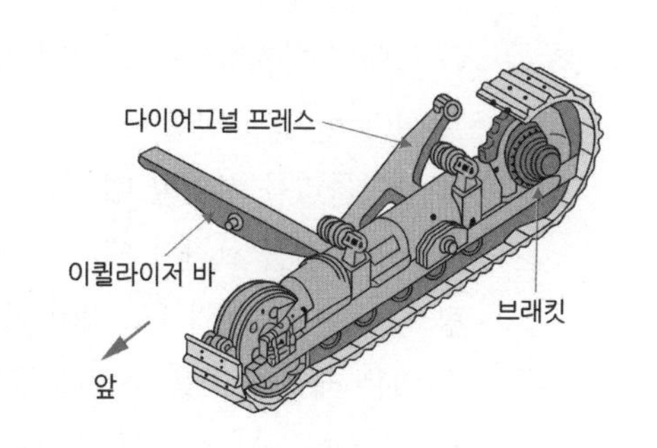


- 전부유동륜 : 좌우 트랙 앞부분에 설치되어 프런트 아이들러(front idler) 즉 전부(前部) 유동륜이라고 한다.
- 트랙 아이들러의 설치 : 앞뒤로 미끄럼 운동할 수 있는 요크에 설치된다.
- 트랙 아이들러의 기능
  · 트랙의 진로를 조정하면서 주행방향으로 트랙을 유도한다.

· 요크 축 끝에 조정 실린더가 연결되어 트랙 유격을 조정한다.

– 트랙 아이들러의 이상 마모(異常 磨耗) : 스프로킷 및 아이들러가 직선으로 배열되지 않으면 한쪽만 마모된다.

⑦ 스프로킷(기동륜)

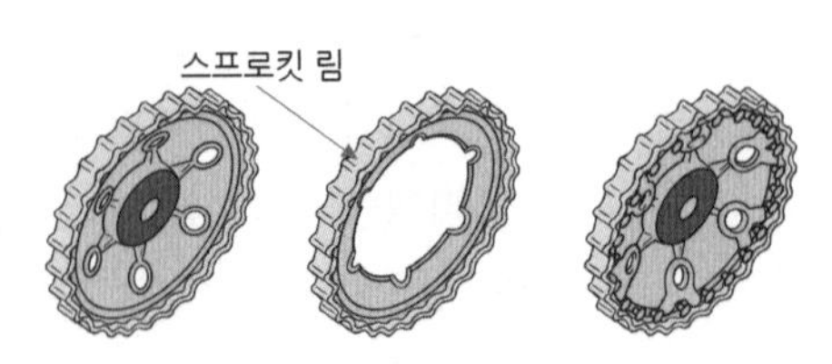


– 스프로킷의 역할 : 유압 모터의 동력을 트랙에 전달해 주는 역할을 한다.

– 스프로킷의 형식 : 일체식과 분할식, 분해식이 있다.

– 스프로킷의 이상 마모 : 트랙의 장력이 이완되면 스프로킷의 이상 마모의 원인이 된다.

⑧ 주행모터(running motor)

– 주행모터의 역할 : 센터 조인트로부터 유압을 받아 회전하면서 굴착기를 주행시킨다.

– 주행모터의 설치 : 좌우 트랙에 1개씩 설치하여 주행과 조향 기능을 하는 유압 모터이다.

⑨ 트랙(track)

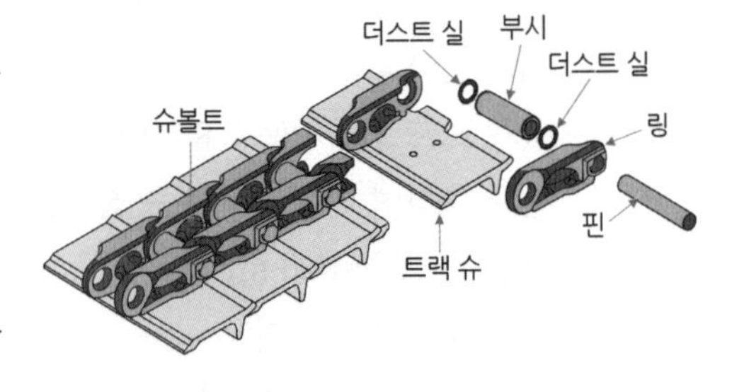


– 트랙의 구성 : 트랙은 트랙 슈, 링크, 핀, 부싱, 슈 볼트 등으로 구성되어 있다.

– 트랙의 연결

· 링크 핀(연결 핀, link pin) : 링크에 부싱이 강하게 압입되고 그 속에 핀이 일정한 간격을 두고 끼워져 있다.

· 마스터 핀(master pin) : 트랙의 링크 핀에는 분리를 쉽게 하기 위하여 마스터 핀이 1개씩 있어서 트랙을 트랙터로부터 때어낼 때 마스터 핀을 뽑아서 분리한다.

– 트랙을 분리해야 하는 경우

· 트랙이 벗겨졌거나 교환할 때

· 실(seal)을 교환할 때

· 아이들러를 교환할 때

· 스프로킷을 교환할 때

– 링크(link) : 2개가 1조 되어 있으며, 핀과 부싱에 의하여 연결되어 상·하부 롤러 등이 굴러갈 수 있는 레일(rail)을 구성해 주는 부분으로 마멸되었을 때 용접하여 재사용할 수 있다.

– 부싱(bushing) : 링크의 큰 구멍에 끼워지며, 구멍이 나기 전에 1회 180° 돌려서 사용할 수는 있으나 마멸되면 용접하여 재사용할 수 없다.

– 핀(pin) : 부싱 속을 통과하여 링크의 적은 구멍에 끼워지며, 핀과 부싱을 교환할 때는 유압 프레스로 작업하며 약 100ton 정도의 힘이 필요하다.

– 트랙 슈(track shoe)

· 트랙 슈의 역할 : 링크에 볼트로 고정되어 트랙의 겉면을 구성하며, 전체 하중을 지지하고 견인하면서 회전한다.

· 트랙 슈의 돌기(그로우저, grouser) : 지면과 접촉하는 부분에 돌기가 설치되며, 이 돌기가 견인력을 증대시켜준다.

· 트랙 슈의 재사용 : 돌기의 길이가 2cm 정도 남았을 때 용접하여 재사용할 수 있다.

– 트랙 슈의 종류

· 단일 돌기 슈 : 돌기가 1개인 것으로 견인력이 크며, 중 하중용 슈이다.

· 이중(2중) 돌기 슈 : 돌기가 2개인 것으로, 중 하중에 의한 슈의 굽음을 방지할 수 있으며, 선회 성능이 우수하다.

· 반이중(반2중) 돌기 슈 : 높이가 다른 2열의 돌기를 가진 슈로서 단일돌기의 견인력과 이중돌기의 회전성능을 함께 갖추었으므로 굴착 및 적재작업에 알맞다.

· 삼중(3중) 돌기 슈 : 돌기가 3개인 것으로 조향할 때 회전 저항이 적어 선회 성능이 양호하며 견고한 지반의 작업장에 알맞다. 굴착기에서 많이 사용되고 있다.

· 습지용 슈 : 슈의 단면이 삼각형으로 접지면적이 넓어서 접지압력이 작으므로 지반이 열악한 곳에서 작업할 수 있다.

· 기타 용도별 슈 : 고무 슈, 암반용 슈, 평활 슈, 스노우 슈 등이 있다.

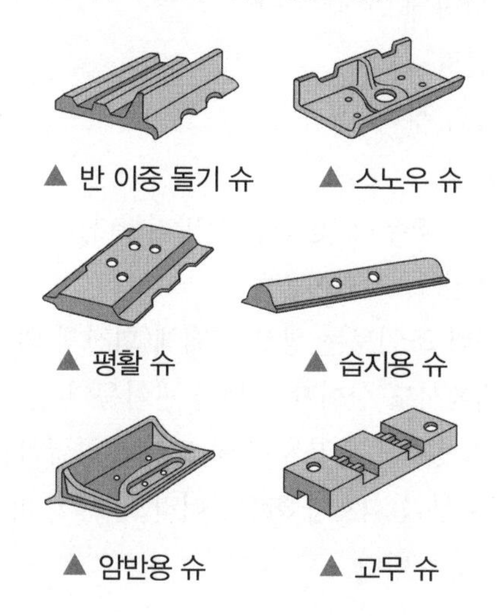

▲ 반 이중 돌기 슈　▲ 스노우 슈

▲ 평활 슈　▲ 습지용 슈

▲ 암반용 슈　▲ 고무 슈

## 3 상부 회전체(상부 선회체)

① 상부 회전체의 구조

- 상부 회전체의 결합 : 하부 주행체의 프레임에 스윙 베어링으로 결합되어 360° 선회할 수 있다
- 기관 및 유압 조정장치 등의 설치 : 상부 회전체의 메인 프레임 뒤쪽에 설치되어 있다.
- 평형추(밸런스웨이트, 카운터웨이트)의 설치
  - · 안전성 유지 : 안전성을 유지하기 위해 평형추(밸런스웨이트)가 프레임에 고정되어 있다.
  - · 수평 유지 : 버킷 등에 중량물이 실릴 때 장비의 뒷부분이 들리는 것을 방지하는 역할을 한다.

② 선회 장치

- 선회 감속 장치
  - · 구성 : 선 기어, 유성기어, 캐리어, 선회(스윙) 피니언, 링 기어 등으로 구성되어 있다.
  - · 링 기어와 스윙 피니언 : 링 기어는 하부 주행체에 고정되어 있고 스윙 피니언과 맞물려 있으며, 스윙 피니언이 회전하면 상부 회전체가 회전한다.
- 선회 고정 장치 : 트레일러에 의하여 운반될 때 상부 회전체와 하부 주행체를 고정시키는 역할을 하며, 작업 중 차체가 기울어져 상부 회전체가 자연적으로 회전하는 것을 방지한다.
- 선회(스윙) 동작이 원활하게 안 되는 원인
  - · 컨트롤 밸브 스풀 불량
  - · 릴리프 밸브 설정압력 부족
  - · 스윙모터의 내부 손상
- 컨트롤 밸브 : 회로 내의 과부하 및 진공을 방지한다.
- 센터 조인트(스위블 조인트, 선회이음)
  - · 중심부에 설치 : 센터 조인트는 상부 선회체(회전체)의 중심부에 설치되어 있다.
  - · 관이음 : 압력 상태에서도 선회가 가능한 관이음이다.
  - · 오일 공급 : 상부 회전체의 오일을 주행 모터로 공급하는 역할을 한다.
  - · 호수의 꼬임방지 : 상부 선회체가 회전하더라도 호스, 파이프 등이 꼬이지 않고 오일을 하부주행체로 원활히 송유한다.

## 4 작업장치(전부장치)

굴착기의 작업장치는 붐(boom), 암(arm), 버킷(bucket) 등으로 구성되어 있으며, 유압을 이용한 유압 실린더에 의해 작동된다.

① 붐(boom)

- 붐의 설치 : 강판을 사용한 용접 구조물로서 상부 회전체에 풋 핀에 의해 설치되어 있다.
- 붐의 동작 : 2개 또는 1개의 유압 실린더에 의하여 붐이 상·하로 움직인다.
- 붐의 길이 : 푸트 핀 중심에서 붐 포인트 핀까지의 직선거리이다.

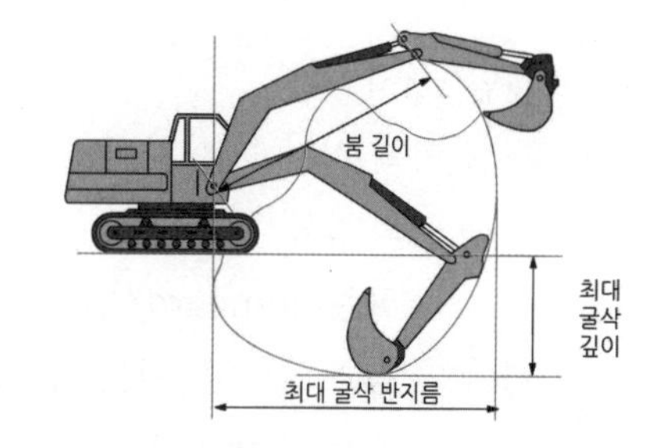


- 붐의 종류
  - · 원피스(one piece) 붐 : 붐이 하나로 구성되어, 굴삭 및 정지작업 등 일반작업에 적합하다.
  - · 투피스(two piece) 붐 : 붐이 2개로 구성되어, 굴삭 깊이를 깊게 할 수 있어서 토사, 이동, 적재, 클램셸 작업 등 다용도로 활용된다.
  - · 오프셋 붐 : 상부회전체의 회전 없이 붐을 좌우로 60° 정도 회전시킬 수 있는 회전(스윙) 장치가 있으며, 좁은 장소, 좁은 도로 양쪽의 배수로 구축 등 특수한 조건의 작업환경에 사용한다.
  - · 로터리 붐 : 붐과 암 연결 부분에 회전모터를 두어 굴착기의 이동 없이 암이 360° 회전한다.
- 굴착기 붐의 작동이 늦어지는 원인
  - · 기름에 이물질 혼입
  - · 기름의 압력 저하
  - · 기름의 압력 부족
- 굴착기 붐의 자연 하강량이 많아지는 원인
  - · 유압실린더에 내부누출이 있다.
  - · 컨트롤 밸브의 스풀에서 누출이 많다.
  - · 유압실린더 배관이 파손되었다.
  - · 유압작동 압력이 낮아지고 있다.
- 릴리프 밸브 및 시트의 손상 : 조종사가 굴착기의 붐 제어 레버를 계속하여 상승위치로 당기고 있으면 릴리프 밸브 및 시트가 손상된다.

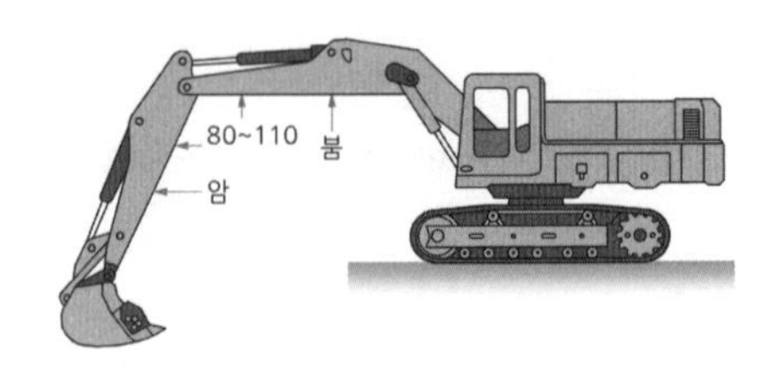


② 암(arm)

- 암의 기능 : 붐과 버킷 사이를 연결하는 암으로 디퍼스틱(dipper stick)이라고도 한다.
- 암의 종류
  - · 표준(standard) 암 : 일반 굴삭작업용
  - · 롱(long) 암 : 깊은 굴삭작업용(표준형보다 길다)
  - · 쇼트(short) 암 : 협소한 장소의 작업용(표준형보다 짧다)
  - · 익스텐션(extension) 암 : 깊고 넓은 장소의 작업용(더 길고 넓게 연장)
- 적정 굴삭 각도 : 붐과 암의 각도가 80~110° 정도가 가장 굴삭력이 크다.
- 쿠션장치 : 붐 상승, 암(스틱) 오므림, 암(스틱) 펼침 등에 설치되어 있다.

③ 버킷(디퍼, bucket or dipper)

- 버킷의 뜻 : 직접 작업을 하는 부분으로 고강력의 강철판으로 제작되어 있다.
- 굴착기 규격(버킷의 용량) : 1회 담을 수 있는 용량을 말하며, $m^3$(루베)로 표시한다.
- 버킷 투스(tooth) : 포인트 또는 팁이라고도 하며, 버킷의 굴착력을 높이기 위해 부착하며 1/3 정도 마모된 때 교환한다.

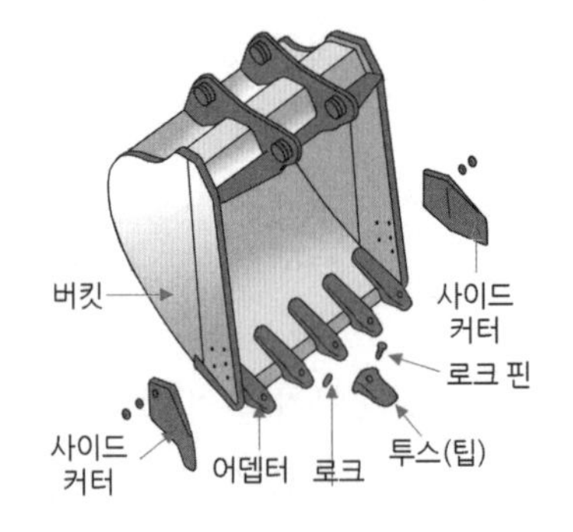


④ 작업부분 : 작업장치 중에서 직접 작업하는 부분으로서 백호, 유압셔블, 브레이커, 우드 그래플 등의 여러 종류가 있다.

- 백호(back hoe)
  - · 버킷의 굴삭방향 : 버킷의 굴삭방향이 조종사 쪽으로 끌어당기는 방향이며, 일반적인 굴착기를 말한다.
  - · 작업위치 : 장비가 위치한 지면보다 낮은 곳의 땅을 굴착하는 데 적합하므로 수중 굴삭도 가능하다.

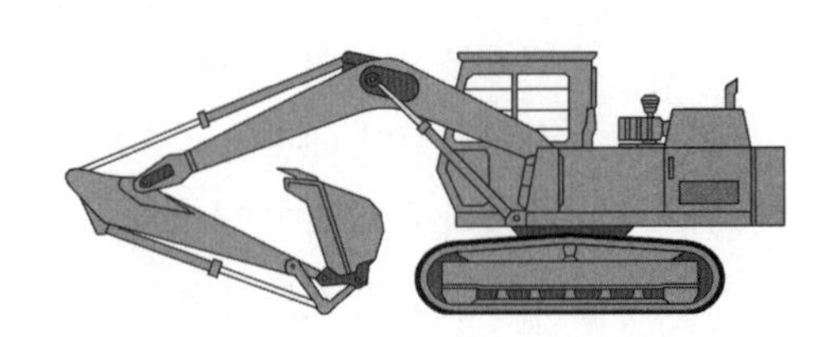

– 유압 셔블(shovel)

· 버킷의 굴삭방향 : 버킷의 굴삭방향이 조종사 쪽에서 밖으로 밀어 올리는 형식으로 백호의 반대 방향이다.

· 작업위치 : 장비가 위치한 지면보다 높은 곳을 굴착하는 데 적합하다.

· 작업용도 : 산지에서의 토사, 암반, 점토질까지 트럭에 싣기가 편리하다.

· 사용방법 : 일반적으로 백호 버킷을 뒤집어 사용하기도 한다.

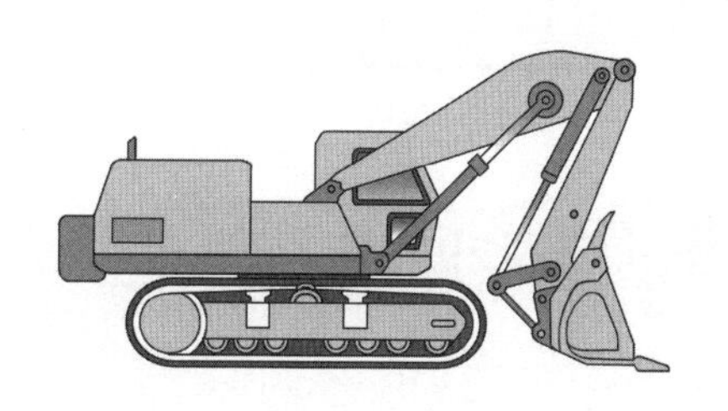

– 브레이커(breaker)

· 브레이커의 용도 : 브레이커는 암석, 콘크리트, 아스팔트 등의 파쇄 및 말뚝박기 등의 작업에 사용한다.

· 브레이커의 종류 : 유압식과 압축 공기식이 있다.

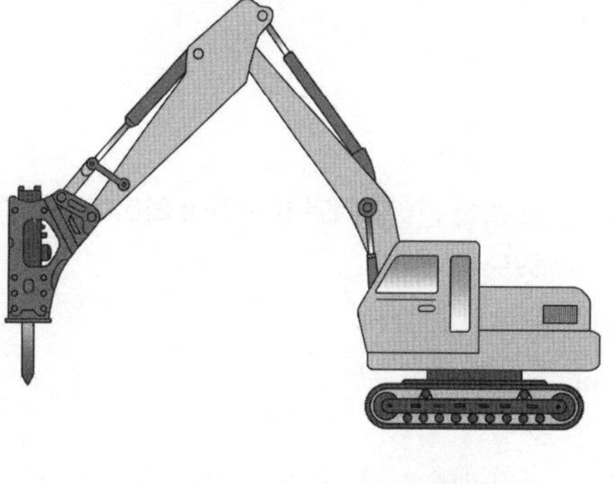

– 우드 그래플(wood grapple) : 전신주와 원목 등을 잡아서 하역 및 운반 작업을 하는데 적합하다.

– 파일 드라이브 및 어스 오거(pile drive and earth auger)

· 설치방법 : 파일 드라이브 장치를 붐 암에 설치한다.

· 작업용도 : 항타 및 항발 작업에 사용되며, 유압식과 공기식이 있다.

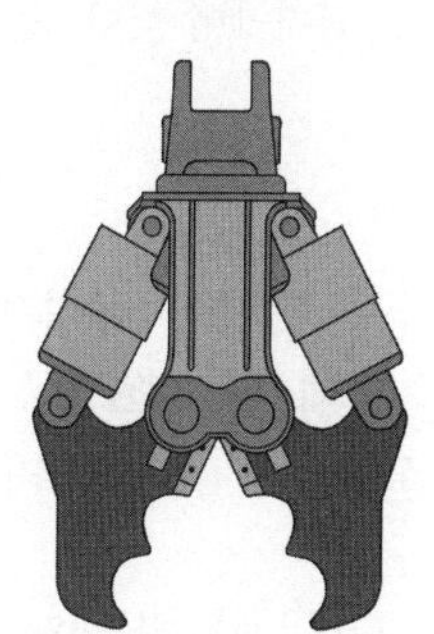

– 크러셔(crusher)

· 설치방법 : 굴착기 암에 버킷 대신 크러셔를 부착하여 파쇄 작업을 한다.

· 작업용도 : 구조물 등을 해체 및 파쇄 작업에 이용하며, 유압 펌프에서 공급되는 유압을 이용한다.

– 이젝터 버킷(ejector bucket) : 버킷 안에 토사 등을 밀어내는 이젝터가 있어서 진흙 등의 굴삭작업에 이용한다.

CHAPTER

# 01 굴착기의 구조

## 1 굴착기 개요

〈굴착기 용도〉

**01 일반적으로 굴착기가 할 수 없는 작업은?**

① 건물 기초작업
② 차량 토사 적재
③ 택지 조성 작업
④ 리핑 작업

〈타이어식〉

**02 트랙식 건설기계와 비교하여 타이어식의 장점에 해당되는 것은?**

① 기동성이 좋다.
② 등판능력이 크다.
③ 수명이 길다.
④ 접지압이 낮아 습지 작업에 유리하다.

〈무한궤도식〉

**03 무한궤도식 굴착기와 타이어식 굴착기의 운전 특성에 대한 설명으로 가장 거리가 먼 것은?**

① 타이어식은 장거리 이동이 쉽고 기동성이 양호하다.
② 무한궤도식(crawler)은 기복이 심한 곳에서는 작업이 불리하다.
③ 타이어식(wheel)은 변속 및 주행 속도가 빠르다.
④ 무한궤도식은 습지, 사지에서 작업이 유리하다.

## 2 굴착기 구조

〈주요 부분〉

**04 굴착기의 3대 주요부 구분으로 옳은 것은?**

① 트랙 주행체, 하부 추진체, 중간 선회체
② 동력 주행체, 하부 추진체, 중간 선회체
③ 작업(전부)장치, 상부 선회체, 하부 추진체
④ 상부 조정장치, 하부 추진체, 중간 동력장치

〈하부주행체〉

**05 무한궤도식 굴착기의 하부 주행체를 구성하는 요소가 아닌 것은?**

① 스프로킷
② 주행 모터
③ 트랙
④ 선회고정 장치

〈track frame〉

**06 하부 구동체(Under Cartridge)에서 장비의 중량을 지탱하고 완충작용을 하며, 대각지주가 설치된 것은?**

① 트랙
② 상부 롤러
③ 하부 롤러
④ 트랙 프레임

〈상부롤러〉

**07 무한궤도식 굴착기에서 상부롤러의 설치목적은?**

① 트랙을 지지한다.
② 전부 유동륜을 고정한다.
③ 리코일 스프링을 지지한다.

정답 01 ④ 02 ① 03 ② 04 ③ 05 ④ 06 ④ 07 ①

④ 기동륜을 지지한다.

〈상부롤러 carrier roller〉

**08 트랙 프레임 위에 한쪽만 지지하거나 양쪽을 지지하는 브래킷에 1~2개가 설치되어 트랙 아이들러와 스프로킷 사이에서 트랙이 처지는 것을 방지하는 동시에 트랙의 회전위치를 정확하게 유지하는 역할을 하는 것은?**

① 브레이스
② 아우터 스프링
③ 스프로킷
④ 캐리어 롤러

〈상부롤러carrier roller〉

**09 트랙 프레임 상부 롤러에 대한 설명으로 틀린 것은?**

① 더블 플랜지형을 주로 사용한다.
② 트랙의 회전을 바르게 유지한다.
③ 트랙이 밑으로 처지는 것을 방지한다.
④ 전부 유동륜과 기동륜 사이에 1~2개가 설치된다.

〈상부롤러carrier roller〉

**10 무한궤도식 장비에서 캐리어 롤러에 대한 내용으로 맞는 것은?**

① 캐리어 롤러는 좌우 10개로 구성되어 있다.
② 트랙의 장력을 조정한다.
③ 장비의 전체 중량을 지지한다.
④ 트랙을 지지한다.

〈하부롤러 track roller〉

**11 무한궤도식 장비에서 스프로킷에 가까운 쪽의 하부롤러는 어떤 형식을 사용하는가?**

① 싱글 플랜지형
② 더블 플랜지형
③ 플랫형
④ 옵셋형

〈롤러 roller〉

**12 트랙에 있는 롤러에 대한 설명으로 틀린 것은?**

① 하부 롤러는 스프로킷과 아이들러 사이에 트랙이 처지는 것을 방지한다.
② 하부 롤러는 트랙의 마모를 방지해 준다.
③ 상부 롤러는 보통 1~2개가 설치되어 있다.
④ 하부 롤러는 트랙 프레임의 한쪽 아래에 3~7개가 설치되어 있다.

〈균형스프링 equalizer spring〉

**13 무한궤도식 건설기계에서 균형 스프링의 형식으로 틀린 것은?**

① 플랜지 형
② 빔 형
③ 스프링 형
④ 평형

〈리코일스프링 recoil spring〉

**14 주행 중 트랙 전면에서 오는 충격을 완화하여 차체 파손을 방지하고 운전을 원활하게 해주는 장치는?**

① 트랙 롤러
② 리프트 실린더
③ 리코일 스프링
④ 댐퍼 스프링

〈트랙 아이들러 front idler〉

**15 무한궤도식 장비에서 프런트 아이들러의 작용에 대한 설명으로 가장 적당한 것은?**

① 회전력을 발생하여 트랙에 전달한다.
② 트랙의 진로를 조정하면서 주행방향으로 트랙을 유도한다.
③ 구동력을 트랙으로 전달한다.
④ 파손을 방지하고 원활한 운전을 할 수 있도록 하여 준다.

**정답** 08 ④ 09 ① 10 ④ 11 ① 12 ① 13 ① 14 ③ 15 ②

〈트랙 아이들러 front idler〉

**16 무한궤도식 건설기계에서 프런트 아이들러의 주된 역할은?**

① 동력을 전달시켜 준다.
② 공회전을 방지하여 준다.
③ 트랙의 진로 방향을 유도시켜 준다.
④ 트랙의 회전을 조정해 준다.

〈스프로킷(기동륜)〉

**17 무한궤도식 굴착기에서 스프로킷이 한쪽으로만 마모되는 원인으로 가장 적합한 것은?**

① 트랙 장력이 늘어났다.
② 트랙 링크가 마모되었다.
③ 상부 롤러가 과다하게 마모되었다.
④ 스프로킷 및 아이들러가 직선 배열이 아니다.

〈이상마모 원인〉

**18 트랙식 건설장비에서 트랙의 스프로킷이 이상 마모되는 원인으로 가장 적절한 것은?**

① 트랙의 이완
② 유압유의 부족
③ 댐퍼 스프링의 장력 약화
④ 유압이 높음

〈이상마모 방지〉

**19 무한궤도식 주행장치에서 스프로킷의 이상 마모를 방지하기 위해서 조정하여야 하는 것은?**

① 슈의 간격
② 트랙의 장력
③ 롤러의 간격
④ 아이들러의 위치

〈주행모터〉

**20 유압식 굴착기의 주행 동력으로 이용되는 것은?**

① 유압 모터
② 전기 모터
③ 변속기 동력
④ 차동장치

〈주행모터 설치〉

**21 무한궤도식 굴착기에서 주행모터는 일반적으로 모두 몇 개 설치되어 있는가?**

① 1개
② 2개
③ 3개
④ 4개

〈트랙 구성〉

**22 무한궤도식 건설기계에서 트랙의 구성품으로 맞는 것은?**

① 슈, 조인트, 스프로킷, 핀, 슈볼트
② 스프로킷, 트랙 롤러, 상부 롤러, 아이들러
③ 슈, 스프로킷, 하부 롤러, 상부 롤러, 감속기
④ 슈, 슈볼트, 링크, 부싱, 핀

〈트랙 분리〉

**23 무한궤도식 건설기계에서 트랙을 쉽게 분리하기 위해 설치한 것은?**

① 슈
② 링크
③ 마스터 핀
④ 부싱

〈트랙 분리〉

**24 다음 중 트랙을 분리할 필요가 없는 경우는?**

① 트랙이 벗겨졌을 때
② 아이들러 교환시
③ 하부 롤러 교환시
④ 트랙 교환시

**정답** 16 ③ 17 ① 18 ① 19 ② 20 ① 21 ② 22 ④ 23 ③ 24 ③

〈슈 연결부품〉

**25 트랙 장치의 구성품 중 트랙 슈와 슈를 연결하는 부품은?**

① 부싱과 캐리어 롤러
② 트랙 링크와 핀
③ 아이들러의 스프로켓
④ 하부 롤러와 상부 롤러

〈슈 종류〉

**26 트랙 슈의 종류가 아닌 것은?**

① 고무 슈
② 4중 돌기 슈
③ 3중 돌기 슈
④ 반 이중 돌기 슈

〈슈 종류〉

**27 도로를 주행할 때 포장 노면의 파손을 방지하기 위해 주로 사용하는 트랙 슈는?**

① 평활 슈
② 단일 돌기 슈
③ 습지용 슈
④ 스노 슈

〈슈 종류〉

**28 트랙 슈의 종류로 틀린 것은?**

① 단일 돌기 슈
② 습지용 슈
③ 이중 돌기 슈
④ 변하중 돌기 슈

〈슈 종류〉

**29 지반이 연약한 곳에서 작업할 수 있도록 트랙 슈가 삼각형 구조로 되어있는 슈는?**

① 습지용 슈 ② 고무 슈
③ 스노 슈 ④ 평활 슈

〈동력전달 순서〉

**30 무한궤도식 굴착기의 유압식 하부 추진체 동력전달 순서로 맞는 것은?**

① 기관 → 컨트롤 밸브 → 센터 조인트 → 유압 펌프 → 주행 모터 → 트랙
② 기관 → 컨트롤 밸브 → 센터 조인트 → 주행 모터 → 유압 펌프 → 트랙
③ 기관 → 센터 조인트 → 유압 펌프 → 컨트롤 밸브 → 주행 모터 → 트랙
④ 기관 → 유압 펌프 → 컨트롤 밸브 → 센터 조인트 → 주행 모터 → 트랙

〈조향〉

**31 무한궤도식 굴착기의 환향(조향)은 무엇에 의하여 작동되는가?**

① 주행 펌프
② 스티어링 휠
③ 스로틀 레버
④ 주행 모터

〈상부 회전체〉

**32 굴착기의 상부 회전체는 몇 도까지 회전이 가능한가?**

① 90° ② 180°
③ 270° ④ 360°

〈평형추〉

**33 굴착기의 밸런스 웨이트(balance weight)에 대한 설명으로 가장 적합한 것은?**

① 작업할 때 장비의 뒷부분이 들리는 것을 방지한다.
② 굴삭량에 따라 중량물을 들 수 있도록 운전자가 조절하는 장치이다.
③ 접지압을 높여주는 장치이다.
④ 접지면적을 높여주는 장치이다.

**정답** 25 ② 26 ② 27 ① 28 ④ 29 ① 30 ④ 31 ④ 32 ④ 33 ①

〈밸런스 웨이트(balance weight)〉

**34 굴착기 작업 시 안정성을 주고 장비의 밸런스를 잡아주기 위하여 설치한 것은?**

① 봄
② 스틱
③ 버킷
④ 카운터 웨이트

〈선회장치〉

**35 다음 중 굴착기의 선회장치의 구성품에 해당되지 않는 것은?**

① 차동기어
② 스윙(선회)모터
③ 링기어
④ 스윙 볼 레이스

〈상부장치 연결〉

**36 굴착기의 상부 회전체는 어느 것에 의해 하부 주행체에 연결되어 있는가?**

① 푸트 핀
② 스윙 볼 레이스
③ 스윙 모터
④ 주행 모터

〈선회고정 장치〉

**37 굴착기의 회전 로크 장치에 대한 설명으로 알맞은 것은?**

① 선회 클러치의 제동장치이다.
② 드럼 축의 회전 제동장치이다.
③ 굴착할 때 반력으로 차체가 후진하는 것을 방지하는 장치이다.
④ 작업 중 차체가 기울어져 상부 회전체가 자연히 회전하는 것을 방지하는 장치이다.

〈선회동작〉

**38 굴착기 스윙(선회) 동작이 원활하게 안 되는 원인으로 틀린 것은?**

① 컨트롤 밸브 스풀 불량
② 릴리프 밸브 설정압력 부족
③ 터닝 조인트(Turning joint) 불량
④ 스윙(선회)모터 내부 손상

〈선회이음〉

**39 크롤러식 굴착기에서 상부 회전체의 회전에는 영향을 주지 않고 주행 모터에 작동유를 공급할 수 있는 부품은?**

① 컨트롤 밸브
② 사축형 유압 모터
③ 센터 조인트
④ 언로더 밸브

〈스위블 조인트〉

**40 굴착기의 센터 조인트(선회 이음)의 기능으로 맞는 것은?**

① 상부 회전체가 회전 시에도 오일 관로가 꼬이지 않고 오일을 하부 주행체로 원활히 공급한다.
② 주행 모터가 상부 회전체에 오일을 전달한다.
③ 하부 주행체에서 공급되는 오일을 상부 회전체로 공급한다.
④ 자동변속장치에 의하여 스윙모터를 회전시킨다.

〈작업장치〉

**41 다음 중 굴착기 작업 장치에 해당하지 않는 것은?**

① 붐 ② 암
③ 버킷 ④ 마스트

〈조정 래버〉

**42 굴착기의 조정 레버 중 굴삭작업과 작접적인 관계가 없는 것은?**

**정답** 34 ④ 35 ① 36 ② 37 ④ 38 ③ 39 ③ 40 ① 41 ④ 42 ④

① 붐 제어레버
② 암(디퍼스틱) 제어레버
③ 버킷 제어레버
④ 스윙 제어레버

〈붐 연결〉
**43 다음 중 굴착기의 봄은 무엇에 의하여 상부 회전체에 연결되는가?**

① 테이퍼 핀
② 푸트 핀
③ 킹 핀
④ 코터 핀

〈붐 길이〉
**44 다음 중 굴착기의 붐의 길이를 설명한 것으로 알맞은 것은?**

① 붐의 최상단에서 푸트 핀까지의 거리
② 붐의 최상단에서 붐의 최하단까지의 거리
③ 선회 중심에서 포인트 핀까지의 거리
④ 푸트 핀 중심에서 붐 포인트 핀까지의 직선거리

〈붐의 종류〉
**45 굴착기의 전부장치에서 좁은 도로의 배수로 구축 등 특수 조건의 작업에 용이한 붐은?**

① 오프셋 붐
② 로터리 붐
③ 원 피스 붐
④ 투 피스 붐

〈붐의 작동〉
**46 굴착기 붐의 작동이 느린 이유가 아닌 것은?**

① 기름의 압력 과다.
② 기름의 압력 저하
③ 기름의 압력 부족
④ 기름에 이물질 혼입

〈붐의 자연하강〉
**47 굴착기 붐의 자연 하강량이 많을 때의 원인이 아닌 것은?**

① 유압작동 압력이 과도하게 높다.
② 유압실린더 배관이 파손되었다.
③ 유압실린더의 내부에 누출이 있다.
④ 콘트롤 밸브의 스풀에서 누출이 많다.

〈제어래버〉
**48 굴착기의 붐 제어래버를 계속하여 상승위치로 당기고 있으면 다음 중 어느 곳에 가장 큰 손상이 발생하는가?**

① 유압모터
② 엔진
③ 릴리프 밸브 및 시트
④ 유압펌프

〈암 굴삭력〉
**49 다음 중 굴착기의 굴삭력이 가장 클 경우는?**

① 암과 붐이 일직선상에 있을 때
② 암과 붐이 45° 선상을 이루고 있을 때
③ 버킷을 최소 작업 반경 위치로 놓였을 때
④ 암과 붐이 80~110° 정도(직각 전후 위치)에 있을 때

〈용량표시〉
**50 굴착기의 버킷 용량 표시로 옳은 것은?**

① $in^2$  ② $yd^2$
③ $m^3$  ④ $m^2$

〈굴착기 규격〉
**51 굴착기 규격 표시 방법은?**

정답 43 ② 44 ④ 45 ① 46 ① 47 ① 48 ③ 49 ④ 50 ③ 51 ①

① 버킷의 산적용량($m^3$)
② 최대 굴삭깊이(m)
③ 기관의 최대출력(ps/rpm)
④ 작업 가능상태의 중량(ton)

〈버킷 팁〉
**52 버킷의 굴삭력을 증가시키기 위해 부착하는 것은?**

① 보강판
② 사이드판
③ 노즈
④ 포인트(투스)

〈백호(back hoe)〉
**53 다음 중 굴착기의 백호를 설명한 것으로 틀린 것은?**

① 버킷의 굴삭 방향이 조종사 쪽으로 끌어당긴다.
② 장비가 위치한 지면보다 낮은 곳의 땅을 굴착하는 데 적합하다.
③ 수중 굴삭이 가능하다.
④ 장비가 위치한 지면보다 높은 곳의 땅을 굴착하는 데 적합하다.

〈유압 셔블(shovel)〉
**54 장비의 위치보다 높은 곳을 굴착하는 데 알맞은 것으로 토사 및 암석을 트럭에 적재하기 쉽게 디퍼 덮개를 개폐하도록 제작된 장비는?**

① 파워셔블
② 기중기
③ 굴착기
④ 스크레이퍼

〈브레이커(breaker)〉
**55 굴착기의 작업장치 중 콘크리트 등을 깰 때 사용되는 것으로 가장 적합한 것은?**

① 마그넷
② 브레이커
③ 파일 드라이버
④ 드롭 해머

〈작업장치〉
**56 굴착기의 작업장치에 해당되지 않는 것은?**

① 브레이커
② 파일 드라이브
③ 힌지 버킷
④ 백호(back hoe)

〈진흙굴착〉
**57 진흙 등의 굴착작업을 할 때 용이한 버킷은?**

① 폴립 버킷
② 이젝터 버킷
③ 포크 버킷
④ 리퍼 버킷

정답 52 ④ 53 ④ 54 ① 55 ② 56 ③ 57 ②

# 02 동력전달장치 구성 및 점검

## 1 동력전달장치의 동력전달

### 1 유압식 동력전달 순서

① 주행할 때
기관 → 유압펌프 → 컨트롤밸브 → 센터조인트 → 주행모터 → 트랙

② 굴삭 작업할 때
기관 → 유압펌프 → 컨트롤밸브 → 유압실린더 → 작업장치

③ 스윙 작업할 때
스윙모터 → 피니언 기어 → 링 기어

### 2 기계식 동력전달 순서

기관 → 메인 클러치 또는 토크변환기 → 자재이음 → 변속기 → 피니언·베벨기어 → 조향 클러치 → 종감속 기어 → 트랙

### 3 동력전달장치의 구성

① 유압식 동력전달장치

– 주행모터
- 주행모터의 기능 : 굴착기를 주행시키는 굴착기의 주행동력 유압모터로서 방향을 전환하는 조향의 기능도 있다.
- 조향방법 : 주행모터로 트랙을 전·후진시키며 회전한다.

– 제동장치
- 제동의 종류 : 주차제동 한가지만을 사용한다.
- 제동의 방식 : 주행모터의 주차제동은 움직이는 것을 멈추는 일반적인 포지티브 제동방식이 아니라 멈춰있는 상태가 기본이며, 주행할 때 제동이 풀리는 네거티브 형식이다.

· 제동의 해제 : 수동에 의한 제동이 아니며, 주행신호에 의하여 제동이 해제되고 주행 시 주행모터에 설치된 브레이크 밸브가 열린다(수동에 의한 제동의 해제는 불가).

② 기계식 동력전달장치

- 메인 클러치 : 기관의 동력을 변속기로 전달 또는 차단시키는 장치이다.
- 자재이음 : 기관의 동력을 클러치를 거쳐 변속기에 전달한다.
- 변속기 : 기관의 동력을 주행상태에 따라 속도나 힘에 변화를 주거나 후진을 가능하게 한다.
- 피니언 · 베벨기어 : 수직 동력을 수평 동력으로 변환시키고 감속한다.
- 조향 클러치 : 주행 중 진행방향을 바꾸는 장치로서 좌우 트랙 중 어느 한쪽의 동력을 차단하면 동력이 끊어진 방향으로 회전하게 된다.
- 종감속 기어 : 기관의 회전속도를 최종적으로 감속시켜 구동 스프로킷에 전달하며 최종적으로 구동력을 증가시킨다.
- 트랙 : 지면과 접촉하며 굴착기를 구동시킨다.

## 2 동력전달장치의 점검

### 1 크롤러형 굴착기의 트랙

① 트랙이 자주 벗겨지는 원인

- 트랙의 유격(긴도)이 너무 크다.
- 프런트 아이들러와 스프로킷의 중심 정렬이 맞지 않는다.
- 트랙이 너무 이완되었다.
- 프런트 아이들러, 상·하부 롤러 및 스프로킷의 마멸이 크다.
- 리코일 스프링의 장력이 부족하다.
- 고속 주행 중 급선회할 경우 트랙이 벗겨질 수 있다.

② 트랙의 장력을 조정하여야 하는 이유

- 트랙의 이탈을 방지할 수 있다.
- 구성부품의 수명을 연장한다.
- 스프로킷의 마모를 방지한다.
- 슈의 마모를 방지한다.

③ 트랙장력의 조정방법

- 건설기계를 평탄한 지면에 주차시킨다.

- 브레이크가 있는 경우에는 브레이크를 사용해서는 안 된다.
- 후진하다가 세우면 트랙이 팽팽해지므로 전진하다가 정지시켜야 한다.
- 2~3회 반복 조정하여 양쪽 트랙의 유격을 똑같이 조정하여야 한다.
- 트랙을 들고 늘어지는 양을 점검하여야 한다.

④ 트랙장력의 조정방식 : 기계식과 그리스식이 있으며, 트랙 어저스터(track adjuster)로 조정한다.

- 기계식(너트 식) : 조정나사를 돌려서 조정한다.
- 그리스 식(그리스 주입식) : 조정 실린더에 그리스를 주입하여 조정한다.
- 장력의 측정 : 아이들러와 1번 상부롤러 사이에서 측정하며, 트랙슈의 처진 상태가 30~40mm 정도가 정상이다

## 2 트랙장치 장력 · 유격의 점검

① 트랙장치 장력의 과다 : 트랙의 장력이 너무 팽팽하게 조정된 경우

- 상부롤러, 하부롤러, 트랙 핀, 트랙 부싱, 트랙 링크 등의 트랙부품이 조기 마모된다.
- 프런트 아이들러, 구동 스프로킷 등이 조기 마모된다.
- 굳은 지반 또는 암반을 통과할 때에는 작업 조건이 효과적이다.

② 트랙장치 유격의 과다 : 트랙의 유격이 너무 커 느슨해지며 이완된 경우

- 트랙이 벗겨지기 쉽다.
- 소음이 심해진다.

CHAPTER

# 02 동력전달장치 구성 및 점검

## 1 동력전달장치의 동력전달

〈유압식 주행시 동력전달〉

**01 무한 궤도식 하부 추진체 동력전달 순서로 맞는 것은?**

① 기관 → 컨트롤밸브 → 유압펌프 → 센터조인트 → 주행모터 → 트랙
② 기관 → 센터조인트 → 유압펌프 → 컨트롤밸브 → 주행모터 → 트랙
③ 기관 → 유압펌프 → 컨트롤밸브 → 센터조인트 → 주행모터 → 트랙
④ 기관 → 유압펌프 → 센터조인트 → 주행모터 → 컨트롤밸브 → 트랙

〈기계식 주행시 동력전달〉

**02 기계식 하부 추진체 동력전달 순서로 맞는 것은?**

① 기관 → 메인클러치(토크변환기) → 자재이음 → 변속기 → 피니언·베벨기어 → 조향클러치 → 종감속 기어 → 트랙
② 기관 → 자재이음 → 메인클러치(토크변환기) → 변속기 → 피니언·베벨기어 → 조향클러치 → 종감속 기어 → 트랙
③ 기관 → 변속기 → 메인클러치(토크변환기) → 자재이음 → 피니언·베벨기어 → 조향클러치 → 종감속 기어 → 트랙
④ 기관 → 조향클러치 → 메인클러치(토크변환기) → 자재이음 → 변속기 → 피니언·베벨기어 → 종감속 기어 → 트랙

〈작업시 동력전달〉

**03 굴삭작업할 때 동력전달 순서로 맞는 것은?**

① 기관 → 컨트롤밸브 → 유압펌프 → 유압실린더 → 작업장치
② 기관 → 유압펌프 → 컨트롤밸브 → 유압실린더 → 작업장치
③ 기관 → 유압실린더 → 유압펌프 → 컨트롤밸브 → 작업장치
④ 기관 → 컨트롤밸브 → 유압실린더 → 유압펌프 → 작업장치

〈주행 모터〉

**04 무한궤도식 굴착기의 조향작용은 무엇으로 행하는가?**

① 유압모터
② 조향 핸들
③ 브레이크 페달
④ 유압펌프

〈제동방법〉

**05 무한궤도식 굴착기의 제동에 대한 설명으로 옳지 않은 것은?**

① 제동은 주차제동 한 가지만 사용한다.
② 주행모터의 주차제동은 네거티브 형식이다.
③ 주행모터 내부에 설치된 브레이크 밸브에 의해 상시 잠겨있다.
④ 수동에 의한 제동이 불가하며, 주행신호에 의해 제동이 해제된다.

정답 01 ③ 02 ① 03 ② 04 ① 05 ③

## 2 동력전달장치의 점검

〈트랙 이완〉

**06 무한궤도식 건설기계에서 트랙이 벗겨지는 원인은?**

① 트랙의 서행 회전
② 트랙이 너무 이완되었을 때
③ 파이널 드라이브의 마모
④ 보조 스프링이 파손되었을 때

〈트랙 장력 조정〉

**07 트랙 장력을 조정하는 이유가 아닌 것은?**

① 구성부품 수명 연장
② 트랙의 이탈방지
③ 스윙모터의 과부하 방지
④ 스프로킷 마모방지

〈트랙 유격〉

**08 트랙장치의 트랙 유격이 너무 커졌을 때 발생하는 현상으로 가장 적합한 것은?**

① 주행속도가 빨라진다.
② 슈판 마모가 급격해진다.
③ 주행속도가 아주 느려진다.
④ 트랙이 벗겨지기 쉽다.

〈트랙 탈선〉

**09 무한궤도식 건설기계에서 트랙의 탈선 원인과 가장 거리가 먼 것은?**

① 트랙의 유격이 너무 클 때
② 하부 롤러에 주유하지 않았을 때
③ 스프로킷이 많이 마모되었을 때
④ 프런트 아이들러와 스프로킷의 중심이 맞지 않을 때

〈트랙 장력〉

**10 트랙이 주행 중 벗겨지는 원인이 아닌 것은?**

① 트랙 장력이 너무 느슨할 때
② 상부 롤러가 마모 및 파손되었을 때
③ 고속 주행 시 급히 선회할 때
④ 타이어 트레드가 마모되었을 때

〈트랙 장력 측정〉

**11 무한궤도식 건설기계에서 트랙의 장력을 측정하는 부위로 가장 적합 것은?**

① 아이들러와 1번 상부롤러 사이
② 아이들러와 스프로킷 사이
③ 1번 상부롤러와 2번 상부롤러 사이
④ 스프로킷과 1번 상부롤러 사이

〈트랙 장력 조정〉

**12 굴착기 트랙의 장력 조정 방법으로 맞는 것은?**

① 하부 롤러의 조정방식으로 한다.
② 트랙 조정용 심(shim)을 끼워서 한다.
③ 트랙 조정용 실린더에 그리스를 주입한다.
④ 캐리어 롤러의 조정방식으로 한다.

〈장력 조정〉

**13 무한궤도식 건설기계에서 트랙의 장력 조정(유압식)은 어느 것으로 하는가?**

① 상부 롤러의 이동으로
② 하부 롤러의 이동으로
③ 스프로킷의 이동으로
④ 아이들러의 이동으로

〈장력 조정방식〉

**14 다음 보기 중 무한궤도식 건설기계에서 트랙 장력(긴도) 조정방법으로 모두 맞는 것은?**

정답 06 ② 07 ③ 08 ④ 09 ② 10 ④ 11 ① 12 ③ 13 ④ 14 ②

[보기]
ㄱ. 유압식　　　　ㄴ. 그리스식
ㄷ. 전자식　　　　ㄹ. 너트식

① ㄱ, ㄴ, ㄷ
② ㄴ, ㄹ
③ ㄱ, ㄴ, ㄷ, ㄹ
④ ㄱ, ㄷ

〈장력조정 방법〉

**15 무한궤도식 장비에서 트랙 장력이 느슨해졌을 때 무엇을 주입하면서 조정하는가?**

① 기어 오일
② 그리스
③ 엔진 오일
④ 브레이크 오일

〈장력조정 안전〉

**16 무한궤도식 굴착기의 트랙 유격을 조정할 때 유의사항으로 잘못된 방법은?**

① 브레이크가 있는 장비는 브레이크를 사용한다.
② 트랙을 들고 늘어지는 것을 점검한다.
③ 장비를 평지에 주차시킨다.
④ 2~3회 반복하며 나누어 조정한다.

〈장력 과다〉

**17 무한궤도식 건설기계에서 트랙 장력이 약간 팽팽하게 되었을 때 작업 조건이 오히려 효과적일 경우는?**

① 수풀이 있는 땅
② 진흙땅
③ 바위가 있는 땅
④ 모래땅

〈장력과다〉

**18 무한궤도식 건설기계에서 트랙 장력을 너무 팽팽하게 조정했을 때 미치는 영향으로 틀린 것은?**

① 트랙 링크의 마모
② 프런트 아이들러의 마모
③ 트랙의 이탈
④ 구동 스프로킷의 마모

〈마모부품〉

**19 무한궤도식 건설기계에서 트랙 장력이 너무 팽팽하게 조정되었을 때 보기와 같은 부분에서 마모가 촉진되는 부분(기호)을 모두 나열한 항은?**

[보기]
ㄱ. 트랙 핀의 마모　　ㄴ. 부싱의 마모
ㄷ. 스프로킷의 마모　ㄹ. 블레이드의 마모

① ㄱ, ㄴ, ㄷ, ㄹ
② ㄱ, ㄴ, ㄷ
③ ㄱ, ㄴ, ㄹ
④ ㄱ, ㄷ

〈주행 불량 원인〉

**20 무한궤도식 건설기계에서 주행 불량 현상의 원인이 아닌 것은?**

① 트랙에 오일이 묻었을 때
② 스프로킷이 손상되었을 때
③ 한쪽 주행 모터의 브레이크 작동이 불량할 때
④ 유압펌프의 토출 유량이 부족할 때

**정답** 15 ② 16 ① 17 ③ 18 ③ 19 ② 20 ①

Craftsman Excavating Machine Operator

# 03 굴착기 조정방법 · 안전수칙

## 1 굴착기의 조정방법

### 1 굴착기의 중량

① 자체중량 : 연료를 가득 채우는 등 즉시 작업이 가능한 상태에서의 중량을 말한다(운전자의 체중은 제외).

② 운전중량 : 자체중량에서 조종사가 탑승한 상태의 중량을 말한다(조종사 1명의 체중은 65kg으로 본다),

### 2 굴착기의 굴착작업 방법

① 굴착 작업

- 암과 버킷을 동시에 클라우드(오므리기)하면서 붐을 서서히 상승시킨다.
- 암과 버킷은 90°, 암과 붐도 90°의 범위를 유지할 때 버킷에 가득 담겨야 한다.
- 붐의 각도는 35~65°가 효과적이며, 정지작업에서의 붐의 각도는 35~40°가 가장 적합하다.

② 적재 방법 : 암을 뻗으면서 붐을 하강시켜 덤프 위치에서 근접하면 버킷을 펴면서 토사 등의 골재를 쏟아 준다.

③ 선회 작동

- 굴착이 완료된 후 : 붐을 올리면서 암과 버킷을 약간씩 오므려 토사가 흘러내리지 않게 한다.
- 안전확인 : 조종사의 시야가 양호한 쪽으로 장애물이 없는가를 확인한 후에 선회하여야 한다.
- 선회거리 : 굴착 적재작업을 할 때는 가능한 한 선회거리를 짧게 하여야 한다.
- 굴착기 스윙(선회) 동작이 원활하지 않은 원인
  - · 컨트롤 밸브 스풀 불량
  - · 릴리프 밸브 설정 압력의 부족
  - · 스윙(선회) 모터 내부 손상

### 3 무한궤도형 굴착기 조향방법

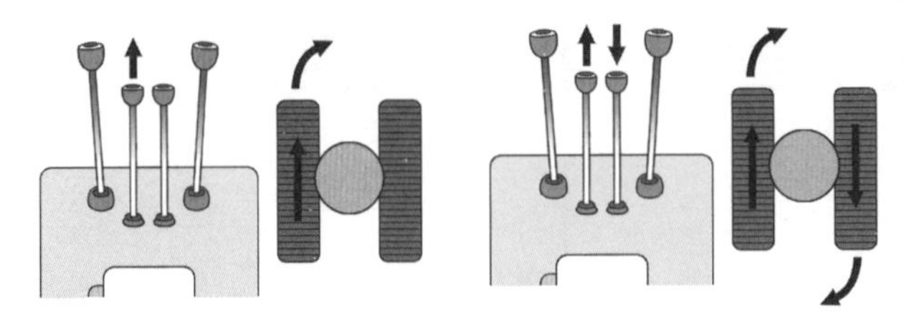

▲ 피벗 턴　　▲ 스핀 턴

① 완회전(피벗 회전, pivot turn) : 한쪽 주행 레버만 밀거나 당겨서 한쪽 트랙만 전·후진시키며 반대쪽 트랙 중심을 지지점으로 완만하게 회전하는 방법이다.

② 급회전(스핀 회전, spin turn) : 좌우측 주행 레버를 동시에 한쪽 레버는 앞으로 밀고 다른 한쪽 레버는 조종자 앞쪽으로 당겨서 차체 중심을 기점으로 급회전하는 방법이다.

## 2 굴착기 작업안전

### 1 굴착기 기본작업

① 기본 작업순서(사이클) : 굴삭 → 붐상승 → 스윙 → 적재 → 스윙 → 굴삭

② 굴착기 작업내용

- 굴 착 : 버킷으로 흙을 퍼 담는 작업
- 붐 상승 : 붐을 위로 올린다.
- 스 윙 : 작업 위치로 선회한다.
- 적 재 : 덤프트럭이나 적재장소에 흙을 쏟는다.
- 스 윙 : 작업위치로 선회한다.
- 굴 착 : 굴착을 위한 위치로 버킷을 내린다.

### 2 굴착기 작업안전

① 압력개방 : 연료, 오일, 그리스 주유나 점검·정비를 할 때는 기관 시동을 끄고 버킷을 지면에 내린 다음 각 조작레버를 작동하여 유압회로 내의 압력을 개방(해제)하여야 한다.

② 냉각수 보충 : 엔진 과열시 냉각수를 보충할 때는 냉각수가 분출될 우려가 있으므로 주의하여야 한다.

③ 기관을 시동하고자 할 때 : 각 조작 레버가 중립에 있는지 확인하여야 한다.

④ 차체의 잭업(jack up) : 작업 장치로 차체를 잭업 한 후 차체 밑으로 들어가지 말아야 한다.

⑤ 장애물 확인 : 각 조작 레버를 작동시키기 전에 주변에 장애물이 없는가를 확인하여야 한다.

⑥ 최대 굴삭력 : 굴착기 전부 장치에서 가장 큰 굴삭력을 발휘할 수 있는 암의 각도는 전방 50°~ 후방 15°까지 사이의 각도이다.

⑦ 매설물 확인 : 굴착 장소에 고압선, 수도 배관, 가스 송유관 등이 매설되어 있지 않은지 확인해야 한다.

⑧ 작업 조종(PCU) 레버의 조작 : 작업 조종 레버를 급격하게 조작하지 않는다.

⑨ 유압 실린더의 사용한계 : 유압 실린더의 행정 끝까지 사용해서는 안 되며, 피스톤 행정 양단 50~80mm 여유를 두고 작업하여야 한다.

⑩ 정지작업 : 흙을 파면서 정지작업을 하거나, 버킷으로 비질하듯이 스윙 동작으로 정지작업을 해서는 안 된다.

⑪ 버킷의 낙하력 및 측면사용 금지 : 버킷을 이용하여 낙하력으로 굴착 및 선회 동작과 토사 등을 버킷의 측면으로 타격을 가하지 말아야 한다.

⑫ 트랙을 들 때 : 한쪽 트랙을 들 때는 암과 붐 사이는 90~110° 범위로 해서 들어주어야 한다.

⑬ 브레이크 사용 : 버킷이나 하중을 달아 올린 채로 브레이크를 걸어두면 안 된다.

⑭ 무거운 하중 작업 : 일단 5~10cm 들어 올려 브레이크나 기계의 안전을 확인한 후 작업하여야 한다.

⑮ 경사지에서의 작업

- 작업금지 : 10° 이상 경사진 장소에서는 가급적 작업을 하지 말아야 한다.
- 경사지에서 기관의 시동이 꺼질 때 : 버킷을 땅에 속히 내리고 모든 조작 레버는 중립으로 해야 한다.
- 측면 절삭(병진 채굴) : 경사지 작업에서 측면 절삭은 피해야 한다.
- 차체의 밸런스(평형) 유지 : 경사지에서는 차체의 밸런스에 유의해야 한다.

⑯ 작업이 끝나고 조종석을 떠날 때 : 버킷을 지면에 내려놓아야 한다.

⑰ 장비를 다른 곳으로 이동할 때 : 선회 브레이크를 잠가 놓고 장비로부터 내려와야 한다.

## 3 굴착기 안전운전

### 1 운전 중 유의사항

① 주행시 버킷의 높이 : 30~50cm가 적당하다.
② 지면선택 : 가능하면 굴곡이 심한 지면을 피하고 평탄지면을 택한다.
③ 주행 시 작업(전부) 장치 : 전방을 향하여야 한다.
④ 커브 주행 : 커브에 도달하기 전 직선도로에서 속도를 줄여야 한다.
⑤ 작업장치 레버 : 주행 중에는 작업장치의 레버를 조작하지 말아야 한다.
⑥ 급가속 급제동 : 장비에 나쁜 영향을 주므로 하지 말아야 한다.

### 2 습지에 빠진 경우 탈출방법

① 한쪽 트랙이 빠진 경우 : 붐을 사용하여 빠진 트랙을 들어 올린 다음, 트랙 밑에 통나무를 넣고 탈출한다.
② 트랙이 모두 빠진 경우 : 붐을 최대한 앞쪽으로 펼친 후 버킷투스를 지면에 박은 다음 천천히 당기면서 장비를 서서히 주행시키며 탈출한다.
③ 자력 탈출이 불가능한 경우 : 와이어로프를 걸고 크레인으로 당길 때 굴착기의 주행레버를 견인 방향으로 밀면서 빠져나온다.

### 3 굴착기를 트럭에 탑승하는 방법

① 트럭을 주차시킨 후 주차 브레이크를 걸고, 차륜에 고임목을 설치한다.
② 경사대를 10~15° 이내로 빠지지 않도록 설치한다.
③ 트럭 적재함에 받침대를 설치한다.
④ 작업(전부) 장치는 뒤로하고 버킷과 암을 클라우드(당김)한 상태로 탑승해야 한다. 이때 주행 이외의 다른 조작은 하지 않아야 한다.

## 4 굴착기를 트레일러에 상차하는 방법

① 자력주행 탑승 방법 : 트레일러 차륜에 고임목을 받치고 경사대를 10~15° 이내로 설치한 후 상차한다.

② 언덕을 이용하여 상차하거나 바닥을 파고 트레일러를 낮은 지형에 밑에 넣고 상차한다.

③ 건설기계 전용 상하차대를 이용하여 상차한다.

④ 기중기(크레인)에 의한 상차 방법

- 와이어는 충분한 강도가 있어야 한다.
- 배관 등에 와이어가 닿지 않도록 한다.
- 굴착기를 크레인으로 들어 올릴 때 수평으로 들리도록 와이어를 묶어야 한다.
- 굴착기 중량에 맞는 크레인을 사용하여야 한다.

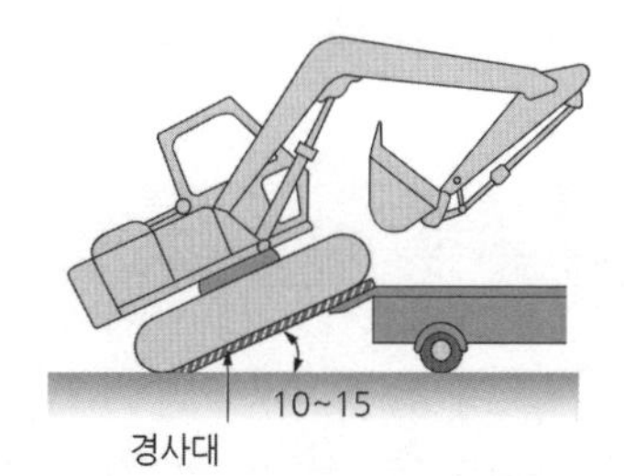


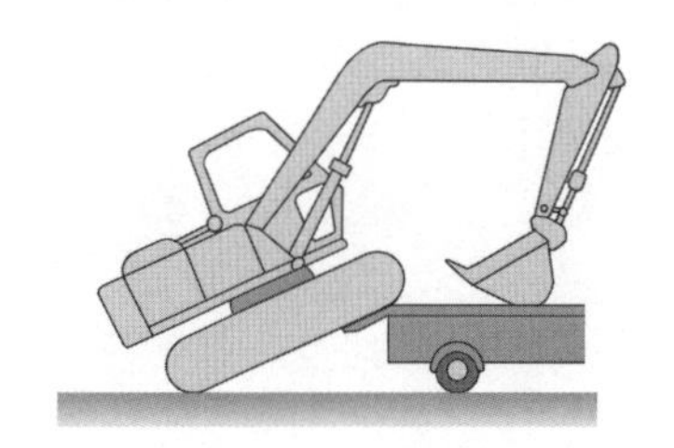

▲ 트레일러에 탑재 방법

## 5 굴착기를 상차 후 조치사항

① 상·하부 본체에 선회 고정 장치로 고정시킨다.

② 운행 중에 굴착기가 움직이지 않도록 체인 블록 등을 이용해서 고정한다.

③ 트랙의 뒤쪽에 고임목을 설치한다.

④ 굴착기의 작업 장치는 트레일러 및 트럭의 뒤쪽을 향하도록 하여야 한다.

CHAPTER

# 03 굴착기 조정방법 · 안전수칙

## 1 굴착기의 조정방법

〈굴착기 중량〉

**01 일반적으로 건설기계의 장비 중량에 포함되지 않는 것은?**

① 냉각수
② 연료
③ 그리스
④ 운전자

**02 굴착기의 굴착 작업은 주로 어느 것을 사용하면 좋은가?**

① 버킷 실린더
② 디퍼스틱 실린더
③ 붐 실린더
④ 주행 모터

## 2 굴착기 작업안전

〈작업 사이클〉

**03 굴착기의 기본 작업 사이클 과정으로 알맞은 것은?**

① 선회 → 굴착 → 적재 → 선회 → 굴착 → 붐 상승
② 굴착 → 적재 → 붐 상승 → 선회 → 굴착 → 선회
③ 선회 → 적재 → 굴착 → 적재 → 붐 상승 → 선회
④ 굴착 → 붐 상승 → 스윙 → 적재 → 스윙 → 굴착

〈회전방식〉

**04 트랙식 굴착기의 한쪽 주행 레버만 조작하여 회전하는 것을 무엇이라 하는가?**

① 피벗 회전
② 급회전
③ 스핀 회전
④ 원웨이 회전

## 3 굴착기 안전운전

〈안전조치〉

**05 굴착기 등 건설기계 운전 작업장에서 이동 및 선회 시 안전을 위해서 행하는 적절한 조치로 맞는 것은?**

① 경적을 울려서 작업장 주변 사람에게 알린다.
② 버킷을 내려서 점검하고 작업한다.
③ 급방향 전환을 위하여 위험시간을 최대한 줄인다.
④ 굴착작업으로 안전을 확보한다.

〈안전사항〉

**06 굴착기 운전 시 작업 안전사항으로 적합하지 않은 것은?**

① 스윙하면서 버킷으로 암석을 부딪쳐 파쇄하는 작업을 하지 않는다.
② 안전한 작업 반경을 초과해서 하중을 이동시킨다.
③ 굴삭하면서 주행하지 않는다.
④ 작업을 중지할 때는 파낸 모서리로부터 장비를 이동시킨다.

정답 01 ④ 02 ② 03 ④ 04 ① 05 ① 06 ②

〈안전사항〉

**07 굴착기 작업시 작업 안전사항으로 틀린 것은?**

① 기중 작업은 가능한 피하는 것이 좋다.
② 경사지 작업시 측면 절삭을 행하는 것이 좋다.
③ 타이어형 굴착기로 작업시 안전을 위하여 아웃트리거를 받치고 작업한다.
④ 한쪽 트랙을 들 때는 암과 붐 사이의 각도는 90~110° 범위로 해서 들어주는 것이 좋다.

〈안전사항〉

**08 굴착 작업 시 안전 준수사항으로 틀린 것은?**

① 굴착 면 및 흙막이 상태를 주의하여 작업을 진행하여야 한다.
② 지반의 종류에 따라 정해진 굴착 면의 높이와 기울기로 진행하여야 한다.
③ 굴착 면 및 굴착 심도 기준을 준수하여 작업 중에 붕괴를 예방하여야 한다.
④ 굴착 토사나 자재 등을 경사면 및 토류벽 전단부 주변에 견고하게 쌓아두어 작업하여야 한다.

〈안전수칙〉

**09 건설기계의 안전수칙에 대한 설명으로 틀린 것은?**

① 운전석을 떠날 때 기관을 정지시켜야 한다.
② 버킷이나 하중을 달아 올린 채로 브레이크를 걸어두면 안 된다.
③ 장비를 다른 곳으로 이동할 때에는 반드시 선회 브레이크를 풀어 놓고 장비로부터 내려와야 한다.
④ 무거운 하중은 5~10cm 들어 올려 브레이크나 기계의 안전을 확인한 후 작업에 임하도록 한다.

〈안전수칙〉

**10 타이어 타입 건설기계를 조종하여 작업을 할 때 주의하여야 할 사항으로 틀린 것은?**

① 노견의 붕괴방지 여부
② 지반의 침하방지 여부
③ 작업 범위 내에 물품과 사람을 배치
④ 낙석의 우려가 있으면 운전실에 헤드 가이드를 부착

〈안전수칙〉

**11 굴착기로 작업할 때 주의사항으로 틀린 것은?**

① 땅을 깊이 할 때는 붐의 호스나 버킷 실린더의 호스가 지면에 닿지 않도록 한다.
② 암석, 토사 등을 평탄하게 고를 때는 선회 관성을 이용하면 능률적이다.
③ 암 레버의 조작시 잠깐 멈췄다가 움직이는 것은 펌프의 토출량이 부족하기 때문이다.
④ 작업시는 실린더의 행정 끝에서 약간 여유를 남기도록 운전한다.

〈안전수칙〉

**12 절토 작업 시 안전준수 사항으로 잘못된 것은?**

① 상부에서 붕괴 낙하위험이 있는 장소에서 작업은 금지한다.
② 상·하부 동시 작업으로 작업 능률을 높인다.
③ 굴착 면이 높은 경우에는 계단식으로 굴착한다.
④ 부식이나 붕괴되기 쉬운 지반은 적절한 보강을 한다.

〈안전수칙〉

**13 건설기계 작업 시 주의사항으로 틀린 것은?**

① 주행 시 작업장치는 진행방향으로 한다.
② 주행 시는 가능한 평탄한 지면으로 주행한다.
③ 운전석을 떠날 경우에는 기관을 정지시킨다.
④ 후진 시는 후진 후 사람 및 장애물 등을 확인한다.

〈안전수칙〉

**14 굴착기 작업 중 운전자가 하차 시 주의사항으로 틀린 것은?**

① 버켓을 땅에 완전히 내린다.
② 엔진을 정지시킨다.

**정답** 07 ② 08 ④ 09 ③ 10 ③ 11 ② 12 ② 13 ④ 14 ④

③ 타이어식의 경우 경사지에서 정차 시 고임목을 설치한다.
④ 엔진 정지 후 가속 레버를 최대로 당겨 놓는다.

〈안전수칙〉

**15 크롤러형의 굴착기를 주행 운전할 때 적합하지 않은 것은?**

① 주행시 버킷의 높이는 30~50cm가 좋다.
② 가능하면 평탄 지면을 택하고, 엔진은 중속이 적합하다.
③ 암반 통과시 엔진 속도는 고속이어야 한다.
④ 주행할 때 전부장치는 전방을 향해야 좋다.

〈안전수칙〉

**16 크롤러형 굴착기가 진흙에 빠져서 자력으로는 탈출이 거의 불가능하게 된 상태의 경우 견인 방법으로 가장 적당한 것은?**

① 버킷으로 지면을 걸고 나온다.
② 두 대의 굴착기 버킷을 서로 걸고 견인한다.
③ 전부 장치로 잭업시킨 후 후진으로 밀면서 나온다.
④ 하부기구 본체에 와이어로프를 걸고 크레인으로 당길 때 굴착기는 주행 레버를 견인 방향으로 밀면서 나온다.

정답 15 ③ 16 ④

Craftsman Excavating Machine Operator

# 04 굴착기 점검 · 정비

## 1 일상 점검 · 정비

일상 점검 · 정비는 장비의 수명연장과 효율적인 장비의 관리를 위하여 시행하며, 10시간 또는 매일 고장 유무를 사전에 점검 · 정비하여야 한다.

### 1 운전 전 점검 · 정비 사항

① 엔진의 오일량 점검
② 냉각수의 양 및 누출 여부 점검
③ 각 작동부분의 그리스 주입
④ 공기청정기 커버 먼지 청소
⑤ 조종 레버 및 각 레버의 작동 이상 유무 확인
⑥ 각종 스위치, 등화 등 점검
⑦ 연료탱크의 연료량 확인
⑧ 자동변속기 오일량 확인
⑨ 유압 오일량 확인

### 2 운전 중 점검 · 정비 사항

① 각 접속부분의 누유 점검
② 유압계통 이상 유무 점검
③ 각 기계류 정상작동 유무 점검
④ 이상 소음 및 배기가스 색깔 점검
⑤ 제동 및 조향장치 점검
⑥ 주차브레이크 동작상태 확인

### 3 운전 후 점검 · 정비 사항

① 연료 보충
② 상·하부 롤러 사이 이물질 제거
③ 각 연결부분의 볼트 · 너트 이완 및 파손 여부 점검
④ 선회 서클의 청소
⑤ 에어탱크 침전물 배출
⑥ 오일 누유상태 점검

## 2 기간 점검 · 정비

기간 점검 · 정비는 매 50 시간(주간), 매 500 시간(분기), 매 1,000 시간(반년), 매 2,000 시간(일년) 등으로 구분하여 시행한다.

### 1 매 50시간마다 점검 · 정비 사항

① 연료탱크 침전물 배출
② 프레임 연결부 등에 그리스 주유
③ 배터리 전해액 수준 점검
④ 각종 오일의 양 및 오염 여부 점검
⑤ 구동 벨트의 장력 점검

### 2 매 500시간마다 점검 · 정비 사항

① 각 작동부 오일 점검 및 교환
② 오일필터 교환
③ 라디에이터 및 오일쿨러
④ 브레이크 디스크 마모 여부 점검
⑤ 마스트 및 포크 점검
⑥ 주 계기판 램프 점검
⑦ 라이트 점검

## 3 매 1,000시간마다 점검 · 정비 사항

① 발전기 및 기동전동기 점검
② 연료 분사 노즐 점검
③ 어큐뮬레이터 압력 점검
④ 엔진 밸브 조정
⑤ 냉각계통 내부의 세척
⑥ 주행감속기 기어오일 교환
⑦ 스윙기어 케이스 오일 교환
⑧ 유압펌프 구동장치 오일 교환
⑨ 작동유 흡입여과기 교환

## 4 매 2,000시간마다 점검 · 정비 사항

① 액슬 케이스 오일 교환
② 트랜스퍼 케이스 오일 교환
③ 작동유 탱크 오일 교환
④ 냉각수 교환
⑤ 유압 오일 교환
⑥ 탠덤 구동 케이스 오일 교환
⑦ 작동유 탱크 오일 교환

CHAPTER

# 04 굴착기 점검 · 정비

## 1 일상 점검 · 정비

〈일상점검〉

**01 굴착기의 일상점검사항이 아닌 것은?**

① 오일쿨러 세척
② 엔진 오일량
③ 유압 오일량
④ 냉각수 누출 여부

〈작업 전 점검〉

**02 운전자는 작업 전에 정비상태를 확인하고 점검하여야 하는데 적합하지 않은 것은?**

① 브레이크 및 클러치의 작동상태
② 낙석, 낙하물 등의 위험이 예상되는 작업 시 견고한 헤드가드 설치상태
③ 모터의 최고 회전 시 동력 상태
④ 타이어 및 궤도 차륜상태

〈시동 전 점검〉

**03 유압식 굴착기의 시동 전 점검사항이 아닌 것은?**

① 후륜 구동축 감속기의 오일량 점검
② 각종 계기판 경고등의 램프 작동상태 점검
③ 엔진 오일 및 냉각수 점검
④ 유압유 탱크의 오일량 점검

〈운행 중 점검〉

**04 건설기계 작업 시 갑자기 유압상승이 되지 않을 경우 점검내용으로 적절하지 않은 것은?**

① 릴리프 밸브의 고장 여부 점검
② 펌프로부터 유압 발생이 되는지 점검
③ 작업장치의 자기탐상법에 의한 균열 점검
④ 오일탱크의 오일량 점검

〈운행 후 점검〉

**05 유압식 굴착기의 운행 후 점검사항이 아닌 것은?**

① 오일 누유상태 점검
② 에어탱크 침전물 배출점검
③ 각 연결부분의 이완 및 파손 여부 점검
④ 엔진오일의 오일량 점검

## 2 기간 점검 · 정비

〈매 50시간〉

**06 굴착기에서 매 50시간마다 점검, 정비하여야 할 항목으로 맞지 않는 것은?**

① 연료탱크 침전물 배출
② 프레임 연결부 등에 그리스 주유
③ 배터리 전해액 수준 점검
④ 브레이크 디스크 마모 여부 점검

**07 굴착기에서 매 500시간마다 점검, 정비하여야 할 항목으로 맞지 않는 것은?**

① 연료 분사 노즐 점검
② 오일필터 교환
③ 라디에이터 및 오일쿨러
④ 라이트 점검

정답 01 ① 02 ③ 03 ① 04 ③ 05 ④ 06 ④ 07 ①

**08** 굴착기에서 매 1,000시간마다 점검, 정비하여야 할 항목으로 맞지 않는 것은?

① 냉각수 교환
② 주행감속기 기어오일 교환
③ 유압펌프 구동장치 오일 교환
④ 작동유 흡입여과기 교환

**09** 굴착기에서 매 2,000시간마다 점검, 정비하여야 할 항목으로 맞지 않는 것은?

① 액슬 케이스 오일 교환
② 프레임 연결부 등에 그리스 주유
③ 작동유 탱크 오일 교환
④ 냉각수 교환

정답 08 ① 09 ②

# 굴착기 조정, 점검

## -유압 일반

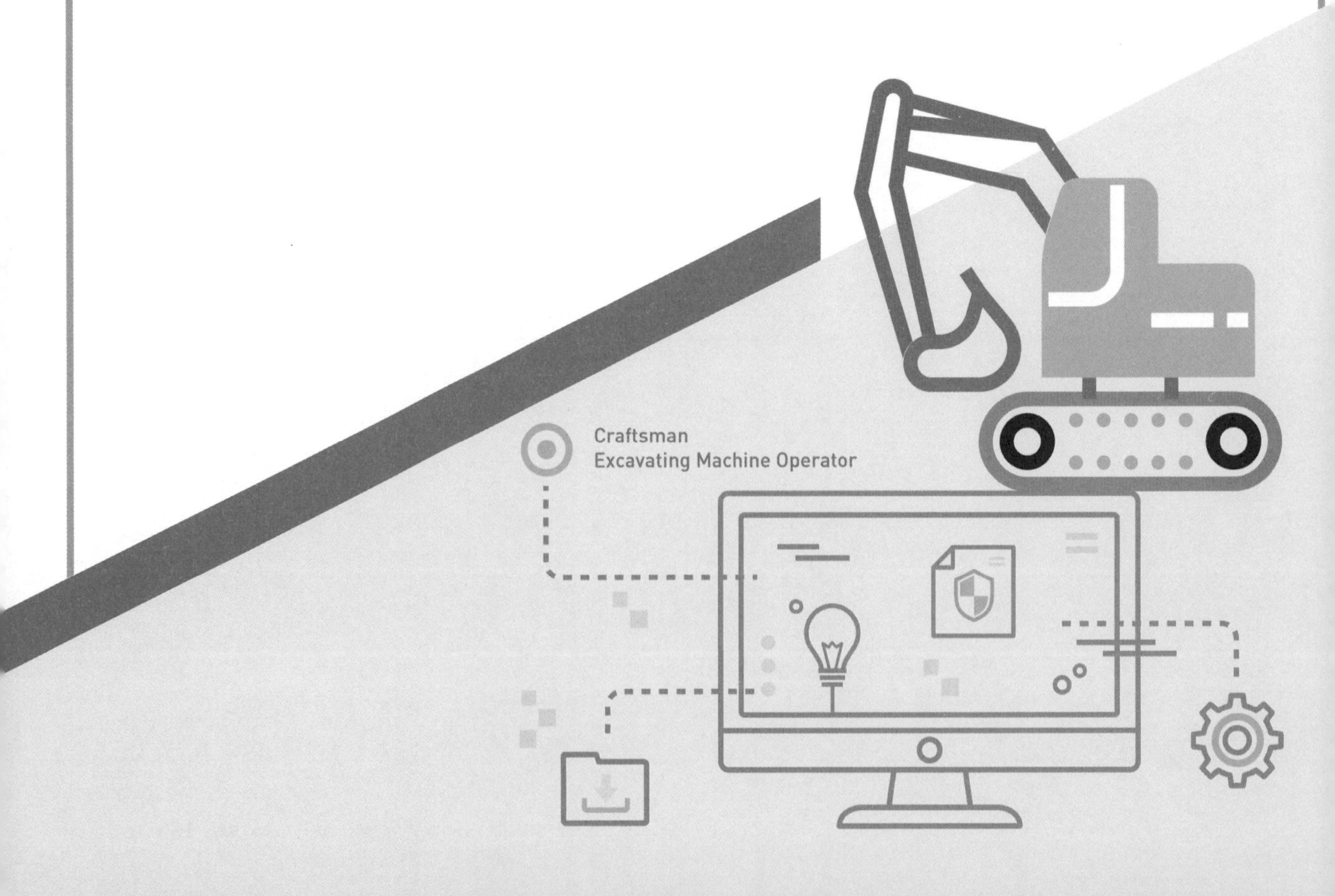

# 01 유압 일반

## 1 파스칼의 정리

### 1 파스칼 정리의 응용

건설기계에 사용되는 유압장치와 제동장치 등 모든 유압실린더의 작용은 파스칼의 정리를 응용한 것이다.

### 2 파스칼 정리의 원리

① 밀폐된 용기 내에 가해진 압력의 전달 : 유체 각 부분에 동시에 똑같은 크기(세기)로 전달된다.
② 유체 압력의 작용 : 면에 대하여 직각으로 작용한다.
③ 적용원리 : 유압기기에서 작은 힘으로 큰 힘을 얻기 위해 적용한다.

## 2 유압 용어의 정의

### 1 압 력

① 압력의 뜻 : 단위 면적당 작용하는 힘을 압력이라 말한다(압력 = 가해진 힘 ÷ 단면적)
② 액면의 깊이에 비례 : 정지하고 있는 액체의 내부에서의 압력은 액면의 깊이에 비례한다.
③ 압력의 단위 : kgf/㎠ , Pa(kPa, ,MPa), mmHg, bar, atm, mAq 등이 있으며 건설기계 작동유 압력의 단위는 kgf/㎠를 사용한다.

### 2 유량 및 비중량

① 유 량 : 단위시간에 이동하는 유체의 체적
② 비중량 : 단위 체적당 무게

## 3 유압 장치

### 1 유압 장치의 개요

① 유압 장치의 뜻 : 유체의 압력에너지를 이용하여 기계적인 일을 하도록 하는 장치를 말한다.
② 유압 장치의 기본 구성 요소 : 오일탱크, 유압 구동장치(엔진), 유압 발생장치(유압 펌프), 유압 제어장치(유압 제어 밸브) 등이다.

### 2 유압 장치의 장 · 단점

① 유압 장치의 장점
- 윤활성, 내마모성, 방청성이 좋다.
- 속도제어(speed control)와 힘의 연속적 제어가 용이하다.
- 작은 동력원으로 큰 힘을 낼 수 있다.
- 과부하 방지가 용이하다.
- 운동 방향을 쉽게 변경할 수 있다.
- 전기 · 전자의 조합으로 자동제어가 용이하다.
- 에너지 축적이 가능하며, 힘의 전달 및 증폭이 용이하다.
- 무단변속이 가능하고, 정확한 위치제어를 할 수 있다.
- 미세 조작 및 원격 조작이 가능하다.
- 진동이 작고, 작동이 원활하다.
- 동력의 분배와 집중이 쉽다.

② 유압 장치의 단점
- 고압 사용으로 인한 위험성 및 이물질에 민감하다.
- 유온의 영향에 따라 정밀한 속도와 제어가 곤란하다.
- 폐유에 의한 주변 환경이 오염될 수 있다.
- 오일은 가연성이 있어 화재의 위험이 크다.
- 회로의 구성이 어렵고 누설되는 경우가 있다.

- 오일의 온도에 따라서 점도가 변하므로 기계의 속도가 변한다.
- 고장 원인의 발견이 어렵고, 구조가 복잡하다.
- 에너지의 손실이 크다.
- 유압장치의 점검이 어렵다.

CHAPTER

# 01 유압 일반

## 1 파스칼의 정리

〈파스칼의 원리〉

**01 밀폐된 용기 내의 액체 일부에 가해진 압력은 어떻게 전달되는가?**

① 유체의 압력이 돌출 부분에서 더 세게 작용된다.
② 유체의 압력이 홈 부분에서 더 세게 작용된다.
③ 유체 각 부분에 다르게 전달된다.
④ 유체 각 부분에 동시에 같은 크기로 전달된다.

〈유압실린더 작용〉

**02 건설기계에서 사용되는 유압 실린더 작용은 어떠한 것을 응용한 것인가?**

① 파스칼의 정리
② 지렛대의 원리
③ 후크의 법칙
④ 베르누이의 정리

〈유압기기 원리〉

**03 유압기기는 작은 힘으로 큰 힘을 얻기 위해 어느 원리를 적용하는가?**

① 베르누이 원리
② 아르키메데스의 원리
③ 보일의 원리
④ 파스칼의 원리

## 2 유압용어의 정의

〈압력〉

**04 유압의 압력을 올바르게 나타낸 것은?**

① 압력 = 단면적 / 가해진 힘
② 압력 = 가해진 힘 × 단면적
③ 압력 = 가해진 힘 / 단면적
④ 압력 = 가해진 힘 − 단면적

〈압력단위〉

**05 다음 중 압력의 단위가 아닌 것은?**

① kgf/㎠
② mmHg
③ N · m
④ atm

〈압력단위〉

**06 다음 중 압력 단위가 아닌 것은?**

① bar
② atm
③ Pa
④ J

〈유체의 체적〉

**07 단위시간에 이동하는 유체의 체적을 무엇이라 하는가?**

① 드레인
② 언더랩
③ 유량
④ 토출압

정답 01 ④ 02 ① 03 ④ 04 ③ 05 ③ 06 ④ 07 ③

## 3 유압장치

〈유압장치 장점〉

**08 유압장치의 장점이 아닌 것은?**

① 속도 제어가 용이하다.
② 힘의 연속적 제어가 용이하다.
③ 온도의 영향을 많이 받는다.
④ 윤활성, 내마멸성, 방청성이 좋다.

〈유압장치 장점〉

**09 유압장치의 장점이 아닌 것은?**

① 작은 동력원으로 큰 힘을 낼 수 있다.
② 과부하 방지가 용이하다.
③ 운동 방향을 쉽게 변경할 수 있다.
④ 고장 원인의 발견이 쉽고 구조가 간단하다.

〈유압장치 장점〉

**10 유압 기계의 장점이 아닌 것은?**

① 속도제어가 용이하다.
② 에너지 축적이 가능하다.
③ 유압장치는 점검이 간단하다.
④ 힘의 전달 및 증폭이 용이하다.

〈유압장치 단점〉

**11 유압장치 단점이 아닌 것은?**

① 관로를 연결하는 곳에서 유체가 누출될 수 있다.
② 고압 사용으로 인한 위험성 및 이물질에 민감하다.
③ 작동유에 대한 화재의 위험이 있다.
④ 전기·전자의 조합으로 자동제어가 곤란하다.

〈유압장치 단점〉

**12 유압 기기에 대한 단점이다. 설명 중 틀린 것은?**

① 오일은 가연성이 있어 화재에 위험하다.
② 회로 구성이 어렵고 누설되는 경우가 있다.
③ 오일의 온도에 따라서 점도가 변하므로 기계의 속도가 변한다.
④ 에너지의 손실이 적다.

**정답** 08 ③ 09 ④ 10 ③ 11 ④ 12 ④

# 02 유압 기기

## 1 유압 펌프

### 1 유압 펌프의 기능

원동기의 기계적 에너지를 유압 에너지로 변환하는 역할을 한다.

### 2 유압 펌프의 종류

① 기어 펌프

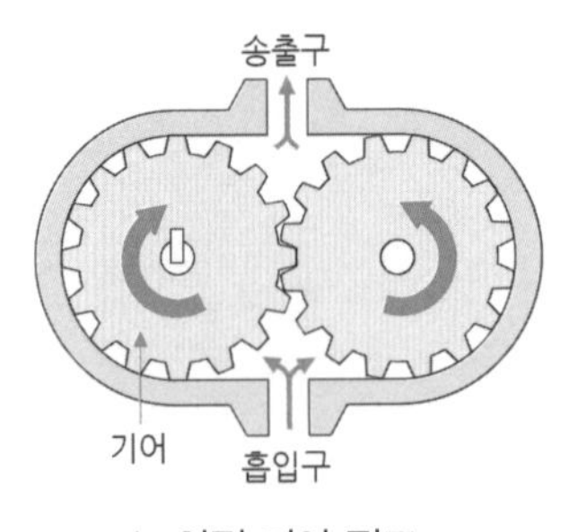


▲ 외접 기어 펌프

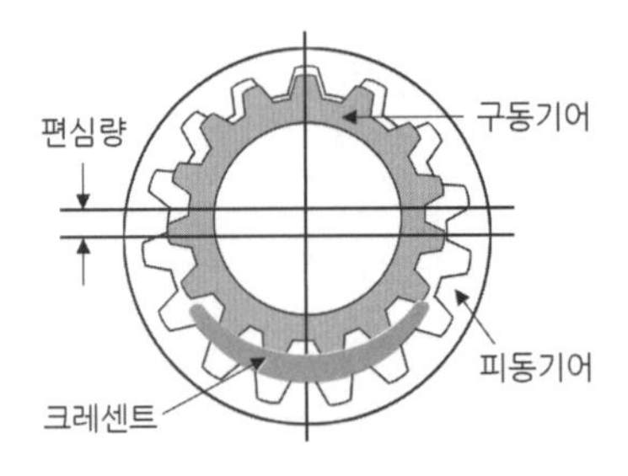


▲ 내접 기어 펌프

– 기어 펌프의 구성
- 외접과 내접기어 방식이 있다.
- 정용량형으로 펌프의 회전속도가 변화하면 흐름 용량이 바뀐다.
- 트로코이드 펌프는 내·외측 로터로, 바깥쪽은 하우징으로 구성되어 있다.

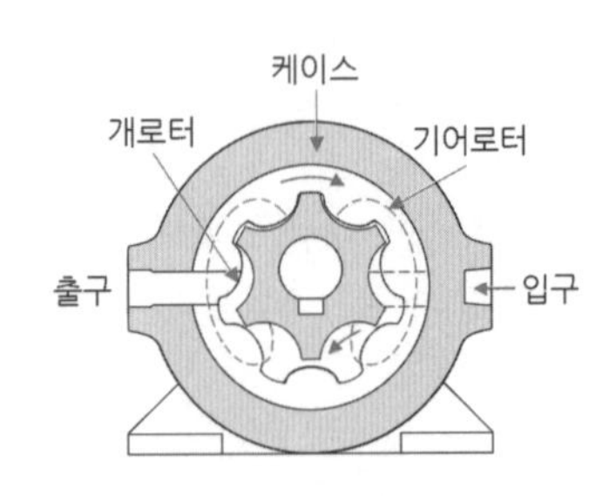


▲ 트로코이드 펌프

– 기어 펌프의 장점
  · 유압유 속에 기포 발생이 적다.
  · 구조가 간단하고 흡입 성능이 우수하다.
  · 흡입저항이 작아 공동현상 발생이 적다.
  · 고속회전이 가능하다.
  · 가혹한 조건에 잘 견딘다.
– 기어 펌프의 단점
  · 토출량의 맥동이 커 소음과 진동이 크고 효율이 낮다.
  · 대용량의 펌프로 사용하기가 곤란하다.
  · 초고압에는 사용이 어렵다.
  · 수명이 비교적 짧다.
– 기어 펌프의 폐입 현상(폐쇄 작용)
  · 폐입 현상의 뜻 : 토출된 유량의 일부가 입구 쪽으로 복귀하는 현상을 말한다.
  · 폐입 현상의 효과 : 펌프의 토출량이 감소하고 펌프를 구동하는 동력이 증가되며, 펌프 케이싱이 마모되고 기포가 발생된다.

② 베인 펌프
– 베인 펌프의 구성 요소 : 캠 링(cam ring), 로터(rotor), 날개(vane) 등으로 구성된다.
– 베인 펌프의 특성 : 구조가 간단해서 수리와 관리가 용이하며, 소형 · 경량이며 수명이 길다.

③ 피스톤(플런저) 펌프

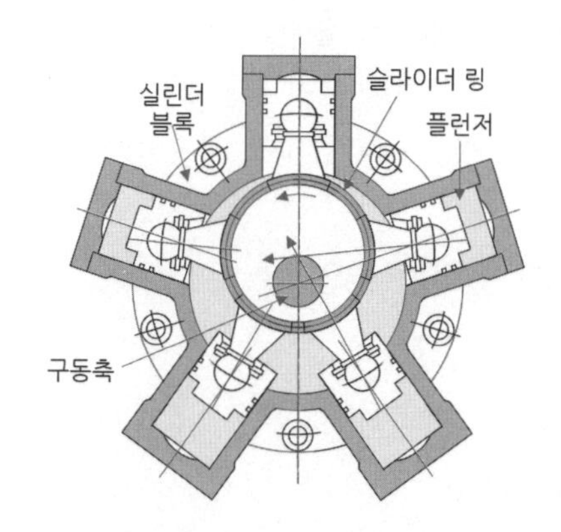


– 피스톤 펌프의 구분 : 가변용량형과 정용량형으로 구분된다.
– 피스톤 펌프의 작동
  · 피스톤이 직선운동을 한다.
  · 구동축은 회전 또는 왕복운동을 한다.
– 피스톤 펌프의 장점
  · 펌프 효율이 가장 높다.

· 가변용량에 적합하다.(토출량의 변화 범위가 넓다.)
· 일반적으로 토출 압력이 높다.
· 유압 펌프 중 가장 고압 · 고효율이다.
· 맥동적 출력을 하나 전체 압력의 범위가 높아 최근에 많이 사용된다.
· 다른 펌프에 비해 수명이 길고, 용적 효율과 최고 압력이 높다.

– 피스톤 펌프의 단점
· 베어링에 부하가 크다.
· 구조가 복잡하고 수리가 어렵다.
· 흡입 능력이 가장 낮다.
· 가격이 비싸다.

④ 유압 펌프의 토출 압력 : 유압 펌프와 컨트롤 밸브 사이에서 점검한다.
– 기어 펌프 : 10~250kg/$cm^2$
– 베인 펌프 : 35~140kg/$cm^2$
– 레이디얼 플런저(피스톤) 펌프 : 140~250kg/$cm^2$
– 엑시얼 플런저(피스톤) 펌프 : 210~400kg/$cm^2$

## 3 유압펌프의 크기

① 유압 펌프의 크기 : 주어진 속도와 그때의 토출량으로 표시한다.
② GPM(gallon per minute) : 분당 토출하는 작동유의 양을 말한다.
③ 토출량 : 펌프가 단위시간당 토출하는 액체의 체적이다.
④ 토출량의 단위 : L/min(LPM) 또는 GPM을 사용한다.

## 4 펌프가 오일을 토출하지 못하는 원인

① 유압 펌프의 회전수가 너무 낮다.
② 흡입관 또는 스트레이너가 막혔다.
③ 회전방향이 반대로 되어있다.
④ 흡입관으로부터 공기가 흡입되고 있다.
⑤ 오일탱크의 유면이 낮다.
⑥ 유압유의 점도가 너무 높다.

### 5 유압이 상승하지 않을 경우의 점검사항

① 유압 펌프로부터 유압이 발생되는지 점검
② 오일탱크의 오일량 점검
③ 릴리프 밸브의 고장인지 점검
④ 오일이 누출되었는지 점검

### 6 유압 펌프에서 소음이 발생하는 원인

① 유압유의 양이 부족하거나 공기가 들어 있다.
② 유압유 점도가 너무 높다.
③ 스트레이너가 막혀 흡입 용량이 작아졌다.
④ 유압 펌프의 베어링이 마모되었다.
⑤ 펌프 흡입관 접합부로부터 공기가 유입되었다.
⑥ 유압 펌프 축의 편심 오차가 크다.
⑦ 유압 펌프의 회전속도가 너무 빠르다.

## 2 유압 제어 밸브

### 1 제어 밸브(컨트롤 밸브)의 종류별 제어방법

① 압력 제어 밸브 : 유압을 조절하여 일의 크기를 제어한다.
② 유량 제어 밸브 : 유량을 변화시켜 일의 속도를 제어한다.
③ 방향 제어 밸브 : 유압유의 흐름 방향을 바꾸거나 정지시켜서 일의 방향을 제어한다.

### 2 압력 제어 밸브

① 릴리프 밸브(relief valve)
- 릴리프 밸브의 기능
  - 압력 유지 : 유압장치의 과부하 방지와 유압기기의 보호를 위하여 최고 압력을 규제하고 유압회로 내의 필요한 압력을 유지한다.
  - 압력제어 : 유압 펌프의 토출 측에 위치하여 회로 전체의 압력을 제어한다.
  - 최고 압력 제한 : 유압장치 내의 압력을 일정하게 유지하고, 최고압력을 제한하며 회로를

보호하며, 과부하 방지와 유압기기의 보호를 위하여 최고 압력을 규제한다.

- 릴리프 밸브 설치 위치 : 유압 펌프와 방향 전환 릴리프 밸브 사이에 설치되어 있으며, 이곳에서 유압회로의 압력을 점검한다.
- 채터링(chattering) 현상 : 유압 계통에서 릴리프 밸브 스프링의 장력이 약화될 때 발생되는 현상으로 볼(ball)이 밸브의 시트(seat)를 때려 소음을 발생시키는 현상이다.

② 감압 밸브(리듀싱 밸브 : reducing valve) : 유입회로에서 입구 압력을 감압하여 유압실린더 출구 설정 유압으로 유지한다.

③ 시퀀스 밸브(순차 밸브, sequence valve) : 2개 이상의 분기회로에서 실린더나 모터의 작동순서를 결정하는 자동제어 밸브 및 압력제어 밸브이다.

④ 언로더 밸브(무부하 밸브, unloader valve) : 유압회로의 압력이 설정 압력에 도달하였을 때 유압 펌프로부터 전체 유량을 작동유 탱크로 리턴시키는 밸브이다.

⑤ 카운터 밸런스 밸브(counter balance valve) : 유압 실린더의 복귀 쪽에 배압을 발생시켜 피스톤이 중력에 의하여 자유 낙하하는 것을 방지하여 하강 속도를 제어하기 위해 사용된다.

## 3 방향 제어 밸브

① 방향 제어 밸브의 기능

- 유체의 흐름 방향을 변환한다.
- 유체의 흐름 방향을 한쪽으로만 허용한다.
- 유압 실린더나 유압 모터의 작동 방향을 바꾸는 데 사용한다.
- 방향 제어밸브를 동작시키는 방식에는 수동식, 전자식, 전자-유압 파일럿식 등이 있다.

② 방향 제어 밸브의 종류

- 디셀러레이션 밸브(deceleration valve) : 유압 실린더의 속도를 감속하여 서서히 정지시키고자 할 때 사용되는 밸브이다.
- 체크밸브(check valve) : 역류를 방지하는 밸브이다.
- 스풀밸브(spool valve) : 작동유의 흐름 방향을 바꾸기 위해 사용하는 밸브이다.

## 4 유량 제어 밸브

① 유량 제어 밸브의 기능 : 작동체인 액추에이터의 운동속도를 조정하기 위하여 사용되는 밸브이다.

② 액추에이터

- 액추에이터의 역할 : 압력 에너지를 기계적 에너지로 바꾸는 역할을 한다.
- 액추에이터의 구성 : 유압실린더(왕복운동)와 유압 모터(회전운동)로 구성되어 있다.

③ 유량제어 밸브의 종류 : 스로틀(교축) 밸브, 속도제어 밸브, 급속 배기밸브 등

# 3 유압 실린더 · 유압 모터

기계적 에너지를 유압 펌프에서 유압 에너지로 바꾼 후 유압 실린더로 보내면, 유압 실린더에서 직선 왕복운동으로 변환하여 유압 모터를 회전시키고, 유압 모터가 회전운동을 하게 됨으로써 기계적인 일을 하게 된다.

## 1 유압 실린더

① 유압 실린더의 기능 : 직선 왕복운동을 하는 액추에이터이다.

② 유압 실린더의 종류 : 단동 실린더, 복동 실린더(싱글 로드형과 더블 로드형), 다단 실린더, 램형 실린더 등이 있다.

③ 유압 실린더 구성 : 실린더, 피스톤, 피스톤 로드, 실(seal), 쿠션 기구 등으로 구성된다.

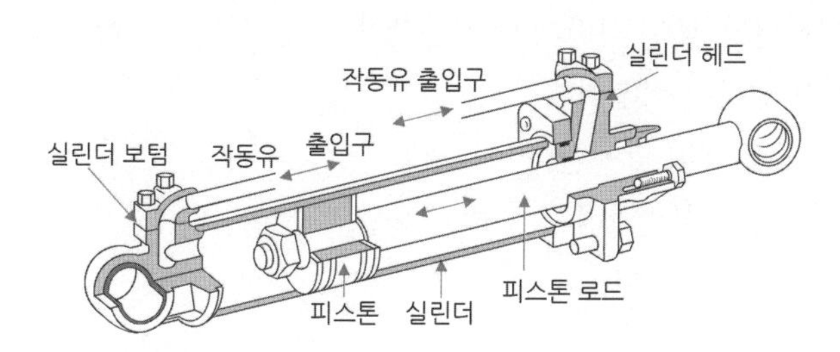


④ 쿠션기구 : 유압 실린더에서 피스톤 행정이 끝날 때 발생하는 충격을 흡수하기 위하여 설치하는 장치이다.

⑤ 유압 실린더의 누유점검 및 정비

- 유압 실린더의 누유점검
  - 정상적인 작동 온도에서 실시한다.
  - 각 유압 실린더를 몇 번씩 작동 후 점검한다.
  - 얇은 종이를 펴서 로드에 대고 앞뒤로 움직여본다.
- 유압 실린더의 정비
  - O-링 및 패킹 : 조립할 때 O-링 및 패킹은 일회용이므로 교환한다.
  - 분해 조립 : 무리한 힘을 가하지 않는다.

· 쿠션 기구의 작은 유로 검사 : 압축 공기를 불어 막힘 여부를 검사한다.

– 유압 실린더의 속도가 느리거나 불규칙한 원인

· 유압이 너무 낮다.

· 계통 내의 흐름 용량(유량)이 부족하다.

· 피스톤의 링이 마모되었다.

· 유압유 점도가 너무 높다.

· 회로 내에 공기가 혼입되고 있다.

⑥ 유압 실린더 자연낙하 및 숨돌리기 현상

– 유압 실린더 자연낙하(cylinder drift) 현상의 발생원인

· 피스톤 실링의 마모가 심하다.

· 컨트롤 밸브 스풀의 마모가 심하다.

· 릴리프 밸브의 조정이 불량하다.

· 작동 압력이 낮다.

· 실린더 내부의 마모가 심하다.

– 유압 실린더의 숨돌리기 현상

· 숨돌리기 현상의 뜻 : 공기의 혼입으로 유압의 힘이 완벽하게 전달되지 않을 경우에 기계가 작동하다가 짧은 시간이지만 순간적으로 '멈칫' 하는 현상을 말한다.

· 작동지연 현상이 발생한다.

· 서지(surge) 압이 발생한다.

· 피스톤의 작동이 원활하지 못하고 불안정하게 된다.

## 2 유압 모터

① 유압 모터의 종류 : 기어형 모터, 베인(날개)형 모터, 피스톤(플런저)형 모터 등이 있다.

– 기어형 모터

· 구조가 간단하고 가격이 저렴하다.

· 먼지나 이물질에 의한 고장 발생이 적다.

– 베인(vane)형 모터

· 출력 토크가 일정하다.

· 역전 및 무단변속기로서 가혹한 조건에도 사용한다.

– 피스톤(플런저)형 모터

· 구조가 복잡하고 대형이며 가격도 비싸다.

· 고압, 대출력에 사용한다.

· 레이디얼형(플런저가 구동축의 직각방향)과 액시얼형(플런저가 구동축에 경사각으로 설

치)이 있다.

② 유압 모터의 역할 : 유압장치에서 유압 에너지에 의하여 회전운동을 함으로써 기계적인 일을 한다.

③ 유압 모터의 용량 : 입구압력(kgf/㎠)당 토크로 나타낸다.

④ 유압 모터의 특징 : 무단 변속이 용이하다.

⑤ 유압 모터의 장·단점

– 유압 모터의 장점

· 소형 경량으로 큰 출력을 낼 수 있다.

· 변속, 역전 등 속도나 방향의 제어가 용이하다.

· 전동 모터에 비하여 급속정지가 쉽다.

– 유압 모터의 단점

· 작동유에 먼지나 공기가 침입하지 않도록 하여야 한다.

· 작동유의 점도변화에 따라 유압 모터의 사용에 제약이 있다.

CHAPTER

# 02 유압 기기

## 1 유압 펌프

〈유압펌프 기능〉

**01 유압 펌프의 기능을 설명한 것으로 가장 적합한 것은?**

① 유압회로 내의 압력을 측정하는 기구이다.
② 어큐뮬레이터와 동일한 기능을 한다.
③ 유압 에너지를 동력으로 변환한다.
④ 원동기의 기계적 에너지를 유압 에너지로 변환한다.

〈유압펌프 종류〉

**02 다음 중 유압 펌프에 포함되지 않는 것은?**

① 기어 펌프
② 진공 펌프
③ 베인 펌프
④ 플런저 펌프

〈유압펌프 종류〉

**03 유압장치에 사용되는 펌프가 아닌 것은?**

① 기어 펌프
② 원심 펌프
③ 베인 펌프
④ 플런저 펌프

〈기어 펌프〉

**04 기어 펌프의 단점이 아닌 것은?**

① 대용량의 펌프로 사용하기가 곤란하다.
② 피스톤 펌프에 비해 흡입력이 나쁘다.
③ 피스톤 펌프에 비해 수명이 짧고 진동 소음이 크다.
④ 초고압에는 사용이 곤란하다.

〈기어 펌프〉

**05 유압장치에서 기어 펌프의 특징이 아닌 것은?**

① 구조가 다른 펌프에 비해 간단하다.
② 유압 작동유의 오염에 비교적 강한 편이다.
③ 피스톤 펌프에 비해 효율이 떨어진다.
④ 가변 용량형 펌프로 적당하다.

〈트로코이드 펌프〉

**06 다음 그림과 같이 안쪽은 내 · 외측 로터로 바깥쪽은 하우징으로 구성되어 있는 오일펌프는?**

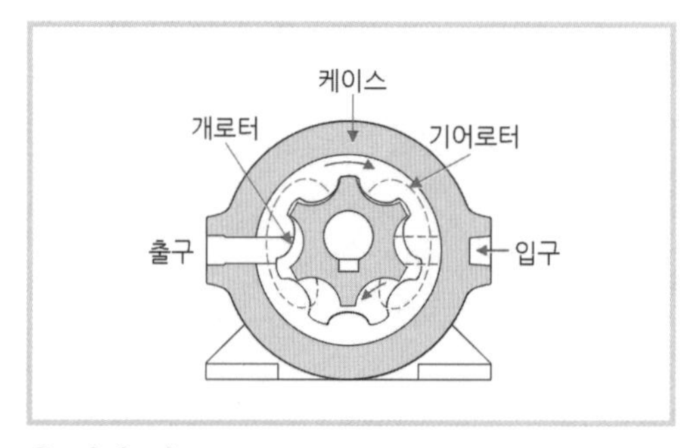


① 기어 펌프
② 베인 펌프
③ 트로코이드 펌프
④ 피스톤 펌프

〈폐입(폐쇄) 현상〉

**07 기어식 유압 펌프에 폐쇄 작용이 생기면 어떤 현상이 생길 수 있는가?**

① 기름의 토출
② 기포의 발생
③ 기어 진동의 소멸
④ 출력의 증가

정답 01 ④ 02 ② 03 ② 04 ② 05 ④ 06 ③ 07 ②

〈베인 펌프〉

**08 베인 펌프의 일반적인 특성에 대한 설명 중 틀린 것은?**

① 수명이 짧다.
② 간단하고 성능이 좋다.
③ 소형, 경량이다.
④ 맥동(진동)과 소음이 적다.

〈플런저(피스톤) 펌프〉

**09 맥동적 토출을 하지만 다른 펌프에 비해 일반적으로 최고압 토출이 가능하고, 펌프 효율에서도 전압력 범위가 높아 최근에 많이 사용되고 있는 펌프는?**

① 피스톤 펌프
② 베인 펌프
③ 나사 펌프
④ 기어 펌프

〈플런저(피스톤) 펌프〉

**10 플런저식 유압 펌프의 특징이 아닌 것은?**

① 구동축이 회전운동을 한다.
② 플런저(피스톤)가 회전운동을 한다.
③ 가변용량형과 정용량형이 있다.
④ 기어 펌프에 비해 최고 압력이 높다.

〈플런저(피스톤) 펌프〉

**11 펌프의 최고 토출 압력, 평균 효율이 가장 높아, 고압 대출력에 사용하는 유압 펌프로 가장 적합한 것은?**

① 기어 펌프
② 베인 펌프
③ 트로코이드 펌프
④ 피스톤 펌프

〈토출 압력〉

**12 다음 유압 펌프에서 토출 압력이 가장 높은 것은?**

① 베인 펌프
② 레디얼 플린저 펌프
③ 기어 펌프
④ 엑시얼 플린저 펌프

〈GPM〉

**13 유압 펌프에서 사용되는 GPM의 의미는?**

① 분당 토출되는 작동유의 양
② 복동 실린더의 치수
③ 계통 내에서 형성되는 압력의 크기
④ 흐름에 대한 저항

〈오일의 토출〉

**14 유압 펌프가 오일을 토출하지 않을 경우, 점검 항목으로 틀린 것은?**

① 토출 측 회로에 압력이 너무 낮은지 점검한다.
② 흡입 스트레이너가 막혀 있지 않은지 점검한다.
③ 오일탱크에 오일이 규정량으로 들어있는지 점검한다.
④ 흡입 관로에서 공기가 혼입되는지 점검한다.

〈오일의 토출〉

**15 유압 펌프에서 오일이 토출될 수 있는 것은?**

① 회전방향이 반대로 되어있다.
② 흡입관 혹은 스트레이너가 막혀 있다.
③ 펌프 입구에서 공기를 흡입하지 않는다.
④ 회전수가 너무 낮다.

〈압력점검 위치〉

**16 유압회로의 압력을 점검하는 위치로 가장 적당한 것은?**

① 유압 오일탱크에서 유압 펌프 사이
② 유압 펌프에서 컨트롤 밸브 사이
③ 실린더에서 유압 오일탱크 사이
④ 유압 오일탱크에서 직접 점검

**정답** 08 ① 09 ① 10 ② 11 ④ 12 ④ 13 ① 14 ① 15 ③ 16 ②

〈유압회로 점검〉

**17 건설기계 운전 시 갑자기 유압이 발생되지 않을 때 점검 내용으로 가장 거리가 먼 것은?**

① 오일 개스킷 파손 여부 점검
② 유압 실린더의 피스톤 마모 점검
③ 오일 파이프 및 호스가 파손되었는지 점검
④ 오일량 점검

〈내부 누설〉

**18 유압 펌프 내의 내부 누설은 무엇에 반비례하여 증가하는가?**

① 작동유의 오염
② 작동유의 점도
③ 작동유의 압력
④ 작동유의 온도

〈유압회로 점검〉

**19 건설기계 작업 중 갑자기 유압회로 내의 유압이 상승되지 않아 점검하려고 한다. 내용으로 적합하지 않은 것은?**

① 펌프로부터 유압 발생이 되는지 점검
② 오일탱크의 오일량 점검
③ 오일이 누출되었는지 점검
④ 자기탐상법에 의한 작업장치의 균열 점검

〈소음 발생원인〉

**20 유압 펌프의 소음 발생 원인으로 틀린 것은?**

① 펌프 흡입관부에서 공기가 혼입된다.
② 흡입 오일 속에 기포가 있다.
③ 펌프의 속도가 너무 빠르다.
④ 펌프 축의 센터와 원동기 축의 센터가 일치한다.

〈소음 발생원인〉

**21 유압 펌프에서 소음이 발생할 수 있는 원인으로 거리가 가장 먼 것은?**

① 오일의 양이 적을 때
② 유압 펌프의 회전속도가 느릴 때
③ 오일 속에 공기가 들어있을 때
④ 오일의 점도가 너무 높을 때

## 2 유압 제어 밸브

〈제어밸브 역할〉

**22 유압 회로에 사용되는 제어 밸브의 역할과 종류의 연결 사항으로 틀린 것은?**

① 일의 속도 제어 : 유량 조절 밸브
② 일의 시간 제어 : 속도 제어 밸브
③ 일의 방향 제어 : 방향 전환 밸브
④ 일의 크기 제어 : 압력 제어 밸브

〈제어밸브 종류〉

**23 보기에서 유압회로에 사용되는 제어 밸브가 모두 나열된 것은?**

[보기]
ㄱ. 압력 제어 밸브 ㄴ. 속도 제어 밸브
ㄷ. 유량 제어 밸브 ㄹ. 방향 제어 밸브

① ㄱ, ㄴ, ㄷ
② ㄱ, ㄴ, ㄹ
③ ㄴ, ㄷ, ㄹ
④ ㄱ, ㄷ, ㄹ

〈압력제어밸브〉

**24 유압장치의 과부하 방지와 유압기기의 보호를 위하여 최고 압력을 규제하고 유압회로 내의 필요한 압력을 유지하는 밸브는?**

① 압력 제어 밸브
② 유량 제어 밸브
③ 방향 제어 밸브
④ 온도 제어 밸브

정답 17 ② 18 ② 19 ④ 20 ④ 21 ② 22 ② 23 ④ 24 ①

〈압력 제어밸브 종류〉

**25 압력 제어 밸브의 종류가 아닌 것은?**

① 교축 밸브(throttle valve)
② 릴리프 밸브(relief valve)
③ 시퀀스 밸브(sequence valve)
④ 카운터 밸런스 밸브(counter balance valve)

〈압력 제어밸브 작동위치〉

**26 압력 제어밸브는 어느 위치에서 작동하는가?**

① 탱크와 펌프
② 펌프와 방향 전환 밸브
③ 방향 전환 밸브와 실린더
④ 실린더 내부

〈릴리프 밸브(relief valve)〉

**27 유압회로의 최고압력을 제한하는 밸브로서 회로의 압력을 일정하게 유지시키는 밸브는?**

① 릴리프 밸브(relief valve)
② 시퀀스 밸브(sequence valve)
③ 교축 밸브(throttle valve)
④ 카운터 밸런스 밸브(counter balance valve)

〈채터링 현상〉

**28 릴리프 밸브에서 볼이 밸브의 시트를 때려 소음을 발생시키는 현상을 무엇이라 하는가?**

① 채터링 현상
② 캐비테이션 현상
③ 점핑 현상
④ 노킹 현상

〈감압 밸브(리듀싱 밸브 : reducing valve)〉

**29 유압회로에서 입구 압력을 감압하여 유압실린더 출구 설정 유압으로 유지하는 밸브는?**

① 카운터 밸런스 밸브
② 릴리스 밸브
③ 리듀싱 밸브
④ 언도링 밸브

〈시퀀스 밸브(순차 밸브, equence valve)〉

**30 2개 이상의 분기회로를 갖는 회로 내에서 작동순서를 회로의 압력 등에 의하여 제어하는 밸브는?**

① 시퀀스 밸브
② 서보 밸브
③ 체크 밸브
④ 한계 밸브

〈언로더 밸브(무부하 밸브, unloader valve)〉

**31 유압장치에서 고압 소용량, 저압 대용량 펌프를 조합 운전할 때, 작동압력이 규정압력 이상으로 상승할 때 동력 절감을 하기 위해 사용하는 밸브는?**

① 시퀀스 밸브
② 무부하 밸브
③ 릴리스 밸브
④ 체크 밸브

〈카운터 밸런스 밸브(counter balance valve)〉

**32 크롤러 굴착기가 경사면에서 주행 모터에 공급되는 유량과 관계없이 자중에 의해 빠르게 내려가는 것을 방지해 주는 밸브는?**

① 카운터 밸런스 밸브
② 릴리프 밸브
③ 언로드 밸브
④ 체크 밸브

〈조정스프링 장력〉

**33 유압 조정 밸브에서 조정 스프링의 장력이 클 때 발생할 수 있는 현상으로 가장 적합한 것은?**

정답 25 ① 26 ② 27 ① 28 ① 29 ③ 30 ① 31 ② 32 ① 33 ②

① 유압이 낮아진다.
② 유압이 높아진다.
③ 채터링 현상이 생긴다.
④ 플래터 현상이 생긴다.

〈방향제어 밸브〉

**34** **방향제어 밸브가 아닌 것은?**

① 디셀러레이션 밸브
② 스풀 밸브
③ 체크 밸브
④ 속도제어 밸브

〈체크 밸브〉

**35** **유압회로에서 오일의 역류를 방지하고 회로 내의 잔류압력을 유지하는 밸브는?**

① 변환 밸브
② 압력 조절 밸브
③ 체크 밸브
④ 흡기 밸브

〈유량제어 밸브〉

**36** **유량제어 밸브가 아닌 것은?**

① 급속배기 밸브
② 교축 밸브
③ 체크 밸브
④ 속도제어 밸브

〈액추에이터〉

**37** **유압유의 압력에너지(힘)를 기계적 에너지(일)로 변화시키는 작용을 하는 것은?**

① 유압 펌프
② 액추에이터
③ 어큐뮬레이터
④ 유압 밸브

## 3 유압 실린더 · 유압 모터

〈액추에이터〉

**38** **유압장치의 구성 요소 중 유압 액추에이터에 속하는 것은?**

① 유압 펌프
② 엔진 또는 전기 모터
③ 오일탱크
④ 유압 실린더

〈유압 실린더〉

**39** **일반적인 유압 실린더의 종류에 해당하지 않는 것은?**

① 다단 실린더
② 단동 실린더
③ 레디얼 실린더
④ 복동 실린더

〈구성부품〉

**40** **유압 실린더의 주요 구성부품이 아닌 것은?**

① 피스톤 로드
② 피스톤
③ 실린더
④ 커넥팅 로드

〈유압 실린더 정비〉

**41** **유압 실린더 정비 시 옳지 않은 것은?**

① 도면을 보고 순서에 따라 분해 조립을 한다.
② 사용하던 O-링 및 패킹은 면 걸레로 깨끗이 닦아 오일이 묻지 않게 조립한다.
③ 쿠션 기구의 작은 유로는 압축 공기를 불어 막힘 여부를 검사한다.
④ 분해 조립할 때 무리한 힘을 가하지 않는다.

**정답** 34 ④ 35 ③ 36 ③ 37 ② 38 ④ 39 ③ 40 ④ 41 ②

〈자연 낙하현상(cylinder drift)〉

**42 유압 실린더에서 실린더의 과도한 자연 낙하현상이 발생하는 원인으로 가장 거리가 먼 것은?**

① 컨트롤 밸브 스풀의 마모
② 릴리프 밸브의 조정 불량
③ 작동 압력이 높을 때
④ 실린더 내의 피스톤 실의 마모

〈자연 하강현상〉

**43 다음 보기 중 유압 실린더에서 발생되는 피스톤 자연 하강 현상(cylinder drift)의 발생원인으로 모두 맞는 것은?**

[보기]
ㄱ. 작동 압력이 높은 때
ㄴ. 실린더 내부 마모
ㄷ. 컨트롤 밸브의 스풀 마모
ㄹ. 릴리프 밸브의 불량

① ㄱ, ㄴ, ㄷ
② ㄱ, ㄴ, ㄹ
③ ㄴ, ㄷ, ㄹ
④ ㄱ, ㄷ, ㄹ

〈자연 하강〉

**44 굴착기 붐의 자연 하강량이 많을 때의 원인이 아닌 것은?**

① 유압 실린더의 내부 누출이 있다.
② 컨트롤밸브의 스풀에서 누출이 많다.
③ 유압 실린더 배관이 파손되었다.
④ 유압작동 압력이 과도하게 높다.

〈실린더 작동속도〉

**45 유압 실린더의 작동속도가 정상보다 느릴 경우 예상되는 원인으로 가장 적합한 것은?**

① 계통 내의 흐름 용량이 부족하다.
② 작동유의 점도가 약간 낮아짐을 알 수 있다.
③ 작동유의 점도지수가 높다.
④ 릴리프 밸브의 설정압력이 너무 높다.

〈실린더 작동속도〉

**46 유압 실린더의 움직임이 느리거나 불규칙할 때의 원인이 아닌 것은?**

① 피스톤링이 마모되었다.
② 유압유의 점도가 너무 높다.
③ 회로 내에 공기가 혼입되고 있다.
④ 체크밸브의 방향이 반대로 설치되어 있다.

〈오일 누유〉

**47 유압 실린더의 로드 쪽으로 오일이 누유되는 결함이 발생하였다. 그 원인이 아닌 것은?**

① 실린더 로드 패킹 손상
② 실린더 헤드 더시트 실(seal) 손상
③ 실린더 로드의 손상
④ 실린더 피스톤 패킹 손상

〈숨 돌리기 현상〉

**48 유압 실린더의 숨 돌리기 현상이 생겼을 때 일어나는 현상이 아닌 것은?**

① 작동지연 현상이 생긴다.
② 서지(surge) 압이 발생한다.
③ 오일의 공급이 과대해진다.
④ 피스톤 작동이 불안정하게 된다.

〈유압 모터〉

**49 유압장치에서 작동 유압 에너지에 의해 연속적으로 회전운동 함으로서 기계적인 일을 하는 것은?**

**정답** 42 ③ 43 ③ 44 ④ 45 ① 46 ④ 47 ③ 48 ③ 49 ①

① 유압 모터
② 유압 실린더
③ 유압 제어 밸브
④ 유압 탱크

〈유압 모터〉

**50 유압 에너지를 공급받아 회전운동을 하는 유압기기는?**

① 유압 실린더
② 유압 모터
③ 유압 밸브
④ 롤러 리미터

〈유압 모터〉

**51 유압 모터의 장점이 아닌 것은?**

① 효율이 기계식에 비해 높다.
② 무단계로 회전속도를 조절할 수 있다.
③ 회전체의 관성이 작아 응답성이 빠르다.
④ 동일 출력 원동기에 비해 소형이 가능하다.

〈유압 모터 장점〉

**52 유압 모터의 장점이 될 수 없는 것은?**

① 소형·경량으로서 큰 출력을 낼 수 있다.
② 공기와 먼지 등이 침투하여도 성능에는 영향이 없다.
③ 변속·역전의 제어도 용이하다.
④ 속도나 방향의 제어가 용이하다.

〈유압 모터 특징〉

**53 유압 모터의 특징 중 거리가 가장 먼 것은?**

① 무단변속이 가능하다.
② 속도나 방향의 제어가 용이하다.
③ 작동유의 점도 변화에 의하여 유압 모터의 사용에 제약이 있다.
④ 작동유가 인화되기 어렵다.

〈유압 모터〉

**54 유압장치 중에서 회전운동을 하는 것은?**

① 급속 배기 밸브
② 유압 모터
③ 하이드로릭 실린더
④ 복동 실린더

〈유압 모터〉

**55 다음 중 유압 모터에 속하는 것은?**

① 플런저 모터
② 보올 모터
③ 터빈 모터
④ 디젤 모터

〈베인형 모터〉

**56 베인 모터는 항상 베인을 캠링(cam ring) 면에 압착시켜 두어야 한다. 이때 사용하는 장치는?**

① 볼트와 너트
② 스프링 또는 로킹 빔(locking beam)
③ 스프링 또는 배플 플레이트
④ 캠링 홀더(cam ring holder)

〈유압 모터 속도〉

**57 유압 모터의 속도 결정에 가장 크게 영향을 미치는 것은?**

① 오일의 압력
② 오일의 점도
③ 오일의 유량
④ 오일의 온도

〈피스톤형 모터〉

**58 피스톤형 모터의 특징으로 맞는 것은?**

① 효율이 낮다.
② 내부 누설이 많다.
③ 고압 작동에 적합하다.
④ 구조가 간단하고 수리가 쉽다.

**정답** 50 ② 51 ① 52 ② 53 ④ 54 ② 55 ① 56 ② 57 ① 58 ③

〈기어형 모터〉

**59 유압장치에서 기어형 모터의 장점이 아닌 것은?**

① 가격이 싸다.
② 구조가 간단하다.
③ 소음과 진동이 작다.
④ 먼지나 이물질이 많은 곳에서도 사용이 가능하다.

〈기어 모터〉

**60 기어 모터의 장점에 해당하지 않는 것은?**

① 구조가 간단하다.
② 토크 변동이 크다.
③ 가혹한 운전 조건에서 비교적 잘 견딘다.
④ 먼지나 이물질에 의한 고장 발생률이 낮다.

〈레이디얼 플런저 모터〉

**61 플런저가 구동축의 직각 방향으로 설치되어 있는 유압 모터는?**

① 캠형 플런저 모터
② 액시얼 플런저 모터
③ 블래더 플런저 모터
④ 레이디얼 플런저 모터

〈피스톤형 모터〉

**62 펌프의 최고 토출 압력, 평균 효율이 가장 높아 고압 대출력에 사용하는 유압 모터로 가장 적절한 것은?**

① 기어 모터
② 베인 모터
③ 트로코이드 모터
④ 피스톤 모터

정답 59 ③ 60 ② 61 ④ 62 ④

# 03 유압유(작동유)

## 1 유압유의 기능 · 구비 조건

### 1 유압유의 기능

① 부식방지 : 열을 흡수하고 부식을 방지한다.
② 밀봉작용 : 필요한 요소 사이를 밀봉한다.
③ 동력전달 : 압력 에너지를 이용하여 동력을 전달한다.
④ 마모방지 : 움직이는 기계요소의 마모를 방지한다.
⑤ 윤활작용 : 마찰(미끄럼 운동) 부분의 윤활작용을 한다.

### 2 유압유의 구비조건

① 압축성, 밀도, 열팽창계수가 작을 것
② 온도에 의한 점도 변화가 적을 것
③ 체적 탄성계수 및 점도지수가 클 것
④ 인화점 및 발화점이 높고, 내열성이 클 것
⑤ 윤활성 및 소포성(기포 분리성)이 클 것
⑥ 화학적 안정성(산화 안정성)이 클 것
⑦ 방청 및 방식성이 좋을 것
⑧ 적절한 유동성과 점도를 갖고 있을 것

### 3 유압유의 점도

① 점도의 뜻 : 점성의 정도를 나타내는 척도를 말한다.
② 유압유의 온도와 점도의 관계(점도는 온도와 반비례)
- 온도가 상승하면 : 점도가 저하된다.
- 온도가 내려가면 : 점도가 높아진다.

③ 점도지수(viscosity index)

- 점도지수의 뜻 : 온도 변화에 대한 점도의 변화 비율을 나타내는 것을 말한다.
- 점도지수가 큰 오일 : 온도 변화에 대한 점도의 변화가 적다.
- 점도지수가 낮은 오일 : 온도 변화에 대한 점도의 변화가 많다.
  - 저온에서 마찰 손실이 증가한다.
  - 오일은 유동 저항의 증가로 유압기기의 작동이 불량해진다.
  - 흡입 측에 공동현상(cavitation)이 발생하기 쉽다.

### 4 유압유 점도의 영향

① 유압유의 점도가 너무 높을 경우

- 유압이 높아지므로 유압유 누출은 감소한다.
- 유동 저항이 커져 압력 손실이 증가한다.
- 동력 손실이 증가하여 기계효율이 감소한다.
- 내부 마찰이 증가하고, 압력이 상승한다.
- 파이프 내의 마찰 손실과 동력 손실이 커진다.
- 열 발생의 원인이 될 수 있다.
- 소음이나 공동현상(캐비테이션)이 발생한다.

② 유압유의 점도가 너무 낮을 경우

- 유압 펌프의 효율이 떨어진다.
- 실린더 및 컨트롤 밸브에서 누출 현상이 발생한다.
- 계통(회로) 내의 압력이 떨어진다.
- 유압 실린더의 속도가 늦어진다.

## 2 공동현상(캐비테이션, cavitation)

### 1 공동현상의 뜻

유압장치 내부에 국부적인 높은 압력으로 인하여 기포가 발생하며 소음과 진동 등이 발생하는 현상을 말한다.

### 2 공동현상이 발생하였을 때 영향

① 최고 압력이 발생하여 급격한 압력파가 일어난다.
② 체적효율이 감소한다.
③ 유압장치 내부에 국부적인 고압이 발생한다.
④ 소음과 진동이 발생한다.
⑤ 액추에이터의 작동 불량

### 3 공동현상의 방지법

① 한랭한 경우에는 작동유의 온도를 30℃ 이상 되도록 난기 운전을 실시한다.
② 적당한 점도의 작동유를 선택한다.
③ 작동유에 물, 공기 및 먼지 등의 이물질이 유입되지 않도록 한다.
④ 오일 여과기(스트레이너 포함)를 정기적으로 점검 및 교환한다.
⑤ 공동현상이 발생하면 유압회로의 압력 변화를 없애주어야 한다.

## 3 유압유의 적정온도와 열화

### 1 유압유의 적정 온도

① 정상작동 온도의 범위 : 40~60℃
② 최고허용 오일의 온도 : 80℃

### 2 유압유가 과열하는 원인

① 유압유의 점도가 너무 높다.
② 유압장치 내에서 마찰이 발생했다.
③ 유압회로 내의 작동 압력이 너무 높다.
④ 유압회로 내에서 캐비테이션이 발생했다.
⑤ 릴리프 밸브가 닫힌 상태로 고장이다.
⑥ 오일 냉각기의 냉각핀이 오손되었다.
⑦ 유압유가 부족하다.

### 3 유압유의 온도가 과도하게 상승하면 나타나는 현상

① 유압유의 산화작용(열화)을 촉진한다.
② 실린더의 작동 불량이 생긴다.
③ 기계적인 마모가 생긴다.
④ 유압기기가 열에 의하여 변형되기 쉽다.
⑤ 중합(重合)이나 분해가 일어난다.
⑥ 고무 같은 물질이 생긴다.
⑦ 점도가 저하된다.
⑧ 유압 펌프의 효율이 저하된다.
⑨ 유압유 누출이 증대된다.
⑩ 밸브류의 기능이 저하된다.

## 4 유압 작동유의 유량 점검 및 교환

### 1 작동유의 유량 점검

① 건설기계를 지면이 평탄한 장소에 세운다.
② 난기 운전을 실시한 다음 엔진의 가동을 정지한다.
③ 수분·먼지 등 이물질이 유입되지 않도록 주의한다.

### 2 유압유 첨가제

① 소포제(거품 방지제), 유동점 강하제, 유성 향상제, 산화 방지제, 점도지수 향상제 등이 있다.
② 산화 방지제 : 산의 생성을 억제함과 동시에 금속의 표면에 부식억제 피막을 형성하여 산화물질이 금속에 직접 접촉하는 것을 방지한다.
③ 유성 향상제 : 금속 간의 마찰을 방지하기 위한 방안으로 마찰계수를 저하시킨다.

### 3 유압유에 수분생성

① 수분생성 주요 원인 : 공기의 혼입
② 작동유에 수분이 혼입되었을 때의 영향

- 유압유의 윤활성을 저하시킨다.
- 유압유의 방청성을 저하시킨다.
- 유압유의 산화와 열화를 촉진시킨다.
- 유압유의 내마모성을 저하시킨다.

③ 수분함유 판정방법 : 가열한 철판 위에 유압유를 떨어뜨려 확인한다.

## 4 유압 오일에 공기가 유입되어 기포가 형성되는 원인

① 유압 오일의 양이 부족하다.
② 유압 오일의 점도가 저하되었다.
③ 유압 오일이 열화(劣化)되었다.
④ 오일 여과기 및 스트레이너가 막혔다.
⑤ 유압 펌프 흡입 라인의 연결부가 이완되었다.
⑥ 유압 오일이 누출되고 있다.
⑦ 유압 펌프의 마멸이 크다.

## 5 유압유의 열화 판정 방법

① 점도의 상태로 판정한다.
② 냄새로 확인(자극적인 악취)한다.
③ 색깔의 변화나 침전물의 유무로 판정한다.
④ 수분의 유무를 확인한다.
⑤ 흔들었을 때 생기는 거품이 없어지는 형상을 확인한다.

## 6 유압장치에서 오일에 거품이 생기는 원인

① 오일탱크와 펌프 사이에서 공기가 유입될 경우
② 오일이 부족하여 공기가 일부 흡입되었을 경우
③ 펌프 축 주위 토출측 실(seal)이 손상되었을 경우

## 7 유압 작동유의 교환

① 작동유가 냉각되기 전에 교환한다.
② 약 1,500시간 가동 후 교환한다.

CHAPTER

# 03 유압유(작동유)

## 1 유압유의 기능 · 구비 조건

〈유압유 성질〉

**01 유압유가 갖추어야 할 성질로 틀린 것은?**

① 점도가 적당할 것
② 인화점이 낮을 것
③ 강인한 유막을 형성할 것
④ 점성과 온도와의 관계가 양호할 것

〈유압유 성질〉

**02 유압 작동유가 갖추어야 할 성질이 아닌 것은?**

① 물, 먼지 등의 불순물과 혼합이 잘 될 것
② 온도에 의한 점도 변화가 적을 것
③ 거품이 적을 것
④ 방청 방식성이 있을 것

〈유압유 성질〉

**03 유압유 성질 중 가장 중요한 것은?**

① 점도
② 온도
③ 습도
④ 열효율

〈점도지수〉

**04 온도 변화에 따라 점도 변화가 큰 오일의 점도지수는?**

① 점도지수가 높은 것이다.
② 점도지수가 낮은 것이다.
③ 점도지수는 변하지 않는 것이다.
④ 점도 변화와 점도지수는 무관하다.

〈오일의 혼합〉

**05 유압유에 점도가 서로 다른 2종류의 오일을 혼합하였을 경우에 대한 설명으로 맞는 것은?**

① 오일 첨가제의 좋은 부분만 작동하므로 오히려 더욱 좋다.
② 점도가 달라지나 사용에는 전혀 지장이 없다.
③ 혼합은 권장사항이며, 사용에는 전혀 지장이 없다.
④ 열화 현상을 촉진시킨다.

〈유압유 주요기능〉

**06 유압유의 주요기능이 아닌 것은?**

① 열을 흡수한다.
② 동력을 전달한다.
③ 필요한 요소 사이를 밀봉한다.
④ 움직이는 기계요소를 마모시킨다.

〈유압유 성질〉

**07 유압유의 성질로 틀린 것은?**

① 비중이 적당할 것
② 인화점이 낮을 것
③ 점성과 온도와의 관계가 양호할 것
④ 강인한 유막을 형성할 것

〈유압유의 점도〉

**08 유압 작동유의 점도가 지나치게 높을 때 나타날 수 있는 현상으로 가장 적합한 것은?**

① 내부 마찰이 증가하고, 압력이 상승한다.
② 누유가 많아진다.
③ 파이프 내의 마찰 손실이 작아진다.
④ 펌프의 체적효율이 감소한다.

정답 01 ② 02 ① 03 ① 04 ② 05 ④ 06 ④ 07 ② 08 ③

〈유압유의 점도〉

**09 유압유의 점도가 지나치게 높았을 때 나타나는 현상이 아닌 것은?**

① 오일 누설이 증가한다.
② 유동 저항이 커져 압력 손실이 증가한다.
③ 동력 손실이 증가하여 기계효율이 감소한다.
④ 내부 마찰이 증가하고, 압력이 상승한다.

〈유압유의 점도〉

**10 유압장치에서 사용되는 오일의 점도가 너무 낮을 경우 나타날 수 있는 현상이 아닌 것은?**

① 펌프 효율 저하
② 오일 누설
③ 계통 내의 압력 저하
④ 시동 시 저항 증가

〈유압유의 점도〉

**11 유압 작동유의 점도가 지나치게 낮을 때 나타날 수 있는 현상은?**

① 출력이 증가한다.
② 압력이 상승한다.
③ 유동 저항이 증가한다.
④ 유압 실린더의 속도가 늦어진다.

〈유압유의 점도〉

**12 보기 항에서 유압 계통에 사용되는 오일의 점도가 너무 낮을 경우 나타날 수 있는 현상으로 모두 맞는 것은?**

[보기]
ㄱ. 펌프 효율 저하
ㄴ. 오일 누설 증가
ㄷ. 유압회로 내의 압력 저하
ㄹ. 시동 저항 증가

① ㄱ, ㄷ, ㄹ
② ㄱ, ㄴ, ㄷ
③ ㄴ, ㄷ, ㄹ
④ ㄱ, ㄴ, ㄹ

## 2 공동현상(캐비테이션)

〈캐비테이션(cavitation)〉

**13 펌프에서 진동과 소음이 발생하고 양정과 효율이 급격히 저하되며, 날개차 등에 부식을 일으키는 등 펌프의 수명을 단축시키는 것은?**

① 펌프의 비속도
② 펌프의 공동현상
③ 펌프의 채터링 현상
④ 펌프의 서징 현상

〈공동(cavitation) 현상〉

**14 필터의 여과 입도 수(mesh)가 너무 높을 때 발생할 수 있는 현상으로 가장 적절한 것은?**

① 블로바이 현상
② 맥동 현상
③ 베이퍼록 현상
④ 캐비테이션 현상

〈공동(cavitation) 현상〉

**15 공동(Cavitation) 현상이 발생하였을 때의 영향 중 거리가 먼 것은?**

① 체적 효율이 감소한다.
② 고압 부분의 기포가 과포화 상태로 된다.
③ 최고 압력이 발생하여 급격한 압력파가 일어난다.
④ 유압장치 내부에 국부적인 고압이 발생하여 소음과 진동이 발생된다.

정답 09 ① 10 ④ 11 ④ 12 ② 13 ② 14 ④ 15 ②

## 3 유압유의 적정온도와 열화

〈정상 작동 온도〉

**16 건설기계에서 사용하는 작동유의 정상 작동 온도에 해당되는 것은?**

① 5~10℃
② 40~60℃
③ 90~110℃
④ 120~140℃

〈유압유 과열〉

**17 유압유가 과열되는 원인으로 가장 거리가 먼 것은?**

① 유압유 양이 규정보다 많을 때
② 오일 냉각기의 냉각핀이 오손되었을 때
③ 릴리프 밸브(Relief Valve)가 닫힌 상태로 고장일 때
④ 유압유가 부족할 때

〈유압오일 과열〉

**18 오일량은 정상인데 유압 오일이 과열되고 있다면 우선적으로 어느 부분을 점검해야 하는가?**

① 유압 호스
② 필터
③ 오일 쿨러
④ 컨트롤 밸브

〈온도 상승〉

**19 유압 오일의 온도가 상승할 때 나타날 수 있는 결과가 아닌 것은?**

① 오일 누설 발생
② 펌프 효율 저하
③ 점도 상승
④ 유압 밸브의 기능 저하

〈열화(산화)현상〉

**20 유압유에 점도가 서로 다른 2종류의 오일을 혼합하였을 경우에 대한 설명으로 맞는 것은?**

① 오일 첨가제의 좋은 부분만 작동하므로 오히려 더욱 좋다.
② 점도가 달라지나 사용에는 전혀 지장이 없다.
③ 혼합은 권장사양이며, 사용에는 전혀 지장이 없다.
④ 열화 현상을 촉진시킨다.

## 4 유압 작동유의 유량점검 및 교환

〈유압유의 점검사항〉

**21 유압유의 점검사항이 아닌 것은?**

① 점도
② 마멸성
③ 윤활성
④ 소포성

〈유압유의 점검방법〉

**22 유압유의 점검방법으로 틀린 것은?**

① 난기 운전을 실시한 다음 엔진의 가동을 정지한다.
② 건설기계를 지면이 평탄한 장소에 세운 후 점검한다.
③ 수분·먼지 등 이물질이 유입되지 않도록 주의한다.
④ 엔진을 가동한 상태에서 점검하여야 한다.

〈유압장치 점검〉

**23 건설기계 장비의 유압장치 관련 취급 시 주의사항으로 적합하지 않은 것은?**

① 작동유가 부족하지 않은지 점검하여야 한다.
② 유압장치는 워밍업 후 작업하는 것이 좋다.
③ 오일량을 1주 1회 소량 보충한다.

**정답** 16 ② 17 ① 18 ③ 19 ③ 20 ④ 21 ② 22 ④ 23 ③

④ 작동유에 이물질이 포함되지 않도록 관리 취급하여야 한다.

〈유압유의 첨가제〉

**24 유압유의 첨가제가 아닌 것은?**

① 소포제
② 유동점 강하제
③ 산화 방지제
④ 점도지수 방지제

〈산화방지제〉

**25 유압유에 사용되는 첨가제 중 산의 생성을 억제함과 동시에 금속의 표면에 부식억제 파악을 형성하여 산화물질이 금속에 직접 접촉하는 것을 방지하는 것은?**

① 산화 방지제
② 산화 촉진제
③ 소포제
④ 방청제

〈마찰방지 첨가제〉

**26 금속 간의 마찰을 방지하기 위한 방안으로 마찰 계수를 저하시키기 위하여 사용되는 첨가제는?**

① 방청제
② 유성 향상제
③ 점도지수 향상제
④ 유동점 강하제

〈수분혼입〉

**27 작동유에 수분이 혼입되었을 때 나타나는 현상이 아닌 것은?**

① 윤활 능력 저하
② 작동유의 열화 촉진
③ 유압기기의 마모촉진
④ 오일탱크의 오버플로

〈유압유 선택조건〉

**28 유압 작동유를 교환하고자 할 때 선택 조건으로 가장 적합한 것은?**

① 유명 정유회사 제품
② 가장 가격이 비싼 유압 작동유
③ 제작사에서 해당 장비에 추천하는 유압 작동유
④ 시중에서 쉽게 구할 수 있는 유압 작동유

〈기포발생 현상〉

**29 유압오일 내에 기포가 발생하는 이유로 가장 적합한 것은?**

① 오일 속에 공기 혼입
② 오일의 누설
③ 오일의 열화
④ 오일 속에 수분 혼입

〈거품발생 현상〉

**30 유압장치에서 오일에 거품이 생기는 원인으로 가장 거리가 먼 것은?**

① 오일탱크와 펌프 사이에서 공기가 유입될 때
② 오일이 부족하여 공기가 일부 흡입되었을 때
③ 펌프 축 주위의 흡입측 실(seal)이 손상되었을 때
④ 유압유의 점도지수가 클 때

〈서지압(surge pressure)〉

**31 유압회로 내에서 서지압(surge pressure)이란?**

① 과도적으로 발생하는 이상 압력의 최대값
② 정상적으로 발생하는 압력의 최대값
③ 정상적으로 발생하는 압력의 최소값
④ 과도적으로 발생하는 이상 압력의 최소값

**정답** 24 ④ 25 ① 26 ② 27 ④ 28 ③ 29 ① 30 ④ 31 ①

# 04 유압 회로 · 기호

## 1 유압 회로의 기본 회로

### 1 오픈 회로와 클로즈 회로

① 오픈 회로 : 유압 펌프에서 토출한 유압유로 액추에이터를 작동시킨 후 유압유를 탱크로 복귀시키는 회로

② 클로즈 회로 : 유압 펌프에서 토출한 유압유로 액추에이터를 작동시킨 후 복귀하는 유압유를 다시 유압 펌프의 흡입구에서 흡입하도록 하는 회로

### 2 압력 제어 회로

① 릴리프 회로 : 과다한 압력이 작용하더라도 유압기기나 회로의 파손을 방지하는 안전 회로로써, 무부하(언로더) 회로라고도 한다.

② 감압 회로 : 유압원이 1개인 경우 회로 내 일부의 압력을 감안하기 위하여 사용한다.

③ 카운터 밸런스 회로 : 자유낙하를 방지하고 필요한 피스톤의 힘을 릴리프 밸브로 규제하는 압력 제어 회로이다.

④ 시퀀스 회로 : 시퀀스 밸브를 사용하여 실린더가 순차적으로 작동하도록 하는 회로이다.

⑤ 어큐뮬레이터 회로 : 유압 펌프의 순간적인 과부하 방지 및 회로에서의 진동, 소음, 배관의 느슨함에 의해서 발생되는 누유 및 파손 등을 방지하는 회로이다.

### 3 속도 제어 회로

① 미터 인 회로
- 미터 인 회로의 기능 : 유압 실린더(액추에이터)에 유입되는 유압유를 조절하여 속도를 제어하는 회로다.
- 미터 인 회로의 연결방법 : 유량 제어 밸브와 실린더가 직렬로 연결되어 있다.

② 미터 아웃 회로 : 유압 실린더(액추에이터)에서 나오는 유압유를 조절하여 속도를 제어하는 회로다.

③ 블리드 오프 회로

- 블리드 오프 회로의 기능 : 유량 조절 밸브를 바이패스 회로에 설치하여 유압 실린더에 송유되는 유압유 이외에 유압유를 탱크로 복귀시키는 회로이다.
- 블리드 오프 회로의 연결방법 : 유량 제어 밸브와 실린더가 병렬로 연결되어 있다.

④ 감속 회로 : 고속으로 작동하며, 비교적 관성력이 큰 피스톤의 작동에서 충격적인 변환 동작을 완화하고 원활히 정지시키는 회로

⑤ 차동 회로 : 유압 실린더의 좌우 양쪽의 포트로 동시에 유압유를 공급하는 피스톤의 양쪽에서 받는 힘의 차이로 작동하는 것을 이용하는 회로

⑥ 동기 회로 : 여러 개의 유압 실린더나 모터를 동시에 같은 속도로 작동시킬 때 사용하는 회로이다.

### 4 서지 압력(surge pressure)

① 서지 압력의 뜻 : 과도적으로 발생하는 이상 압력의 최대값을 말한다.

② 발생원인 : 고속 실린더를 급정지시키면 유로에 순간적으로 이상 고압이 발생하는 현상이다.

## 2 유압 기호

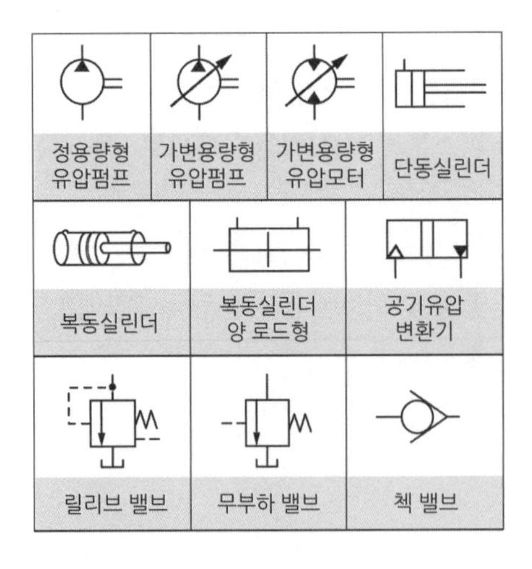


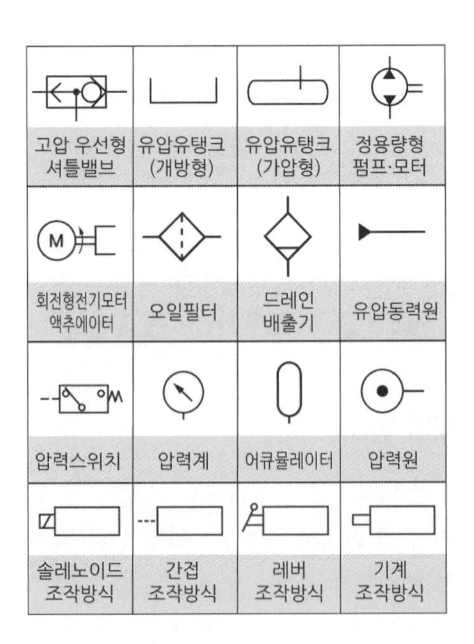

CHAPTER

# 04 유압 회로 · 기호

## 1 유압 회로의 기본 회로

〈유압기본회로〉

**01 유압장치에서 사용되는 유압의 기본 회로에 속하지 않는 것은?**

① 서지업 회로
② 탠덤 회로
③ 클로즈 회로
④ 오픈 회로

〈유압기호 표시〉

**02 유압장치의 기호 회로도에 사용되는 유압 기호의 표시방법으로 적합하지 않은 것은?**

① 기호에는 흐름의 방향으로 표시한다.
② 각 기기의 기호는 정상상태 또는 중립상태를 표시한다.
③ 기호는 어떠한 경우에도 회전하여서는 안 된다.
④ 기호에는 각 기기의 구조나 작용 압력을 표시하지 않는다.

〈속도제어회로〉

**03 유압장치에서 속도 제어 회로에 속하지 않는 것은?**

① 미터 인 회로
② 미터 아웃 회로
③ 블러드 오프 회로
④ 블러드 온 회로

〈속도제어회로〉

**04 액추에이터의 입구 쪽 관로에 유량제어 밸브를 직렬로 설치하여 작동유의 유량을 제어함으로써 액추에이터의 속도를 제어하는 회로는?**

① 시스템 회로(system circuit)
② 블리드 오프 회로(bleed–off circuit)
③ 미터 인 회로(meter–in circuit)
④ 미터 아웃 회로(meter–out circuit)

**05 유압회로에서 유량 제어를 통하여 작업 속도를 조절하는 방식에 속하지 않는 것은?**

① 미터 인(meter in) 방식
② 미터 아웃(meter out) 방식
③ 블리드 오프(bleed off) 방식
④ 블리드 온(bleed on) 방식

**06 유압 실린더의 속도를 제어하는 블리드 오프(bleed off) 회로에 대한 설명으로 틀린 것은?**

① 유량 제어 밸브를 실린더와 직렬로 설치한다.
② 펌프 토출량 중 일정한 양을 탱크로 되돌린다.
③ 릴리프 밸브에서 과잉압력을 줄일 필요가 없다.
④ 부하 변동이 급격한 경우에는 정확한 유량 제어가 곤란하다.

## 2 유압 기호

〈유압 압력계〉

**07 다음 중 유압 압력계의 기호는?**

① 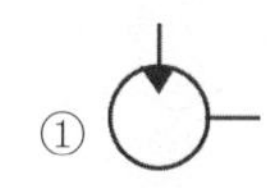
② 

③ 

④ 

정답 01 ① 02 ③ 03 ④ 04 ③ 05 ④ 06 ① 07 ④

〈유압 기호〉

**08 그림의 유압기호가 나타내는 것은?**

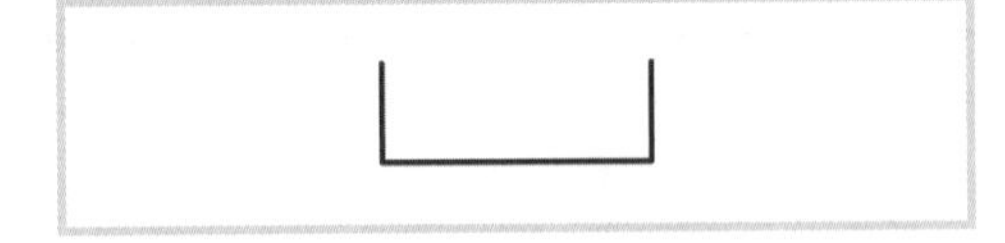

① 유압 밸브
② 차단 밸브
③ 오일탱크
④ 유압 실린더

〈유압 기호〉

**09 체크 밸브를 나타낸 것은?**

① 
② 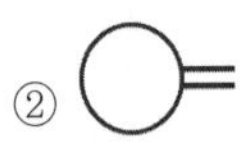
③ 
④ 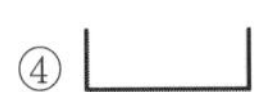

〈유압 기호〉

**10 그림의 유압 기호는 무엇을 표시하는가?**

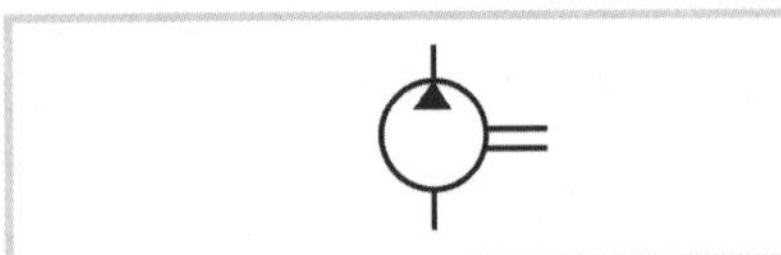

① 오일 쿨러
② 유압 탱크
③ 유압 펌프
④ 유압 밸브

〈유압 펌프〉

**11 가변 용량형 유압 펌프의 기호 표시는?**

① 
② 
③ 
④ 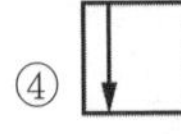

〈오일 필터〉

**12 유압 도면 기호에서 여과기의 기호 표시는?**

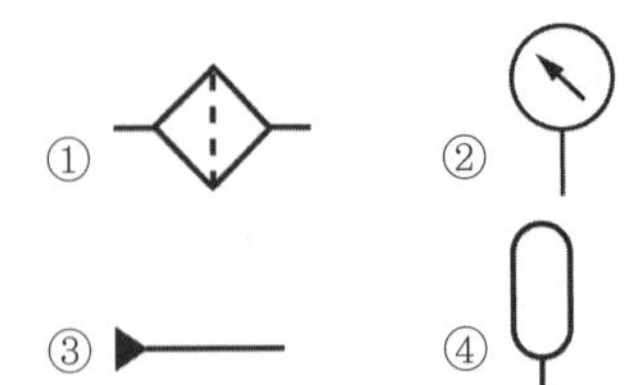

①
②
③
④

〈어큐뮬레이터〉

**13 축압기의 기호 표시는?**

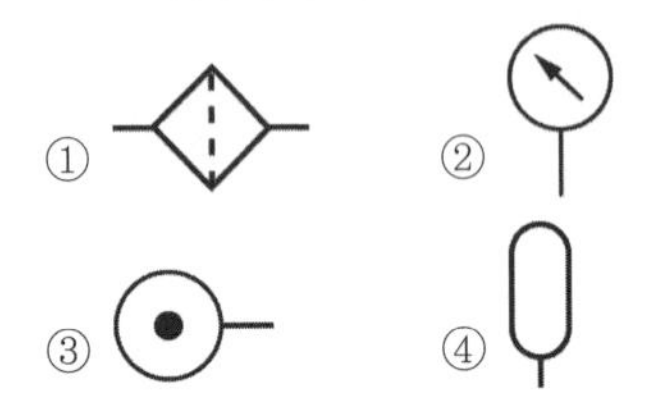

①
②
③
④

〈유압 기호〉

**14 그림의 유압 기호는 무엇을 표시하는가?**

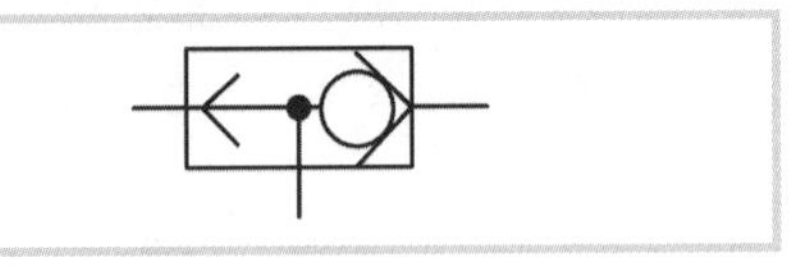

① 고압 우선형 셔틀 밸브
② 저압 우선형 셔틀 밸브
③ 급속 배기 밸브
④ 급속 흡기 밸브

〈유압 기호〉

**15 다음 그림과 같은 일반적으로 사용하는 유압기호에 해당하는 밸브는?**

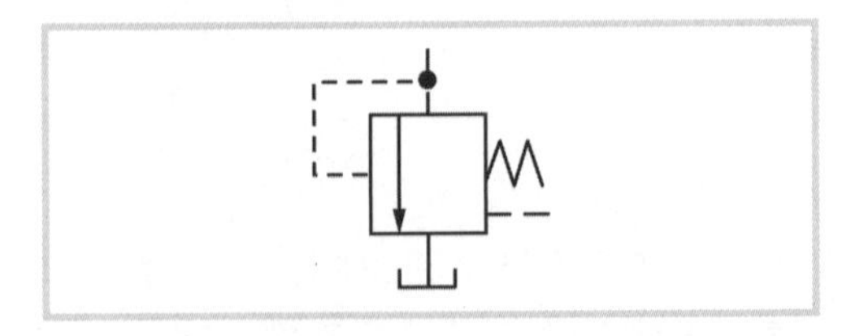

정답 08 ③ 09 ① 10 ③ 11 ① 12 ① 13 ④ 14 ① 15 ③

① 체크 밸브
② 시퀀스 밸브
③ 릴리프 밸브
④ 리듀싱 밸브

〈유압 기호〉

**16 다음 유압기호가 나타내는 것은?**

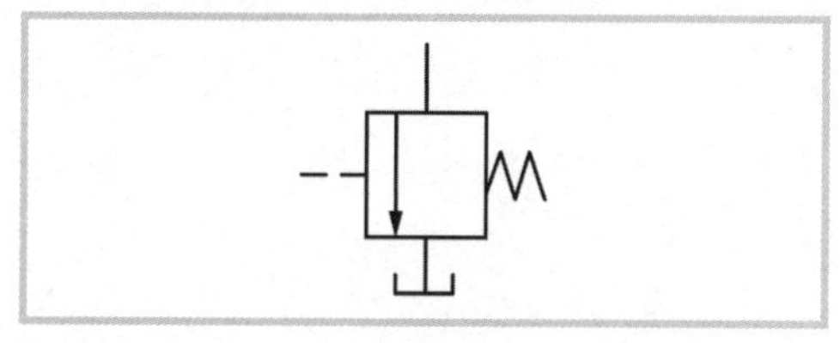

① 릴리프 밸브(relief valve)
② 감압 밸브(reducing valve)
③ 순차 밸브(sequence valve)
④ 무부하 밸브(unloading valve)

정답 16 ④

# 05 기타 부속장치

## 1 유압유 탱크

### 1 유압유 탱크의 기능

① 계통 내의 필요한 유량을 확보한다.
② 내부의 격판(배플)에 의해 기포 발생 방지 및 제거한다.
③ 유압유 탱크 외벽의 냉각에 의한 적정온도 유지한다.
④ 흡입 스트레이너가 설치되어 회로 내 불순물 혼입을 방지한다.

### 2 유압유 탱크의 구조

① 구성 부품 : 스트레이너, 드레인 플러그, 배플 플레이트, 주입구 캡, 유면계
② 펌프 흡입구와 탱크로의 귀환구(복귀구) 사이에는 격판(배플)을 설치한다.
③ 배플(격판)은 탱크로 귀환하는 유압유와 유압 펌프로 공급되는 유압유를 분리시키는 기능을 한다.
④ 펌프 흡입구는 탱크로의 귀환구(복귀구)로부터 될 수 있는 한 멀리 떨어진 위치에 설치한다.
⑤ 펌프 흡입구에는 스트레이너(오일 여과기)를 설치한다.

### 3 유압유 탱크의 구비 조건

① 배유구(드레인 플러그)와 유면계를 설치하여야 한다.
② 흡입관과 복귀 관 사이에 격판(배플)을 설치하여야 한다.
③ 흡입 유압유를 위한 스트레이너(strainer)를 설치하여야 한다.
④ 적당한 크기의 주유구를 설치하여야 한다.
⑤ 발생한 열을 방산(放散)할 수 있어야 한다.
⑥ 공기 및 수분 등의 이물질을 분리할 수 있어야 한다.
⑦ 오일에 이물질이 유입되지 않도록 밀폐되어야 한다.

## 2 어큐뮬레이터(축압기)

### 1 어큐뮬레이터 기능

① 어큐뮬레이터는 유압 에너지를 일시 저장하는 역할을 한다.
② 고압유를 저장하는 방법에 따라 중량에 의한 것, 스프링에 의한 것, 공기나 질소 가스 등의 기체 압축성을 이용한 것 등이 있다.
③ 서지압력과 충격압력의 흡수, 펌프 맥동의 흡수를 위하여 사용한다.
④ 일정한 압력의 유지와 점진적 압력의 증대를 위하여 사용된다.

### 2 어큐뮬레이터 구조

① 피스톤형
- 실린더 내에 피스톤을 끼워 기체실과 유압실을 구성하는 구조로 되어 있다.
- 구조가 간단하고 튼튼하나 실린더 내면은 정밀 다듬질 가공을 하여야 한다.
- 적당한 패킹으로 밀봉을 완전하게 하여야 하므로 제작비가 비싸다.
- 피스톤 부분의 마찰저항과 작동유의 누설 등에 문제가 있다.

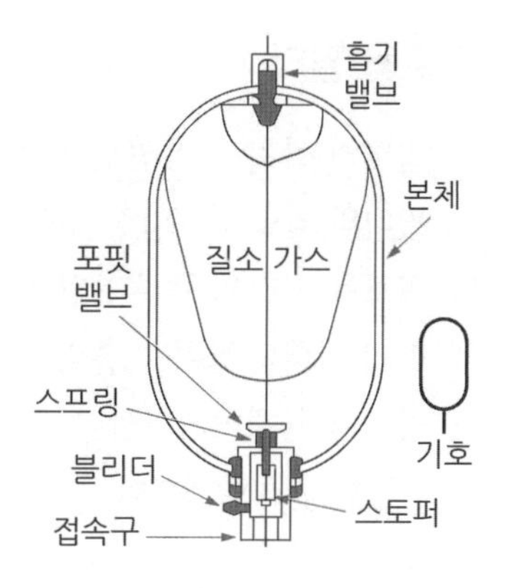


② 블래더형(고무 주머니형)
- 외부에서 기체를 탄성이 큰 특수 합성 고무 주머니에 봉입하였다.
- 고무주머니가 용기 속에서 돌출되지 않도록 보호하고 있다.
- 고무주머니의 관성이 낮아서 응답성이 매우 커 유지 · 관리가 쉽고 광범위한 용도로 쓸 수 있는 장점이 있다.

③ 다이어프램형 : 격판이 기계실과 유체실을 구분하며, 기계실에는 질소가스가 충전되어 있다.

### 3 어큐뮬레이터 용도

① 유압 에너지를 저장(축척)한다.
② 유압 펌프의 맥동을 흡수(감소)해준다.
③ 충격 압력을 흡수한다.

④ 압력을 보상해 준다.
⑤ 유압 회로를 보호한다.
⑥ 보조 동력원으로 사용한다.
⑦ 기체 액체형 어큐뮬레이터에 사용되는 가스는 질소이다.

## 3 오일 필터(oil filter)

### 1 탱크용 스트레이너

① 스트레이너의 설치 : 유압유를 유압펌프의 흡입관로에 보내는 통로에 설치한다.
② 스트레이너의 역할 : 유압유에 포함된 불순물을 제거한다.

### 2 관로용 필터

① 필터의 설치 :  유압펌프의 토출관로나 탱크로 되돌아오는 통로(드레인 회로)에 설치한다.
② 필터의 역할 : 유압장치에서 금속 등 마모된 찌꺼기나 카본 덩어리 등의 이물질을 제거한다.
③ 관로용 필터의 종류 : 압력 여과기, 리턴 여과기, 라인 여과기 등
④ 라인 필터의 종류 : 흡입관 필터, 압력관 필터, 복귀관 필터 등
⑤ 공동현상(캐비테이션) : 오일 필터의 여과 입도가 너무 조밀[여과 입도 수(mesh)가 높으면]하면 공동현상이 발생한다.

## 4 오일 실(oil seal)

### 1 오일 실의 기능

① 유압 기기의 접합 부분이나 이음 부분에서 작동유의 누설을 방지한다.
② 외부에서 유압 기기 내로 이물질이 침입하는 것을 방지한다.

### 2 오일 실의 구비 조건

① 압축 복원성이 좋고 압축 변형이 작아야 한다.

② 유압유의 체적 변화나 열화가 적어야 하며, 내약품성이 양호하여야 한다.
③ 고온에서의 열화나 저온에서의 탄성 저하가 작아야 한다.
④ 장시간의 사용에 견디는 내구성 및 내마멸성이 커야 한다.
⑤ 내마멸성이 적당하고 비중이 적어야 한다.
⑥ 정밀 가공 면을 손상시키지 않아야 한다.

## 5 유압호스

**1** 나선 와이어 블레이드 호스 : 유압 호스 중 가장 큰 압력에 견딜 수 있다.

**2** 고압 호스가 자주 파열되는 원인 : 릴리프 밸브의 설정 유압 불량(유압을 너무 높게 조정한 경우)이다.

### 3 유압 호스의 노화 현상

① 호스가 굳어 있는 경우
② 표면에 크랙(Crack, 균열)이 발생한 경우
③ 정상적인 압력 상태에서 호스가 파손될 경우
④ 호스의 표면에 갈라짐이 발생한 경우
⑤ 코킹 부분에서 오일이 누유되는 경우

## 6 플러싱(flushing)

**1** 플러싱의 뜻 : 유압 계통 내에 슬러지, 이물질 등을 회로 밖으로 배출시켜 깨끗이 하는 작업을 말한다.

### 2 플러싱 작업방법

① 플러싱을 완료한 후 : 오일을 반드시 제거하여야 한다.
② 플러싱 오일을 제거한 후 : 유압유 탱크 내부를 다시 세척하고 라인 필터 엘리먼트를 교환한다.
③ 플러싱 작업을 완료한 후 : 가능한 한 빨리 유압유를 넣고 수 시간 운전하여 전체 유압 라인에 유압유가 공급되도록 한다.

CHAPTER

# 05 기타 부속장치

## 1 유압유 탱크

〈유압탱크 기능〉

**01 유압 탱크의 기능이 아닌 것은?**

① 계통 내에 필요한 유량 확보
② 배플에 의한 기포 발생 방지 및 소멸
③ 탱크 외벽의 방열에 의한 적정온도 유지
④ 계통 내에 필요한 압력의 설정

〈탱크 역할〉

**02 건설기계의 작동유 탱크 역할로 틀린 것은?**

① 유온을 적정하게 설정한다.
② 작동유 수명을 연장하는 역할을 한다.
③ 오일 중의 이물질을 분리하는 작용을 한다.
④ 유압 게이지가 설치되어 있어 작업 중 유압 점검을 할 수 있다.

〈유압탱크 구조〉

**03 오일탱크 관련 설명으로 틀린 것은?**

① 유압유 오일을 저장한다.
② 흡입구와 리턴구는 최대한 가까이 설치한다.
③ 탱크 내부에는 격판(배플 플레이트)을 설치한다.
④ 흡입 스트레이너가 설치되어 있다.

〈유압탱크 구비조건〉

**04 건설기계 유압장치의 작동유 탱크의 구비조건 중 거리가 가장 먼 것은?**

① 배유구(드레인 플러그)와 유면계를 두어야 한다.
② 흡입관과 복귀관 사이에 격판(차폐장치, 격리판)을 두어야 한다.
③ 유면을 흡입라인 아래까지 항상 유지할 수 있어야 한다.
④ 흡입 작동유 여과를 위한 스트레이너를 두어야 한다.

〈유압탱크 구비조건〉

**05 유압 탱크에 대한 구비조건으로 가장 거리가 먼 것은?**

① 적당한 크기의 주유구 및 스트레이너를 설치한다.
② 드레인(배출 밸브) 및 유면계를 설치한다.
③ 오일에 이물질이 유입되지 않도록 밀폐되어야 한다.
④ 오일냉각을 위한 쿨러를 설치한다.

〈탱크 구성품〉

**06 일반적인 오일탱크의 구성품이 아닌 것은?**

① 스트레이너
② 유압 태핏
③ 드레인 플러그
④ 배플 플레이트

〈탱크 구성요소〉

**07 유압 탱크의 주요 구성요소가 아닌 것은?**

① 유면계
② 주입구
③ 유압계
④ 격판(배플)

정답 01 ④ 02 ④ 03 ② 04 ③ 05 ④ 06 ② 07 ③

## 2 어큐뮬레이터(축압기)

〈축압기(accumulator)〉
**08 유압 펌프에서 발생한 유압을 저장하고 맥동을 제거시키는 것은?**

① 어큐뮬레이터
② 언로딩 밸브
③ 릴리프 밸브
④ 스트레이너

〈축압기(accumulator)〉
**09 유압 에너지의 저장, 충격흡수 등에 이용되는 것은?**

① 축압기(accumulator)
② 스트레이너(strainer)
③ 펌프(pump)
④ 오일탱크(oil tank)

〈어큐뮬레이터용 가스〉
**10 가스형 축압기(어큐뮬레이터)에 가장 널리 이용되는 가스는?**

① 질소
② 수소
③ 아르곤
④ 산소

〈축압기용 가스〉
**11 유압장치에 사용되는 블래더형 어큐뮬레이터(축압기)의 고무주머니 내에 주입되는 물질로 맞는 것은?**

① 압축공기
② 유압 작동유
③ 스프링
④ 질소

〈어큐뮬레이터 기능〉
**12 축압기(어큐뮬레이터)의 기능과 관계가 없는 것은?**

① 충격 압력 흡수
② 유압 에너지 축적
③ 릴리프 밸브 제어
④ 유압 펌프 맥동 흡수

**13 축압기의 용도로 적합하지 않은 것은?**

① 유압 에너지 저장
② 충격 흡수
③ 유량 분배 및 제어
④ 압력 보상

## 3 오일 필터(oil filter)

〈불순물 제거 부품〉
**14 유압장치에서 금속가루 또는 불순물을 제거하기 위해 사용되는 부품으로 짝지어진 것은?**

① 여과기와 어큐뮬레이터
② 스크레이퍼와 필터
③ 필터와 스트레이너
④ 어큐뮬레이터와 스트레이너

〈스트레이너〉
**15 유압유에 포함된 불순물을 제거하기 위해 유압 펌프 흡입관에 설치하는 것은?**

① 부스터
② 스트레이너
③ 공기청정기
④ 어큐뮬레이터

정답 08 ① 09 ① 10 ① 11 ④ 12 ③ 13 ③ 14 ③ 15 ②

〈이물질 제거〉

**16 유압장치에서 금속 등 마모된 찌꺼기나 카본 덩어리 등의 이물질을 제거하는 장치는?**

① 오일 팬
② 오일 필터
③ 오일 쿨러
④ 오일 클리어런스

〈관로용 여과기(필터)〉

**17 다음 중 여과기를 설치 위치에 따라 분류할 때 관로용 여과기에 포함되지 않는 것은?**

① 라인 여과기
② 리턴 여과기
③ 압력 여과기
④ 흡입 여과기

〈라인(line) 필터〉

**18 건설기계 장비 유압계통에 사용되는 라인(line) 필터의 종류가 아닌 것은?**

① 복귀관 필터
② 누유관 필터
③ 흡입관 필터
④ 압력관 필터

〈수명 연장〉

**19 유압장치의 수명연장을 위해 가장 중요한 요소는?**

① 오일탱크의 세척
② 오일 냉각기의 점검 및 세척
③ 오일 펌프의 교환
④ 오일 필터의 점검 및 교환

## 4 오일 실(oil seal)

〈오일 실(oil seal)〉

**20 유압 작동부에서 오일이 누유 되고 있을 때 가장 먼저 점검하여야 할 곳은?**

① 실(seal)
② 피스톤
③ 기어
④ 펌프

〈오일 실(oil seal)〉

**21 일반적으로 유압 계통을 수리할 때마다 항상 교환해야 하는 것은?**

① 샤프트 실(shaft seal)
② 커플링(couplings)
③ 밸브 스풀(valve spools)
④ 터미널 피팅(terminal fitting)

## 5 유압호스

〈유압 호스〉

**22 유압 호스 중 가장 큰 압력에 견딜 수 있는 형식은?**

① 고무형식
② 나선 와이어 형식
③ 와이어리스 고무 블레이드 형식
④ 직물 블레이드 형식

〈고압호스 파멸〉

**23 유압 건설기계의 고압 호스가 자주 파멸되는 원인으로 가장 적합한 것은?**

정답 16 ② 17 ④ 18 ② 19 ④ 20 ① 21 ① 22 ② 23 ③

① 유압 펌프의 고속회전
② 오일의 점도저하
③ 릴리프 밸브의 설정 압력 불량
④ 유압 모터의 고속회전

〈노화현상〉

**24 유압회로에서 호스의 노화 현상이 아닌 것은?**

① 호스의 표면에 갈라짐이 발생할 경우
② 코킹 부분에서 오일이 누유되는 경우
③ 액추에이터의 작동이 원활하지 않을 경우
④ 정상적인 압력 상태에서 호스가 파손될 경우

## 6 플러싱(flushing)

〈플러싱(flushing)〉

**25 유압계통의 오일장치 내에 슬러지 등이 생겼을 때 이것을 용해하여 장치 내를 깨끗이 하는 작업은?**

① 플러싱
② 트램핑
③ 서징
④ 코킹

〈플러싱(flushing)〉

**26 유압회로 내의 이물질, 열화된 오일 및 슬러지 등을 회로 밖으로 배출시켜 회로를 깨끗하게 하는 것을 무엇이라 하는가?**

① 푸싱
② 리듀싱
③ 언로딩
④ 플러싱

정답 24 ③ 25 ① 26 ④

# 굴착기 조정, 점검

## -건설기계관리법규 및 도로교통법

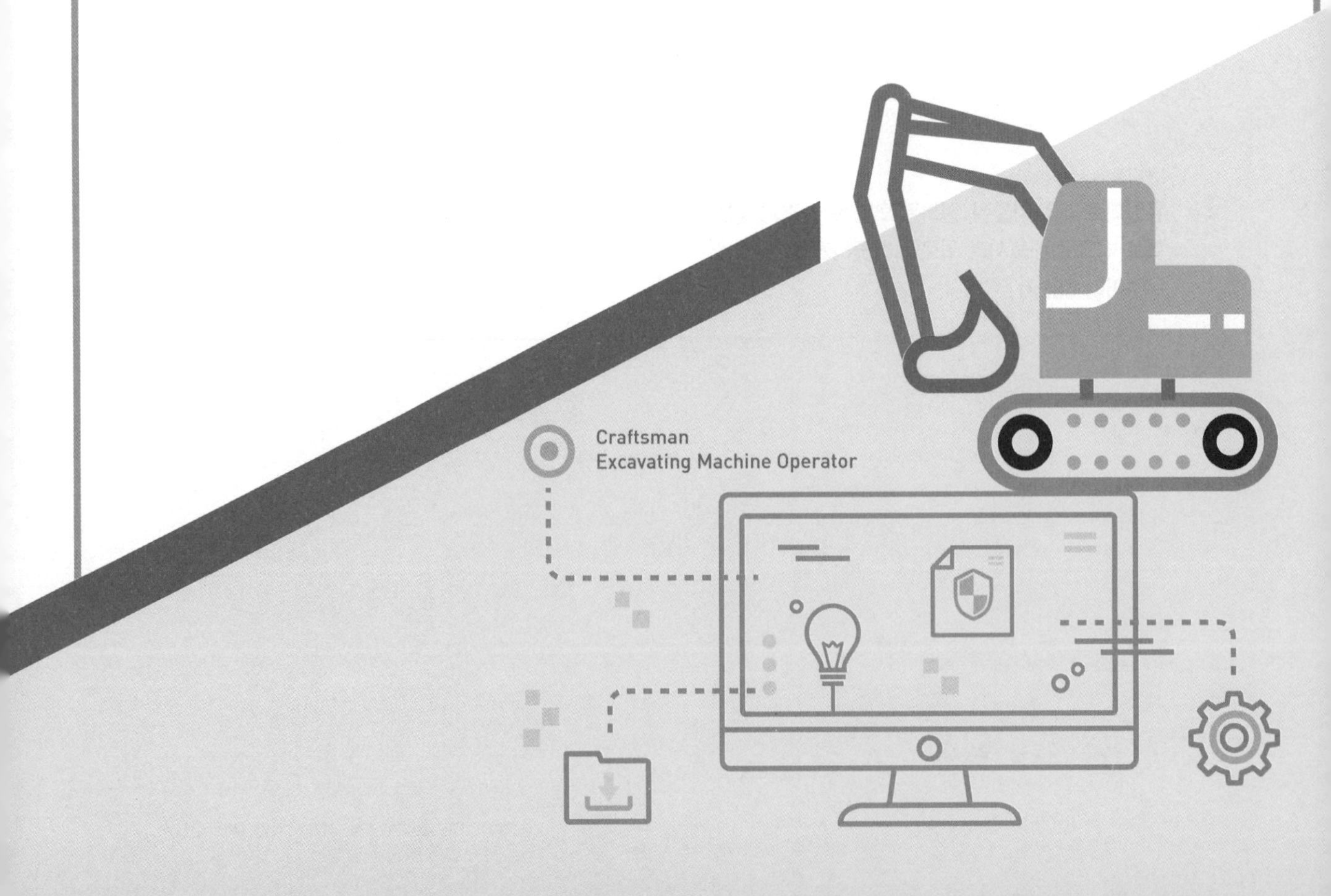

# 01 건설기계관리법

## 1 건설기계관리법의 목적 및 용어의 뜻

### 1 건설기계관리법의 목적

이 법은 건설기계의 등록 · 검사 · 형식승인 및 건설기계사업과 건설기계조종사면허 등에 관한 사항을 정하여 건설기계를 효율적으로 관리하고 건설기계의 안전도를 확보하여 건설공사의 기계화를 촉진함을 목적으로 한다.

### 2 건설기계관리법이 추구하는 목표

① 건설기계를 효율적으로 관리
② 건설기계의 안전도 확보
③ 건설공사의 기계화 촉진

### 3 건설기계관리법에서 사용하는 용어의 뜻

① 건설기계 : 건설공사에 사용할 수 있는 기계로서 대통령령으로 정하는 것을 말한다.
② 폐기 : 국토교통부령으로 정하는 건설기계 장치를 그 성능을 유지할 수 없도록 해체하거나 압축 · 파쇄 · 절단 또는 용해(鎔解)하는 것을 말한다.
③ 건설기계사업 : 건설기계대여업, 건설기계정비업, 건설기계매매업 및 건설기계해체 재활용업을 말한다.
④ 건설기계대여업 : 건설기계의 대여를 업(業)으로 하는 것을 말한다.
⑤ 건설기계정비업 : 건설기계를 분해 · 조립 또는 수리하고 그 부분품을 가공제작 · 교체하는 등 건설기계를 원활하게 사용하기 위한 모든 행위를 업으로 하는 것을 말한다.

⑥ 건설기계매매업 : 중고(中古) 건설기계의 매매 또는 그 매매의 알선과 그에 따른 등록사항에 관한 변경신고의 대행을 업으로 하는 것을 말한다.

⑦ 건설기계해체 재활용업 : 폐기 요청된 건설기계의 인수(引受), 재사용 가능한 부품의 회수, 폐기 및 그 등록말소 신청의 대행을 업으로 하는 것을 말한다.

⑧ 중고 건설기계 : 건설기계를 제작·조립 또는 수입한 자로부터 법률행위 또는 법률의 규정에 따라 건설기계를 취득한 때부터 사실상 그 성능을 유지할 수 없을 때까지의 건설기계를 말한다.

⑨ 건설기계형식 : 건설기계의 구조·규격 및 성능 등에 관하여 일정하게 정한 것을 말한다.

# 2 건설기계 등록 관련 법규

## 1 건설기계 등록

① 건설기계 등록신청

- 건설기계의 소유자는 대통령령으로 정하는 바에 따라 건설기계를 등록하여야 한다.
- 건설기계의 소유자가 건설기계를 등록할 때는 건설기계 소유자의 주소지 또는 사용본거지를 관할하는 특별시장·광역시장·도지사 또는 특별자치도지사(이하 "시·도지사"라 한다)에게 건설기계 등록신청을 하여야 한다.
- 건설기계 등록신청은 건설기계를 취득일로부터 2월 이내에 하여야 한다.
- 건설기계의 소유자는 건설기계 등록증을 잃어버리거나 건설기계 등록증이 헐어 못쓰게 된 경우에는 국토교통부령으로 정하는 바에 따라 재발급을 신청하여야 한다.

② 건설기계 등록신청 시 제출서류

- 해당 건설기계의 출처를 증명하는 서류
  - ·국내에서 제작한 건설기계 : 건설기계 제작증
  - ·수입한 건설기계 : 수입면장 등 수입사실을 증명하는 서류
  - ·행정기관으로부터 매수한 건설기계 : 매수증서
- 건설기계의 소유자임을 증명하는 서류
- 건설기계 제원표
- 보험 또는 공제의 가입을 증명하는 서류

## 2 등록사항의 변경 및 이전신고

① 등록사항의 변경(소유권 이전)신고

– 신고자 : 매수인인 소유자 또는 점유자는 변경신고를 시 · 도지사에게 신고하여야 한다.
– 신고기간 : 변경이 있는 날부터 30일 이내에 하여야 한다.
– 변경신고 시 제출서류
  · 건설기계 등록사항 변경 신고서
  · 변경내용을 증명하는 서류
  · 건설기계 등록증
  · 건설기계 검사증
– 매도인의 등록사항 변경신고 : 매수인이 등록사항 변경신고를 하지 아니하여 매도인이 등록사항의 변경신고를 하고자 하는 때에는 건설기계등록사항변경신고서에 매도사실을 증명하는 서류를 첨부하여 등록을 한 시 · 도지사에게 제출하여야 한다.

② 등록사항의 이전신고
– 신고사유 : 등록한 주소지 또는 사용본거지가 변경된 경우에 신고한다.
– 신고기간 : 변경이 있는 날부터 30일 이내에 신고하여야 한다.
– 신고기관 : 새로운 등록지를 관할하는 시 · 도지사에게 신고하여야 한다.
– 등록사항의 이전신고 시 제출서류
  · 건설기계 등록이전 신고서
  · 소유자의 주소 또는 건설기계의 사용본거지가 변경된 사실을 증명하는 서류
  · 건설기계 등록증
  · 건설기계 검사증

## 3 건설기계 등록의 말소

① 건설기계 등록의 말소 대상
시 · 도지사는 등록된 건설기계가 말소사유에 해당되는 경우에는 그 소유자의 신청이나 시 · 도지사의 직권으로 등록을 말소할 수 있다.

② 건설기계의 등록말소 사유
– 거짓이나 그 밖의 부정한 방법으로 등록을 한 경우
– 건설기계가 천재지변 또는 이에 준하는 사고 등으로 사용할 수 없게 되거나 멸실된 경우
– 건설기계의 차대가 등록 시의 차대와 다른 경우
– 건설기계 안전기준에 적합하지 아니하게 된 경우
– 최고를 받고 지정된 기한까지 정기검사를 받지 아니한 경우
– 건설기계를 수출하는 경우
– 건설기계를 도난당한 경우
– 건설기계를 폐기한 경우

- 건설기계를 해체 재활용업자에게 폐기를 요청한 경우
- 구조적 제작 결함 등으로 건설기계를 제작자 또는 판매자에게 반품한 경우
- 건설기계를 교육·연구 목적으로 사용하는 경우

③ 건설기계 등록의 말소신청 시 제출서류
- 건설기계 말소등록 신청서
- 건설기계 등록증
- 건설기계 검사증
- 멸실·도난·수출·폐기·반품 및 교육·연구목적 사용 등 등록말소 사유를 확인할 수 있는 서류

④ 건설기계 말소등록 신청기간
- 건설기계가 천재지변 또는 이에 준하는 사고 등으로 사용할 수 없게 되거나 멸실된 경우 : 30일 이내
- 건설기계를 폐기한 경우와 건설기계를 교육·연구 목적으로 사용하는 경우 : 30일 이내
- 구조적 제작 결함 등으로 건설기계를 제작자 또는 판매자에게 반품한 경우 : 30일 이내
- 건설기계를 도난당한 경우 : 2개월 이내

## 4 등록번호표

① 등록번호표의 부착 · 봉인 및 표시방법
- 등록된 건설기계에는 등록번호표를 부착 및 봉인하고, 등록번호를 새겨야 한다.
- 건설기계 소유자는 등록번호표 또는 그 봉인이 떨어지거나 알아보기 어렵게 된 경우에는 시·도지사에게 등록번호표의 부착 및 봉인을 신청하여야 한다.
- 등록번호표에는 등록관청·용도·기종 및 등록번호를 표시하여야 한다.
- 등록번호표는 압형으로 제작한다.

② 등록번호표의 표시방법
- 임시번호판 : 흰색 페인트 판에 검은색 문자
- 자가용 : 녹색판에 흰색문자 1001~4999
- 영업용 : 주황색판에 흰색문자 5001~8999
- 관용 : 흰색판에 검은색 문자 9001~9999

③ 등록번호표의 반납 사유
- 건설기계의 등록이 말소된 경우
- 건설기계의 등록사항 중 소유자의 주소지 및 등록번호가 변경된 경우
- 등록번호표 또는 그 봉인이 떨어지거나 알아보기 어렵게 되어 등록번호표의 부착 및 봉인을 신청하는 경우
- 반납기간 : 등록된 건설기계의 소유자는 반납 사유가 발생한 경우에는 10일 이내에 등록번호

표의 봉인을 떼어낸 후 그 등록번호표를 시·도지사에게 반납하여야 한다.

④ 임시운행 (미등록 건설기계의 임시운행) : 건설기계의 등록 전에 다음과 같은 사유로 일시적으로 운행을 할 수 있으며, 이 경우 임시번호표를 부착하여야 한다.
- 등록신청을 하기 위하여 건설기계를 등록지로 운행하는 경우
- 신규등록검사 및 확인검사를 받기 위하여 건설기계를 검사장소로 운행하는 경우
- 수출을 하기 위하여 건설기계를 선적지로 운행하는 경우
- 수출을 하기 위하여 등록말소한 건설기계를 점검 · 정비의 목적으로 운행하는 경우
- 신개발 건설기계를 시험 · 연구의 목적으로 운행하는 경우
- 판매 또는 전시를 위하여 건설기계를 일시적으로 운행하는 경우
- 임시운행기간 : 15일 이내로 한다(다만, 신개발 건설기계를 시험 · 연구의 목적으로 운행하는 경우에는 3년 이내).

⑤ 건설기계의 범위 및 기종(27종)별 기호표시
- 기호01. 불도저 : 무한궤도 또는 타이어식인 것
- 기호02. 굴착기 : 무한궤도 또는 타이어식으로 굴착장치를 가진 자체중량 1톤 이상인 것
- 기호03. 로더 : 무한궤도 또는 타이어식으로 적재장치를 가진 자체중량 2톤 이상인 것. 다만, 차체굴절식 조향장치가 있는 자체중량 4톤 미만인 것은 제외한다.
- 기호04. 지게차 : 타이어식으로 들어올림장치와 조종석을 가진 것. 다만, 전동식으로 솔리드 타이어를 부착한 것 중 도로가 아닌 장소에서만 운행하는 것은 제외한다.
- 기호05. 스크레이퍼 : 흙 · 모래의 굴착 및 운반장치를 가진 자주식인 것
- 기호06. 덤프트럭 : 적재용량 12톤 이상인 것. 다만, 적재용량 12톤 이상 20톤 미만의 것으로 화물운송에 사용하기 위하여 자동차관리법에 의한 자동차로 등록된 것을 제외한다.
- 기호07. 기중기 : 무한궤도 또는 타이어식으로 강재의 지주 및 선회장치를 가진 것. 다만, 궤도(레일)식인 것을 제외한다.
- 기호08. 모터그레이더 : 정지장치를 가진 자주식인 것
- 기호09. 롤러 : 조종석과 전압장치를 가진 자주식인 것, 피견인 진동식인 것
- 기호10. 노상안정기 : 노상안정장치를 가진 자주식인 것
- 기호11. 콘크리트뱃칭플랜트 : 골재저장통 · 계량장치 및 혼합장치를 가진 것으로서 원동기를 가진 이동식인 것
- 기호12. 콘크리트피니셔 : 정리 및 사상장치를 가진 것으로 원동기를 가진 것
- 기호13. 콘크리트살포기 : 정리장치를 가진 것으로 원동기를 가진 것
- 기호14. 콘크리트믹서트럭 : 혼합장치를 가진 자주식인 것(재료의 투입 · 배출을 위한 보조장치가 부착된 것을 포함한다)
- 기호15. 콘크리트펌프 : 콘크리트배송능력이 매시간당 5세제곱미터 이상으로 원동기를 가진

이동식과 트럭적재식인 것

- 기호16. 아스팔트믹싱플랜트 : 골재공급장치 · 건조가열장치 · 혼합장치 · 아스팔트공급장치를 가진 것으로 원동기를 가진 이동식인 것
- 기호17. 아스팔트피니셔 : 정리 및 사상장치를 가진 것으로 원동기를 가진 것
- 기호18. 아스팔트살포기 : 아스팔트살포장치를 가진 자주식인 것
- 기호19. 골재살포기 : 골재살포장치를 가진 자주식인 것
- 기호20. 쇄석기 : 20킬로와트 이상의 원동기를 가진 이동식인 것
- 기호21. 공기압축기 : 공기토출량이 매분당 2.83세제곱미터(매제곱센티미터당 7킬로그램 기준) 이상의 이동식인 것
- 기호22. 천공기 : 천공장치를 가진 자주식인 것
- 기호23. 항타 및 항발기 : 원동기를 가진 것으로 헤머 또는 뽑는 장치의 중량이 0.5톤 이상인 것
- 기호24. 자갈채취기 : 자갈채취장치를 가진 것으로 원동기를 가진 것
- 기호25. 준설선 : 펌프식 · 바켓식 · 디퍼식 또는 그래브식으로 비자항식인 것. 다만, 「선박법」에 따른 선박으로 등록된 것은 제외한다.
- 기호26. 특수건설기계 : 제1호부터 제25호 및 제27호에 따른 건설기계와 유사한 구조 및 기능을 가진 기계류로서 국토교통부장관이 따로 정하는 것
- 기호27. 타워크레인 : 수직타워의 상부에 위치한 지브(jib)를 선회시켜 중량물을 상하, 전후 또는 좌우로 이동시킬 수 있는 것으로서 원동기 또는 전동기를 가진 것. 다만, 「산업집적활성화 및 공장설립에 관한 법률」에 따라 공장등록대장에 등록된 것은 제외한다.

## 3 건설기계의 검사

건설기계의 소유자는 그 건설기계에 대하여 국토교통부장관이 실시하는 신규등록검사(검사대행자가 시행), 정기검사, 구조변경검사, 수시검사 등을 받아야 한다.

### 1 정기검사

① 정기검사의 뜻 : 검사유효기간이 끝난 후에 계속하여 운행하려는 경우에 실시하는 검사를 말한다.

② 정기검사의 신청 : 정기검사를 받으려는 자는 검사유효기간의 만료일 전후 각각 30일 이내의 기간에 정기검사 신청서를 시·도지사에게 제출하여야 한다.

③ 정기검사의 연기

- 검사 신청기간 내에 검사를 신청할 수 없는 경우 : 검사 신청기간 만료일까지 검사 연기 신청서에 연기 사유를 증명할 수 있는 서류를 첨부하여 시·도지사에게 제출하여야 한다.
- 검사 연기 불허 통지를 받은 경우 : 검사 신청기간 만료일부터 10일 이내에 검사신청을 하여야 한다.

④ 굴착기 정기검사 유효기간

- 타이어식(휠형) 굴착기 : 1년
- 무한궤도식(크롤러형) 굴착기 : 3년

### 2 구조변경검사

① 구조변경검사의 뜻 : 건설기계의 주요 구조를 변경하거나 개조한 경우 실시하는 검사를 말한다.

② 구조변경의 불가 항목 : 건설기계의 기종변경, 규격의 증가, 적재함의 용량증가 등을 위한 구조변경은 할 수 없다.

③ 구조변경 검사의 신청 : 주요 구조물 변경 또는 개조한 날부터 20일 이내에 신청하여야 한다.

### 3 수시검사

① 수시검사의 뜻 : 성능이 불량하거나 사고가 자주 발생하는 건설기계의 안전성 등을 점검하기 위하여 수시로 실시하는 검사와 소유자의 신청을 받아 실시하는 검사를 말한다.

② 수시검사 명령서 교부 : 수시검사를 받아야 할 날로부터 10일 이전에 소유자에게 교부하여야 한다.

## 4 검사장검사 · 출장검사

① 검사장검사 대상 건설기계
- 덤프트럭
- 콘크리트 믹서트럭
- 콘크리트 펌프(트럭 적재식)
- 아스팔트 살포기
- 트럭 지게차

② 출장검사 대상 건설기계
- 도서 지역에 있는 경우
- 차체 중량이 40톤을 초과하는 경우
- 축중이 10톤을 초과하는 경우
- 너비가 2.5m를 초과하는 경우
- 최고속도가 시속 35km 미만인 경우

## 5 자동차보험 의무가입 대상 건설기계

① 덤프트럭
② 타이어식 기중기
③ 콘크리트 믹서트럭
④ 콘크리트 펌프(트럭 적재식)
⑤ 아스팔트 살포기(트럭 적재식)
⑥ 타이어식 굴착기

# 4 건설기계사업

## 1 건설기계 사업의 종류와 등록

① 건설기계 사업의 종류 : 건설기계 대여업, 건설기계 정비업, 건설기계 매매업 및 건설기계해체 재활용업 등을 말한다.

② 건설기계 사업의 등록 : 건설기계사업을 하려는 자는 대통령령으로 정하는 바에 따라 사업의 종류별로 시장·군수 또는 구청장에게 등록하여야 한다.

## 2 건설기계 대여업

① 건설기계 대여업의 뜻 : 건설기계의 대여를 업(業)으로 하는 것을 말한다.

② 일반 건설기계 대여업 : 5대 이상의 건설기계로 운영하는 사업

③ 개별 건설기계 대여업 : 1인의 개인 또는 법인이 4대 이하의 건설기계로 운영하는 사업

## 3 건설기계 정비업

① 건설기계 정비업의 뜻 : 건설기계를 분해·조립 또는 수리하고 그 부분품을 가공제작·교체하는 등 건설기계를 원활하게 사용하기 위한 모든 행위를 업으로 하는 것을 말한다.

② 건설기계 정비업의 종류
- 종합 건설기계 정비업
- 부분 건설기계 정비업
- 전문 건설기계 정비업

③ 보관관리에 드는 비용 : 건설기계사업자는 건설기계의 정비를 요청한 자가 정비가 완료된 후 장기간 건설기계를 찾아가지 아니하는 경우에는 건설기계의 정비를 요청한 자로부터 건설기계의 보관관리에 드는 비용을 받을 수 있다.

## 4 건설기계 매매업

중고(中古) 건설기계의 매매 또는 그 매매의 알선과 그에 따른 등록사항에 관한 변경신고의 대행을 업으로 하는 것을 말한다.

### 5 건설기계 해체 재활용업

폐기 요청된 건설기계의 인수(引受), 재사용 가능한 부품의 회수, 폐기 및 그 등록말소 신청의 대행을 업으로 하는 것을 말한다.

## 5 조종사 면허관련 법규

### 1 조종사 면허

① 조종사 면허에 관한 일반사항
- 건설기계를 조종하려는 사람 : 시장·군수 또는 구청장에게 건설기계 조종사 면허를 받아야 한다.
- 국토교통부령으로 정하는 건설기계를 조종하려는 사람 : 도로교통법에 따른 운전면허를 받아야 한다.
- 소형 건설기계의 건설기계 조종사 면허 : 시·도지사가 지정한 교육기관에서 실시하는 소형 건설기계의 조종에 관한 교육과정의 이수로 국가기술자격법에 따른 기술자격의 취득을 대신할 수 있다.

② 건설기계 조정사 면허의 결격사유
- 18세 미만인 사람
- 정신질환자 또는 뇌전증 환자
- 앞을 보지 못하는 사람, 듣지 못하는 사람, 그 밖에 국토교통부령으로 정하는 장애인
- 마약·대마·향정신성의약품·또는 알코올중독자
- 건설기계 조정사 면허가 취소된 날부터 1년이 지나지 아니하였거나 효력정지처분 기간 중에 있는 사람

③ 건설기계 조정사 면허의 적성검사 기준
- 두 눈을 동시에 뜨고 잰 시력(교정시력 포함)이 0.7 이상일 것
- 두 눈의 시력이 각각 0.3 이상일 것
- 55데시벨(보청기를 사용하는 사람은 40데시벨)의 소리를 들을 수 있을 것
- 언어 분별력이 80퍼센트 이상일 것
- 시각은 150도 이상일 것
- 정신질환자 또는 뇌전증 환자가 아닐 것
- 마약·대마·향정신성의약품·또는 알코올 중독자가 아닐 것

## 2 조종사 면허의 구분

① 건설기계 조종사 면허의 종류 및 조종할 수 있는 건설기계

- 불도저 : 불도저
- 5톤 미만의 불도저 : 5톤 미만의 불도저
- 굴착기 : 굴착기
- 3톤 미만의 굴착기 : 3톤 미만의 굴착기
- 로더 : 로더
- 3톤 미만의 로더 : 3톤 미만의 로더
- 5톤 미만의 로더 : 5톤 미만의 로더
- 지게차 : 지게차
- 3톤 미만의 지게차 : 3톤 미만의 지게차
- 기중기 : 기중기
- 롤러 : 롤러, 모터그레이더, 스크레이퍼, 아스팔트 피니셔, 콘크리트 피니셔, 콘크리트 살포기 및 골재 살포기
- 이동식 콘크리트 펌프 : 이동식 콘크리트 펌프
- 쇄석기 : 쇄석기, 아스팔트 믹싱 플랜트 및 콘크리트 뱃칭 플랜트
- 공기 압축기 : 공기 압축기
- 천공기 : 천공기(타이어식, 무한궤도식 및 굴진식을 포함한다. 다만, 트럭 적재식은 제외한다), 항타 및 항발기
- 5톤 미만의 천공기 : 5톤 미만의 천공기(트럭 적재식은 제외한다)
- 준선설 : 준선설 및 자갈채취기
- 타워크레인 : 타워크레인
- 3톤 미만의 타워크레인 : 3톤 미만의 타워크레인

② 소형건설기계의 조정

- 소형건설기계의 조정자격 : 시 · 도지사가 지정한 교육기관에서 그 건설기계의 조정에 관한 교육과정을 마친 경우에는 건설기계 조정면허를 받은 것으로 본다.
- 다만, 3톤 미만의 지게차는 운전면허를 소지하여야 한다.
- 소형건설기계 조정 교육시간
  - 3톤 미만의 굴착기, 로더, 지게차 : 이론 6시간 + 실습 6시간 (총 12시간)
  - 3톤 이상 5톤 미만 로더, 5톤 미만의 불도저 : 이론 6시간 + 실습 12시간 (총 18시간)

③ 제1종 대형운전면허로 조정하는 건설기계

- 덤프트럭
- 아스팔트 살포기

– 노상 안정기
– 콘크리트 믹서트럭
– 콘크리트 펌프
– 트럭적재식 천공기
– 특수건설기계 중 국토교통부장관이 지정하는 건설기계

## 3 건설기계 조종사의 면허 취소 · 정지 처분

시장 · 군수 또는 구청장은 건설기계 조종사가 면허취소 · 정지 사유에 해당하는 경우에는 건설기계 조종사 면허를 취소하거나 1년 이내의 기간을 정하여 건설기계 조종사 면허의 효력을 정지시킬 수 있다.

① 건설기계 조종 면허 취소 사유
– 거짓이나 그 밖의 부정한 방법으로 건설기계조종사면허를 받은 경우
– 건설기계조종사면허의 효력정지기간 중 건설기계를 조종한 경우
– 정신미약자 및 조정에 심각한 장애를 가진 장애인, 마약이나 알코올 중독자 등에 해당되었을 경우
– 건설기계의 조종 중 고의 또는 과실로 중대한 사고를 일으킨 경우
· 고의로 인명피해(사망 · 중상 · 경상 등을 말한다)를 입힌 경우
· 과실로 부상자 또는 직업성 질병자를 동시에 10명 이상 발생한 「산업안전보건법」 에 따른 중대재해가 발생한 경우
– 「국가기술자격법」 에 따른 해당 분야의 기술자격이 취소되거나 정지된 경우
– 건설기계조종사면허증을 다른 사람에게 빌려준 경우
– 술에 취하거나 마약 등 약물을 투여한 상태 또는 과로 · 질병의 영향이나 그 밖의 사유로 정상적으로 조종하지 못할 우려가 있는 상태에서 건설기계를 조종한 경우
· 술에 취한 상태(혈중 알코올 농도 0.03퍼센트 이상 0.08퍼센트 미만)에서 건설기계를 조종하다가 사고로 사람을 죽게 하거나 다치게 한 경우
· 술에 만취한 상태(혈중 알코올 농도 0.08퍼센트 이상)에서 건설기계를 조종한 경우
· 2 회 이상 술에 취한 상태에서 건설기계를 조종하여 면허효력정지를 받은 사실이 있는 사람이 다시 술에 취한 상태에서 건설기계를 조종한 경우
· 약물(마약, 대마, 향정신성 의약품 및 환각물질)을 투여한 상태에서 건설기계를 조종한 경우
– 정기적성검사를 받지 아니하거나 적성검사에 불합격한 경우

② 건설기계 조종 면허 정지 사유
– 건설기계의 조종 중 고의 또는 과실로 도시가스사업법에 따른 가스 공급 시설을 손괴하거나

가스 공급 시설의 기능에 장애를 입혀 가스의 공급을 방해한 경우 : 면허 효력정지 180일

- 술에 취한 상태(혈중 알코올 농도 0.03% 이상 0.08% 미만)에서 건설기계를 조종한 경우 : 면허 효력정지 60일
- 인명피해를 입힌 경우
  - · 사망 1명마다 : 면허 효력정지 45일
  - · 중상(진단 3주 이상) 1명마다 : 면허 효력정지 15일
  - · 경상(진단 3주 미만) 1명마다 : 면허 효력정지 5일
- --재산피해를 입힌 경우
  - · 재산피해 금액 50만원 마다 : 면허 효력정지 1일
  - · 면허 효력정지 기간 : 90일을 넘기지 못함

## 4 조종사 면허증의 반납 및 변경사항 신고

① 건설기계 조종사 면허증의 반납

- 면허증의 반납 기간 : 그 사유가 발생한 날부터 10일 이내
- 면허증의 반납 사유
  - · 면허가 취소된 경우
  - · 면허가 정지된 경우
  - · 면허증을 재교부 받은 후 잃어버린 면허증을 발견한 경우

② 조종사 면허의 변경사항 신고

- 변경사항 신고 사유 : 성명, 주민등록번호 및 국적의 변경이 있는 경우
- 변경사항 신고 기간 : 그 사실이 발생한 날부터 30일 이내

# 6 건설기계의 구분 및 특별표시

## 1 건설기계의 구분

① 소형 건설기계 : 아래의 해당 소형 건설기계 조종사 면허로 조정 가능한 건설기계를 말한다.
- 5톤 미만의 불도저
- 5톤 미만의 로더
- 5톤 미만의 천공기, 다만, 트럭 적재식은 제외한다.
- 3톤 미만의 지게차(자동차 운전면허를 소지)
- 3톤 미만의 굴착기
- 3톤 미만의 타워크레인
- 공기압축기
- 콘크리트 펌프, 다만, 이동식에 한정한다.
- 쇄석기
- 준설선

② 대형 건설기계 : 종류별로 해당 건설기계의 조종사 면허로 조정 가능한 건설기계를 말한다.
- 길이가 16.7미터를 초과하는 건설기계
- 너비가 2.5미터를 초과하는 건설기계
- 높이가 4.0미터를 초과하는 건설기계
- 최소회전반경이 12미터를 초과하는 건설기계
- 총중량이 40톤을 초과하는 건설기계
- 총중량 상태에서 축하중이 10톤을 초과하는 건설기계
- 대형 건설기계에는 기준에 적합한 특별 표지판을 부착하여야 한다.

## 2 대형 건설기계의 특별표시

① 대형 건설기계의 특별표시
- 특별 표지판 부착 : 등록번호가 표시되어 있는 면에 부착하여야 한다(다만, 건설기계 구조상 불가피한 경우는 건설기계의 좌우 측면에 부착할 수 있다).
- 특별표지판 부착대상 건설기계
  - · 길이 : 16.7미터를 초과하는 건설기계
  - · 너비 : 2.5미터를 초과하는 건설기계
  - · 높이 : 4.0미터를 초과하는 건설기계

· 최소회전반경 : 12미터를 초과하는 건설기계
· 총중량 : 40톤을 초과하는 건설기계
· 총중량 상태에서 축하중 : 10톤을 초과하는 건설기계
- 경고 표지판 부착 : 조종실 내부의 조종사가 보기 쉬운 곳에 경고 표지판을 부착하여야 한다.
- 특별도색 : 식별이 쉽도록 전후 범퍼에 특별 도색을 하여야 한다(다만, 최고 주행속도가 시간당 35킬로미터 미만인 건설기계는 제외).

## 7 건설기계 관리 법규의 벌칙

### 1 2년 이하의 징역 또는 2천만 원 이하의 벌금

① 등록되지 아니한 건설기계를 사용하거나 운행한 자
② 등록이 말소된 건설기계를 사용하거나 운행한 자
③ 시 · 도지사의 지정을 받지 아니하고 등록번호표를 제작하거나 등록번호를 새긴 자
④ 건설기계의 주요 구조나 원동기, 동력전달장치, 제동장치 등 주요장치를 변경 또는 개조한 자
⑤ 무단 해체한 건설기계를 사용 · 운행하거나 타인에게 유상 · 무상으로 양도한 자
⑥ 제작 결함의 시정명령을 이행하지 아니한 자
⑦ 등록을 하지 아니하고 건설기계사업을 하거나 거짓으로 등록을 한 자
⑧ 등록이 취소되거나 사업의 전부 또는 일부가 정지된 건설기계사업자로서 계속하여 건설기계사업을 한 자

### 2 1년 이하의 징역 또는 1천만 원 이하의 벌금

① 거짓이나 그 밖의 부정한 방법으로 등록을 한 자
② 등록번호를 지워 없애거나 그 식별을 곤란하게 한 자
③ 구조변경검사 또는 수시검사를 받지 아니한 자
④ 정비 명령을 이행하지 아니한 자
⑤ 형식승인, 형식변경승인 또는 확인검사를 받지 아니하고 건설기계의 제작 등을 한 자
⑥ 사후관리에 관한 명령을 이행하지 아니한 자
⑦ 내구연한을 초과한 건설기계 또는 건설기계 장치 및 부품을 운행하거나 사용한 자
⑧ 내구연한을 초과한 건설기계 또는 건설기계 장치 및 부품의 운행 또는 사용을 알고도 말리지 아니하거나 운행 또는 사용을 지시한 고용주

⑨ 부품인증을 받지 아니한 건설기계 장치 및 부품을 사용한 자
⑩ 부품인증을 받지 아니한 건설기계 장치 및 부품을 건설기계에 사용하는 것을 알고도 말리지 아니하거나 사용을 지시한 고용주
⑪ 매매용 건설기계를 운행하거나 사용한 자
⑫ 폐기인수 사실을 증명하는 서류의 발급을 거부하거나 거짓으로 발급한 자
⑬ 폐기요청을 받은 건설기계를 폐기하지 아니하거나 등록번호표를 폐기하지 아니한 자
⑭ 건설기계 조종사 면허를 받지 아니하고 건설기계를 조종한 자
⑮ 건설기계 조종사 면허를 거짓이나 그 밖의 부정한 방법으로 받은 자
⑯ 소형 건설기계의 조종에 관한 교육과정의 이수에 관한 증빙서류를 거짓으로 발급한 자
⑰ 술에 취하거나 마약 등 약물을 투여한 상태에서 건설기계를 조종한 자와 그러한 자
⑱ 건설기계를 조종하는 것을 알고도 말리지 아니하거나 건설기계를 조종하도록 지시한 고용주
⑲ 건설기계 조종사 면허가 취소되거나 건설기계 조종사 면허의 효력정지처분을 받은 후에도 건설기계를 계속하여 조종한 자
⑳ 건설기계를 도로나 타인의 토지에 버려둔 자

## 3 300만 원 이하의 과태료를 부과

① 건설기계임대차 등에 관한 계약서를 작성하지 아니한 자
② 정기적성검사 또는 수시적성검사를 받지 아니한 자
③ 시설 또는 업무에 관한 보고를 하지 아니하거나 거짓으로 보고한 자
④ 소속 공무원의 검사 · 질문을 거부 · 방해 · 기피한 자
⑤ 정당한 사유 없이 직원의 출입을 거부하거나 방해한 자

## 4 100만 원 이하의 과태료

① 수출의 이행 여부를 신고하지 아니하거나 폐기 또는 등록을 하지 아니한 자
② 등록번호표를 부착 · 봉인하지 아니하거나 등록번호를 새기지 아니한 자
③ 등록번호표를 부착 및 봉인하지 아니한 건설기계를 운행한 자
④ 등록번호표를 가리거나 훼손하여 알아보기 곤란하게 한 자 또는 그러한 건설기계를 운행한 자
⑤ 건설기계안전기준에 적합하지 아니한 건설기계를 도로에서 운행하거나 운행하게 한 자
⑥ 조사 또는 자료제출 요구를 거부 · 방해 · 기피한 자
⑦ 특별한 사정없이 건설기계임대차 등에 관한 계약과 관련된 자료를 제출하지 아니한 자
⑧ 안전교육 등을 받지 아니하고 건설기계를 조종한 자

## 5 50만 원 이하의 과태료

① 임시번호표를 붙이지 아니하고 운행한 자
② 등록사항 변경신고를 하지 아니하거나 거짓으로 신고한 자
③ 등록의 말소를 신청하지 아니한 자
④ 등록번호표를 반납하지 아니한 자
⑤ 정기검사를 받지 아니한 자
⑥ 형식 신고를 하지 아니한 자
⑦ 건설기계사업자 신고를 하지 아니하거나 거짓으로 신고한 자
⑧ 등록말소사유 변경신고를 하지 아니하거나 거짓으로 신고한 자
⑨ 주택가 주변에 건설기계를 세워 둔 자

## 6 과태료 처분

① 과태료 처분에 대한 이의제기 : 처분에 대하여 불복이 있는 경우에는 처분의 고지를 받은 날부터 30일 이내에 이의를 제기하여야 한다.
② 통고처분 불이행 : 과태료 납부 통고서의 수령을 거부하거나 납부기간 내에 납부하지 못한 사람은 즉결심판에 회부된다.

CHAPTER

# 01 건설기계관리법

## 1 건설기계관리법의 목적 및 용어의 뜻

〈건설기계관리법 목적〉

**01 건설기계관리법의 입법 목적에 해당되지 않는 것은?**

① 건설기계의 효율적인 관리를 하기 위함
② 건설기계 안전도 확보를 위함
③ 건설기계의 규제 및 통제를 하기 위함
④ 건설공사의 기계화를 촉진함

〈건설기계〉

**02 건설기계관리법에서 정의한 건설기계 형식을 가장 잘 나타낸 것은?**

① 성능 및 용량 등에 관하여 대통령령으로 일정하게 정한 것을 말한다.
② 구조 · 규격 및 성능 등에 관하여 대통령령으로 일정하게 정한 것을 말한다.
③ 엔진구조 및 성능 등에 관하여 대통령령으로 일정하게 정한 것을 말한다.
④ 건설기계의 형식 및 규격 등에 관하여 대통령령으로 일정하게 정한 것을 말한다.

〈건설기계사업〉

**03 건설기계관리법에 의한 건설기계사업이 아닌 것은?**

① 건설기계 수입업
② 건설기계 대여업
③ 건설기계 매매업
④ 건설기계 폐기업

〈건설기계사업〉

**04 건설기계관리법상 건설기계 대여를 업으로 하는 것은?**

① 건설기계 정비업
② 건설기계 대여업
③ 건설기계 매매업
④ 건설기계 폐기업

## 2 건설기계 등록 관련 법규

〈등록 규정〉

**05 건설기계의 소유자는 다음 어느 령이 정하는 바에 의하여 건설기계의 등록을 하여야 하는가?**

① 대통령령
② 행정안전부령
③ 총리령
④ 고용노동부령

〈등록 신청〉

**06 건설기계 등록신청은 누구에게 하는가?**

① 소유자의 주소지 또는 건설기계 사용 본거지를 관할하는 시 · 도지사
② 행정안전부 장관
③ 소유자의 주소지 또는 건설기계 소재지를 관할하는 검사소장
④ 소유자의 주소지 또는 건설기계 소재지를 관할하는 경찰서장

〈등록 신청〉

**07 건설기계관리법령상 건설기계의 소유자가 건설기계 등록신청을 하고자 할 때 신청할 수 없는 단체장은?**

정답 01 ③ 02 ② 03 ① 04 ② 05 ① 06 ① 07 ①

① 소재지를 관할지역 군수
② 경기도지사
③ 부산광역시장
④ 제주특별자치도지사

〈등록 신청기간〉

**08 건설기계 등록신청에 대한 설명으로 맞는 것은? (단, 전시·사변 등 국가비상사태하의 경우 제외)**

① 시·군·구청장에게 취득한 날로부터 10일 이내 등록신청을 한다.
② 시·도지사에게 취득한 날로부터 15일 이내 등록신청을 한다.
③ 시·군·구청장에게 취득한 날로부터 1개월 이내 등록신청을 한다.
④ 시·도지사에게 취득한 날로부터 2개월 이내 등록신청을 한다.

〈등록·검사증 재교부〉

**09 건설기계 등록·검사증이 헐어서 못쓰게 된 경우 어떻게 하여야 하는가?**

① 신규등록 신청
② 등록말소 신청
③ 정기검사 신청
④ 재교부 신청

〈제출서류〉

**10 건설기계 등록신청 시 첨부하지 않아도 되는 서류는?**

① 호적등본
② 건설기계 소유자임을 증명하는 서류
③ 건설기계 제작증
④ 건설기계 제원표

〈출처를 증명하는 서류〉

**11 건설기계를 등록할 때 건설기계 출처를 증명하는 서류와 관계가 없는 것은?**

① 건설기계 제작증
② 수입면장
③ 매수증서(관청으로부터 매수)
④ 건설기계대여업 신고증

〈변경(소유권 이전) 신고〉

**12 건설기계 소유자는 건설기계 등록사항에 변경이 있을 때는 등록사항의 변경신고를 변경이 있는 날부터 며칠 이내에 하는가?**

① 10일
② 15일
③ 20일
④ 30일

〈매도인의 신고〉

**13 건설기계를 산 매수인이 등록사항 변경신고를 하지 아니하여 등록사항 변경신고를 독촉하였으나 이를 이행하지 않을 경우 판(매도한) 사람이 할 수 있는 조치로서 가장 적합한 것은?**

① 매도한 사람이 직접 소유권 이전신고를 한다.
② 소유권 이전신고를 조속히 하도록 재차 독촉한다.
③ 아무런 조치도 할 수 없다.
④ 소유권 이전신고를 조속히 하도록 소송을 제기한다.

〈등록이전 신고〉

**14 건설기계 소유자는 등록한 주소지가 다른 시 · 도로 변경된 경우 어떤 신고를 해야 하는가?**

① 등록사항 변경신고를 하여야 한다.
② 등록 이전신고를 하여야 한다.
③ 건설기계 소재지 변동신고를 한다.
④ 등록지의 변경 시에는 신고를 하지 않아도 된다.

**정답** 08 ④ 09 ④ 10 ① 11 ④ 12 ④ 13 ① 14 ②

〈말소등록 사유〉

**15 건설기계관리법령상 건설기계의 등록말소 사유에 해당하지 않는 것은?**

① 건설기계를 도난당한 경우
② 건설기계를 변경할 목적으로 해체한 경우
③ 건설기계를 교육·연구 목적으로 사용한 경우
④ 건설기계의 차대가 등록 시의 차대와 다를 경우

〈말소등록 신청서류〉

**16 건설기계 등록 말소 신청 시의 첨부서류가 아닌 것은?**

① 건설기계 검사증
② 건설기계 등록증
③ 건설기계 제작증
④ 말소사유를 확인할 수 있는 서류

〈말소등록 신청기간〉

**17 건설기계 소유자는 건설기계를 도난당한 날로부터 얼마 이내에 등록말소를 신청해야 하는가?**

① 30일 이내
② 2개월 이내
③ 3개월 이내
④ 6개월 이내

〈등록번호표 봉인〉

**18 건설기계 등록번호표의 봉인이 떨어졌을 경우에 조치방법으로 올바른 것은?**

① 운전자가 즉시 수리한다.
② 관할 시·도지사에게 봉인을 신청한다.
③ 관할 검사소에 봉인을 신청한다.
④ 가까운 카센터에서 신속하게 봉인한다.

〈자가용 등록번호표〉

**19 건설기계관리법령상 자가용 건설기계 등록번호표의 도색으로 옳은 것은?**

① 청색판에 백색 문자
② 적색판에 흰색 문자
③ 백색판에 황색 문자
④ 녹색판에 흰색 문자

〈영업용 등록번호표〉

**20 영업용 건설기계 등록번호표의 색칠로 맞는 것은?**

① 흰색판에 검은색 문자
② 녹색판에 흰색 문자
③ 청색판에 흰색 문자
④ 주황색판에 흰색 문자

〈등록번호표 반납〉

**21 건설기계 소유자가 관련법에 의하여 등록번호표를 반납하고자 하는 때에는 누구에게 하여야 하는가?**

① 국토교통부장관
② 구청장
③ 시·도지사
④ 동장

〈등록번호표 반납〉

**22 등록된 건설기계의 소유자는 등록번호표의 반납 사유가 발생하였을 경우에는 며칠 이내에 반납하여야 하는가?**

① 20일 ② 10일
③ 15일 ④ 30일

〈임시운행〉

**23 건설기계관리법령상 미등록 건설기계의 임시운행 사유에 해당되지 않는 것은?**

① 등록신청을 하기 위하여 건설기계를 등록지로 운행하는 경우
② 등록신청 전에 건설기계 공사를 하기 위하여 임시로 사용하는 경우

**정답** 15 ② 16 ③ 17 ② 18 ② 19 ④ 20 ④ 21 ③ 22 ② 23 ②

③ 수출을 하기 위하여 건설기계를 선적지로 운행하는 경우
④ 신개발 건설기계를 시험·연구의 목적으로 운행하는 경우

〈임시운행〉

**24 건설기계 소유자가 건설기계의 등록 전 일시적으로 운행할 수 없는 경우는?**

① 등록신청을 하기 위하여 건설기계를 등록지로 운행하는 경우
② 신규등록검사 및 확인검사를 받기 위하여 검사장소로 운행하는 경우
③ 간단한 작업을 위하여 건설기계를 일시적으로 운행하는 경우
④ 신개발 건설기계를 시험·연구의 목적으로 운행하는 경우

〈임시운행 기간〉

**25 신개발 건설기계의 시험·연구 목적 운행을 제외한 건설기계의 임시운행 기간은 며칠 이내인가?**

① 5일
② 10일
③ 15일
④ 20일

〈기종별 총 종류〉

**26 건설기계관리법상 건설기계의 총 종류 수는?**

① 26종(25종 및 특수건설기계)
② 27종(26종 및 특수건설기계)
③ 28종(27종 및 특수건설기계)
④ 29종(28종 및 특수건설기계)

〈기종별 기호〉

**27 불도저의 기종별 기호 표시로 옳은 것은?**

① 01
② 02
③ 03
④ 04

〈건설기계 범위〉

**28 건설기계관리법령상 건설기계의 범위로 옳은 것은?**

① 덤프트럭 : 적재용량 10톤 이상인 것
② 기중기 : 궤도(레일) 식일 것
③ 불도저 : 무한궤도식 또는 타이어식인 것
④ 공기 압축기 : 공기 토출량이 매분 당 10세제곱미터 이상의 이동식인 것

〈건설기계 범위〉

**29 건설기계관리법령상 건설기계의 범위에 해당되지 않는 것은?**

① 아스팔트 믹싱 플랜트
② 아스팔트 커터
③ 아스팔트 피니셔
④ 아스팔트 살포기

〈건설기계 범위〉

**30 건설기계관리법령상 건설기계의 범위에 해당되지 않는 것은?**

① 덤프트럭 : 적재용량 10톤 이상인 것
② 콘크리트믹서트럭 : 혼합장치를 가진 자주식인 것
③ 노상안정기 : 노상 안정장치를 가진 자주식인 것
④ 공기압축기 : 공기 토출량이 매분 당 2.83세제곱미터 이상의 이동식인 것

정답 24 ③ 25 ③ 26 ② 27 ① 28 ③ 29 ② 30 ①

## 3 건설기계의 검사

〈건설기계 검사〉

**31 건설기계관리법령상 건설기계에 대하여 실시하는 검사가 아닌 것은?**

① 신규 등록검사
② 예비 검사
③ 구조 변경 검사
④ 수시 검사

〈정기검사 신청기간〉

**32 정기검사 대상 건설기계의 정기검사 신청기간으로 옳은 것은?**

① 건설기계의 정기검사 유효기간 만료일 전후 45일 이내에 신청한다.
② 건설기계의 정기검사 유효기간 만료일 전 90일 이내에 신청한다.
③ 건설기계의 정기검사 유효기간 만료일 전후 각각 30일 이내에 신청한다.
④ 건설기계의 정기검사 유효기간 만료일 후 60일 이내에 신청한다.

〈검사연기 불허〉

**33 검사 연기 신청을 하였으나 불허 통지를 받은 자는 언제까지 검사를 신청하여야 하는가?**

① 불허 통지를 받은 날부터 5일 이내
② 불허 통지를 받은 날부터 10일 이내
③ 검사신청기간 만료일부터 5일 이내
④ 검사신청기간 만료일부터 10일 이내

〈정기검사 유효기간〉

**34 무한궤도식 굴착기의 정기검사 유효기간은?**

① 1년　② 2년
③ 3년　④ 4년

〈정기검사 유효기간〉

**35 타이어식 굴착기의 정기검사 유효기간으로 옳은 것은?**

① 1년　② 2년
③ 3년　④ 4년

〈구조변경검사〉

**36 건설기계관리 법령상 건설기계의 구조변경검사 신청은 주요구조물 변경 또는 개조한 날부터 며칠이 내에 하여야 하는가?**

① 5일 이내
② 15일 이내
③ 20일 이내
④ 30일 이내

〈구조변경검사 범위〉

**37 건설기계 관리 법령에서 건설기계의 주요 구조 변경 및 개조의 범위에 해당하지 않는 것은?**

① 기종 변경
② 원동기의 형식변경
③ 유압장치의 형식변경
④ 동력전달장치의 형식변경

〈수시검사〉

**38 건설기계의 수시검사 대상이 아닌 것은?**

① 소유자가 수시검사를 신청한 건설기계
② 사고가 자주 발생하는 건설기계
③ 성능이 불량한 건설기계
④ 구조를 변경한 건설기계

〈수시검사 명령〉

**39 건설기계의 수시검사명령은 누구에게 하여야 하는가?**

① 해당건설기계 운전자
② 해당건설기계 검사업자

**정답** 31 ② 32 ③ 33 ④ 34 ③ 35 ① 36 ③ 37 ① 38 ④ 39 ④

③ 해당건설기계 정비업자
④ 해당건설기계 소유자

〈출장검사 대상〉

**40 검사장에서의 검사 대신 출장검사를 받을 수 있는 건설기계는?**

① 아스팔트 살포기
② 트럭적재식 콘크리트 펌프
③ 차체 중량이 40톤을 초과하는 건설기계
④ 콘크리트 믹서 트럭

〈의무보험 가입〉

**41 기계 관리 법령상 자동차 손해배상보장법에 따른 자동차 보험에 반드시 가입하여야 하는 건설기계가 아닌 것은?**

① 타이어식 지게차
② 타이어식 굴착기
③ 타이어식 기중기
④ 덤프트럭

## 4 건설기계사업

〈건설기계사업 신고〉

**42 건설기계사업을 영위하고자 하는 사람은 누구에게 신고하여야 하는가?**

① 시장·군수·구청장
② 건설기계 폐기업자.
③ 전문건설기계 정비업자
④ 건설교통부장관

〈건설기계사업 종류〉

**43 건설기계관리법령상 건설기계사업의 종류가 아닌 것은?**

① 건설기계 매매업
② 건설기계 대여업
③ 건설기계 해체 재활용업
④ 건설기계 수리업

〈건설기계 정비업〉

**44 건설기계 관리 법령상 다음 설명에 해당하는 건설기계 사업은?**

> 건설기계를 분해 · 조립 또는 수리하고 그 부품을 가공제작 · 교체하는 등 건설기계를 원활하게 사용하기 위한 모든 행위를 업으로 하는 것

① 건설기계정비업
② 건설기계제작업
③ 건설기계매매업
④ 건설기계폐기업

〈정비업 종류〉

**45 건설기계 정비업의 업무구분에 해당하지 않는 것은?**

① 종합건설기계정비업
② 특수건설기계정비업
③ 부분건설기계정비업
④ 전문건설기계정비업

〈보관·관리비용〉

**46 건설기계 소유자가 건설기계의 정비를 요청하여 그 정비가 완료된 후 장기간 해당 건설기계를 찾아가지 아니하는 경우, 정비사업자가 할 수 있는 조치사항은?**

① 건설기계를 말소시킬 수 있다.
② 건설기계의 보관·관리에 드는 비용을 받을 수 있다.
③ 건설기계의 폐기 인수증을 발부할 수 있다.
④ 과태료를 부과할 수 있다.

**정답** 40 ③ 41 ① 42 ① 43 ④ 44 ① 45 ② 46 ②

## 5 조종사 면허관련 법규

〈적용받는 법령〉

**47 건설기계를 조종할 때 적용받는 법령에 대한 설명으로 가장 적합한 것은?**

① 건설기계관리법에 대한 적용만 받는다.
② 건설기계관리법 외에 도로상을 운행할 때에는 도로교통법 중 일부를 적용받는다.
③ 건설기계관리법 및 자동차관리법의 전체 적용을 받는다.
④ 도로교통법에 대한 적용만 받는다.

〈면허증 발급신청〉

**48 건설기계 조종사 면허증 발급신청 시 첨부하는 서류와 가장 거리가 먼 것은?**

① 신체검사서
② 국가기술 자격수첩
③ 주민등록표 등본
④ 소형 건설기계 조종교육 이수증

〈면허 결격사유〉

**49 건설기계관리법상 건설기계 조종사 면허를 받을 수 있는 사람은?**

① 파산자로서 복권되지 아니한 사람
② 마약 또는 알코올 중독자
③ 심신 장애자
④ 사지의 활동이 정상적이지 아닌 사람

〈적성검사 기준〉

**50 건설기계 조종사의 적성검사 기준으로 중 틀린 것은?**

① 두 눈을 동시에 뜨고 잰 시력이 0.7 이상이고, 두 눈의 시력이 각각 0.3 이상일 것
② 시각은 150° 이상일 것
③ 언어 분별력이 80% 이상일 것
④ 교정시력의 경우는 시력이 1.0 이상일 것

## 6 건설기계의 구분 및 특별표시

〈기중기 면허〉

**51 건설기계관리법령상 기중기를 조종할 수 있는 면허는?**

① 공기압축기 면허
② 모터그레이더 면허
③ 기중기 면허
④ 타워크레인 면허

〈롤러 면허〉

**52 건설기계 관리 법령상 롤러운전 건설기계 조종사 면허로 조종할 수 없는 건설기계는?**

① 골재 살포기
② 콘크리트 살포기
③ 콘크리트 피니셔
④ 아스팔트 믹싱 플랜트

〈자동차면허로 조종〉

**53 제1종 대형 자동차 운전면허로 조종할 수 없는 건설기계는?**

① 콘크리트 펌프
② 노상안정기
③ 아스팔트 살포기
④ 타이어식 기중기

〈자동차면허로 조종〉

**54 건설기계관리법령상 자동차운전면허 제1종 대형 면허로 조종할 수 없는 건설기계는?**

① 5톤 굴착기
② 노상안정기
③ 콘크리트 펌프
④ 아스팔트 살포기

**정답** 47 ② 48 ③ 49 ① 50 ④ 51 ③ 52 ④ 53 ④ 54 ①

〈대형면허로 조종〉

**55 건설기계 조종 시 자동차운전면허 제1종 대형이 있어야 하는 기종은?**

① 로더
② 지게차
③ 콘크리트 펌프
④ 기중기

〈대형면허로 조종〉

**56 제1종 대형 운전면허로 조종할 수 있는 건설기계는?**

① 콘크리트 살포기
② 콘크리트 피니셔
③ 아스팔트 살포기
④ 아스팔트 피니셔

〈소형건설기계〉

**57 건설기계관리법상 소형 건설기계에 포함되지 않는 것은?**

① 3톤 미만의 굴착기
② 5톤 미만의 불도저
③ 5톤 미만의 타워크레인
④ 공기압축기

〈소형건설기계 면허〉

**58 다음 중 · 소형 건설기계 조종 교육 이수만으로 면허를 취득할 수 있는 건설기계는?**

① 5톤 미만의 기중기
② 5톤 미만의 롤러
③ 5톤 미만의 로더
④ 5톤 미만의 지게차

〈교육과정 이수〉

**59 시 · 도지사가 지정한 교육기관에서 당해 건설기계의 조종에 관한 교육과정을 이수한 경우 건설기계조종사 면허를 받은 것으로 보는 소형 건설기계는?**

① 5톤 미만의 불도저
② 5톤 미만의 지게차
③ 5톤 미만의 굴착기
④ 5톤 미만의 롤러

〈특별 표지판〉

**60 대형 건설기계 특별 표지판 부착을 하지 않아도 되는 건설기계는?**

① 너비 3미터인 건설기계
② 길이 16미터인 건설기계
③ 최소회전반경 13미터인 건설기계
④ 총중량 50톤인 건설기계

〈특별 경고표지판〉

**61 대형 건설기계의 특별표지 중 경고 표지판 부착 위치는?**

① 작업 인부가 쉽게 볼 수 있는 곳
② 조종실 내부의 조종사가 보기 쉬운 곳
③ 교통경찰이 쉽게 볼 수 있는 곳
④ 특별 번호판 옆

〈취소·정지권자〉

**62 건설기계관리법령상 건설기계조종사 면허취소 또는 효력정지를 시킬 수 있는 자는?**

① 대통령
② 경찰서장
③ 시·군·구청장
④ 국토교통부 장관

**정답** 55 ③ 56 ③ 57 ③ 58 ③ 59 ① 60 ② 61 ② 62 ③

〈효력정지 기간〉

**63 기계 운전면허의 효력정지 사유가 발생한 경우 건설기계관리법상 효력정지 기간으로 옳은 것은?**

① 1년 이내 ② 6월 이내
③ 5년 이내 ④ 3년 이내

〈면허 취소〉

**64 건설기계 조종사의 면허 취소 사유가 아닌 것은?**

① 거짓 또는 부정한 방법으로 건설기계 면허를 받은 때
② 면허 정지 처분을 받은 자가 그 정지 기간 중 건설기계를 조종할 때
③ 건설기계의 조종 중 고의로 중대한 사고를 일으킨 때
④ 정기검사를 받지 않은 건설기계를 조종한 때

〈면허 취소〉

**65 건설기계관리법령상 건설기계 조종사 면허의 취소 사유가 아닌 것은?**

① 건설기계의 조종 중 고의로 3명에게 경상을 입힌 경우
② 건설기계의 조종 중 고의로 3명에게 중상의 인명 피해를 입힌 경우
③ 등록이 말소된 건설기계를 조종한 경우
④ 부정한 방법으로 건설기계 조종사 면허를 받은 경우

〈취소·정지〉

**66 건설기계 조종사 면허를 취소하거나 정지시킬 수 있는 사유에 해당하지 않는 것은?**

① 면허증을 타인에게 대여한 때
② 조종 중 과실로 중대한 사고를 일으킨 때
③ 면허를 부정한 방법으로 취득하였음이 밝혀졌을 때
④ 여행을 목적으로 1개월 이상 해외로 출국하였을 때

〈취소·정지〉

**67 건설기계조종사면허의 취소 · 정지 사유가 아닌 것은?**

① 등록번호표 식별이 곤란한 건설기계를 조종한 때
② 건설기계 조종사 면허증을 타인에게 대여한 때
③ 고의 또는 과실로 건설기계에 중대한 사고를 발생케 한 때
④ 부정한 방법으로 조종사 면허를 받은 때

〈고의사고〉

**68 건설기계 조종 중 고의로 인명 피해를 입힌 때 면허의 처분 기준으로 옳은 것은?**

① 면허 취소
② 면허 효력정지 15일
③ 면허 효력정지 30일
④ 면허 효력정지 45일

〈만취운전〉

**69 술에 만취한 상태(혈중 알코올 농도 0.08퍼센트 이상)에서 건설기계를 조종한 자에 대한 면허의 취소 · 정지처분 내용은?**

① 면허 취소
② 면허 효력정지 60일
③ 면허 효력정지 50일
④ 면허 효력정지 70일

〈면허정지〉

**70 고의 또는 과실로 가스공급 시설을 손괴하거나 기능에 장애를 입혀 가스의 공급을 방해한 때의 건설기계 조종사 면허 효력정지 기간은?**

① 240일
② 180일
③ 90일
④ 45일

**정답** 63 ① 64 ④ 65 ③ 66 ④ 67 ① 68 ① 69 ① 70 ②

〈취한상태운전〉

**71** 음주 상태(혈중 알코올 농도 0.03% 이상 0.08% 미만)에서 건설기계를 조종한 자에 대한 면허 효력정지 처분기준은?

① 20일
② 30일
③ 40일
④ 60일

〈과실 사망사고〉

**72** 건설기계의 조종 중 과실로 사망 1명의 인명피해를 입힌 때 조종사 면허 처분기준은?

① 면허 취소
② 면허 효력정지 60일
③ 면허 효력정지 45일
④ 면허 효력정지 30일

〈과실 경상사고〉

**73** 건설기계 관리 법규상 과실로 경상 14명의 인명 피해를 냈을 때 면허 효력정지 처분기준은?

① 30일 ② 40일
③ 60일 ④ 70일

〈재산피해 사고〉

**74** 건설기계 조종 중 과실로 300만 원의 재산피해를 입힌 때 면허 처분기준은?

① 면허 효력정지 6일
② 면허 효력정지 10일
③ 면허 효력정지 12일
④ 면허 효력정지 20일

〈면허증 반납 사유〉

**75** 건설기계 조종사 면허증의 반납 사유에 해당하지 않는 것은?

① 면허가 취소된 때
② 면허의 효력이 정지된 때
③ 건설기계 조종을 하지 않을 때
④ 면허증의 재교부를 받은 후 잃어버린 면허증을 발견한 때

〈면허증 반납기간〉

**76** 건설기계 조종사 면허를 받은 자는 면허증을 반납하여야 할 사유가 발생한 날로부터 며칠 이내에 반납하여야 하는가?

① 5일 ② 10일
③ 15일 ④ 30일

〈변경사항신고〉

**77** 건설기계 조종사가 시장군수 또는 구청장에게 변경사항 신고를 하여야 하는 경우는?

① 근무처의 변경
② 서울특별시 구역 안에서의 주소의 변경
③ 부산광역시 구역 안에서의 주소의 변경
④ 성명의 변경

〈변경신고기간〉

**78** 건설기계 조종사가 신상 또는 국적에 변동이 있을 때 그 사실이 발생한 날로부터 며칠 이내에 신고하여야 하는가?

① 10일
② 14일
③ 21일
④ 30일

정답 71 ④ 72 ③ 73 ④ 74 ① 75 ③ 76 ② 77 ④ 78 ④

## 7 건설기계 관리 법규의 벌칙

〈미등록건설기계 사용〉

**79 등록되지 아니하거나 등록 말소된 건설기계를 사용한 자에 대한 법칙은?**

① 100만 원 이하 벌금
② 300만 원 이하 벌금
③ 1년 이하의 징역 또는 1000만 원 이하 벌금
④ 2년 이하의 징역 또는 2000만 원 이하 벌금

〈2년 이하 징역 · 2천만 원 이하 벌금〉

**80 2년 이하의 징역 또는 2천만 원 이하 벌금에 해당하는 것은?**

① 매매용 건설기계의 운행하거나 사용한 자
② 등록번호표를 지워 없애거나 그 식별을 곤란하게 한 자
③ 건설기계사업을 등록하지 않고 건설기계사업을 하거나 거짓으로 등록을 한 자
④ 사후관리에 관한 명령을 이해하지 아니한 자

〈1년 이하 징역 · 1천만 원 이하 벌금〉

**81 건설기계관리법령상 건설기계 조종사 면허를 받지 아니하고 건설기계를 조종한 자에 대한 벌칙은?**

① 3년 이하의 징역 또는 3천만 원 이하의 벌금
② 2년 이하의 징역 또는 2천만 원 이하의 벌금
③ 1년 이하의 징역 또는 1천만 원 이하의 벌금
④ 1년 이하의 징역 또는 500만 원 이하의 벌금

〈1년 이하 징역 · 1천만 원 이하 벌금〉

**82 건설기계관리법령상 건설기계를 도로에 계속하여 방치하거나 정당한 사유 없이 타인의 토지에 방치한 자에 대한 벌칙은?**

① 2년 이하의 징역 또는 1천만 원 이하 벌금
② 1년 이하의 징역 또는 1천만 원 이하 벌금
③ 200만 원 이하의 벌금
④ 100만 원 이하의 벌금

〈등록번호판 훼손〉

**83 건설기계 등록번호를 가리거나 훼손하여 알아보기 곤란하게 한 자에 대한 벌칙은?**

① 100만 원 이하의 과태료
② 50만 원 이하의 과태료
③ 30만 원 이하의 과태료
④ 10만 원 이하의 과태료

〈과태료처분 이의제기〉

**84 과태료 처분에 대하여 불복이 있는 자는 그 처분의 고지를 받은 날로부터 며칠 이내에 이의를 제기하여야 하는가?**

① 5일
② 10일
③ 20일
④ 30일

**정답** 79 ④ 80 ③ 81 ③ 82 ② 83 ① 84 ④

# 02 도로교통법

## 1 도로교통법의 목적 및 용어의 뜻

### 1 도로교통법의 목적

도로에서 일어나는 교통상의 모든 위험과 장해를 방지하고 제거하여 안전하고 원활한 교통을 확보함을 목적으로 한다.

### 2 도로교통법법이 추구하는 목표

① 교통상의 모든 위험과 장해를 방지하고 제거

② 안전하고 원활한 교통 확보

### 3 도로교통법에서 사용하는 용어의 뜻

① 도로 : 다음에 해당하는 곳을 말한다.

- 「도로법」에 따른 도로
- 「유료도로법」에 따른 유료도로
- 「농어촌도로 정비법」에 따른 농어촌도로
- 그 밖에 현실적으로 불특정 다수의 사람 또는 차마(車馬)가 통행할 수 있도록 공개된 장소로서 안전하고 원활한 교통을 확보할 필요가 있는 장소

② 자동차전용도로 : 자동차만 다닐 수 있도록 설치된 도로를 말한다.

③ 고속도로 : 자동차의 고속 운행에만 사용하기 위하여 지정된 도로를 말한다.

④ 중앙선 : 차마의 통행 방향을 명확하게 구분하기 위하여 도로에 황색 실선(實線)이나 황색 점선 등의 안전표지로 표시한 선 또는 중앙분리대나 울타리 등으로 설치한 시설물을 말한다. 다만, 가변차로가 설치된 경우에는 신호기가 지시하는 진행방향의 가장 왼쪽에 있는 황색 점선을 말한다.

⑤ 차로 : 차마가 한 줄로 도로의 정하여진 부분을 통행하도록 차선(車線)으로 구분한 차도의 부분을 말한다.

⑥ 차선 : 차로와 차로를 구분하기 위하여 그 경계지점을 안전표지로 표시한 선을 말한다.
⑦ 노면전차 전용로 : 도로에서 궤도를 설치하고, 안전표지 또는 인공구조물로 경계를 표시하여 설치한 「도시철도법」에 따른 도로 또는 차로를 말한다.
⑧ 교차로 : 십자로, T자로나 그 밖에 둘 이상의 도로(보도와 차도가 구분되어 있는 도로에서는 차도를 말한다)가 교차하는 부분을 말한다.
⑨ 안전지대 : 도로를 횡단하는 보행자나 통행하는 차마의 안전을 위하여 안전표지나 이와 비슷한 인공구조물로 표시한 도로의 부분을 말한다.
⑩ 안전거리 : 앞차의 뒤를 따를 때 앞차가 갑자기 정지하게 되는 경우에 그 앞차와의 추돌(追突)사고를 피할 수 있는 거리를 말한다.
⑪ 긴급자동차 : 다음의 자동차로서 그 본래의 긴급한 용도로 사용되고 있는 자동차를 말한다.
- 소방차
- 구급차
- 혈액 공급차량
- 그 밖에 대통령령으로 정하는 자동차

⑫ 주차 : 운전자가 승객을 기다리거나 화물을 싣거나 차가 고장 나거나 그 밖의 사유로 차를 계속 정지 상태에 두는 것 또는 운전자가 차에서 떠나서 즉시 그 차를 운전할 수 없는 상태에 두는 것을 말한다.
⑬ 정차 : 운전자가 5분을 초과하지 아니하고 차를 정지시키는 것으로서 주차 외의 정지 상태를 말한다.
⑭ 일시정지 : 차 또는 노면전차의 운전자가 그 차 또는 노면전차의 바퀴를 일시적으로 완전히 정지시키는 것을 말한다.

## 2 도로통행 방법에 관한 사항

### 1 차로의 설치

① 차로의 너비 : 3미터 이상으로 하여야 한다. 다만, 좌회전 전용차로의 설치 등 부득이하다고 인정되는 때에는 275센티미터 이상으로 할 수 있다.
② 차로의 설치 불가 : 횡단보도 · 교차로 및 철길건널목에는 설치할 수 없다.
③ 길가장자리 구역 : 보도와 차도의 구분이 없는 도로에 차로를 설치하는 때에는 보행자가 안전하게 통행할 수 있도록 그 도로의 양쪽에 길가장자리 구역을 설치하여야 한다.

## 2 차로에 따른 통행구분

① 차로의 순위 : 도로의 중앙선 쪽에 있는 차로부터 1차로로 한다. 다만, 일방통행도로에서는 도로의 왼쪽부터 1차로로 한다.

② 저속차량의 진행차로 : 모든 차의 운전자는 통행하고 있는 차로에서 느린 속도로 진행하여 다른 차의 정상적인 통행을 방해할 우려가 있는 때에는 그 통행하던 차로의 오른쪽 차로로 통행하여야 한다.

③ 건설기계의 주행차로 : 도로의 가장 우측차로로 주행하여야 한다.

④ 차로에 따른 통행구분의 예 : 편도 3차로 도로에서 굴착기의 주행차로는 가장 오른쪽 차로인 3차로이다.

## 3 차마의 통행방법

① 차도통행 : 보도와 차도가 구분된 도로에서는 차도로 통행하여야 한다. 다만, 도로 외의 곳으로 출입할 때에는 보도를 횡단하여 통행할 수 있다.

② 보도를 횡단할 경우 : 보도를 횡단하기 직전에 일시정지하여 좌측과 우측 부분 등을 살핀 후 보행자의 통행을 방해하지 아니하도록 횡단하여야 한다.

③ 우측통행 : 도로(보도와 차도가 구분된 도로에서는 차도)의 중앙(중앙선이 설치되어 있는 경우에는 그 중앙선) 우측 부분을 통행하여야 한다.

④ 도로의 중앙이나 좌측 부분을 통행할 수 있는 경우

- 도로가 일방통행인 경우
- 도로의 파손, 도로공사나 그 밖의 장해 등으로 도로의 우측 부분을 통행할 수 없는 경우
- 도로 우측 부분의 폭이 6m가 되지 아니하는 도로에서 다른 차를 앞지르려는 경우
  다만, 다음에 해당하는 경우에는 도로의 중앙이나 좌측 부분을 통행할 수 없다.
  · 도로의 좌측 부분을 확인할 수 없는 경우
  · 반대 방향의 교통을 방해할 우려가 있는 경우
  · 안전표지 등으로 앞지르기를 금지하거나 제한하고 있는 경우
- 도로 우측 부분의 폭이 차마의 통행에 충분하지 아니한 경우
- 가파른 비탈길의 구부러진 곳에서 교통의 위험을 방지하기 위하여 지방경찰청장이 필요하다고 인정하여 구간 및 통행방법을 지정하고 있는 경우에 그 지정에 따라 통행하는 경우

## 4 통행의 우선순위

① 차마 서로 간의 우선 순위
긴급자동차 → 긴급자동차 외의 자동차 → 원동기장치자전거 → 자동차 및 원동기장치자전거 외의 차마

② 진로 양보의 의무 : 뒤에서 따라오는 차보다 느린 속도로 가려는 경우에는 도로의 우측 가장자리로 피하여 진로를 양보하여야 한다.

③ 좁은 도로에서 서로 마주보고 진행할 때
- 비탈진 좁은 도로[내려가는 자동차 우선] : 비탈진 좁은 도로에서 자동차가 서로 마주보고 진행하는 경우에는 올라가는 자동차가 양보한다.
- 비탈진 좁은 도로 외의 좁은 도로[승차 또는 적재자동차 우선] : 비탈진 좁은 도로 외의 좁은 도로에서 사람을 태웠거나 물건을 실은 자동차와 동승자(同乘者)가 없고 물건을 싣지 아니한 자동차가 서로 마주보고 진행하는 경우에는 동승자가 없고 물건을 싣지 아니한 자동차가 양보한다.

## 5 긴급자동차의 피양

① 긴급자동차의 종류 : 소방차, 구급차, 경찰차, 혈액 공급차량 등으로 그 본래의 긴급한 용도로 사용되고 있는 자동차를 말한다.

② 긴급자동차의 피양 방법
- 교차로나 그 부근에서 긴급자동차가 접근하는 경우 : 교차로를 피하여 일시 정지하여야 한다.
- 교차로 외의 곳에서 긴급자동차가 접근한 경우 : 긴급자동차가 우선 통행할 수 있도록 진로를 양보하여야 한다.

## 6 서행 및 일시정지

① 서행
- 서행(徐行)의 뜻 : 운전자가 차 또는 노면전차를 즉시 정지시킬 수 있는 정도의 느린 속도로 진행하는 것을 말한다.
- 서행할 장소
  · 교통정리를 하고 있지 아니하는 교차로
  · 도로가 구부러진 부근
  · 비탈길의 고갯마루 부근
  · 가파른 비탈길의 내리막
  · 지방경찰청장이 도로에서의 위험을 방지하고 교통의 안전과 원활한 소통을 확보하기 위

하여 필요하다고 인정하여 안전표지로 지정한 곳

② 일시정지

– 일시정지의 뜻 : 차 또는 노면전차의 운전자가 그 차 또는 노면전차의 바퀴를 일시적으로 완전히 정지시키는 것을 말한다.

– 일시정지할 장소

· 교통정리를 하고 있지 아니하고 좌우를 확인할 수 없거나 교통이 빈번한 교차로

· 지방경찰청장이 도로에서의 위험을 방지하고 교통의 안전과 원활한 소통을 확보하기 위하여 필요하다고 인정하여 안전표지로 지정한 곳

## 7 앞지르기

① 앞지르기의 뜻 : 차의 운전자가 앞서가는 다른 차의 옆을 지나서 그 차의 앞으로 나가는 것을 말한다.

② 앞지르기 금지의 시기

– 앞차의 좌측에 다른 차가 앞차와 나란히 가고 있는 경우

– 앞차가 다른 차를 앞지르고 있거나 앞지르려고 하는 경우

– 도로교통법에 따라 정지하거나 서행하고 있는 차

– 경찰공무원의 지시에 따라 정지하거나 서행하고 있는 차

– 위험을 방지하기 위하여 정지하거나 서행하고 있는 차

③ 앞지르기 금지의 장소

– 교차로

– 터널 안

– 다리 위

– 도로의 구부러진 곳, 비탈길의 고갯마루 부근 또는 가파른 비탈길의 내리막 등 지방경찰청장이 도로에서의 위험을 방지하고 교통의 안전과 원활한 소통을 확보하기 위하여 필요하다고 인정하는 곳으로서 안전표지로 지정한 곳

## 8 이상기후 시 감속

비 · 안개 · 눈 등으로 인한 악천후 시에는 감속운행 하여야 한다.

① 최고 속도의 100분의 20을 줄인 속도로 운행

– 비가 내려 노면이 젖어있는 경우

– 눈이 20mm 미만 쌓인 경우

② 최고 속도의 100분의 50을 줄인 속도로 운행

– 폭우 · 폭설 · 안개 등으로 가시거리가 100m 이내인 경우
– 노면이 얼어붙은 경우
– 눈이 20mm 이상 쌓인 경우

## 9 안전거리

① 안전거리 확보 : 같은 방향으로 가고 있는 앞차의 뒤를 따르는 경우에는 앞차가 갑자기 정지하게 되는 경우 그 앞차와의 추돌(追突)사고를 피할 수 있는 필요한 거리를 확보하여야 한다.
② 옆을 지날 때 : 같은 방향으로 가고 있는 자전거 옆을 지날 때는 자전거와의 충돌을 피할 수 있는 필요한 거리를 확보하여야 한다.
③ 급감속·급제동 금지 : 모든 차의 운전자는 위험방지를 위한 경우와 그 밖의 부득이한 경우가 아니면 운전하는 차를 갑자기 정지시키거나 속도를 줄이는 등의 급제동을 하여서는 안 된다.

## 10 교차로 통행방법

① 교통정리가 있는 교차로
– 우회전 : 미리 도로의 우측 가장자리를 서행하면서 우회전하며, 보행자 또는 자전거에 주의하여야 한다.
– 좌회전 : 미리 도로의 중앙선을 따라 서행하면서 교차로의 중심 안쪽을 이용하여 좌회전하여야 한다.
– 황색 등화로 바뀌면 : 이미 교차로에 차마의 일부라도 진입한 경우에는 신속히 교차로 밖으로 진행하여야 한다.
– 비보호좌회전교차로 : 녹색신호 시 반대방향의 교통에 방해되지 않게 좌회전할 수 있다.
– 앞차의 회전신호 : 우회전이나 좌회전을 하기 위하여 손이나 방향지시기 또는 등화로써 신호를 하는 차가 있는 경우에 그 뒤차의 운전자는 신호를 한 앞차의 진행을 방해하여서는 아니 된다.
– 교차로 진입금지 : 신호기로 교통정리를 하고 있는 교차로에 들어가려는 경우에는 진행하려는 진로의 앞쪽에 있는 차량의 상황에 따라 교차로에 정지하게 되어 다른 차량의 통행에 방해가 될 우려가 있는 경우에는 그 교차로에 들어가서는 아니 된다.

② 교통정리가 없는(신호를 하고 있지 아니한) 교차로
– 통행의 우선순위
· 1순위 [이미 진입한 차] : 이미 교차로에 들어가 있는 다른 차가 있는 때에는 진로를 양보하여야 한다.

**건설기계가 이미 진입한 경우**
상대적으로 속도가 느린 건설기계의 경우에도 교차로에 이미 진입한 경우에는 다른 일반 차량보다 우선권이 있다.

· 2순위 [넓은 도로의 차] : 폭이 넓은 도로로부터 교차로에 들어가려고 하는 차가 있는 때에는 그 차에 진로를 양보하여야 한다.
· 3순위 [우측도로의 차] : 도로 폭이 동일한 교차로에서 동시에 들어가고자 하는 때는 우측도로의 차에 진로를 양보하여야 한다.

- 좁은 도로에서 진입하는 차의 서행 : 교차로에 들어가고자 하는 차가 통행하고 있는 도로의 폭보다 교차하는 도로의 폭이 넓은 경우에는 서행하여야 한다.
- 직진 또는 우회전차 우선 : 좌회전하고자 하는 차는 그 교차로에서 직진하거나 우회전하려는 차에 진로를 양보하여야 한다.
- 일시정지 · 양보표지 : 교통정리를 하고 있지 아니하고 일시정지나 양보를 표시하는 안전표지가 설치되어 있는 교차로에 들어가려고 할 때는 다른 차의 진행을 방해하지 아니하도록 일시정지하거나 양보하여야 한다.

## 11 철길건널목 통과방법

① 일시정지 : 건널목 앞에서 일시정지하여 안전한지 확인한 후에 통과하여야 한다.
② 건널목 진입금지 : 차단기가 내려져 있거나 내려지려고 하는 경우 또는 건널목의 경보기가 울리고 있는 동안에는 그 건널목으로 들어가서는 아니 된다.
③ 고장 시 조치 : 건널목을 통과하다가 고장 등의 사유로 건널목 안에서 운행할 수 없게 된 경우에는 즉시 승객을 대피시키고 비상신호기 등을 사용하거나 그 밖의 방법으로 철도공무원이나 경찰공무원에게 그 사실을 알려야 한다.

## 12 보행자 보호

① 횡단보행자 보호 : 보행자가 횡단보도를 통행하고 있을 때는 보행자의 횡단을 방해하거나 위험을 주지 아니하도록 그 횡단보도 앞에서 일시정지하여야 한다.
② 횡단하는 보행자의 통행 방해금지 : 교통정리가 없는 교차로 또는 그 부근의 도로를 횡단하는 보행자의 통행을 방해하여서는 아니 된다.
③ 안전한 거리를 두고 서행
- 도로에 설치된 안전지대에 보행자가 있는 경우
- 차로가 설치되지 아니한 좁은 도로에서 보행자의 옆을 지나는 경우

④ 안전거리를 두고 일시정지 : 보행자가 횡단보도가 설치되어 있지 아니한 도로를 횡단하고 있을 때

## 13 주 · 정차 금지

① 주차 금지장소
- 터널 안 및 다리 위
- 화재경보기로부터 3미터 이내의 곳
- 다음 장소로부터 5미터 이내의 곳
  · 소방용 기계·기구가 설치된 곳, 소방용 방화 물통
  · 소화전 또는 소화용 방화 물통의 흡수구나 흡수관을 넣는 구멍
  · 도로공사를 하고 있는 경우에는 그 공사구역의 양쪽 가장자리

② 정차 및 주차금지장소(주차, 정차 모두를 금지하는 장소)
- 교차로 · 횡단보도 · 철길건널목이나 보도와 차도가 구분된 도로의 보도
- 다음 장소로부터 5미터 이내의 곳
  · 교차로의 가장자리로부터 5미터 이내인 곳
  · 도로의 모퉁이로부터 5미터 이내인 곳
  · 소방용수시설 또는 비상소화 장치가 설치된 곳으로부터 5미터 이내인 곳
- 다음 장소로부터 10미터 이내의 곳
  · 안전지대가 설치된 도로에서는 그 안전지대의 사방으로부터 각각 10미터 이내인 곳
  · 건널목의 가장자리로부터 10미터 이내인 곳
  · 버스여객자동차의 정류지(停留地)임을 표시하는 기둥이나 표지판 또는 선이 설치된 곳으로부터 10미터 이내인 곳
  · 횡단보도로부터 10미터 이내인 곳

## 14 정차 또는 주차의 방법

① 주 · 정차 위치 : 차도의 오른쪽 가장자리에 정차할 것. 다만, 차도와 보도의 구별이 없는 도로의 경우에는 도로의 오른쪽 가장자리로부터 중앙으로 50센티미터 이상의 거리를 두어야 한다.

② 경사진 곳에서의 주 · 정차 방법 : 자동차의 주차제동장치를 작동한 후에 미끄럼사고 방지조치를 취하여야 한다.
- 경사의 내리막 방향으로 바퀴에 고임목, 고임돌, 그 밖에 고무, 플라스틱 등 자동차의 미끄럼 사고를 방지할 수 있는 것을 설치할 것
- 조향장치(操向裝置)를 도로의 가장자리(자동차에서 가까운 쪽을 말한다) 방향으로 돌려놓을 것

## ⑮ 신호의 종류 및 뜻

① 원형등화

– 녹색등화

· 직진 또는 우회전할 수 있다.

· 비보호좌회전표지 또는 비보호 좌회전 표시가 있는 곳에서는 좌회전할 수 있다.

– 황색등화

· 정지선이 있거나 횡단보도가 있을 때는 그 직전이나 교차로의 직전에 정지하여야 하며, 이미 교차로에 차마의 일부라도 진입한 경우에는 신속히 교차로 밖으로 진행하여야 한다.

· 우회전할 수 있고 우회전하는 경우에는 보행자의 횡단을 방해하지 못한다.

– 적색등화 : 정지선, 횡단보도 및 교차로의 직전에서 정지하여야 한다. 다만, 신호에 따라 진행하는 다른 차마의 교통을 방해하지 아니하고 우회전할 수 있다.

– 원형의 점멸등화

· 황색등화의 점멸 : 다른 교통 또는 안전표지의 표시에 주의하면서 진행할 수 있다.

· 적색등화의 점멸 : 정지선이나 횡단보도가 있을 때는 그 직전이나 교차로의 직전에 일시정지한 후 다른 교통에 주의하면서 진행할 수 있다.

② 화살표 등화

– 녹색화살표의 등화 : 화살표시 방향으로 진행할 수 있다.

– 황색화살표의 등화 : 화살표시 방향으로 진행하려는 차마는 정지선이 있거나 횡단보도가 있을 때는 그 직전이나 교차로의 직전에 정지하여야 하며, 이미 교차로에 차마의 일부라도 진입한 경우에는 신속히 교차로 밖으로 진행하여야 한다.

– 적색화살표의 등화 : 화살표시 방향으로 진행하려는 차마는 정지선, 횡단보도 및 교차로의 직전에서 정지하여야 한다.

– 화살표점멸 등화

· 황색화살표 등화의 점멸 : 다른 교통 또는 안전표지의 표시에 주의하면서 화살표시 방향으로 진행할 수 있다.

· 적색화살표 등화의 점멸 : 정지선이나 횡단보도가 있을 때는 그 직전이나 교차로의 직전에 일시정지한 후 다른 교통에 주의하면서 화살표시 방향으로 진행할 수 있다.

③ 사각형 등화

– 녹색화살표의 등화(하향↓) : 차마는 화살표로 지정한 차로로 진행할 수 있다.

– 적색×표 표시의 등화 : 차마는 ×표가 있는 차로로 진행할 수 없다.

– 적색×표 표시 등화의 점멸 : 차마는 ×표가 있는 차로로 진입할 수 없고, 이미 차마의 일부라도 진입한 경우에는 신속히 그 차로 밖으로 진로를 변경하여야 한다.

## 16 신호 또는 지시에 따를 의무

① 교통안전시설이 표시하는 신호 또는 지시와 다음에 해당하는 사람이 하는 신호 또는 지시를 따라야 한다.
- 교통정리를 하는 경찰공무원
- 경찰공무원을 보조하는 사람
  - · 모범운전자
  - · 군사훈련 및 작전에 동원되는 부대의 이동을 유도하는 군사경찰
  - · 본래의 긴급한 용도로 운행하는 소방차 · 구급차를 유도하는 소방공무원

② 교통안전시설이 표시하는 신호 또는 지시와 경찰공무원의 신호 또는 지시가 서로 다른 경우에는 경찰공무원 등의 신호 또는 지시에 따라야 한다.

## 17 안전 표지

① 주의 표지 : 도로상태가 위험하거나 도로 또는 그 부근에 위험물이 있는 경우에 필요한 안전조치를 할 수 있도록 이를 도로 사용자에게 알리는 표지

② 규제 표지 : 도로교통의 안전을 위하여 각종 제한·금지 등의 규제를 하는 경우에 이를 도로사용자에게 알리는 표지

③ 지시 표지 : 도로의 통행방법 · 통행구분 등 도로교통의 안전을 위하여 필요한 지시를 하는 경우에 도로 사용자가 이에 따르도록 알리는 표지

④ 보조 표지 : 주의표지 · 규제표지 또는 지시표지의 주 기능을 보충하여 도로 사용자에게 알리는 표지

⑤ 노면 표지 : 도로교통의 안전을 위하여 각종 주의 · 규제 · 지시 등의 내용을 노면에 기호·문자 또는 선으로 도로 사용자에게 알리는 표지

주의 표지

규제 표지

지시 표지

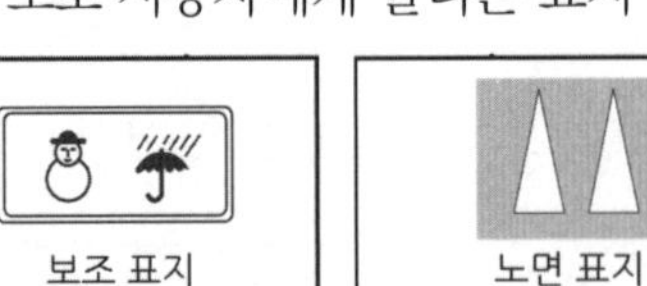
보조 표지　노면 표지

## 18 진로 변경

① 안전확인 : 후사경 등으로 주위의 교통상황을 확인한다.

② 진로변경 금지

- 뒤차와 충돌을 피할 수 있는 거리를 확보할 수 없을 때
- 정상적인 통행에 장해를 줄 우려가 있는 때

## 19 신호의 시기 및 방법

① 좌회전·횡단·유턴 또는 좌측으로 진로변경 : 그 행위를 하려는 지점(좌회전할 경우에는 그 교차로의 가장자리)에 이르기 전 30미터(고속도로에서는 100미터) 이상의 지점에 이르렀을 때 왼쪽의 방향지시기 또는 등화를 조작할 것

② 우회전 또는 우측으로 진로변경 : 그 행위를 하려는 지점(우회전할 경우에는 그 교차로의 가장자리)에 이르기 전 30미터(고속도로에서는 100미터) 이상의 지점에 이르렀을 때 오른쪽의 방향지시기 또는 등화를 조작할 것

③ 정지할 때 : 그 행위를 하려는 때 자동차에 장치된 제동등을 켤 것

④ 후진할 때 : 그 행위를 하려는 때 자동차에 장치된 후진등을 켤 것

⑤ 뒤차에게 앞지르기를 시키려는 때 : 그 행위를 하려는 때 오른팔 또는 왼팔을 차체의 왼쪽 또는 오른쪽 밖으로 수평으로 펴서 손을 앞뒤로 흔들 것

⑥ 서행할 때 : 그 행위를 하려는 때 자동차에 장치된 제동등을 깜박일 것

## 20 자동차의 등화

① 밤(해가 진 후부터 해가 뜨기 전까지)에 도로에서 차를 운행할 때 켜야 하는 등화

- 자동차 : 전조등(前照燈), 차폭등(車幅燈), 미등(尾燈), 번호등과 실내조명등(승합자동차와 여객자동차 운송사업용 승용자동차만 해당)
- 원동기장치 자전거 : 전조등 및 미등
- 견인되는 차 : 미등, 차폭등 및 번호등
- 노면전차 : 전조등, 차폭등, 미등 및 실내 조명등

② 밤에 도로에서 정차하거나 주차할 때 켜야 하는 등화

- 자동차(이륜자동차 제외) : 미등 및 차폭등
- 이륜자동차 및 원동기장치 자전거 : 미등(후부 반사기를 포함)
- 노면전차 : 차폭등 및 미등

③ 밤에 서로 마주보고 진행하거나 앞차의 바로 뒤를 따라가는 경우

- 서로 마주보고 진행할 때 : 전조등의 밝기를 줄이거나 불빛의 방향을 아래로 향하게 하거나

잠시 전조등을 끌 것

– 앞차의 바로 뒤를 따라갈 때 : 전조등 불빛의 방향을 아래로 향하게 하고, 전조등 불빛의 밝기를 함부로 조작하여 앞차의 운전을 방해하지 아니할 것

④ 전조등, 차폭등, 미등과 그 밖의 등화를 켜야 하는 경우

– 밤에 도로에서 운행하거나 고장이나 그 밖의 부득이한 사유로 도로에서 정차 또는 주차하는 경우

– 안개가 끼거나 비 또는 눈이 올 때 도로에서 운행하거나 고장이나 그 밖의 부득이한 사유로 도로에서 정차 또는 주차하는 경우

– 터널 안을 운행하거나 고장 또는 그 밖의 부득이한 사유로 터널 안 도로에서 정차 또는 주차하는 경우

## 21 운전자 준수사항

① 좌석안전띠 착용

– 건설기계의 좌석 안전띠 : 30km/h 이상의 속도를 낼 수 있는 타이어식 건설기계에는 좌석 안전띠를 설치해야 한다.

– 고속도로를 운행 중일 때 : 모든 승차자는 좌석안전띠를 착용하여야 한다.

② 술에 취한 상태에서의 운전금지

– 누구든지 술에 취한 상태에서 운전하여서는 아니 된다.

– 취한 · 만취상태

· 취한상태 : 혈중 알코올 농도 : 0.03% 이상~0.08% 미만(면허정지)

· 만취상태 : 혈중 알코올 농도 : 0.08% 이상(면허취소)

## 22 승차 · 적재의 안전기준

① 자동차의 승차인원 : 승차정원의 110% 이내(다만, 고속도로에서는 승차정원을 넘어서 운행할 수 없다).

② 고속버스 운송사업용 자동차 및 화물자동차의 승차인원 : 승차정원을 초과할 수 없다.

③ 화물자동차의 적재중량 : 적재중량의 110% 이내

④ 적재 용량

– 길 이 : 자동차 길이에 그 길이의 10분의 1을 더한 길이

– 너 비 : 자동차의 후사경(後寫鏡)으로 뒤쪽을 확인할 수 있는 범위의 너비

– 높 이 : 지상으로부터 4m(다만, 특별한 경우에는 4m 20cm).

⑤ 안전기준을 넘는 승차 및 적재의 허가 : 출발지 관할 경찰서장이 다음에 해당하는 경우에 허가를

할 수 있다.

1. 전신 · 전화 · 전기공사, 수도공사, 제설작업, 그 밖에 공익을 위한 공사 또는 작업을 위하여 부득이 화물자동차의 승차정원을 넘어서 운행하려는 경우
2. 분할할 수 없는 화물을 수송하는 경우

⑥ 안전기준을 넘는 화물의 안전조치 : 그 길이 또는 폭의 양끝에 너비 30cm, 길이 50cm 이상의 빨간 헝겊으로 된 표지(다만, 밤에 운행하는 경우에는 반사체로 된 표지)를 달아야 한다.

# 3 교통사고 조치 · 처리특례법

## 1 교통사고 조치

① 사고발생 시의 조치

- 즉시 정차 사상자 구호 : 차 또는 노면전차의 운전 등 교통으로 인하여 사람을 사상하거나 물건을 손괴한 경우에는 그 차 또는 노면전차의 운전자는 즉시 정차하여 다음의 조치를 하여야 한다.
  - · 사상자를 구호하는 등 필요한 조치
  - · 피해자에게 인적 사항(성명 · 전화번호 · 주소 등을 말한다) 제공
- 지체 없이 신고 : 경찰공무원이 현장에 있을 때는 그 경찰공무원에게, 경찰공무원이 현장에 없을 때는 가장 가까운 국가경찰관서에 다음 사항을 지체 없이 신고하여야 한다(다만, 차 또는 노면전차만 손괴된 것이 분명하고 도로에서의 위험방지와 원활한 소통을 위하여 필요한 조치를 한 경우에는 신고의 의무가 없다).
  - · 사고가 일어난 곳
  - · 사상자 수 및 부상 정도
  - · 손괴한 물건 및 손괴 정도
  - · 그 밖의 조치사항 등

② 교통사고가 발생하였을 때 다음의 긴급한 경우에는 동승자 등으로 하여금 필요한 조치 및 신고를 하게 하고 운전을 계속할 수 있다.

- 긴급자동차
- 부상자를 운반 중인 차
- 우편물자동차 및 노면전차 등

③ 인적 피해 교통사고의 기준

– 사 망 : 사고발생 시부터 72시간 이내에 사망한 때
– 중 상 : 3주 이상의 치료를 요하는 의사의 진단이 있는 사고
– 경 상 : 3주 미만 5일 이상의 치료를 요하는 의사의 진단이 있는 사고
– 부 상 : 5일 미만의 치료를 요하는 의사의 진단이 있는 사고

## 2 교통사고 처리특례법

① 교통사고 처리특례법의 목적 : 교통사고를 일으킨 운전자에 관한 형사처벌 등의 특례를 정함으로써 교통사고로 인한 피해의 신속한 회복을 촉진하고 국민생활의 편익을 증진함을 목적으로 한다.

② 형사처벌의 특례

– 형사처벌의 원칙 : 차의 운전자가 교통사고로 인하여 사람을 죽게 하거나 다치게 한 경우에는 5년 이하의 금고 또는 2천만 원 이하의 벌금에 처한다.
– 처벌의 특례 : 다만 피해자와 합의 또는 종합보험 또는 공제종합보험에 가입되었을 경우에는 형사처벌을 면제받을 수 있다.
– 형사처벌의 대상 : 사망사고, 뺑소니사고 및 12대 중요법규위반 사고에 해당되면 합의 또는 종합보험·공제종합보험에 가입되었을 경우에도 형사처벌의 대상이 된다.

· 사망사고, 뺑소니사고 : 피해자의 사망 또는 도주하거나 피해자를 사고 장소로 부터 옮겨 유기(遺棄)하고 도주한 경우

· <u>12대 중요법규위반 사고</u>

1. [신호위반] 신호를 위반하거나 통행금지 또는 일시정지를 내용으로 하는 안전표지가 표시하는 지시를 위반하여 운전한 경우
2. [중앙선 침범] 중앙선을 침범하거나 자동차전용 고속도로에서 횡단, 유턴 또는 후진한 경우
3. [속도위반] 제한속도를 시속 20킬로미터 초과하여 운전한 경우
4. [앞지르기위반] 앞지르기의 방법·금지시기·금지장소 또는 끼어들기의 금지를 위반하거나 고속도로에서의 앞지르기 방법을 위반하여 운전한 경우
5. [철길건널목] 철길건널목 통과방법을 위반하여 운전한 경우
6. [횡단보도사고] 횡단보도에서의 보행자 보호 의무를 위반하여 운전한 경우
7. [무면허운전] 운전면허 또는 건설기계조종사면허를 받지 아니하거나 국제운전면허증을 소지하지 아니하고 운전한 경우와 운전면허 또는 건설기계조종사면허의 효력이 정지 중이거나 운전의 금지 중인 때에도 무면허운전으로 본다.
8. [음주운전] 술에 취한 상태에서 운전을 하거나 약물의 영향으로 정상적으로 운전하지 못할 우려가 있는 상태에서 운전한 경우, 음주측정 요구에 따르지 아니한 경우 포함(운전자가 채혈 측정을 요청하거나 채혈 측정에 동의한 경우는 제외한다)

9. [보도침범] 보도(步道)가 설치된 도로의 보도를 침범하거나 보도 횡단방법을 위반하여 운전한 경우
10. [승객추락] 승객의 추락 방지의무를 위반하여 운전한 경우
11. [어린이 보호구역 사고] 어린이 보호구역에서 어린이의 안전에 유의하면서 운전하여야 할 의무를 위반하여 어린이의 신체를 상해(傷害)에 이르게 한 경우
12. [화물추락] 자동차의 화물이 떨어지지 아니하도록 필요한 조치를 하지 아니하고 운전한 경우

## 4 도로교통법규의 벌칙

### 1 통고 처분

① 통고처분의 뜻 : 범칙자로 인정하는 사람에 대하여 이유를 분명하게 밝힌 범칙금 납부 통고서로 범칙금을 낼 것을 통고하는 처분을 말한다.
② 즉결심판 : 통고처분의 수령을 거부하거나 범칙금을 기간 안에 납부하지 아니하면 즉결심판에 회부된다.

### 2 범칙금 납부

① 납부기간 : 10일 이내에 경찰청장이 지정하는 국고은행, 금융회사 등에 납부
② 부득이한 사유 시 : 그 사유가 없어지게 된 날부터 5일 이내에 납부

### 3 운전면허의 벌점기준

① 벌점의 뜻 : 행정처분의 기초자료로 활용하기 위하여 법규위반 또는 사고야기에 대하여 그 위반의 경중, 피해의 정도 등에 따라 배점되는 점수를 말한다.
② 벌점의 종합관리
- 누산점수의 관리 : 위반 또는 사고가 있었던 날을 기준으로 하여 과거 3년간의 모든 벌점을 누산하여 관리
- 무위반 · 무사고기간 경과로 인한 벌점 소멸 : 처분벌점이 40점 미만인 경우에, 최종의 위반일 또는 사고일로부터 위반 및 사고 없이 1년이 경과한 때에는 그 처분벌점은 소멸
- 벌점 공제
  · 특혜점수 40점 : 인적 피해 있는 교통사고를 야기하고 도주한 차량의 운전자를 검거하거

나 신고하여 검거하게 한 운전자에게 부여하여 기간에 관계 없이 그 운전자가 정지 또는 취소처분을 받게 될 경우 누산점수에서 이를 공제

· 특혜점수 10점 : 경찰청장이 정하여 고시하는 바에 따라 무위반 · 무사고 서약을 하고 1년간 이를 실천한 운전자에게 부여

③ 벌점의 초과로 인한 운전면허의 취소 · 정지

– 운전면허 취소

| 기 간 | 벌점 또는 누산점수 |
|---|---|
| 1년간 | 121점 이상 |
| 2년간 | 201점 이상 |
| 3년간 | 271점 이상 |

– 운전면허 정지 : 1회의 위반 · 사고로 인한 벌점 또는 처분벌점이 40점 이상이 된 때 1점을 1일로 계산하여 정지처분

CHAPTER

# 02 도로교통법

## 1 도로교통법의 목적 및 용어의 뜻

〈자동차 전용도로〉

**01 자동차 전용도로의 정의로 가장 적합한 것은?**

① 자동차만 다닐 수 있도록 설치된 도로
② 보도와 차도의 구분이 없는 도로
③ 보도와 차도의 구분이 있는 도로
④ 자동차 고속주행의 교통에만 이용되는 도로

〈안전지대〉

**02 도로상의 안전지대를 옳게 설명한 것은?**

① 도로를 횡단하는 보행자나 통행하는 차마의 안전을 위하여 안전표지나 이와 비슷한 인공구조물로 표시한 도로의 부분
② 사고가 잦은 장소에 보행자의 안전을 위하여 설치한 장소
③ 버스정류장 표지가 있는 장소
④ 자동차가 주차할 수 있도록 설치된 장소

〈정차〉

**03 도로교통법상 정차의 정의에 해당하는 것은?**

① 차가 10분을 초과하여 정지
② 운전자가 5분을 초과하지 않고 차를 정지시키는 것으로 주차 외의 정지상태
③ 차가 화물을 싣기 위하여 계속 정지
④ 운전자가 식사하기 위하여 차고에 세워 둔 것

〈차로〉

**04 도로교통법령상 차로에 대한 설명으로 틀린 것은?**

① 차로는 횡단보도나 교차로에는 설치할 수 없다.
② 차로의 너비는 원칙적으로 3미터 이상으로 하여야 한다.
③ 일반적인 차로(일방통행도로 제외)의 순위는 도로의 중앙선 쪽에 있는 차로부터 1차로로 한다.
④ 차로의 너비보다 넓은 건설기계는 별도의 신청절차가 필요 없이 경찰청에 전화로 통보만 하면 운행할 수 있다.

〈차마의 통행 방법〉

**05 도로교통법령상 보도와 차도가 구분된 도로에 중앙선이 설치되어 있는 경우 차마의 통행 방법으로 옳은 것은? (단, 도로의 파손 등 특별한 사유는 없다)**

① 중앙선 좌측　② 중앙선 우측
③ 보도　④ 보도의 좌측

〈건설기계 주행차로〉

**06 편도 3차로 일반도로에서 건설기계는 어느 차로로 통행하여야 하는가?**

① 1차로
② 2차로
③ 왼쪽 차로
④ 3차로(가장 오른쪽 차로)

〈굴착기 주행차로〉

**07 편도 4차로 일반도로에서 굴착기는 어느 차로로 통행하여야 하는가?**

① 1차로　② 2차로
③ 3차로　④ 4차로

〈중앙 · 좌측통행〉

**08 도로 중앙이나 좌측으로 통행할 수 있는 경우는?**

① 편도 2차로의 도로를 주행할 때
② 도로가 일방통행으로 된 때

정답 01 ① 02 ① 03 ② 04 ④ 05 ② 06 ④ 07 ④ 08 ②

③ 중앙선 우측에 차량이 밀려 있을 때
④ 편도 1차로 도로에서 좌측 도로가 한산할 때

〈통행 우선순위〉

**09 다음 중 통행의 우선순위가 맞는 것은?**

① 승합자동차 → 긴급자동차 외의 자동차 → 긴급자동차
② 건설기계 → 긴급자동차 → 원동기장치자전거
③ 긴급자동차 외의 자동차 → 긴급자동차 → 원동기장치자전거
④ 긴급자동차 → 긴급자동차 외의 자동차 → 원동기장치자전거

〈긴급자동차 피양〉

**10 일방통행으로 된 도로가 아닌 교차로 또는 그 부근에서 긴급자동차가 접근하였을 때 피양 방법으로 맞는 것은?**

① 서행하면서 앞지르기를 하라는 신호를 한다.
② 그대로 진행방향으로 진행을 계속한다.
③ 교차로를 피하여 도로의 우측 가장자리에 일시정지한다.
④ 교차로 우측단에 일시 정지하여 진로를 피양한다.

〈서 행〉

**11 도로교통법상 건설기계를 운전하여 도로를 주행할 때 서행에 대한 정의로 옳은 것은?**

① 매시 60km 미만의 속도로 주행하는 것을 말한다.
② 운전자가 차를 즉시 정지시킬 수 있는 느린 속도로 진행하는 것을 말한다.
③ 정지거리 10m 이내에서 정지할 수 있는 경우를 말한다.
④ 매시 20km 이내로 주행하는 것을 말한다.

〈일시정지〉

**12 일시정지 안전 표지판이 설치된 횡단보도에서 위반되는 것은?**

① 경찰공무원이 진행신호를 하여 일시정지하지 않고 통과하였다.
② 횡단보도 직전에 일시정지하여 안전을 확인한 후 통과하였다.
③ 보행자가 보이지 않아 그대로 통과하였다.
④ 연속적으로 진행 중인 앞차의 뒤를 따라 진행할 때 일시 정지하였다.

〈서행 · 일시정지〉

**13 도로교통법상 서행 또는 일시정지할 장소로 지정된 곳은?**

① 교량 위를 통행할 때
② 가파른 비탈길의 오르막
③ 가파른 비탈길의 내리막
④ 교통정리를 하고 있는 교차로

〈앞지르기 금지시기〉

**14 동일 방향으로 주행하고 있는 전후 차 간의 안전운전 방법으로 틀린 것은?**

① 뒤차는 앞차가 급정지할 때 충돌을 피할 수 있는 필요한 안전거리를 유지한다.
② 뒤에서 따라오는 차량의 속도보다 느린 속도로 진행하려고 할 때는 진로를 양보한다.
③ 앞차가 다른 차를 앞지르고 있을 때는 더욱 빠른 속도로 앞지른다.
④ 차는 부득이한 경우를 제외하고는 급정지 · 급감속을 하여서는 안 된다.

〈앞지르기 금지장소〉

**15 앞지르기 금지장소가 아닌 것은?**

① 버스정류장 부근, 주차금지 구역
② 교차로, 터널 안, 다리 위
③ 도로의 구부러진 곳
④ 비탈길의 고갯마루 부근 또는 가파른 비탈길의 내리막

정답 09 ④ 10 ③ 11 ② 12 ③ 13 ③ 14 ③ 15 ①

〈속도제한권자〉

**16 고속도로를 제외한 도로에서 위험을 방지하고 교통의 안전과 원활한 소통을 확보하기 위하여 필요시 구역 또는 구간을 지정하여 자동차의 속도를 제한할 수 있는 자는?**

① 경찰청장
② 국토교통부장관
③ 지방경찰청장
④ 도로교통 공단 이사장

〈이상기후 감속〉

**17 도로교통법에서 안전운행을 위해 차속을 제한하고 있는데, 악천후 시 최고속도의 100분의 50으로 감속 운행하여야 할 경우가 아닌 것은?**

① 노면이 얼어붙은 때
② 폭우, 폭설, 안개 등으로 가시거리가 100m 이내인 때
③ 비가 내려 노면이 젖어있을 때
④ 눈이 20mm 이상 쌓인 때

〈안전거리〉

**18 도로교통법상 모든 차의 운전자는 같은 방향으로 가고 있는 앞차의 뒤를 따를 때 앞차가 갑자기 정지하게 되는 경우에 그 앞차와의 추돌(追突)사고를 피할 수 있는 필요한 거리를 확보하도록 되어있는 거리는?**

① 안전거리
② 급제동 금지거리
③ 진로양보 거리
④ 제동거리

〈우회전〉

**19 편도 4차로의 경우 교차로 30미터 전방에서 우회전을 하려면 몇 차로로 진입하여 통행해야 하는가?**

① 2차로와 3차로로 통행한다.
② 1차로와 2차로로 통행한다.
③ 1차로로 통행한다.
④ 4차로로 통행한다.

〈선진입((先進入)〉

**20 신호등이 없는 교차로에 좌회전하려는 버스와 그 교차로에 진입하여 직진하고 있는 건설기계가 있을 때 어느 차가 우선권이 있는가?**

① 직진하고 있는 건설기계가 우선
② 좌회전하려는 버스가 우선
③ 사람이 많이 탄 차가 우선
④ 형편에 따라서 우선순위가 정해짐

〈우측차(右側車)〉

**21 교통정리가 행하여지고 있지 않은 도로 폭이 동일한 교차로에서 차량이 동시에 교차로를 진입하려 할 때의 우선순위로 옳은 것은?**

① 소형 차량이 우선한다.
② 우측 도로의 차가 우선한다.
③ 좌측 도로의 차가 우선한다.
④ 중량이 큰 차가 우선한다.

〈철길건널목 통과〉

**22 신호등이 없는 철길건널목 통과방법 중 옳은 것은?**

① 차단기가 올라가 있으면 그대로 통과해도 된다.
② 반드시 일시정지를 한 후 안전을 확인하고 통과한다.
③ 안전을 확인하고 서행으로 통과하여야 한다.
④ 일시정지를 하지 않아도 좌우를 살피면서 서행으로 통과하면 된다.

〈철길건널목 통과〉

**23 철길건널목 통과방법에 대한 설명으로 옳지 않은 것은?**

① 철길건널목에서는 앞지르기를 해서는 안 된다.
② 철길건널목 부근에서는 주·정차를 하여서는 안 된다.
③ 철길건널목에 일시정지 표지가 없을 때는 서행하면서 통과한다.
④ 철길건널목에서는 반드시 일시 정지 후 안전함을 확인 후에 통과한다.

**정답** 16 ③ 17 ③ 18 ① 19 ④ 20 ① 21 ② 22 ② 23 ③

〈보행자보호〉

**24 보행자가 통행하고 있는 도로를 운전 중 보행자 옆을 통과할 때 가장 올바른 방법은?**

① 보행자가 멈춰있을 때는 서행하지 않아도 된다.
② 보행자의 앞을 속도 감소 없이 빨리 주행한다.
③ 경음기를 울리면서 주행한다.
④ 안전한 거리를 두고 서행한다.

〈주차금지장소〉

**25 도로교통법상 주차를 금지하는 곳으로서 틀린 것은?**

① 상가 앞 도로의 5m 이내의 곳
② 터널 안 및 다리 위
③ 도로공사를 하고 있는 경우에는 그 공사구역의 양쪽 가장자리로부터 5m 이내의 곳
④ 화재경보기로부터 3m 이내의 곳

〈정차방법〉

**26 도로에서 정차를 하고자 할 때의 방법으로 옳은 것은?**

① 차체의 전단부가 도로 중앙을 향하도록 비스듬히 정차한다.
② 진행방향의 반대방향으로 정차한다.
③ 차도의 우측 가장자리에 정차한다.
④ 일방통행로에서 좌측 가장자리에 정차한다.

〈녹색 등화〉

**27 신호등에 녹색 등화 시 차마의 통행방법으로 틀린 것은?**

① 차마는 비보호 좌회전 표시가 있는 곳에서는 언제든지 좌회전할 수 있다.
② 차마는 좌회전을 하여서는 안 된다.
③ 차마는 직진할 수 있다.
④ 차마는 다른 교통에 방해되지 않을 때는 천천히 우회전할 수 있다.

〈황색 등화〉

**28 좌회전을 하기 위하여 교차로에 진입되어 있을 때 황색 등화로 바뀌면 어떻게 하여야 하는가?**

① 정지하여 정지선으로 후진한다.
② 그 자리에 정지하여야 한다.
③ 신속히 좌회전하여 교차로 밖으로 진행한다.
④ 좌회전을 중단하고 횡단보도 앞 정지선까지 후진하여야 한다.

〈우선 신호〉

**29 도로교통법상 가장 우선하는 신호는?**

① 경찰공무원의 수신호
② 신호기의 신호
③ 운전자의 수신호
④ 안전표지의 지시

〈경찰공무원의 수신호〉

**30 교차로에서 적색 등화 시 진행할 수 있는 경우는?**

① 경찰공무원의 진행신호에 따를 때
② 교통이 한산한 야간운행 시
③ 보행자가 없을 때
④ 앞차를 따라 진행할 때

〈교통안전 표지의 종류〉

**31 도로교통법령상 교통안전 표지의 종류를 올바르게 나열한 것은?**

① 교통안전 표지는 주의, 규제, 지시, 안내 교통표지로 되어있다.
② 교통안전 표지는 주의, 규제, 지시, 보조, 노면표지로 되어있다.
③ 교통안전 표지는 주의, 규제, 지시, 보조, 보조표지로 되어있다.
④ 교통안전 표지는 주의, 규제, 지시, 보조, 통행표지로 되어있다.

**정답** 24 ④ 25 ① 26 ③ 27 ① 28 ③ 29 ① 30 ① 31 ②

〈주의표지〉

**32 그림의 교통안전 표지로 맞는 것은?**

① 우로 이중 굽은 도로
② 좌우로 이중 굽은 도로
③ 좌로 굽은 도로
④ 회전형 교차로

〈규제표지〉

**33 다음 교통안전 표지에 대한 설명으로 맞는 것은?**

① 최고 중량 제한표시
② 차간거리 최저 30m 제한표지
③ 최고시속 30킬로미터 속도제한 표시
④ 최저시속 30킬로미터 속도제한 표시

〈지시표지〉

**34 그림의 교통안전 표지는?**

① 좌·우회전 금지표지이다.
② 양측방 일방통행표지이다.
③ 좌우회전 표지이다.
④ 양측방 통행 금지표지이다.

〈진로변경〉

**35 운전자가 진행 방향을 변경하려고 할 때 신호를 하여야 할 시기로 옳은 것은?(단, 고속도로 제외)**

① 변경하려고 하는 지점의 3m 전에서
② 변경하려고 하는 지점의 10m 전에서
③ 변경하려고 하는 지점의 30m 전에서
④ 특별히 정하여져 있지 않고, 운전자 임의대로

〈등 화〉

**36 야간에 자동차를 도로에서 운행하는 경우 켜야 하는 등화로 옳은 것은?**

① 주차등
② 방향지시등 또는 비상등
③ 안개등과 미등
④ 전조등, 차폭등, 미등, 번호등

〈피견인차〉

**37 도로교통법령에 따라 도로를 통행하는 자동차가 야간에 켜야 하는 등화의 구분 중 견인되는 차가 켜야 할 등화는?**

① 전조등, 차폭등, 미등
② 미등, 차폭등, 번호등
③ 전조등, 미등, 번호등
④ 전조등, 미등

〈대향(對向)시 등화〉

**38 야간에 차가 서로 마주보고 진행하는 경우의 등화 조작 방법 중 맞는 것은?**

① 전조등, 보호등, 실내조명등을 조작한다.
② 전조등을 켜고 조명등을 끈다.
③ 전조등 불빛을 하향으로 한다.
④ 전조등 불빛을 상향으로 한다.

〈주정차시 등화〉

**39 밤에 도로에서 자동차를 주차 또는 정차할 때 켜야 할 등화는?**

① 안개등과 번호등
② 차폭등과 미등
③ 실내등과 미등
④ 제동등과 번호등

**정답** 32 ② 33 ④ 34 ③ 35 ③ 36 ④ 37 ② 38 ③ 39 ②

〈준수사항〉

**40 도로교통법령상 운전자의 준수사항이 아닌 것은?**

① 출석지시서를 받은 때에는 운전하지 아니할 것
② 자동차의 운전 중에 휴대용 전화를 사용하지 않을 것
③ 자동차의 화물 적재함에 사람을 태우고 운행하지 말 것
④ 물이 고인 곳을 운행할 때에는 고인 물을 튀게 하여 다른 사람에게 피해를 주는 일이 없도록 할 것

〈술에 취한상태〉

**41 술에 취한 상태의 기준은 혈중 알코올 농도가 최소 몇 퍼센트 이상인 경우인가?**

① 0.25% ② 0.03%
③ 0.05% ④ 0.08%

〈교통사고〉

**42 도로교통법상 교통사고에 해당되지 않는 것은?**

① 도로운전 중 언덕길에서 추락하여 부상한 사고
② 차고에서 적재하던 화물이 전락하여(아래로 굴러 떨어져) 사람이 부상한 사고
③ 주행 중 브레이크 고장으로 도로변의 전주를 충돌한 사고
④ 도로주행 중 화물이 추락하여 사람이 부상한 사고

〈사고발생시 조치〉

**43 교통사고가 발생하였을 때 운전자가 가장 먼저 취해야 할 조치로 적절한 것은?**

① 즉시 보험회사에 신고한다.
② 모범운전자에게 신고한다.
③ 즉시 피해자 가족에게 알린다.
④ 즉시 사상자를 구호하고 지체 없이 경찰에 신고한다.

〈중 상〉

**44 교통사고로서 중상의 기준에 해당하는 것은?**

① 1주 이상의 치료를 요하는 부상
② 2주 이상의 치료를 요하는 부상
③ 3주 이상의 치료를 요하는 부상
④ 4주 이상의 치료를 요하는 부상

〈교특법〉

**45 교통사고 처리에 관한 특례법을 배제하는 12개 항목의 사고가 아닌 것은?**

① 무면허 운전으로 사람을 다치게 한 사고
② 어린이의 신체를 상해에 이르게 한 사고
③ 횡단보도에서의 보행자 보호 의무 위반사고
④ 중앙선침범 사고로 사람을 다치게 한 사고

〈형사처벌 대상〉

**46 사고운전자의 형사처벌 대상이 되는 교통사고 처리특례법 12개 항목 사고가 아닌 것은?**

① 신호위반으로 사람을 다치게 한 사고
② 어린이 보호구역에서 어린이를 다치게 한 사고
③ 운행 중 화물이 추락하여 사람을 다치게 한 사고
④ 안전운전 불이행으로 사람을 다치게 한 사고

〈중앙선침범〉

**47 교통사고 처리특례법상 중앙선침범 사고로 형사 입건될 수 있는 경우는?**

① 학교, 아파트 단지 내의 사설 중앙선
② 황색실선이 설치된 도로에서 중앙선
③ 눈 또는 흙더미에 덮여 중앙선이 보이지 않는 곳
④ 공사장에서 임의로 차선 규제봉, 오뚝이 등을 설치한 곳

〈통고처분〉

**48 범칙금 납부 통고서를 받은 사람은 며칠 이내에 경찰청장이 지정하는 곳에 납부하여야 하는가? (단, 천재지변이나 그 밖의 부득이한 사유가 있는 경우는 제외한다)**

① 5일 ② 10일
③ 15일 ④ 30일

**정답** 40 ① 41 ② 42 ② 43 ④ 44 ③ 45 ② 46 ④ 47 ② 48 ②

P/A/R/T

02

# 안전관리

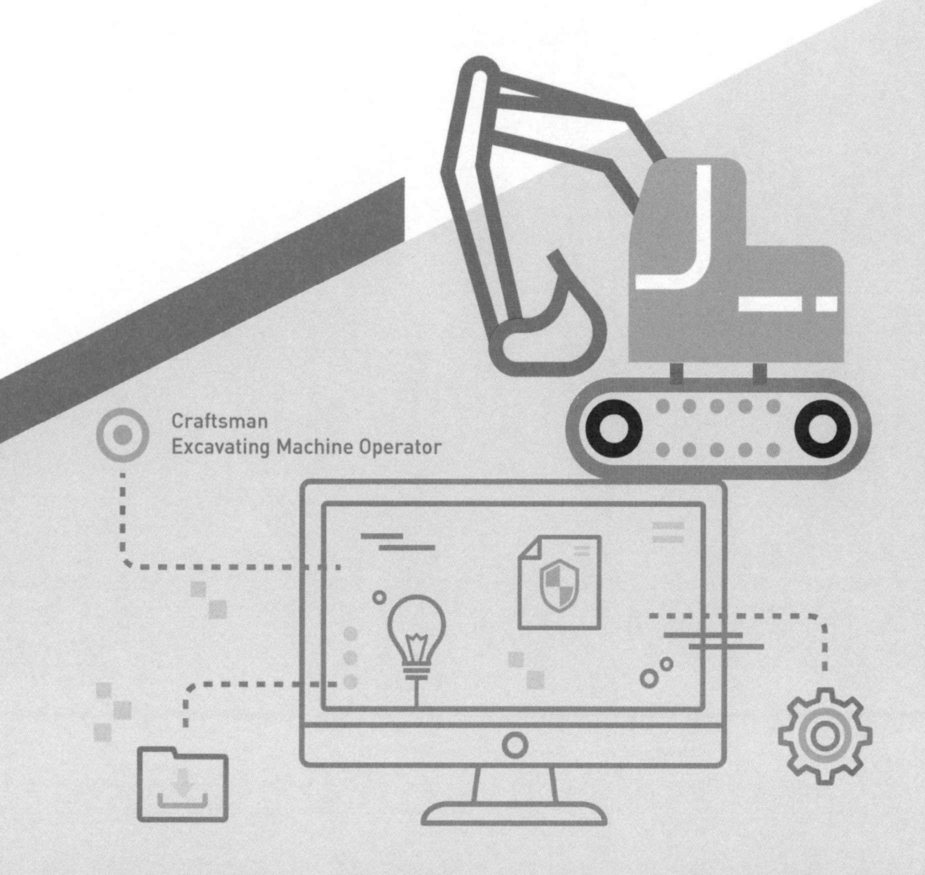

# 산업안전

## 1 산업안전

### 1 산업재해

① 산업재해의 뜻 : 사업장에서 우발적으로 일어나는 사고의 결과로 인하여 입는 인명피해와 재산상의 손실이 발생하는 것을 말한다.

② 재해조사

- 재해조사의 목적
  - · 재해원인의 규명 및 예방자료 수집
  - · 동종 재해 및 유사 재해의 재발방지
  - · 적절한 예방대책을 수립하기 위하여 시행한다.
- 재해조사의 방법
  - · 재해 발생 직후에 실시한다.
  - · 재해 현장의 물리적 흔적을 수집한다.
  - · 재해 현장을 사진 등으로 촬영하여 보관하고 기록한다.
  - · 목격자, 현장 책임자 등 많은 사람들에게 사고 시의 상황을 의뢰(依賴)한다.
  - · 재해 피해자로부터 재해 직전의 상황을 듣는다.
  - · 판단하기 어려운 특수재해나 중대재해는 전문가에게 조사를 듣는다.

③ 재해와 관련한 용어의 정의

- 산업재해(産業災害) : 근로자가 업무에 관계되는 건설물·설비·원재료·가스·증기·분진 등에 의하거나 작업 또는 그 밖의 업무로 인하여 사망 또는 부상하거나 질병에 걸리는 것을 말한다.
- 접착(接着) : 중량물을 들어 올리거나 내릴 때 손이나 발이 중량물과 지면 등에 끼어 발생하는 재해를 말한다.
- 전도(顚倒) : 사람이 평면상으로 넘어져 발생하는 재해를 말한다.
- 낙하(落下) : 물체가 높은 곳에서 낮은 곳으로 떨어져 사람을 가해한 경우나, 자신이 들고 있는 물체를 놓침으로써 발생된 재해 등을 말한다.

– 비래(飛來) : 날아오는 물건, 떨어지는 물건 등이 사람에 부딪쳐 발생하는 재해를 말한다.

– 협착(狹窄) : 왕복운동을 하는 동작부분과 움직임이 없는 고정부분 사이에 끼어 발생하는 위험으로 사업장의 기계 설비에서 많이 볼 수 있다.

## 2 산업재해 발생의 원인

① 재해 발생의 직접적인 원인 : 불안전한 행동 및 상태(조건)

- 불안전한 조건
  - 불안전한 환경 및 복장과 보호구
  - 안전 방호장치의 결함
  - 방호장치 불량 상태의 방치
- 불안전한 행동
  - 잡담이나 장난을 하는 경우
  - 안전장치를 제거하는 경우
  - 작동 중인 기계에 주유, 수리, 점검, 청소 등을 하는 경우

② 재해 발생의 간접적인 원인

- 안전의식 및 안전교육 부족
- 방호장치(안전장치, 보호장치)의 결함
- 정리정돈 및 조명 장치가 불량
- 부적합한 공구의 사용
- 작업 방법의 미흡
- 관리 감독의 소홀

## 3 산업안전의 3요소

① 관리적 요소 : 작업환경 불량, 적정하지 않은 작업배치

② 기술적 요소 : 설계상 결함, 장비의 불량

③ 교육적 요소 : 안전교육 미실시, 작업 태도 및 방법의 불량

## 4 사고예방 원리 5단계

① 안전관리 조직 → ② 사실의 발견 → ③ 분석평가 → ④ 시정책의 선정 → ⑤ 시정책의 적용

### 5 산업재해 예방의 4원칙

① 예방 가능의 원칙
② 손실 우연의 원칙
③ 원인 계기의 원칙
④ 대책 선정의 원칙

### 6 산업재해 인명피해의 구분

① 사 망 : 업무로 인하여 목숨을 잃게 되는 경우
② 부 상
- 중경상 : 부상으로 인하여 8일 이상의 노동 상실을 가져온 상해 정도
- 경상해 : 부상으로 인하여 1일 이상 7일 이하의 노동 상실을 가져온 상해 정도
③ 무상해 사고 : 응급처치 이하의 상처로 작업에 종사하면서 치료를 받는 상해 정도

### 7 산업재해 발생 시 조치

① 재해 발생 시 조치순서
운전정지 → 피해자 구호 → 응급처치 → 2차 재해방지
② 환자의 상태 확인사항 : 의식 여부, 상처의 상태, 출혈 여부, 골절 유무 등

## 2 안전관리

### 1 안전관리 · 교육

① 안전관리의 목적 : 위험요소의 사전 배제 등을 통하여 사고 발생의 가능성을 미리 제거하는 것이 가장 큰 목적이다.
② 안전교육 시행효과
- 능률적인 표준작업을 숙달시킨다.
- 위험에 대처하는 능력을 기른다.
- 작업에 대한 안전의식을 습득할 수 있게 한다.

### 2 안전수칙

① 작업할 때 반드시 알아두어야 할 사항 : 안전수칙, 작업량, 기계기구의 사용법

② 작업할 때 안전을 위한 준수사항

- 대형물건을 기중 작업할 때에는 서로 신호에 의거할 것
- 고장 중의 기기에는 표시를 할 것
- 정전 시에는 반드시 스위치를 끊을 것
- 선풍기는 날개에 의한 위험방지를 위하여 망 또는 울을 설치할 것
- 전기장치는 접지를 하고, 이동식 전기기구는 방호장치를 한다.
- 엔진에서 배출되는 일산화탄소에 대비한 통풍장치를 설치한다.
- 주요 장비는 전담 조작자를 지정하여야 한다.

## 3 기계 · 기구 및 공구

### 1 기계 · 기구사용 할 때 안전사항

① 건설기계의 점검

- 유압계통 : 작동유가 식은 다음에 점검한다.
- 엔진의 냉각계통 : 엔진을 정지시키고 냉각수가 식은 다음 점검한다.

② 작업 개시 전 안전을 위한 운전자의 조치사항

- 점검에 필요한 점검 내용을 숙지한다.
- 운전하는 장비의 조작방법을 숙지하고 고장 나기 쉬운 곳을 파악한다.
- 장비의 이상 유무를 확인한다.

③ 기계 및 기계장치 취급 시 사고 발생 원인

- 안전장치 및 보호장치가 잘되어 있지 않을 경우
- 정리정돈 및 조명장치가 잘되어 있지 않을 경우
- 불량한 공구를 사용할 경우

④ 연삭기 사용 시 주의사항

- 연삭작업 중에는 반드시 보안경을 착용하여야 한다.
- 숫돌바퀴의 측면을 이용하여 공작물을 연삭해서는 안 된다.
- 숫돌바퀴와 받침대의 간격은 3mm 이하로 유지시켜야 한다.
- 숫돌바퀴의 설치가 완료되면 3분 이상 시험 운전을 하여야 한다.

– 숫돌바퀴의 정면에 서지 말고 정면에서 약간 벗어난 곳에 서서 연삭 작업을 하여야 한다.

⑤ 동력 기계의 안전수칙

– 기어가 회전하고 있는 곳을 뚜껑으로 잘 덮어 위험을 방지한다.
– 회전하고 있는 벨트나 기어에 필요 없는 점검을 금한다.
– 벨트를 걸거나 벗길 때는 기계를 정지한 상태에서 실시한다.
– 벨트가 풀리에 감겨 돌아가는 부분은 커버나 덮개를 설치한다.

⑥ 가스용접 안전수칙

– 위험물 또는 인화성 액체를 취급하는 장소 및 그 부근에서 작업하지 말아야 한다.
– 용기의 온도를 섭씨 40도 이하로 유지하여야 한다.
– 밸브의 개폐는 서서히 한다.
– 용해 아세틸렌의 용기는 세워 둔다.
– 아세틸렌 밸브를 먼저 열고 점화한 후 산소 밸브를 연다.
– 가스 용접기에 사용하는 용기의 도색
  · 산소 : 녹색
  · 수소 : 주황색
  · 아세틸렌 : 황색
  · 기타 가스 : 회색

## 2 수공구사용 시 안전수칙

작업에 알맞은 공구를 선택하여 사용 전에 기름 등을 잘 닦은 후 사용하고 사용한 공구는 항상 깨끗이 한 후 보관하여야 한다.

① 해머 사용 시 주의사항

– 해머의 타격면이 찌그러진 것을 사용하지 않는다.
– 장갑을 끼거나 기름 묻은 손으로 작업하여서는 안 된다.
– 쐐기를 박아서 손잡이가 튼튼하게 박힌 것을 사용하여야 한다.
– 좁은 곳이나 발판이 불안한 곳에서는 해머 작업을 하여서는 안 된다.
– 큰 해머로 작업할 때에는 물품에 해머를 대고 몸의 위치를 조절하며, 충분히 발을 버티고 작업 자세를 취한다.
– 1~2회 정도는 가볍게 치고 나서 본격적으로 작업한다.

② 렌치 사용 시 주의사항

– 렌치를 잡아당겨 볼트나 너트는 죄거나 풀어야 한다.
– 볼트나 너트를 풀 때 렌치를 해머로 두들겨서는 안 된다.
– 렌치에 파이프 등의 연장대를 끼워 사용하여서는 안 된다.

– 산화 부식된 볼트나 너트는 오일이 스며들게 한 후 푼다.

– 조정 렌치를 사용할 경우에는 조정 조에 힘이 가해지지 않도록 주의한다.

③ 스패너 사용 시 주의사항

– 스패너에 연장대를 끼워 사용하여서는 안 된다.

– 작업 자세는 발을 약간 벌리고 두 다리에 힘을 준다.

– 볼트나 너트에 스패너를 깊이 물리고 조금씩 몸쪽으로 당겨 풀거나 조인다.

CHAPTER

# 01 산업안전

## 1 산업안전

〈안전관리 목적〉

**01 안전관리의 근본 목적으로 가장 적합한 것은?**

① 생산의 경제적 운용
② 근로자의 생명 및 신체 보호
③ 생산과정의 시스템화
④ 생산량 증대

〈안전관리 이념〉

**02 안전제일에서 가장 먼저 선행되어야 하는 이념으로 맞는 것은?**

① 재산 보호　② 생산성 향상
③ 신뢰성 향상　④ 인명 보호

〈산업안전 효과〉

**03 산업안전을 통한 기대효과로 옳은 것은?**

① 기업의 생산성이 저하된다.
② 근로자의 생명만 보호된다.
③ 기업의 재산만 보호된다.
④ 근로자와 기업의 발전이 도모된다.

〈산업재해 조사목적〉

**04 다음 중 산업재해 조사의 목적에 대한 설명으로 가장 적절한 것은?**

① 적절한 예방 대책을 수립하기 위하여
② 작업능률 향상과 근로 기강 확립을 위하여
③ 재해 발생에 대한 통계를 작성하기 위하여
④ 재해를 유발한 자의 책임을 추궁하기 위하여

〈재해조사 직접적인 목적〉

**05 재해조사의 직접적인 목적에 해당되지 않는 것은?**

① 동종 재해의 재발방지
② 유사 재해의 재발방지
③ 재해관련 책임자 문책
④ 재해 원인의 규명 및 예방자료 수집

〈재해 조사방법〉

**06 다음 중 일반적인 재해 조사방법으로 적절하지 않은 것은?**

① 현장의 물리적 흔적을 수집한다.
② 재해조사는 사고 종결 후에 실시한다.
③ 재해 현장은 사진 등으로 촬영하여 보관하고 기록한다.
④ 목격자, 현장 책임자 등 많은 사람들에게 사고 시의 상황을 듣는다.

〈산업재해〉

**07 산업안전보건법상 산업재해의 정의로 옳은 것은?**

① 고의로 물적 시설을 파손한 것을 말한다.
② 운전 중 본인의 부주의로 교통사고가 발생된 것을 말한다.
③ 일상 활동에서 발생하는 사고로서 인적 피해에 해당하는 부분을 말한다.
④ 근로자가 업무에 관계되는 건설물·설비·원재료·가스·증기·분진 등에 의하거나 작업 또는 그 밖의 업무로 인하여 사망 또는 부상하거나 질병에 걸리게 되는 것을 말한다.

〈협 착〉

**08 재해 유형에서 중량물을 들어 올리거나 내릴 때 손 또는 발이 취급 중량물과 물체에 끼어 발생하는 것은?**

정답 01 ② 02 ④ 03 ④ 04 ① 05 ③ 06 ② 07 ④ 08 ④

① 전도 ② 낙하
③ 감전 ④ 협착

〈정전(停電)〉

**09 안전관리상 인력 운반으로 중량물을 운반하거나 들어 올릴 때 발생할 수 있는 재해와 가장 거리가 먼 것은?**

① 낙하 ② 협착(압상)
③ 단전(정전) ④ 충돌

〈직접원인〉

**10 재해발생 사고의 직접원인으로 가장 적합한 것은?**

① 사회적 환경요인
② 불안정한 행동 및 상태
③ 유전적인 요소
④ 성격결함

〈직접원인〉

**11 재해 발생원인 중 직접원인이 아닌 것은?**

① 기계 배치의 결함
② 교육 훈련 미숙
③ 불량 공구 사용
④ 작업 조명의 불량

〈직접원인〉

**12 산업재해 발생원인 중 직접원인에 해당되는 것은?**

① 유전적 요소
② 사회적 환경
③ 불안전한 행동
④ 인간의 결함

〈불안전한 행동〉

**13 산업재해 원인은 직접원인과 간접원인으로 구분되는데 다음 직접원인 중에서 불안전한 행동에 해당되지 않는 것은?**

① 허가 없이 기계장치를 운전
② 불충분한 경보 시스템
③ 결함 있는 장치를 사용
④ 개인 보호구 미사용

〈산업재해〉

**14 불안전한 행동으로 인하여 오는 산업재해가 아닌 것은?**

① 불안전한 자세
② 허가 없이 기계장치를 운전
③ 방호장치의 결함
④ 작업 도중 안전장치의 기능 제거

〈불안전한 행위〉

**15 산업재해의 직접원인 중 인적 불안전한 행위가 아닌 것은?**

① 작업복의 부적당
② 작업태도 불안전
③ 위험한 장소의 출입
④ 기계공구의 결함

〈간접원인〉

**16 재해발생 사고의 간접원인으로 볼 수 없는 것은?**

① 안전의식 및 안전교육 부족
② 부적합한 공구 사용
③ 관리감독의 소홀
④ 안전장치의 제거

〈산업재해〉

**17 생산 활동 중 신체장애와 유해물질에 의한 중독 등으로 작업성 질환에 걸려 나타난 장애를 무엇이라 하는가?**

① 안전관리 ② 산업재해
③ 산업안전 ④ 안전사고

정답 09 ③ 10 ② 11 ② 12 ③ 13 ② 14 ③ 15 ④ 16 ④ 17 ②

〈산업재해〉

**18 산업재해는 생산 활동을 행하는 중에 에너지와 충돌하여 생명을 잃거나 ( )을 상실하는 현상을 말한다.**

**( )에 알맞은 말은?**

① 작업상 업무　② 작업 조건
③ 노동 능력　④ 노동 환경

〈사고원인〉

**19 사고를 많이 발생시키는 원인 순서로 나열한 것은?**

① 불안전 행위 〉 불가항력 〉 불안전 조건
② 불안전 조건 〉 불안전 행위 〉 불가항력
③ 불안전 행위 〉 불안전 조건 〉 불가항력
④ 불가항력 〉 불안전 조건 〉 불안전 행위

〈사고원인〉

**20 사고의 원인 중 가장 많은 부분을 차지하는 것은?**

① 불가항력
② 불안전한 환경
③ 불안전한 행동
④ 불안전한 지시

〈생리적인 원인〉

**21 재해의 원인 중 생리적인 원인에 해당되는 것은?**

① 작업자의 피로
② 작업복의 부적당
③ 안전장치의 불량
④ 안전수칙의 미준수

〈물적 요인〉

**22 불안전한 조명, 불안전한 환경, 방호장치의 결함으로 인하여 오는 산업재해 요인은?**

① 지적 요인
② 물적 요인
③ 신체적 요인
④ 정신적 요인

〈안전의 3요소〉

**23 산업안전에서 안전의 3요소와 가장 거리가 먼 것은?**

① 자본적 요소
② 교육적 요소
③ 기술적 요소
④ 관리적 요소

〈사고예방원리 5단계〉

**24 산업재해를 예방하기 위한 사고예방 원리 5단계의 순서로 맞는 것은?**

① 분석평가 → 안전관리 조직 → 사실의 발견 → 시정책의 선정 → 시정책의 적용
② 시정책의 선정 → 안전관리 조직 → 사실의 발견 → 분석평가 → 시정책의 적용
③ 안전관리 조직 → 사실의 발견 → 분석평가 → 시정책의 선정 → 시정책의 적용
④ 사실의 발견 → 안전관리 조직 → 분석평가 → 시정책의 선정 → 시정책의 적용

〈재해예방 4원칙〉

**25 산업재해를 예방하기 위한 재해예방 4원칙으로 적당하지 않은 것은?**

① 대량 생산의 원칙
② 원인 계기의 원칙
③ 대책 선정의 원칙
④ 예방 기능의 원칙

〈응급처치 상해〉

**26 상해의 종류 중 응급처치 상해는 며칠간 치료를 받은 다음부터 정상작업에 임할 수 있는 정도의 상해를 의미하는가?**

**정답** 18 ③ 19 ③ 20 ③ 21 ① 22 ② 23 ① 24 ③ 25 ① 26 ①

① 1일 미만　　② 3~5일
③ 10일 미만　　④ 2주 미만

〈중경상〉

**27 안전사고와 부상의 종류에서 재해의 분류상 중경상은?**

① 부상으로 8일 이상의 노동 손실을 가져온 상해 정도
② 부상으로 1일 이상 7일 이하의 노동 손실을 가져온 상해 정도
③ 부상으로 2주 이상의 노동 손실을 가져온 상해 정도
④ 부상으로 3주 이상의 노동 손실을 가져온 상해 정도

〈재해발생 시 조치〉

**28 재해가 발생하였을 때 조치순서로 맞는 것은?**

① 2차 재해방지 → 운전정지 → 피해자 구호 → 응급처치
② 응급처치 → 운전정지 → 피해자 구호 → 2차 재해방지
③ 피해자 구호 → 운전정지 → 응급처치 → 2차 재해방지
④ 운전정지 → 피해자 구호 → 응급처치 → 2차 재해방지

## 2 안전관리

〈안전관리〉

**29 안전관리의 가장 중요한 업무는?**

① 사고원인 제공자 파악
② 물품 손상의 손해사정
③ 사고 책임자의 직무조사
④ 사고발생 가능성의 제거

〈준수사항〉

**30 작업자가 작업을 할 때 반드시 알아두어야 할 사항이 아닌 것은?**

① 경영관리
② 기계기구의 사용법
③ 안전수칙
④ 작업량

〈안전수칙〉

**31 산업안전에서 근로자가 안전하게 작업을 할 수 있는 세부작업 행동지침을 무엇이라고 하는가?**

① 안전수칙
② 안전표지
③ 작업지시
④ 작업수칙

〈안전사항〉

**32 작업자가 작업 시 안전사항으로 준수해야 할 사항으로 틀린 것은?**

① 다른 용무가 있을 때는 기기 작동을 자동으로 조정하고 자리를 비울 것
② 대형물건을 기중 작업할 때에는 서로 신호에 의거할 것
③ 정전 시에는 반드시 스위치를 끊을 것
④ 고장 중의 기기에는 표시를 할 것

## 3 기계 · 기구 및 공구

〈안전점검〉

**33 작업장 안전을 위해 작업장의 시설을 정기적으로 안전점검을 하여야 하는데 그 대상이 아닌 것은?**

① 설비의 노후와 속도가 빠른 것
② 노후화의 결과로 위험성이 큰 것
③ 작업자가 출퇴근 시 사용하는 것
④ 고장 시 위험을 수반하는 것

정답　27 ①　28 ④　29 ④　30 ①　31 ①　32 ①　33 ③

〈기계 및 기계장치〉

**34 기계 및 기계장치 취급 시 사고 발생 원인이 아닌 것은?**

① 불량 공구를 사용할 때
② 안전장치 및 보호 장치가 잘되어 있지 않을 때
③ 정리정돈 및 조명 장치가 잘되어 있지 않을 때
④ 기계 및 기계장치가 넓은 장소에 설치되어 있을 때

〈기계 시설〉

**35 기계 시설의 안전 유의 사항에 맞지 않은 것은?**

① 회전부분(기어, 벨트, 체인) 등은 위험하므로 반드시 커버를 씌워둔다.
② 발전기, 용접기, 엔진 등 장비는 한곳에 모아서 배치한다.
③ 작업장의 통로는 근로자가 안전하게 다닐 수 있도록 정리정돈을 한다.
④ 작업장의 바닥은 보행에 지장을 주지 않도록 청결하게 유지한다.

〈정전시 조치〉

**36 작업장에서 전기가 예고 없이 정전되었을 경우 전기로 작동했던 기계·기구의 조치방법으로 가장 적합하지 않은 것은?**

① 즉시 스위치를 끈다.
② 안전을 위해 작업장을 정리해 놓는다.
③ 퓨즈의 단락 유·무를 검사한다.
④ 전기가 들어오는 것을 알기 위해 스위치를 켜 둔다.

〈퓨즈 사용법〉

**37 전장품을 안전하게 보호하는 퓨즈의 사용법으로 틀린 것은?**

① 퓨즈가 없으면 임시로 철사를 감아서 사용한다.
② 회로에 맞는 전류 용량의 퓨즈를 사용한다.
③ 오래되어 산화된 퓨즈는 미리 교환한다.
④ 과열되어 끊어진 퓨즈는 과열된 원인을 먼저 수리한다.

〈연삭작업〉

**38 연삭작업 시 주의사항으로 틀린 것은?**

① 숫돌 측면을 사용하지 않는다.
② 작업은 반드시 보안경을 쓰고 작업한다.
③ 연삭작업은 숫돌차의 정면에 서서 작업한다.
④ 연삭숫돌에 일감을 세게 눌러 작업하지 않는다.

〈연삭기〉

**39 연삭기에서 연삭 칩의 비산을 막기 위한 안전방호 장치는?**

① 안전 덮개
② 광전식 안전 방호장치
③ 급정지 장치
④ 양수 조작식 방호장치

〈연삭기 사용〉

**40 연삭기의 안전한 사용방법으로 틀린 것은?**

① 숫돌 측면 사용 제한
② 숫돌 덮개 설치 후 작업
③ 보안경과 방진 마스크 착용
④ 숫돌과 받침대 간격을 가능한 넓게 유지

〈틈 새〉

**41 연삭기의 받침대와 숫돌과의 틈새는 몇 mm로 조정하는 것이 적합한가?**

① 3mm 이내
② 5mm 이내
③ 7mm 이내
④ 10mm 이내

정답 34 ④ 35 ② 36 ④ 37 ① 38 ③ 39 ① 40 ④ 41 ①

〈동력기계〉

**42 동력전달장치에서 안전수칙으로 잘못된 것은?**

① 동력전달을 빨리 시키기 위해서 벨트를 회전하는 풀리에 걸어 작동시킨다.
② 회전하고 있는 벨트나 기어에 불필요한 점검을 하지 않는다.
③ 기어가 회전하고 있는 곳을 커버로 잘 덮어 위험을 방지한다.
④ 동력 압축기나 절단기를 운전할 때 위험을 방지하기 위해서는 안전장치를 한다.

〈동력공구〉

**43 동력공구 사용 시 주의사항으로 틀린 것은?**

① 보호구는 안 해도 무방하다
② 에어 그라인더는 회전수에 유의한다.
③ 규정 공기압력을 유지한다.
④ 압축공기 중의 수분을 제거하여 준다.

〈벨 트〉

**44 벨트 취급 시 안전에 대한 주의사항으로 틀린 것은?**

① 벨트에 기름이 묻지 않도록 한다.
② 벨트의 적당한 유격을 유지하도록 한다.
③ 벨트 교환 시 회전을 완전히 멈춘 상태에서 한다.
④ 벨트의 회전을 정지시킬 때 손으로 잡아 정지시킨다.

〈산소용 용기〉

**45 가스용접 시 사용되는 산소용 호스는 어떤 색인가?**

① 적색 ② 황색
③ 녹색 ④ 청색

〈봄베(용기)〉

**46 가스용접 시 사용하는 봄베(용기)의 안전수칙으로 틀린 것은?**

① 봄베를 넘어뜨리지 않는다.
② 봄베를 던지지 않는다.
③ 산소 봄베는 40℃ 이하에서 보관한다.
④ 봄베 몸통에는 녹슬지 않도록 그리스를 바른다.

〈공구관리〉

**47 작업을 위한 공구관리의 요건으로 가장 거리가 먼 것은?**

① 공구별로 장소를 지정하여 보관할 것
② 공구는 항상 최소보유량 이하로 유지할 것
③ 공구 사용 점검 후 파손된 공구는 교환할 것
④ 사용한 공구는 항상 깨끗이 한 후 보관할 것

〈공구사용〉

**48 일반 공구 사용에 있어 안전관리에 적합하지 않은 것은?**

① 작업 특성에 맞는 공구를 선택하여 사용할 것
② 공구는 사용 전에 점검하여 불안전한 공구는 사용하지 말 것
③ 작업 진행 중 옆 사람에서 공구를 줄 때는 가볍게 던져 줄 것
④ 손이나 공구에 기름이 묻었을 때는 안전히 닦은 후 사용할 것

〈수공구〉

**49 수공구를 사용할 때 유의사항으로 맞지 않는 것은?**

① 무리한 공구 취급을 금한다.
② 토크 렌치는 볼트를 풀 때 사용한다.
③ 수공구는 사용법을 숙지하여 사용한다.
④ 공구를 사용하고 나면 일정한 장소에 관리 보관한다.

〈수공구 보관〉

**50 작업에 필요한 수공구의 보관 방법으로 적합하지 않은 것은?**

**정답** 42 ① 43 ① 44 ④ 45 ③ 46 ④ 47 ② 48 ③ 49 ② 50 ③

① 공구함을 준비하여 종류와 크기별로 보관한다.
② 사용한 공구는 파손된 부분 등의 점검 후 보관한다.
③ 사용한 수공구는 녹슬지 않도록 손잡이 부분에 오일을 발라 보관하도록 한다.
④ 날이 있거나 뾰족한 물건은 위험하므로 뚜껑을 씌워둔다.

〈렌 치〉

**51 다음 중 수공구인 렌치를 사용할 때 지켜야 할 안전 사항으로 옳은 것은?**

① 볼트를 풀 때는 지렛대 원리를 이용하여, 렌치를 밀어서 힘이 받도록 한다.
② 볼트를 조일 때는 렌치를 해머로 쳐서 조이면 강하게 조일 수 있다.
③ 렌치 작업 시 큰 힘으로 조일 경우 연장대를 끼워서 작업한다.
④ 볼트를 풀 때는 렌치 손잡이를 당길 때 힘을 받도록 한다.

〈렌 치〉

**52 조정 렌치 사용 및 관리 요령으로 적합하지 않은 것은?**

① 볼트를 풀 때는 렌치에 연결대 등을 이용한다.
② 적당한 힘을 가하여 볼트, 너트를 죄고 풀어야 한다.
③ 잡아당길 때 힘을 가하면서 작업한다.
④ 볼트, 너트를 풀거나 조일 때는 볼트머리나 너트에 꼭 끼워져야 한다.

〈스패너〉

**53 스패너 사용 시 주의사항으로 잘못된 것은?**

① 스패너의 입이 폭과 맞는 것을 사용한다.
② 필요 시 두 개를 이어서 사용할 수 있다.
③ 스패너를 너트에 정확하게 장착하여 사용한다.
④ 스패너의 입이 변형된 것은 폐기한다.

〈복스 렌치〉

**54 복스 렌치가 오픈엔드 렌치보다 비교적 많이 사용되는 이유로 옳은 것은?**

① 두 개를 한 번에 조일 수 있다.
② 마모율이 적고 가격이 저렴하다.
③ 다양한 볼트 너트의 크기를 사용할 수 있다.
④ 볼트와 너트 주위를 감싸 힘의 균형 때문에 미끄러지지 않는다.

〈망치(Hammer)〉

**55 해머 사용 시 주의사항이 아닌 것은?**

① 쐐기를 박아서 자루가 단단한 것을 사용한다.
② 기름 묻은 손으로 자루를 잡지 않는다.
③ 타격면이 닳아 경사진 것은 사용하지 않는다.
④ 처음에는 크게 휘두르고 차차 작게 휘두른다.

〈망치(Hammer)〉

**56 해머 사용 중 사용법이 틀린 것은?**

① 타격면이 마모되어 경사진 것은 사용하지 않는다.
② 담금질한 것은 단단하므로 한 번에 정확히 강타한다.
③ 기름 묻은 손으로 자루를 잡지 않는다.
④ 물건에 해머를 대고 몸의 위치를 정한다.

**정답** 51 ④ 52 ① 53 ② 54 ④ 55 ④ 56 ②

# 02 작업안전

## 1 작업상의 안전

### 1 작업장 안전수칙

- 작업 중 입은 부상은 즉시 응급조치를 하고 보고한다.
- 밀폐된 실내에서는 시동을 걸지 않는다.
- 작업 후 바닥의 오일 등을 깨끗이 청소한다.
- 무거운 물건은 이동기구를 이용한다.
- 폐기물은 정해진 위치에 모아 둔다.
- 통로나 창문 등에 물건을 세워 놓지 않는다.

### 2 작업자의 준수사항

- 작업자는 안전작업 규칙을 준수한다.
- 자신의 안전은 물론 동료의 안전도 생각한다.
- 작업 중에 불필요한 행동을 하지 않는다.

### 3 작업장에서의 통행 규칙

- 기중기 작업 중에는 접근하지 않는다.
- 자재 위에 앉거나 자재 위를 걷지 않도록 한다.
- 함부로 뛰지 않으며, 지름길로 가려고 위험한 장소를 횡단하여서는 안 된다.
- 주머니에 손을 넣지 않고 두 손을 자연스럽게 하고 걷는다.
- 높은 곳에서 작업하고 있으면 그곳에 주의하며 통과한다.

# 2 작업복장 및 보호구

## 1 작업 복장

① 작업복은 재해로부터 작업자들의 몸을 보호하기 위해서 착용한다.

② 땀을 닦기 위한 수건이나 손수건을 허리나 목에 걸고 작업해서는 안 된다.

③ 옷소매 폭이 너무 넓지 않은 것이 좋고, 단추가 달린 것은 되도록 피한다.

## 2 장 갑

① 장갑은 감겨들 위험이 있는 작업에는 착용하지 않는다.

② 장갑 착용 금지작업 : 선반 작업, 드릴 작업, 목공기계 작업, 연삭 작업, 해머 작업, 정밀기계 작업 등

## 3 안전보호구

① 안전보호구의 종류

- 안전모 : 물체가 떨어지거나 날아올 위험이 있는 작업 또는 감전에 의한 머리 위험을 방지한다.
- 안전대 : 높이 또는 깊이 2m 이상의 추락할 위험이 있는 장소에서 작업 할 때 사용한다.
- 안전화 : 물체의 낙하충격, 물체에의 끼임, 감전에 의한 위험 등이 있는 작업을 할 때 착용한다.
- 보안경 : 자외선, 적외선, 가시광선 및 물체가 흩날릴 위험이 있는 작업을 할 때 착용한다.
  · 플라스틱 보안경 : 장비의 하부에서 작업할 때 착용
  · 유리보안경 : 미분, 칩, 기타 비산물이 발생하는 장소 및 그라인더 작업 등 철분, 모래 등이 날리는 작업을 할 때 착용
  · 차광보안경 : 전기용접 및 가스 용접을 할 때 착용
  · 도스렌즈 보안경 : 근시, 원시 혹은 난시인 근로자가 눈을 보호함과 동시에 시력을 교정할 때 착용

② 안전보호구의 구비조건

- 보호구 검정에 합격하고 보호 성능이 보장되어야 한다.
- 작업 행동에 방해되지 않아야 한다.
- 착용이 용이하고 크기 등 사용자에게 편리해야 한다.
- 유해 위험요소에 대한 방호 성능이 충분할 것

- 재료의 품질이 우수할 것
- 사용 목적에 적합해야 한다.
- 사용방법이 간단하고 손질이 쉬워야 한다.
- 잘 맞는지 확인해야 한다.

③ 안전대용 로프의 구비조건
- 충력 및 인장강도에 강할 것
- 내마모성이 높을 것
- 내열성이 높을 것

④ 보안면 : 용접 시 불꽃이나 물체가 흩날릴 위험이 있는 작업 할 때 착용

⑤ 절연용 보호구 : 감전의 위험이 있는 작업 할 때 착용

⑥ 방열복 : 고열에 의한 화상 등의 위험이 있는 작업 할 때 착용

⑦ 방진 마스크 : 선창 등에서 분진(먼지)이 심하게 발생하는 하역 작업 할 때 착용

# 3 운반 · 이동안전

## 1 인력에 의한 운반 시 주의사항

① 긴 물건은 앞을 조금 높여서 운반한다.

② 무거운 물건은 여러 사람과 협동으로 운반하거나 운반차를 이용한다.

③ 물품을 몸에 밀착시켜 몸의 평형을 유지하여 비틀거리지 않도록 한다.

④ 물품을 운반하고 있는 사람과 마주치면 그 발밑을 방해하지 않게 피한다.

⑤ 몸의 평형을 유지하도록 발을 어깨너비만큼 벌리고 허리를 충분히 낮추고 물품을 수직으로 들어 올린다.

## 2 공동으로 운반 작업 시 주의사항

① 육체적으로 고르고 키가 큰 사람으로 조를 편성한다.

② 정해진 지휘자의 구령 또는 호각 등에 따라 동작한다.

③ 운반물의 하중이 여러 사람에게 평균적으로 걸리도록 한다.

④ 지휘자를 정하고 지휘자는 작업자를 보고 지휘할 수 있는 위치에 선다.

⑤ 긴 물건을 어깨에 메고 운반하는 경우에는 각 작업자와 같은 쪽의 어깨에 메고서 보조를 맞춘다.

⑥ 물건을 들어 올리거나 내릴 때는 서로 같은 소리를 내는 등의 방법으로 동작을 맞춘다.

## 3 중량물 운반 시 주의사항

① 체인블록이나 호이스트를 사용한다.

② 무거운 물건을 운반할 경우 주위사람에게 인지하게 한다.

③ 규정 용량을 초과하여 운반하지 않는다.

④ 무거운 물건을 상승시킨 채 오랫동안 방치하지 않는다.

⑤ 화물을 운반할 경우에는 운전반경 내를 확인한다.

## 4 크레인 안전

① 크레인 인양작업 할 때 안전사항

- 신호자 : 신호는 원칙적으로 1인이 크레인 운전자가 잘 볼 수 있는 곳에서 행하며 신호에 따라 작업한다.
- 이동 및 선회할 때 : 경적을 울려 작업장 주변 사람에게 알린다.
- 인양물체의 무게중심 측정
  - · 형상이 복잡한 물체는 무게중심을 정확하게 파악하여야 한다.
  - · 인양물체의 중심이 높으면 물체가 기울 수 있다.

② 크레인 훅(hook) 안전 점검

- 훅의 안전계수 : 5 이상이다.
- 훅 입구의 벌어짐 : 5% 이상 된 것은 교환해야 한다.
- 훅의 마모 한계 : 2mm의 홈이 생기면 그라인딩하여야 한다.

③ 크레인으로 무거운 물건을 위로 달아 올릴 때

- 통상 수평으로 달아 올려야 하나, 원목처럼 긴 화물은 수직으로 달아 올려야 한다.
- 달아 올릴 화물의 무게를 파악하여 제한하중 이하에서 작업한다.
- 인양물체를 서서히 올려 지상 약 30cm 지점에서 정지 후 다시 확인한다.
- 매달린 화물이 불안전하다고 생각될 때는 작업을 중지한다.

④ 크레인으로 물건을 운반할 때 안전사항

- 적재물이 떨어지지 않도록 한다.
- 운반하는 물건에 2줄 걸이 로프를 매달 때 : 인양 각도는 60도 이상을 넘지 말아야 한다(로프에 걸리는 하중은 인양각도가 클수록 증가한다).
- 선회작업 할 때 사람이 다치지 않도록 주의한다.

## 4 기타 안전관리 사항

### 1 감전의 위험

① 감전되었을 때 위험을 결정하는 요소
- 인체에 흐른 전류의 크기
- 인체에 전류가 흐른 시간
- 전류가 인체에 통과한 경로

② 방호조치
- 작동 부분의 돌기부분은 묻힘형으로 하거나 덮개를 부착할 것
- 동력 전달부분 및 속도 조절부분에는 덮개를 부착하거나 방호망을 설치할 것
- 회전기계의 물림점(롤러 · 기어 등)에는 덮개 또는 울을 설치할 것
- 감전의 위험을 방지하기 위하여 전기기기에 대하여 접지 설비를 할 것

③ 전기 누전(감전) 재해방지 조치
- 전기기기에 대한 접지설비(감전의 위험을 방지하기 위하여 가장 중요하다)
- 이중 절연구조의 전동기계, 기구의 사용
- 비접지식 전로의 채용
- 감전방지용 누전차단기 설치

### 2 화재 재해의 안전

① 자연발화가 일어나기 쉬운 조건
- 발열량이 클 경우
- 주위 온도가 높을 경우
- 착화점이 낮을 경우

② 화재의 종류
- A급 화재
  - · 일반 가연물의 화재 : 목재, 종이, 석탄 등에서 발생되는 재를 남기는 일반적인 화재
  - · 사용 소화기 : 산 알칼리 소화기, 포말소화기, 물 등
  - · 소화기의 표시 : 원형의 백색표식
- B급 화재
  - · 유류화재 : 가솔린, 알코올, 석유 등에서 발생되는 화재
  - · 사용 소화기 : 분말소화기, 이산화탄소 소화기, 모래 등

· 소화기의 표시 : 원형의 황색표식
- C급 화재
  · 전기화재 : 전기 기계, 전기 기구 등에서 발생되는 화재
  · 사용 소화기 : 이산화탄소 소화기 (포말소화기는 사용할 수 없음)
  · 소화기의 표시 : 원형의 청색표식
- D급 화재
  · 금속화재 : 마그네슘 등의 금속화재 등에서 발생되는 화재
  · 사용 소화기 : 마른 모래, 흑연 등

③ 화재의 국한 대책(피해를 최소화하기 위한 노력)
- 가연물의 집적 방지
- 건물 및 설비의 불연성화
- 일정한 공하지의 확보
- 방호벽 및 방유액 정비
- 위험물 시설의 지하매설

CHAPTER

# 01 작업안전

## 1 작업상의 안전

〈작업장 안전수칙〉

**01 작업장에서 지켜야 할 안전수칙이 아닌 것은?**

① 작업 중 입은 부상은 즉시 응급조치를 하고 보고한다.
② 밀폐된 실내에서는 시동을 걸지 않는다.
③ 통로나 마룻바닥에 공구나 부품을 방치하지 않는다.
④ 기름걸레나 인화 물질은 나무 상자에 보관한다.

〈작업장 안전수칙〉

**02 작업장의 안전수칙 중 틀린 것은?**

① 공구는 오래 사용하기 위하여 기름을 묻혀서 사용한다.
② 작업복과 안전장구는 반드시 착용한다.
③ 각종 기계를 불필요하게 공회전시키지 않는다.
④ 기계의 청소나 손질은 운전을 정지시킨 후 실시한다.

〈안전 자세〉

**03 보기에서 작업자의 올바른 안전 자세로 모두 짝지어진 것은?**

[보기]
ㄱ. 자신의 안전과 타인의 안전을 고려한다.
ㄴ. 작업에 임해서는 아무런 생각 없이 작업한다.
ㄷ. 작업장 환경 조성을 위해 노력한다.
ㄹ. 작업 안전사항을 준수한다.

① ㄱ, ㄴ, ㄷ ② ㄱ, ㄷ, ㄹ
③ ㄱ, ㄴ, ㄹ ④ ㄱ, ㄴ, ㄷ, ㄹ

〈작업환경〉

**04 작업환경 개선과 가장 거리가 먼 것은?**

① 채광을 좋게 한다.
② 조명을 밝게 한다.
③ 신품의 부품으로 모두 교환한다.
④ 소음을 줄인다.

〈안전수칙〉

**05 작업현장에서 작업 시 사고 예방을 위해 알아 두어야 할 가장 중요한 사항은?**

① 장비의 최고 주행속도
② 1인당 작업량
③ 최신 기술적용 정도
④ 안전수칙

〈안전점검〉

**06 산업재해 방지대책을 수립하기 위하여 위험요인을 발견하는 방법으로 가장 적합한 것은?**

① 안전점검
② 재해 사후 조치
③ 경영층 참여와 안전조직 진단
④ 안전대책 회의

〈안전한 통행〉

**07 작업장 내의 안전한 통행을 위하여 지켜야 할 사항이 아닌 것은?**

① 주머니에 손을 넣고 보행하지 말 것
② 좌측 또는 우측통행 규칙을 엄수할 것
③ 운반차를 이용할 때에는 가장 빠른 속도로 주행할 것
④ 물건을 든 사람과 만났을 때는 즉시 길을 양보할 것

정답 01 ④ 02 ① 03 ② 04 ③ 05 ④ 06 ① 07 ③

## 2 작업복장 및 보호구

〈작업복장〉

**08 작업장에서 작업복을 착용하는 주된 이유는?**

① 작업 속도를 높이기 위해서
② 작업자의 복장 통일을 위해서
③ 작업장의 질서를 확립시키기 위해서
④ 재해로부터 작업자의 몸을 보호하기 위해서

〈작업복〉

**09 안전작업은 복장의 착용상태에 따라 달라진다. 다음에서 권장사항이 아닌 것은?**

① 땀을 닦기 위한 수건이나 손수건을 허리나 목에 걸고 작업해서는 안 된다.
② 옷소매는 되도록 폭이 넓게 된 것이나, 단추가 달린 것은 되도록 피한다.
③ 물체 추락의 우려가 있는 작업장에서는 아무리 덥더라도 작업모를 착용해야 한다.
④ 복장을 단정하게 넥타이를 꼭 매야 한다.

〈안전모〉

**10 안전모에 대한 설명으로 적합하지 않은 것은?**

① 혹한기에만 착용하는 것이다.
② 안전모의 상태를 점검하고 착용한다.
③ 안전모 착용으로 불안전한 상태를 제거한다.
④ 올바른 착용으로 안전도를 증가시킬 수 있다.

〈안전모〉

**11 안전모의 관리 및 착용방법으로 틀린 것은?**

① 큰 충격을 받은 것은 사용을 피한다.
② 사용 후 뜨거운 스팀으로 소독하여야 한다.
③ 정해진 방법으로 착용하고 사용하여야 한다.
④ 통풍을 목적으로 모체에 구멍을 뚫어서는 안 된다

〈안전화〉

**12 중량물 운반 작업 시 착용해야 할 안전화는?**

① 중작업용　② 보통작업용
③ 경작업용　④ 절연용

〈보안경〉

**13 용접작업과 같이 불티나 유해 광선이 나오는 작업에 착용해야 할 보호구는?**

① 차광 안경　② 방진 안경
③ 산소 마스크　④ 보호 마스크

〈절연장구〉

**14 고압 충전 전선로 근방에서 작업을 할 경우 작업자가 감전되지 않도록 사용하는 안전장구로 가장 적합한 것은?**

① 절연용 보호구
② 방수복
③ 보호용 가죽장갑
④ 안전대

〈마스크〉

**15 먼지가 많은 장소에서 착용하여야 하는 마스크는?**

① 방독 마스크　② 산소 마스크
③ 방진 마스크　④ 일반 마스크

〈귀마개〉

**16 귀마개가 갖추어야 할 조건으로 틀린 것은?**

① 내습, 내유성을 가질 것
② 적당한 세척 및 소독에 견딜 수 있을 것
③ 가벼운 귓병이 있어도 착용할 수 있을 것
④ 안경이나 안전모와 함께 착용하지 못하게 할 것

〈장 갑〉

**17 다음 중 일반적으로 장갑을 끼고 작업할 경우 안전상 가장 적합하지 않은 작업은?**

**정답** 08 ④ 09 ④ 10 ① 11 ② 12 ① 13 ① 14 ① 15 ③ 16 ④ 17 ④

① 전기 용접 작업
② 타이어 교체 작업
③ 건설기계 운전 작업
④ 선반 등의 절삭가공 작업

## 3 운반 · 이동안전

〈운반작업〉

**18 운반 작업 시 지켜야 할 사항으로 옳은 것은?**

① 운반 작업은 장비를 사용하기보다 가능한 많은 인력을 동원하여야 하는 것이 좋다.
② 인력으로 운반 시 무리한 자세로 장시간 취급하지 않도록 한다.
③ 인력으로 운반 시 보조구를 사용하되 몸에서 멀리 떨어지게 하고, 가슴 위치에서 하중이 걸리게 한다.
④ 통로 및 인도에 가까운 곳에서는 빠른 속도록 벗어나는 것이 좋다.

〈무거운 물건〉

**19 무거운 물건을 들어 올릴 때 주의사항에 관한 설명으로 가장 적합하지 않은 것은?**

① 장갑에 기름을 묻히고 든다.
② 가능한 이동식 크레인을 이용한다.
③ 힘센 사람과 약한 사람과의 균형을 잡는다.
④ 약간씩 이동하는 것은 지렛대를 이용할 수도 있다.

〈긴 물건 운반〉

**20 길이가 긴 물건을 공동으로 운반 작업을 할 때의 주의사항과 거리가 먼 것은?**

① 작업 지휘자를 반드시 정한다.
② 여러 사람이 운반할 때는 힘 센 사람에게 하중을 더 많이 분담하여야 한다.
③ 물건을 들어 올리거나 내릴 때는 서로 같은 소리를 내는 등의 방법으로 동작을 맞춘다.
④ 체력과 신장이 서로 잘 어울리는 사람끼리 작업한다.

〈공동작업〉

**21 작업장에서 공동작업으로 물건을 들어 이동할 때 잘못된 것은?**

① 힘을 균형을 유지하여 이동할 것
② 불안전한 물건은 드는 방법에 주의할 것
③ 보조를 맞추어 들도록 할 것
④ 운반도중 상대방에게 무리하게 힘을 가할 것

〈인력운반〉

**22 인력으로 운반작업을 할 때 틀린 것은?**

① 긴 물건은 앞쪽을 위로 올린다.
② 드럼통과 LPG 봄베는 굴려서 운반한다.
③ 무리한 몸가짐으로 물건을 들지 않는다.
④ 공동운반에서는 서로 협조를 하여 작업한다.

〈중량물 운반〉

**23 공장에서 엔진 등 중량물을 이동하려고 한다. 가장 좋은 방법은?**

① 여러 사람이 들고 조용히 움직인다.
② 체인 블록이나 호이스트를 사용한다.
③ 로프로 묶고 살며시 잡아당긴다.
④ 지렛대를 이용하여 움직인다.

〈중량물 운반〉

**24 중량물 운반에 대한 설명으로 틀린 것은?**

① 흔들리는 중량물은 사람이 붙잡아서 이동한다.
② 무거운 물건을 운반할 경우 주위 사람에게 인지하게 한다.
③ 규정 용량을 초과해서 운반하지 않는다.
④ 무거운 물건을 상승시킨 채 오랫동안 방치하지 않는다.

정답 18 ② 19 ① 20 ② 21 ④ 22 ② 23 ② 24 ①

〈크레인 인양〉

**25 크레인으로 인양 시 물체의 중심을 측정하여 인양해야 한다. 다음 중 잘못된 것은?**

① 형상이 복잡한 물체의 무게중심을 정확하게 파악한다.
② 인양물체의 중심이 높으면 물체가 기울 수 있다.
③ 와이어로프나 매달기용 체인이 벗겨질 우려가 있으면 되도록 높이 인양한다.
④ 인양물체를 서서히 올려 지상 약 30cm 지점에서 정지하여 확인한다.

〈크레인 작업〉

**26 크레인 작업 중 적합하지 않은 것은?**

① 항상 수평으로 달아 올려야 한다.
② 제한하중 이상의 것은 달아 올리지 않는다.
③ 신호수의 신호에 따라 작업한다.
④ 경우에 따라서는 수직방향으로 달아 올린다.

〈크레인 운반〉

**27 크레인으로 물건을 운반할 때 주의사항으로 틀린 것은?**

① 규정보다 약간은 초과할 수 있다.
② 로프 등 안전 여부를 항상 점검한다.
③ 신호수의 신호에 따라 작업한다.
④ 적재물이 떨어지지 않도록 한다.

## 4 기타 안전관리 사항

〈감전위험〉

**28 다음은 건설기계를 조정하던 중 감전되었을 때 위험을 결정하는 요소이다. 틀린 것은?**

① 인체에 흐른 전류의 크기
② 인체에 전류가 흐른 시간
③ 인체에 흐른 저항의 크기
④ 전류가 인체를 통과한 경로

〈전동 스위치〉

**29 전동 스위치가 옥내에 있으면 안 되는 경우는?**

① 건설기계 장비 차고
② 절삭유 저장소
③ 카바이드 저장소
④ 기계류 저장소

〈가연성 가스〉

**30 가연성 가스 저장실에 안전 사항으로 옳은 것은?**

① 기름걸레를 가스통 사이에 끼워 충격을 적게 한다.
② 휴대용 전등을 사용한다.
③ 담뱃불을 가지고 출입한다.
④ 조명은 백열등으로 하고 실내에 스위치를 설치한다.

〈납산 배터리〉

**31 다음 중 납산 배터리 액체를 취급하는데 가장 적합한 것은?**

① 고무로 만든 옷
② 가죽으로 만든 옷
③ 무명으로 만든 옷
④ 화학섬유로 만든 옷

〈불연성(不燃性) 재료〉

**32 폭발의 우려가 있는 가스 또는 분진이 발생하는 장소에서 지켜야 할 사항으로 틀린 것은?**

① 화기의 사용 금지
② 인화성 물질 사용 금지
③ 불연성 재료의 사용 금지
④ 점화의 원인이 될 수 있는 기계사용 금지

〈약품 냄새〉

**33 내부가 보이지 않는 병 속에 들어있는 약품을 냄새로 알아보고자 할 때 안전상 가장 적합한 방법은?**

정답 25 ③ 26 ① 27 ① 28 ③ 29 ③ 30 ② 31 ② 32 ③ 33 ②

① 종이로 적셔서 알아본다.
② 손바람을 이용하여 확인한다.
③ 내용물을 조금 쏟아서 확인한다.
④ 숟가락으로 약간 떠내서 냄새를 직접 맡아본다.

〈자연발화〉
**34 자연발화가 일어나기 쉬운 조건으로 틀린 것은?**

① 발열량이 클 때
② 주위 온도가 높을 때
③ 착화점이 낮을 때
④ 표면적이 작을 때

〈화재예방〉
**35 화재예방 조치로서 적합하지 않은 것은?**

① 가연성 물질을 인화 장소에 두지 않는다.
② 유류 취급 장소에는 방화수를 준비한다.
③ 흡연은 정해진 장소에서만 한다.
④ 화기는 정해진 장소에서만 취급한다.

〈연소 조건〉
**36 화재 발생 시 연소 조건이 아닌 것은?**

① 점화원 ② 산소(공기)
③ 발화시기 ④ 가연성 물질

〈화재의 종류〉
**37 화재의 분류가 옳게 된 것은?**

① A급 화재 : 일반가연물 화재
② B급 화재 : 금속 화재
③ C급 화재 : 유류 화재
④ D급 화재 : 전기 화재

〈일반가연물 화재〉
**38 보통화재라고 하며 목재, 종이 등 일반 가연물의 화재로 분류되는 것은?**

① A급 화재 ② B급 화재
③ C급 화재 ④ D급 화재

〈B급 화재〉
**39 B급 화재에 대한 설명으로 옳은 것은?**

① 목재, 섬유류 등의 화재로서 일반적으로 냉각소화를 한다.
② 유류 등의 화재로서 일반적으로 질식 효과(공기차단)로 소화한다.
③ 전기기기의 화재로서 일반적으로 전기절연성을 갖는 소화제로 소화한다.
④ 금속나트륨 등의 화재로서 일반적으로 건조사를 이용한 질식 효과로 소화한다.

〈유류 화재〉
**40 유류 화재 시 소화용으로 가장 거리가 먼 것은?**

① 물 ② 소화기
③ 모래 ④ 흙

〈전기화재〉
**41 전기시설과 관련된 화재로 분류되는 것은?**

① A급 화재 ② B급 화재
③ C급 화재 ④ D급 화재

〈C급 화재〉
**42 전기 화재의 원인과 관련이 없는 것은?**

① 단락(합선) ② 과절연
③ 전기불꽃 ④ 과전류

〈C급 화재〉
**43 다음 중 전기설비 화재 시 가장 적합하지 않은 소화기는?**

① 포말 소화기
② 이산화탄소 소화기
③ 무상 강화액 소화기
④ 할로겐 화합물 소화기

정답 34 ④ 35 ② 36 ③ 37 ① 38 ① 39 ② 40 ① 41 ③ 42 ② 43 ①

# 안전 · 보건 표지

## 1 안전 · 보건 표지의 종류

### 1 금지표지(8종)

① 색 채 : 바탕-흰색, 기본 모형-빨간색, 관련 부호 및 그림-검은색

② 종 류 : 출입금지, 보행금지, 탑승금지, 금연, 화기금지. 물체이동금지 등

| 출입금지  | 보행금지  | 차량통행금지  |
|---|---|---|
| 사용금지  | 탑승금지  | 금연  |
| 화기금지  | 물체이동금지  | |

## 2 경고 표지(15종)

① 색 채 : 바탕–노란색, 기본 모형–검은색, 관련 부호 및 그림–검은색 다만, 인화성 물질 등의 표지는 바탕–무색, 기본모형–빨간색(검은색도 가능)

② 종 류 : 인화성 물질 경고, 폭발성 물질 경고, 급성 독성 물질 경고, 부식성 물질 경고, 몸 균형 상실 경고, 레이저 광선 경고, 위험장소 경고 등

| 인화성물질경고 | 산화성물질경고 | 폭발성물질경고 |
|---|---|---|
| | | |
| 급성독성물질경고 | 부식성물질경고 | 방사성물질경고 |
| | | |
| 고압전기경고 | 매달린물체경고 | 낙하물경고 |
| | | |
| 고온경고 | 저온경고 | 몸균형상실경고 |
| | | |
| 레이저광선경고 | 발암성 변이원성 생식독성 전신독성 호흡기과민성 물질경고 | 위험장소경고 |
| | | |

## 3 지시 표지(9종)

① 색 채 : 바탕-파란색, 관련 그림-흰색

② 종 류 : 보안경 착용, 방진마스크 착용, 안전복 착용 등

보안경 착용

방독마스크 착용

방진마스크 착용

보안면 착용

안전모 착용

귀마개 착용

안전화 착용

안전장갑 착용

안전복 착용

## 4 안내표지(8종)

① 색 채 : 바탕-녹색, 관련부호 및 그림-흰색

② 종 류 : 녹십자 표지, 들것, 비상구 등

녹십자 표지

응급구호 표지

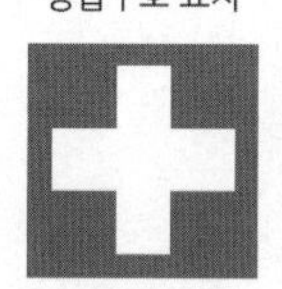

들것

세안장치

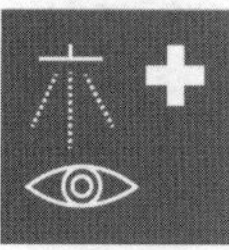

비상용 기구

비상구

좌측비상구

우측비상구

CHAPTER

# 03 안전 · 보건 표지

## 1 안전 · 보건 표지의 종류

〈안전·보건표지 분류〉

**01** 산업안전보건법상 안전 · 보건표지의 종류가 아닌 것은?

① 위험표지 ② 경고표지
③ 지시표지 ④ 금지표지

〈색채와 용도〉

**02** 안전 · 보건표지의 종류별 용도 · 사용 장소·형태 및 색채에서 바탕은 흰색, 기본 모형은 빨간색, 관련부호 및 그림은 검은색으로 된 표지는?

① 보조표지 ② 지시표지
③ 주의표지 ④ 금지표지

〈금지표지〉

**03** 산업안전보건표지에서 그림이 나타내는 것은?

① 비상구 없음 표지
② 방사선 위험 표지
③ 탑승 금지 표지
④ 보행 금지 표지

〈금지표지〉

**04** 안전·보건표지의 종류와 형태에서 그림과 같은 표지는?

① 인화성 물질 경고
② 금연
③ 화기금지
④ 산화성 물질 경고

〈경고표지〉

**05** 안전보건법령상 안전·보건 표지의 종류 중 다음 그림에 해당하는 것은?

① 산화성 물질경고
② 인화성 물질경고
③ 폭발성 물질경고
④ 급성독성 물질경고

〈경고 표지〉

**06** 산업안전보건표지에서 그림이 표시하는 것으로 맞는 것은?

① 독극물 경고
② 폭발물 경고
③ 고압전기 경고
④ 낙하물 경고

정답 01 ① 02 ④ 03 ④ 04 ③ 05 ② 06 ③

〈지시표지〉

**07** 안전·보건표지의 종류와 형태에서 그림과 같은 표지는?

① 보안경 착용
② 방독마스크 착용
③ 방진마스크 착용
④ 보안면 착용

〈지시표지〉

**08** 산업안전보건표지에서 그림이 표시하는 것으로 맞는 것은?

① 귀마개 착용
② 안전화 착용
③ 안전장갑 착용
④ 안전복 착용

〈안내표지〉

**09** 안전·보건표지의 종류와 형태에서 그림과 같은 표지는?

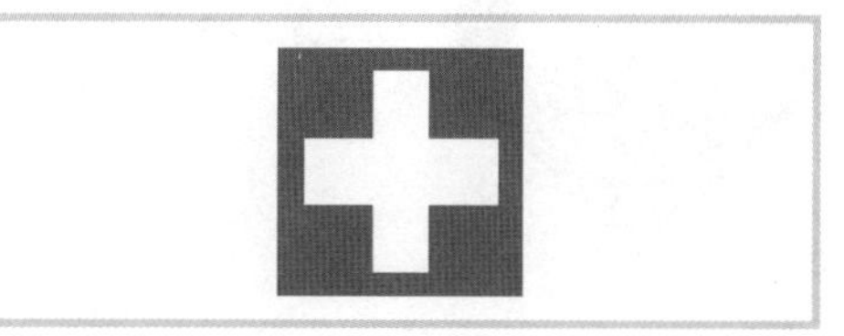

① 녹십자 표지
② 응급구호표지
③ 들것
④ 세안장치

〈안내표지〉

**10** 산업안전보건표지에서 그림이 표시하는 것으로 맞는 것은?

① 비상용 기구
② 비상구
③ 좌측비상구
④ 우측비상구

**정답** 07 ③ 08 ② 09 ② 10 ①

# 04 도시가스공사 · 전기공사

## 1 도시가스공사

### 1 도시가스 관련법상 용어의 정의

① 가 스
- 고압가스 : 1MPa 이상의 압력을 말한다.
- 중압가스 : 0.1MPa 이상~1MPa 미만의 압력을 말한다.
- 저압가스 : 0.1MPa 미만의 압력을 말한다.

② 배 관
- 본 관 : 도시가스 제조사업소의 부지경계에서 정압기까지 이르는 배관을 말한다.
- 공급관 : 정압기에서 가스사용자가 구분하여 소유하거나 점유하는 건축물의 외벽에 설치하는 계량기의 전단 밸브까지 이르는 배관을 말한다.
- 내 관 : 가스사용자가 소유하거나 점유하고 있는 토지의 경계에서 연소기까지 이르는 배관을 말한다.

### 2 도시가스 시설의 압력 표시 색

① 도시가스의 지상배관 : 황색으로 표시

② 도시가스의 매설배관(배관, 보호판, 보호포 등)
- 저 압 : 황색
- 중압 및 고압 : 적색

### 3 도시가스 배관매설 시 배관보호 및 표시

① 라인마크 : 배관길이의 최소 50m 마다 1개 이상 설치한다.

② 배관의 표지판 : 500m 마다 1개 이상 설치한다.

③ 매설배관의 보호판 : 가스공급 압력이 중압 이상의 배관 상부에 사용하며, 배관 지상부 30cm 상

단에 매설되어 있다.

④ 매설배관의 보호포 : 폴리에틸렌 수지 등의 재질로 두께가 0.2mm 이상이다.
  - 최고 사용압력이 저압인 배관 : 배관의 정상부로부터 60cm 이상 떨어진 곳에 설치한다.
  - 최고 사용압력이 중압 이상인 배관 : 보호판의 상부로부터 30cm 이상 떨어진 곳에 설치한다.
  - 공동주택의 부지 내에 설치하는 배관 : 배관의 정상부로부터 40cm 이상 떨어진 곳에 설치한다.

⑤ 매설배관의 보호관 : 지하구조물이 설치된 지역에서 배관을 보호하기 위하여 지면으로부터 0.3m 지점에 설치한다.

## 4 가스 배관 작업 시 유의사항

① 가스배관의 주위를 굴착하고자 할 때 : 가스배관의 좌우 1m 이내의 부분은 인력으로 굴착할 것

② 가스배관의 주위에 매설물을 부설하고자 할 때 : 30cm 이상 이격하여 설치할 것

③ 파일박기 금지 : 가스배관과의 수평거리 30cm 이내에서는 파일 박기를 금지한다.

④ 가스배관과의 수평거리 2m 이내에서 파일박기를 하고자 할 때 : 도시가스 사업자의 입회하에 시험 굴착을 하여야 한다.

⑤ 항타기 : 가스배관과의 수평거리를 최소한 2m 이상 이격하여야 한다.

⑥ 가스배관 외면과 상수도관과의 최소 이격거리 : 30cm 이상이어야 한다.

⑦ 굴착공사 예정지역의 위치표시 : 도시가스 배관의 안전조치 및 손상방지를 위해 굴착공사자는 굴착공사 예정지역의 위치에 흰색 페인트로 표시한다.

⑧ 도시가스 시설 부근에서 굴착공사를 하고자 할 때 : 공사착공 전에 도시가스 사업자와 현장 협의를 통해 각종 사항 및 안전조치를 상호 확인하여야 한다.

## 5 도시가스배관의 지하매설

① 가스배관의 지하매설 깊이
  - 공동주택 등의 부지 내 : 0.6m 이상
  - 폭 8m 이상인 도로 : 1.2m 이상
  - 폭 4m 이상 8m 미만인 도로 : 1m 이상

② 가스배관의 도로매설 : 자동차 등의 하중이 적은 곳에 매설한다.
  - 시가지에 매설하는 경우 : 노면으로부터 배관의 외면까지의 깊이를 1.5m 이상으로 하여야 한다.
  - 시가지 외의 지역에 매설하는 경우 : 노면으로부터 배관의 외면까지의 깊이를 1.2m 이상으로 하여야 한다.

## 6 가스누출 경보기

① 가스누출 경보기 설치 사유 : 도로굴착공사로 인하여 가스 배관이 20m 이상 노출될 경우 설치한다.

② 가스누출 경보기 설치 간격 : 20m마다 누출된 가스가 체류하기 쉬운 장소에 설치한다.

## 7 굴착기 작업 중 가스배관을 손상시켜 가스가 누출되고 있을 경우 긴급 조치사항

① 즉시 건설기계의 작동을 멈춘다.

② 주위 사람을 대피시킨다.

③ 지체 없이 해당 도시가스회사 또는 한국가스안전공사에 신고한다.

## 8 되메우기

① 되메움용 토사 : 운반차로부터 직접 투입하지 말아야 한다.

② 배관손상 방지를 위한 도로굴착자의 확인 : 되메움 공사 완료 후 최소한 3개월 이상 침하 유무를 확인하여야 한다.

# 2 전기공사

## 1 가공 전선로

① 가공 전선로(架空 電線路)의 뜻 : 전주, 철탑 등을 지주물로 하여 공중에 가설된 전선로를 말한다.

② 가공 전선로 부근의 작업 시 유의사항

- 고압 충전 전선로에 근접 작업할 때 최소 이격거리는 1.2m이다.
- 디퍼(버킷)를 고압선(600v 초과)으로부터 10m 이상 떨어져서 작업하여야 한다.
- 굴삭 작업 중에 붐 또는 권상로프가 전선에 근접되지 않도록 주의하여야 한다.

③ 애 자

- 애자의 기능 : 전선을 철탑 또는 전봇대의 어깨쇠에 고정하고 절연하기 위하여 사용하는 지지물로서 사기, 유리, 합성수지 등으로 만든다.
- 전압과 애자수의 관계 : 전압이 높을수록 애자의 사용 개수가 많아진다.
  - 애자수 2~3개 : 22.9kv
  - 애자수 4~5개 : 66kv

· 애자수 9~11개 : 154kv

④ 건설기계와 전선로와의 안전 이격거리(고압전선로 주변작업 시)
- 애자 수가 많을수록 멀어져야 한다.
- 전압이 높을수록 멀어져야 한다.
- 전선이 굵을수록 멀어져야 한다.

## 2 지중 전선로

① 지중(地中) 전선로의 뜻 : 땅속에 부설하는 케이블을 보호하는 전선로를 말한다.

② 매설하는 공사 방법 : 직접매입식(직매식), 관로인입식(관로식), 암거식(전력구식) 등으로 구분된다.

③ 지중 전선로 부근의 작업할 때 유의사항
- 전력 케이블의 매설
  · 차 도 : 지표면 아래 약 1.2~1.5m의 깊이에 매설되어 있다.
  · 기타장소(차도 이외) : 60cm의 깊이에 매설되어 있다.
- 작업할 때 바람의 영향
  · 이격거리 증가 : 전선이 바람에 흔들리므로 이격거리를 증가시킨다.
  · 전선이 바람에 흔들리는 정도 : 바람이 강할수록, 철탑 또는 전주에서 멀어질수록 많이 흔들린다.
- 굴착작업 중 전력 케이블 피복의 손상 효과 : 즉각 전력공급의 차단 및 일정기간 중단될 수 있다.

④ 표지시트
- 표지시트의 뜻 : 전력 케이블이 매설되어 있음을 표시하기 위한 표지를 말한다.
- 표지시트의 설치 : 차도에서 지표면 아래 30cm 깊이에 설치
- 표지시트의 효과 : 도로 굴착 작업 중 "고압선 위험" 표지시트가 나타나면 바로 아래[직하(直下)]에 전력 케이블이 묻혀 있다.
- 표지시트 발견 시 조치 : 즉시 굴착을 중지하고 해당 시설 관리기관에 연락한다.

## 3 기타 전기공사 관련 안전사항

① 154kv 송전선로 주변에서의 작업
- 154kv 가공 선로에 건설장비가 접촉하지 않고 근접만 해도 사고가 발생할 수 있다.
- 154kv의 송전선로에 대한 안전거리 : 160cm 이상
- 154kv의 송전철탑 근접 굴착작업 : 접지선이 노출되어 단선되었을 경우에는 철탑 부지에서

떨어진 위치라도 시설관리자에게 연락을 취한다.
- 154kv의 지중 송전케이블을 손상시켜 누유 중일 때 조치사항 : 신속히 시설 소유자 또는 관리자에게 연락한다.

② 22.94kv 송전선로 주변에서의 작업
- 22.94kv 배전선로에 근접하여 굴착기 작업 : 전력선이 활선인지 확인 후 안전 조치된 상태에서 작업한다.
- 22.94kv 가공 배전선로의 설치 : 높은 전압일수록 전주 상단에 설치되어 있다.
- 22.94kv 배전선로의 전력선에 크레인의 붐 또는 케이블이 접촉한 경우 : 전력선이 끊어지지 않더라도 사고가 발생한다.

CHAPTER

# 01 도시가스공사 · 전기공사

## 1 도시가스공사

〈중압가스〉

**01 도로에 매설된 도시가스 색깔이 적색(중압)이었다. 이 배관이 손상되어 가스가 누출될 경우 가스의 압력은?**

① 0.1MPa 미만
② 0.05MPa 이상 0.1MPa 미만
③ 0.1MPa 이상 1MPa 미만
④ 1MPa 이상

〈본 관〉

**02 도사가스관련법상 도사가스 제조사업소의 부지경계에서 정압기까지 이르는 배관을 무엇이라고 하는가?**

① 본관
② 공급관
③ 내관
④ 강관

〈압력표시색〉

**03 도로 굴착시 황색의 도시가스 보호표가 나왔다. 매설된 도시가스 배관의 압력은?**

① 초고압
② 고압
③ 중압
④ 저압

〈라인마크〉

**04 도시가스 배관 매설 시 라인마크는 배관 길이 최소 몇 미터마다 1개 이상 설치되는가?**

① 50m
② 100m
③ 200m
④ 250m

〈보호판〉

**05 가스공급 압력이 중압 이상의 배관 상부에는 보호판을 사용하고 있다. 이 보호판에 대한 설명으로 틀린 것은?**

① 배관 지상부 30cm 상단에 매설되어 있다.
② 보호판은 가스가 누출되지 않도록 하기 위한 것이다.
③ 보호판은 철판으로 장비에 의한 배관 손상을 방지하기 위하여 설치한 것이다.
④ 두께가 4mm 이상의 철판으로 방식 코팅되어 있다.

〈보호포〉

**06 최고 사용압력이 중압 이상인 도시가스 매설배관의 경우, 보호판의 설치 위치는?**

① 보호판의 상부로부터 10cm 이상 떨어진 곳에 설치한다.
② 보호판의 상부로부터 30cm 이상 떨어진 곳에 설치한다.
③ 보호판의 상부로부터 50cm 이상 떨어진 곳에 설치한다.
④ 보호판의 상부로부터 70cm 이상 떨어진 곳에 설치한다.

〈굴착작업〉

**07 가스배관의 주위를 굴착하고자 할 때 주의사항으로 맞는 것은?**

정답 01 ③ 02 ① 03 ④ 04 ① 05 ② 06 ② 07 ③

① 가스배관 좌우 30cm 이상은 장비로 굴착하고 30cm 이내는 인력으로 굴착한다.
② 가스배관 좌우 50cm 이상은 장비로 굴착하고 50cm 이내는 인력으로 굴착한다.
③ 가스배관 좌우 1m 이상은 장비로 굴착하고 1m 이내는 인력으로 굴착한다.
④ 가스배관 좌우 2m 이상은 장비로 굴착하고 2m 이내는 인력으로 굴착한다.

〈배관매설 깊이〉

**08 도로 폭이 8m 이상의 큰 도로에서 장애물 등이 없을 경우 일반 도시가스 배관의 최소 매설 깊이는?**

① 0.6m 이상
② 1m 이상
③ 1.2m 이상
④ 2m 이상

〈경보기〉

**09 도로굴착공사로 인하여 가스배관이 20미터 이상 노출될 경우 설치하여야 하는 가스누출 경보기는 몇 미터마다 설치하도록 되어 있는가?**

① 10m
② 15m
③ 20m
④ 25m

〈가스누출〉

**10 건설기계로 작업 중 가스배관을 손상시켜 가스가 누출되고 있을 경우 긴급 조치사항으로 가장 거리가 먼 것은?**

① 즉시 건설기계의 작동을 멈춘다.
② 주위 사람을 대피시킨다.
③ 지체 없이 해당 도시가스회사 또는 한국가스안전공사에 신고한다.
④ 가스배관을 손상시킨 장비를 빼내고 안전한 장소로 이동한다.

〈되메움공사〉

**11 도로 굴착자는 되메움 공사 완료 후 도시가스 배관 손상방지를 위하여 최소한 몇 개월 이상 침하 유무를 확인해야 하는가?**

① 1개월
② 2개월
③ 3개월
④ 4개월

## 2 전기공사

〈전선로부근 작업〉

**12 굴착기로 가공전선로 부근에서 작업할 때 주의할 사항으로 거리가 먼 것은?**

① 고압 충전 전선로에 근접 작업할 때 최소 이격거리는 1.2m이다.
② 바람에 흔들리는 정도가 커질수록 전선 이격거리를 감소시켜 작업해야 한다.
③ 디퍼(버킷)를 고압선(600v 초과)으로부터 10m 이상 떨어져서 작업하여야 한다.
④ 굴삭 작업 중에 붐 또는 권상로프가 전선에 근접되지 않도록 주의하여야 한다.

〈고전압〉

**13 교류전기에서 고전압이라 함은 최소 몇 볼트를 초과하는 전압을 말하는가?**

① 220V 초과
② 380V 초과
③ 600V 초과
④ 750V 초과

〈애 자〉

**14 전선을 철탑 또는 전봇대의 어깨쇠에 기계적으로 고정시키고, 전기적으로 절연하기 위해서 사용하는 것을 무엇이라고 하는가?**

**정답** 08 ③ 09 ③ 10 ④ 11 ③ 12 ② 13 ③ 14 ④

① 완철 ② 가공지선
③ 클램프 ④ 애자

〈지중매설〉

**15 고압 전력 케이블을 지중에 매설하는 방법이 아닌 것은?**

① 직매식(직접매입식)
② 궤도식(궤도인입식)
③ 관로식(관로인입식)
④ 전력구식(암거식)

〈안전 이격거리〉

**16 고압 전선로 주변에서 작업 시 건설기계와 전선로와의 안전 이격거리에 대한 설명 중 틀린 것은?**

① 전압에는 관계없이 일정하다.
② 애자 수가 많을수록 멀어져야 한다.
③ 전압이 높을수록 멀어져야 한다.
④ 전선이 굵을수록 멀어져야 한다.

〈표지시트〉

**17 굴착장비를 이용하여 도로 굴착작업 중 "고압선 위험" 표지 시트가 발견되었다. 다음 중 맞는 것은?**

① 표지시트 직하에 전력 케이블이 묻혀 있다.
② 표지시트 좌측에 전력 케이블이 묻혀 있다.
③ 표지시트 직각방향에 전력 케이블이 묻혀 있다.
④ 표지시트 우측에 전력 케이블이 묻혀 있다.

〈배선선로〉

**18 특별고압 가공 배선선로에 관한 설명으로 옳은 것은?**

① 낮은 전압일수록 전주 상단에 설치한다.
② 높은 전압일수록 전주 상단에 설치한다.
③ 배전선로는 전부 절연전선이다.
④ 전압에 관계 없이 장소마다 다르다.

〈특고압〉

**19 6,600V 고압 전선로 부근에서 굴착 시 안전작업 조치사항으로 가장 올바른 것은?**

① 고압전선에 붐이 근접하지 않도록 한다.
② 버킷과 붐의 길이는 무시해도 된다.
③ 고압전선에 장비가 직접 접촉하지 않으면 근접하여 작업할 수 있다.
④ 전선에 버킷이 근접하는 것은 괜찮다.

〈접지선 노출〉

**20 도로상 굴착작업 중에 매설된 전기설비의 접지선이 노출되어 일부가 손상되었을 때 조치방법으로 맞는 것은?**

① 접지선 단선은 사고와 무관하므로 그대로 되메운다.
② 손상된 접지선은 임의로 철거한다.
③ 접지선 단선 시에는 시설관리자에게 연락한 후 그 지시를 따른다.
④ 접지선 단선 시에는 철선 등으로 연결 후 되메운다.

**정답** 15 ② 16 ① 17 ① 18 ② 19 ① 20 ③

P/A/R/T

# 03 굴착기 필기문제

# 01 CBT 형식 문제

제한시간 : 60분
남은시간 : 60분

수험번호 :
수험자명 :

전체 문제 수 60
안 푼 문제 수

**01 기관에서 엔진오일이 연소실로 올라오는 이유는?**

① 피스톤핀 마모
② 크랭크축 마모
③ 피스톤링 마모
④ 커넥팅로드 마모

**02 우수식 크랭크축이 설치된 4행정 6실린더 기관의 폭발순서는?**

① 1－5－3－6－2－4
② 1－6－2－5－3－4
③ 1－3－2－5－6－4
④ 1－4－3－5－2－6

**03 엔진의 윤활유 압력이 낮은 원인이 아닌 것은?**

① 기관 각부의 마모가 너무 심하다.
② 윤활유 펌프의 성능이 좋지 않다.
③ 윤활유의 양이 부족하다.
④ 윤활유의 점도가 너무 높다.

**04 디젤기관의 노킹 발생 원인으로 가장 거리가 먼 것은?**

① 기관이 과냉되어 있다.
② 기관의 압축압력이 너무 낮다.
③ 노즐의 분무상태가 불량하다.
④ 착화기간 중 분사량이 너무 많다.

| 답안 표기란 | | | | |
|---|---|---|---|---|
| 1 | ① | ② | ③ | ④ |
| 2 | ① | ② | ③ | ④ |
| 3 | ① | ② | ③ | ④ |
| 4 | ① | ② | ③ | ④ |

**05** 디젤엔진이 잘 시동되지 않거나 시동이 되더라도 출력이 약한 원인으로 맞는 것은?

① 냉각수 온도가 100℃ 정도 되었을 때
② 연료분사 펌프의 기능이 불량할 때
③ 플라이휠이 마모되었을 때
④ 연료탱크 상부에 공기가 들어있을 때

**06** 노킹이 발생되었을 때 디젤기관에 미치는 영향이 아닌 것은?

① 연소실 온도가 상승한다.
② 출력이 저하된다.
③ 엔진에 손상이 발생할 수 있다.
④ 배기가스의 온도가 상승한다.

**07** 건설기계 운전 작업 중 온도 게이지가 "H" 위치에 근접되어 있다. 운전자가 취해야 할 조치로 가장 알맞은 것은?

① 윤활유를 즉시 보충하고 계속 작업한다.
② 작업을 중단하고 냉각수 계통을 점검한다.
③ 작업을 계속해도 무방하다.
④ 잠시 작업을 중단하고 휴식을 취한 후 다시 작업한다.

**08** 기관에서 피스톤링의 작용으로 틀린 것은?

① 완전연소 억제작용
② 기밀작용
③ 열전도 작용
④ 오일제어 작용

**09** 건식 공기청정기의 장점이 아닌 것은?

① 구조가 간단하고 여과망을 세척하여 사용할 수 있다.
② 설치 또는 분해조립이 간단하다.
③ 기관의 회전속도 변동에도 안정된 공기청정 효율을 얻을 수 있다.
④ 작은 입자의 먼지나 오물을 여과할 수 있다.

| 답안 표기란 | | | | |
|---|---|---|---|---|
| 5 | ① | ② | ③ | ④ |
| 6 | ① | ② | ③ | ④ |
| 7 | ① | ② | ③ | ④ |
| 8 | ① | ② | ③ | ④ |
| 9 | ① | ② | ③ | ④ |

**10** 커먼레일 연료장치의 기능에 대한 설명으로 틀린 것은?

① 고압펌프로부터 받은 디젤연료의 압력을 저장한다.
② 연료 압력 조절기에 의해 압력을 일정하게 유지한다.
③ 고압의 연료를 저장하고 인젝터에 분배한다.
④ 연료를 저압으로 연소실에 일정하게 분사하기 위하여 설치한다.

**11** 전자제어 디젤엔진의 회전속도를 감지하여 분사시기와 점화시기를 조절하는 장치는?

① 냉각수 센서 ② 크랭크축 센서
③ 가속페달 센서 ④ 온도 센서

**12** 커먼레일 연료분사장치의 고압연료펌프에 부착된 것은?

① 커먼레일
② 압력센서
③ 유량조절기
④ 압력제어밸브

**13** 엔진과열의 원인으로 가장 거리가 먼 것은?

① 정온기가 닫혀서 고장
② 냉각 계통의 고장
③ 라디에이터 코어 불량
④ 연료의 품질 불량

**14** 방향지시등 전구에 흐르는 전류를 일정한 주기로 단속 · 점멸하는 기능을 가진 부품은 무엇인가?

① 플래셔 유닛
② 디머 스위치
③ 파일럿 유닛
④ 방향지시기 스위치

답안 표기란

| | | | | |
|---|---|---|---|---|
| 10 | ① | ② | ③ | ④ |
| 11 | ① | ② | ③ | ④ |
| 12 | ① | ② | ③ | ④ |
| 13 | ① | ② | ③ | ④ |
| 14 | ① | ② | ③ | ④ |

**15** 12V 배터리의 셀 연결 방법으로 맞는 것은?

① 3개를 직렬로 연결한다.
② 3개를 병렬로 연결한다.
③ 6개를 병렬로 연결한다.
④ 6개를 직렬로 연결한다.

**16** 축전지 속에 들어가는 것이 아닌 것은?

① 단자기둥　② 양극판
③ 음극판　④ 격리판

**17** 전류의 단위표시는?

① V　② O
③ E　④ A

**18** 다음 중 클러치의 필요성이 아닌 것은?

① 관성운동을 위해
② 전 · 후진을 위해
③ 동력을 차단하기 위해
④ 엔진가동 시 무부하 상태로 놓기 위해

**19** 굴착기의 동력전달장치에서 추진축 길이의 변화를 가능하도록 하는 것은?

① 슬립이음
② 자재이음
③ 2중 십자이음
④ 3중 십자이음

| 답안 표기란 | | | | |
|---|---|---|---|---|
| 15 | ① | ② | ③ | ④ |
| 16 | ① | ② | ③ | ④ |
| 17 | ① | ② | ③ | ④ |
| 18 | ① | ② | ③ | ④ |
| 19 | ① | ② | ③ | ④ |

**20** 타이어에서 고무로 피복된 코드를 여러 겹으로 겹친 층에 해당되며 타이어의 골격을 이루는 부분은?

① 트레드 부 ② 숄더 부
③ 비드 부 ④ 카커스 부

**21** 트랙의 장력은 실린더에 무엇을 주입하여 조절하는가?

① 유압유 ② 엔진오일
③ 그리스 ④ 기어오일

**22** 암석, 콘크리트, 아스팔트 등을 파괴할 수 있는 굴착기 작업장치는 무엇인가?

① 버킷
② 파일드라이버
③ 브레이커
④ 리퍼

**23** 굴착기의 오프셋 붐 스윙장치를 설명한 것으로 틀린 것은?

① 붐을 일정 각도로 회전시킬 수 있다.
② 붐 스윙 각도는 왼쪽, 오른쪽 60~90° 정도이다.
③ 상부를 회전하지 않고도 파낸 흙을 옆으로 이동시킬 수 있다.
④ 좁은 장소나 도로변 작업에 많이 사용한다.

**24** 견고한 땅을 굴착할 때 가장 적절한 방법은?

① 버킷 투스로 찍고 선회 등을 하며 굴삭 작업을 한다.
② 버킷 투스로 찍어 단번에 강하게 굴삭 작업을 한다.
③ 버킷을 최대한 높이 들어 하강하는 자중을 이용하여 굴삭 작업을 한다.
④ 버킷 투스로 표면을 얇게 여러 번 굴삭 작업을 한다.

답안 표기란

| | | | | |
|---|---|---|---|---|
| 20 | ① | ② | ③ | ④ |
| 21 | ① | ② | ③ | ④ |
| 22 | ① | ② | ③ | ④ |
| 23 | ① | ② | ③ | ④ |
| 24 | ① | ② | ③ | ④ |

**25** 굴착기 조정 레버 중 굴삭 작업과 직접적인 관계가 없는 것은?

① 암(arm) 제어 레버
② 버킷(bucket) 제어 레버
③ 스윙(swing) 제어 레버
④ 붐(boom) 제어 레버

**26** 무한궤도식 건설기계에서 트랙 장력이 약간 팽팽할 때 작업조건이 오히려 효과적인 경우는?

① 진흙 땅
② 모래가 있는 땅
③ 물이 고여 있는 땅
④ 바위가 깔린 땅

**27** 장비에 부하가 걸릴 때 토크 컨버터의 터빈 속도는 어떻게 되는가?

① 일정하다. ② 빨라진다.
③ 느려진다. ④ 관계없다.

**28** 도로를 주행할 때 포장 노면의 파손을 방지하기 위해 주로 사용하는 트랙 슈는?

① 습지용 슈 ② 평활 슈
③ 스노우 슈 ④ 단일돌기 슈

**29** 트랙장치의 트랙 유격이 너무 커졌을 때 발생하는 현상으로 가장 적합한 것은?

① 주행속도가 아주 느려진다.
② 주행속도가 빨라진다.
③ 트랙이 벗겨지기 쉽다.
④ 슈판 마모가 급격하게 증가한다.

| 답안 표기란 | | | | |
|---|---|---|---|---|
| 25 | ① | ② | ③ | ④ |
| 26 | ① | ② | ③ | ④ |
| 27 | ① | ② | ③ | ④ |
| 28 | ① | ② | ③ | ④ |
| 29 | ① | ② | ③ | ④ |

**30** 다음 [보기] 중 무한궤도형 건설기계에서 트랙 긴도 조정방법으로 맞는 것은?

| ㉠ 그리스식 | ㉡ 너트식 | ㉢ 전자식 | ㉣ 유압식 |
|---|---|---|---|

① ㉠,㉡
② ㉠,㉢
③ ㉠,㉡,㉢
④ ㉡,㉢,㉣

**31** 다음 유압기호로 맞는 것은?

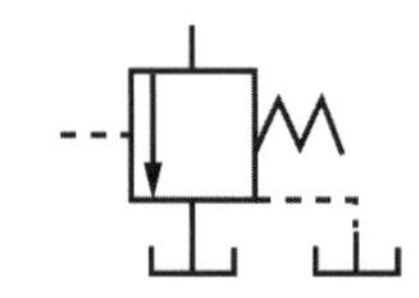

① 시퀀스 밸브
② 체크 밸브
③ 스톱 밸브
④ 가변 교축 밸브

**32** 2개 이상의 분기회로에서 작동순서를 제어하는 밸브는?

① 언로더 밸브
② 리듀싱 밸브
③ 릴리프 밸브
④ 시퀀스 밸브

**33** 그림의 유압기호는 무엇을 표시하는가?

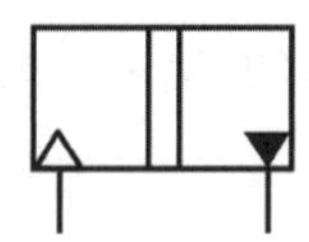

① 공기유압 변환기
② 증압기
③ 촉매컨버터
④ 어큐뮬레이터

| 답안 표기란 | | | | |
|---|---|---|---|---|
| 30 | ① | ② | ③ | ④ |
| 31 | ① | ② | ③ | ④ |
| 32 | ① | ② | ③ | ④ |
| 33 | ① | ② | ③ | ④ |

**34** **유압펌프의 기능을 설명한 것으로 가장 적합한 것은?**

① 유압 에너지를 동력으로 변환한다.
② 원동기의 기계적 에너지를 유압 에너지로 변환한다.
③ 유압회로의 압력을 측정하는 기구이다.
④ 어큐뮬레이터와 동일한 기능을 한다.

**35** **유압장치의 일상 점검 개소가 아닌 것은?**

① 오일의 색　② 탱크 내부
③ 오일의 양　④ 오일의 온도

**36** **건설기계관리법상 건설기계의 주요구조를 변경 또는 개조할 수 있는 범위에 포함되지 않는 것은?**

① 적재함의 용량증가를 위한 구조변경
② 조향장치의 형식변경
③ 건설기계의 길이, 너비 및 높이 등의 변경
④ 동력전달장치의 형식변경

**37** **15km/h 이하로 주행하는 건설기계가 갖추지 않아도 되는 조명은?**

① 제동등　② 후부반사판
③ 전조등　④ 번호등

**38** **도로교통법상 주 · 정차 금지장소가 아닌 곳은?**

① 화재경보기로부터 3m
② 교차로에서부터 5m
③ 소화전으로부터 5m
④ 전신주로부터 10m

| 답안 표기란 | | | | |
|---|---|---|---|---|
| 34 | ① | ② | ③ | ④ |
| 35 | ① | ② | ③ | ④ |
| 36 | ① | ② | ③ | ④ |
| 37 | ① | ② | ③ | ④ |
| 38 | ① | ② | ③ | ④ |

**39** 교차로에서 먼저 진입한 건설기계가 좌회전할 때 반대 방향에서 버스가 직진하려 한다. 이때의 우선순위는?

① 속도가 빠른 차가 우선한다.
② 버스가 우선한다.
③ 서로 양보한다.
④ 건설기계가 우선한다.

**40** 건설기계 등록지를 변경한 때는 등록번호표를 시 · 도지사에게 며칠 이내에 반납하여야 하는가?

① 5일　　② 10일
③ 15일　　④ 20일

**41** 건설기계의 검사명령서를 교부하는 자는?

① 경찰서장
② 검사대행자
③ 행정자치부장관
④ 시 · 도지사

**42** 건설기계의 구조변경검사는 누구에게 신청할 수 있는가?

① 건설기계검사대행자
② 건설기계폐기업소
③ 건설기계 등록사업소
④ 건설기계정비업소

**43** 건설기계관리법령상 건설기계에 대하여 실시하는 검사가 아닌 것은?

① 수시검사　　② 신규등록검사
③ 예비검사　　④ 구조변경검사

| 답안 표기란 | | | | |
|---|---|---|---|---|
| 39 | ① | ② | ③ | ④ |
| 40 | ① | ② | ③ | ④ |
| 41 | ① | ② | ③ | ④ |
| 42 | ① | ② | ③ | ④ |
| 43 | ① | ② | ③ | ④ |

**44** **건설기계 등록신청 시 첨부하지 않아도 되는 서류는?**

① 건설기계 제작증
② 호적등본
③ 건설기계 제원표
④ 건설기계 소유자임을 증명하는 서류

**45** **술에 취한 상태의 기준은 혈중의 알코올 농도가 최소 몇 퍼센트 이상인 경우인가?**

① 0.03% 이상
② 0.05% 이상
③ 0.08% 이상
④ 0.1% 이상

**46** **주행 중 앞지르기 금지장소가 아닌 곳은?**

① 교차
② 터널 안
③ 다리 위
④ 버스정류장 부근

**47** **아세틸렌 용접기의 안전장치는?**

① 밸브
② 스위치
③ 덮개
④ 안전기

**48** **다음의 안전표지로 맞는 것은?**

① 레이저 광선 경고
② 낙화물 경고
③ 인화성 물질 경고
④ 폭발물 경고

| 답안 표기란 | | | | |
|---|---|---|---|---|
| 44 | ① | ② | ③ | ④ |
| 45 | ① | ② | ③ | ④ |
| 46 | ① | ② | ③ | ④ |
| 47 | ① | ② | ③ | ④ |
| 48 | ① | ② | ③ | ④ |

**49** **작업 중 기계장치에서 이상한 소리가 날 경우 작업자가 해야 할 조치로 가장 적합한 것은?**

① 즉시 기계의 작동을 멈추고 점검한다.
② 진행 중인 작업은 계속하고 작업 종료 후에 조치한다.
③ 속도를 조금 줄여 작업한다.
④ 장비를 멈추고 열을 식힌 후 계속 작업한다.

**50** **인력운반에 대한 기계운반의 특성이 아닌 것은?**

① 단순하고 반복적인 작업에 적합하다.
② 취급물의 크기, 형상, 성질 등이 일정한 작업에 적합하다.
③ 취급물이 경량물인 작업에 적합하다.
④ 표준화되어 있어 지속적이고 운반량이 많은 작업에 적합하다.

**51** **수공구 사용상 재해의 원인이 아닌 것은?**

① 공구의 점검 소홀
② 규격에 맞는 공구 사용
③ 잘못된 공구 선택
④ 사용법의 미숙지

**52** **안전점검의 일상점검표에 포함되어 있는 항목이 아닌 것은?**

① 작업자의 복장 상태
② 가동 중 이상 소음
③ 전기 스위치
④ 폭풍 후 기계의 기능상 이상 유무

**53** **작업별 안전보호구의 착용이 잘못 연결된 것은?**

① 산소 결핍장소에서의 작업 – 공기 마스크
② 아크용접 작업 – 도수가 있는 렌즈 안경
③ 그라인딩 작업 – 보안경
④ 10m 높이에서 작업 – 안전벨트

| 답안 표기란 | | | | |
|---|---|---|---|---|
| 49 | ① | ② | ③ | ④ |
| 50 | ① | ② | ③ | ④ |
| 51 | ① | ② | ③ | ④ |
| 52 | ① | ② | ③ | ④ |
| 53 | ① | ② | ③ | ④ |

## 54 산업안전을 통한 기대효과로 옳은 것은?

① 기업의 생산성이 저하된다.
② 기업의 재산만 보호된다.
③ 근로자와 기업의 발전이 도모된다.
④ 근로자의 생명만 보호된다.

## 55 작업장 내의 안전한 통행을 위하여 지켜야 할 사항이 아닌 것은?

① 좌측 또는 우측통행 규칙을 엄수할 것
② 물건을 든 사람과 만났을 때는 즉시 길을 양보할 것
③ 주머니에 손을 넣고 보행하지 말 것
④ 운반차를 이용할 때는 가능한 한 빠른 속도로 주행할 것

## 56 재해율 중 연천인율 계산식으로 옳은 것은?

① (재해율 × 근로자 수) ÷ 1,000
② 재해자 수 ÷ 연평균근로자 수
③ (재해자 수 / 평균 근로자 수) × 1,000
④ 강도율 × 1,000

## 57 전선로 부근에서 굴착기 작업할 때 주의사항으로 맞지 않는 것은?

① 전선로 주변에서 작업할 때는 붐이 전선에 근접되지 않도록 주의한다.
② 전선은 바람에 의해 흔들리게 되므로 이격거리를 증가시켜 작업한다.
③ 전선은 철탑 또는 전주에서 멀어질수록 적게 흔들리며 안전하다.
④ 바람의 세기를 확인하여 전선의 흔들림 정도에 신경을 쓴다.

| 답안 표기란 | | | | |
|---|---|---|---|---|
| 54 | ① | ② | ③ | ④ |
| 55 | ① | ② | ③ | ④ |
| 56 | ① | ② | ③ | ④ |
| 57 | ① | ② | ③ | ④ |

**58** **도로나 아파트 단지의 땅속을 굴착하고자 할 때 도시가스 배관이 묻혀있는지 확인하기 위하여 가장 먼저 해야 할 일은?**

① 굴착기로 땅속을 파서 가스 배관이 있는지 직접 확인한다.
② 그 지역 주민에게 물어본다.
③ 그 지역에 가스를 공급하는 도시가스 회사에 가스 배관의 매설 유무를 확인한다.
④ 해당 구청 토목과에 확인한다.

**59** **폭 4m 이상 8m 미만인 도로에 일반 도시가스 배관을 매설 시 지면과 도시가스 배관 상부와의 최소 이격거리는 몇m 이상인가?**

① 0.6m ② 1.0m
③ 1.2m ④ 1.5m

**60** **다음 배전선로 그림에서 "A"의 명칭으로 맞는 것은?**

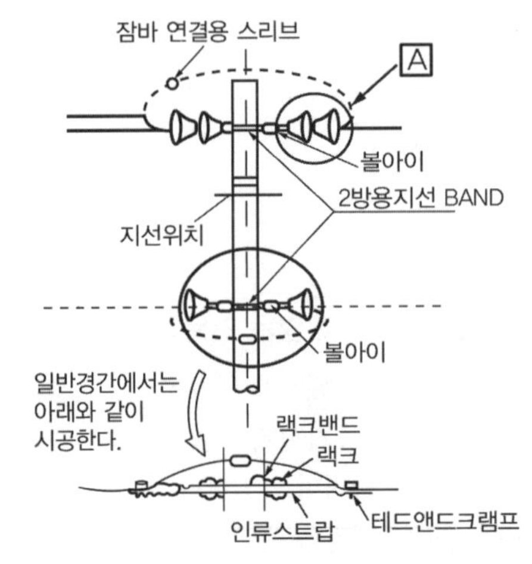


① 변압기
② 현수애자
③ 피뢰기
④ 라인포스트 애자(LPI)

| 답안 표기란 | | | | |
|---|---|---|---|---|
| 58 | ① | ② | ③ | ④ |
| 59 | ① | ② | ③ | ④ |
| 60 | ① | ② | ③ | ④ |

# 01 CBT 형식 문제 -정답 및 해설-

정답

| 01 | 02 | 03 | 04 | 05 | 06 | 07 | 08 | 09 | 10 |
|---|---|---|---|---|---|---|---|---|---|
| ③ | ① | ④ | ② | ② | ④ | ② | ① | ④ | ④ |
| 11 | 12 | 13 | 14 | 15 | 16 | 17 | 18 | 19 | 20 |
| ② | ④ | ④ | ① | ④ | ① | ④ | ② | ① | ④ |
| 21 | 22 | 23 | 24 | 25 | 26 | 27 | 28 | 29 | 30 |
| ③ | ③ | ② | ④ | ③ | ④ | ③ | ② | ③ | ① |
| 31 | 32 | 33 | 34 | 35 | 36 | 37 | 38 | 39 | 40 |
| ① | ④ | ① | ② | ② | ① | ④ | ④ | ④ | ② |
| 41 | 42 | 43 | 44 | 45 | 46 | 47 | 48 | 49 | 50 |
| ④ | ① | ③ | ② | ① | ④ | ④ | ① | ① | ③ |
| 51 | 52 | 53 | 54 | 55 | 56 | 57 | 58 | 59 | 60 |
| ② | ④ | ② | ③ | ④ | ③ | ③ | ③ | ② | ② |

**01** 피스톤의 오일링이 마모되면 엔진오일이 기관의 실린더와 오일링 사이로 오일이 누출되면서 다시 아래로 내려가지 못하고 엔진오일이 연소실로 올라오게 된다.

**02** 4행정 6실린더 기관의 폭발순서
- 우수식 폭발순서 1－5－3－6－2－4
- 좌수식 폭발순서 1－4－2－6－3－5

**03** 엔진에서 기관 각부의 마모가 너무 심하거나 윤활유 양의 부족 또는 점도가 너무 낮으면 엔진의 윤활유 압력이 낮아진다.

**04** 디젤기관의 노킹 발생원인
- 기관이 과냉되어 있다.
- 분사노즐의 분무상태가 불량하다.
- 착화기간 중 분사량이 너무 많다.
- 연료의 세탄가가 낮다.
- 연료의 분사압력이 낮다.
- 연소실의 온도가 낮다.
- 착화지연 시간이 길다.

**05** 분사펌프(injection pump)는 연료를 압축하여 분사순서에 따라서 파이프를 통하여 분사노즐로 보내는 역할을 하므로 이러한 연료분사펌프의 기능이 불량하면 시동이 되지 않거나 시동이 되더라도 출력이 약하게 된다.

**06** 노킹(knocking)이란 디젤기관의 실린더 내에서 착화 지연기간이 길어지며 이상연소가 발생하여 망치로 두드리는 것과 같은 소리가 나는 현상을 말한다. 이러한 노킹이 발생하면 기관이 손상할 수 있고 회전수(rpm)가 낮아지면서 출력이 저하되고, 기관이 과열하며 흡기효율이 저하된다.

**07** 운전 작업 중 온도 게이지가 C(Cool)와 H(Hot)의 가운데 있어야 정상이나 "H"위치에 근접되었다는 것은 과부하로 엔진이 과열된 상태이므로 작업을 중단하고 냉각수 계통을 점검하여야 한다.

**08** 피스톤 링의 3대 작용
- 기밀작용 : 기밀을 유지하여 압축가스가 새는 것을 막아준다.
- 오일제어작용 : 실린더 벽의 엔진오일을 긁어내린다.
- 냉각작용 : 실린더 벽과 접촉하여 열을 전도한다.

**09** 공기청정기(에어 클리너, Air Cleaner) 중 건식 공기청정기는 구조가 간단하고 여과망(여과지, 여과포)

세척은 압축공기로 안에서 밖으로 불어내서 사용할 수 있으므로 설치가 간단하고 기관의 회전속도 변동에도 안정된 공기청정효율을 얻을 수 있다.
그러나 습식 공기청정기와 같이 작은 입자의 먼지나 오물을 여과할 수는 없는 단점이 있다.

**10** 커먼레일(common rail) 연료장치의 기능
- 커먼레일의 설치 : 연료를 고압으로 연소실에 일정하게 분사하기 위하여 설치한다.
- 연료의 축압 : 고압 펌프로부터 받은 디젤연료의 압력을 저장한다.
- 연료 압력 조절 : 연료 압력 조절기에 의해 압력이 일정하게 유지된다.
- 연료의 분배 : 연료를 저압이 아닌 고압의 연료를 저장하고 인젝터에 분배한다.

**11** 크랭크축 센서는 전자제어 디젤엔진의 회전속도를 감지하여 전자제어기에 전달해 준다.
엔진제어기는 크랭크축 위치 센서의 정보를 활용하여 분사시기와 점화시기 등을 조절한다.

**12** 커먼레일 연료분사장치 고압부의 고압연료펌프에는 커먼레일의 압력을 제어하기 위하여 압력제어밸브가 부착되어 있다.

**13** 엔진과열의 원인은 정온기가 닫힌 채 고장 등 냉각장치 고장은 물론 엔진 오일도 냉각작용을 하므로 엔진과열의 원인이다. 그러나 연료장치의 연료는 엔진의 과열과는 연관이 없다.

**14** 플래셔 유닛(flasher unit)은 방향지시등의 전구에 흐르는 전류를 일정한 주기로 단속 · 점멸하거나 광도를 증감시킨다.

**15** 납산축전지의 1개 셀의 전압은 2~2.2V이므로 12V 배터리의 셀 연결 방법은 6개를 직렬로 연결하여야 한다.(2×6＝12V)

**16** 단자 기둥(terminal post, 터미널 기둥)은 축전지 커버에 노출되어 외부의 회로에 연결하는 단자이며, 이러한 단자 기둥이 부식되면 전압강하가 발생되어 기동전동기 회전력이 약해지므로 엔진 크랭킹이 잘 안 돼서 결국 시동이 걸리지 않게 된다.

**17** 전류 단위의 기호는 "I"이고 기본 단위는 암페어(Amper, 약호 A)를 사용하며, 1암페어(A)는 도체의 단면에 흐르는 크기를 말한다.
- 1A＝1,000mA(미리 암페어)
- 1mA＝1,000$\mu$A(마이크로 암페어)

**18** 클러치는 기관과 변속기 사이에 설치되어 엔진의 힘을 변속기에 전달하거나 차단하는 역할을 한다.
전 · 후진은 변속기의 기능이다.

**19** 슬립 이음(slip joint)은 변속기 출력축 스플라인에 설치되어 추진축 길이의 변화를 흡수하고, 험로를 주행할 때 액슬축의 상하 운동에 의해 축 방향으로 길이가 변화되어 동력이 원활하게 전달된다.

**20** 카커스(carcass) 부는 타이어에서 고무로 피복된 코드를 여러 겹으로 겹친 층으로써 타이어의 골격을 이루며, 코드 층인 플라이 수가 많을수록 큰 하중을 견딘다.

**21** 트랙장력의 조정방식
- 기계식(너트 식) : 트랙 어저스터(track adjuster)의 조정나사를 돌려서 조정한다.
- 그리스 식(그리스 주입식) : 조정 실린더에 그리스를 주입하여 조정한다.

**22** 브레이커(breaker)는 암석, 콘크리트, 아스팔트 등의 파쇄 및 말뚝박기 등의 작업에 사용하며 유압식과 압축 공기식이 있다.

**23** 오프셋 붐은 상부회전체의 회전 없이 붐을 좌우로 60° 정도 회전시킬 수 있는 회전장치(스윙장치)가 있으며, 좁은 장소, 좁은 도로 양쪽의 배수로 구축 등 특수한 조건의 작업환경에 사용한다.

**24** 견고한 땅을 굴착할 때는 버킷 투스로 표면을 얇게 여러 번 나누어 굴삭 작업을 하여야 한다.
버킷의 낙하력을 이용하여 굴착하거나 선회동작을 하며 토사 등을 버킷의 측면으로 타격하는 일이 없도록 하여야 한다.

**25** 굴착기 조정레버 중 굴삭 작업용 제어 레버는 붐(boom) 제어 레버, 암(arm) 제어 레버, 버킷(bucket) 제어 레버 등이다.
스윙(swing) 제어 레버는 굴삭 작업과 직접적인 관계가 없는 상부회전체를 회전시키는 동작을 제어하는 레버이다.

**26** 무한궤도식 건설기계에서 굳은 지반 또는 암반 등 바위가 깔린 땅을 통과할 때는 트랙 장력이 약간 팽팽할 때 작업조건이 오히려 효과적이다.

**27** 장비에 부하가 걸릴 때는 강력한 힘이 소요되므로 토크 컨버터의 터빈 속도는 느려지고, 부하가 걸리지 않을 때는 토크 컨버터의 터빈 속도가 빨라진다.

**28** 평활 슈는 도로를 주행할 때 포장 노면의 파손을 방지하기 위해 노면을 접촉하는 슈의 바닥면이 고르게 평평한 구조로 되어있다.

**29** 트랙장치의 트랙의 유격이 너무 커지면 트랙이 느슨해지며 이완되어서 소음이 심해지고 트랙이 벗겨지기 쉽다.

**30** 트랙 긴도 조정방법
그리스식과 너트식이 있다.
- 그리스식 : 실린더에 그리스를 주입하여 조정한다.
- 너트식 : 기계식으로서 조정나사인 너트를 돌려서 조정한다.

**31** 그림은 시퀀스 밸브 유압기호이며 2개 이상의 분기회로에서 실린더나 모터의 작동순서를 순차적으로 결정하는 자동 제어 밸브이다.

**32** 시퀀스 밸브(순차 밸브, sequence valve)는 2개 이상의 분기회로에서 실린더나 모터의 작동순서를 결정하는 자동 제어 밸브이다.

**33** 공기유압 변환기는 단독형과 연속형이 있으며 문제의 유압기호는 단독형 공기유압 변환기 그림이다.

**34** 유압펌프는 원동기의 기계적 에너지를 유압에너지로 변환하며, 유압 엑츄에이터는 유압에너지를 기계적 에너지로 변환한다.

**35** 유압장치의 일상 점검 개소로는 오일의 색, 오일의 양, 오일의 온도 등이 있으나, 탱크의 내부는 일상점검의 대상이 아니다.

**36** 건설기계의 기종변경, 적재함의 용량증가를 위한 구조변경 등은 건설기계관리법상 건설기계의 주요구조를 변경 또는 개조할 수 있는 범위에 포함되지 않는다.

**37** 최고속도 15km/h 이하로 주행하는 타이어식 건설기계가 갖추어야 할 등화는 제동등, 후부반사판, 전조등 등이 있다.

**38** 주 · 정차 금지장소로는 화재경보기로부터 3m, 교차로에서부터 5m, 소화전으로부터 5m, 도로의 모퉁이로부터 5m 등이 있으나, 전신주 부근은 도로교통법상 주 · 정차 금지장소로 지정할 이유가 없다.

**39** 교통정리가 없는 교차로에서 통행의 우선순위는 동시에 도착했을 경우에 직진 또는 우회전하는 차가 우선하나, 좌회전하려는 건설기계가 이미 진입하여 좌회전할 때는 직진하려는 버스가 양보하여야 한다.

**40** 건설기계 등록지를 변경한 때는 봉인을 떼어낸 후 등록번호표를 시 · 도지사에게 10일 이내에 반납하여야 한다.

**41** 시 · 도지사는 수시검사 명령서를 수시검사를 받아야 할 날로부터 10일 이전에 건설기계 소유자에게 교부하여야 한다.

**42** 건설기계의 구조변경검사는 건설기계검사대행자인 건설기계검사소에 구조변경검사를 신청하여야 한다.

**43** 건설기계관리법령상 건설기계에 대하여 실시하는 검사의 종류에는 정기검사, 수시검사, 신규등록검사, 구조변경검사 등이 있다.

**44** **건설기계 등록신청 시 제출서류**

- 해당 건설기계의 출처를 증명하는 서류
  - 국내에서 제작한 건설기계 : 건설기계 제작증
  - 수입한 건설기계 : 수입면장 등 수입사실을 증명하는 서류
  - 행정기관으로부터 매수한 건설기계 : 매수증서
- 건설기계의 소유자임을 증명하는 서류
- 건설기계 제원표
- 보험 또는 공제의 가입을 증명하는 서류

호적등본은 건설기계 등록신청 시 구비서류가 아니다.

**45** **도로교통법상 술에 취한 · 만취상태의 기준**

- 취한 상태 : 혈중 알코올 농도 : 0.03% 이상~0.08% 미만(면허정지)
- 만취 상태 : 혈중 알코올 농도 : 0.08% 이상(면허취소)

**46** **도로교통법상 앞지르기 금지장소**

- 교차로
- 터널 안
- 다리 위
- 도로의 구부러진 곳, 비탈길의 고갯마루 부근 또는 가파른 비탈길의 내리막 등

버스정류장 부근은 앞지르기 금지장소가 아니다.

**47** 아세틸렌 용접기는 가스의 역류나 역화의 발생으로 폭발할 수 있는 위험이 있으므로 이러한 위험을 방지하기 위하여 안전장치인 안전기를 설치한다.

**48** 레이저 광선 경고표지

**49** 작업 중 기계장치에서 이상한 소리가 날 경우에는 가장먼저 즉시 기계의 작동을 멈추고 기계장치의 이상 여부를 점검하여야 한다.

**50** **기계운반의 특성**

- 단순하고 반복적인 작업에 적합하다.
- 취급물의 크기, 형상, 성질 등이 일정한 작업에 적합하다.
- 표준화되어 있어 지속적이고 운반량이 많은 작업

에 적합하다.
- 취급물이 중량물인 작업에 적합하다.

**51** 수공구를 사용할 때 재해의 원인으로는 공구의 점검 소홀, 잘못된 공구 선택, 공구사용법의 미숙지 등이므로, 작업에 알맞은 규격의 공구를 선택하여 사용 전에 기름 등을 잘 닦은 후 사용하여야 한다.

**52** 일상점검은 작업 시작 전 및 사용하기 전에 또는 작업 중에 그리고 작업종료 시 실시하는 점검이므로 특별한 경우인 폭풍 후 기계의 기능상 이상 유무의 점검은 일상점검 사항이 아니다.

**53** 아크 용접 작업을 할 때 안전보호구용 보안경은 눈에 대해서 해로운 자외선 및 적외선 또는 강렬한 가시광선 등으로부터 눈을 보호하는 차광 보안경을 착용해야 한다.

**54** 산업안전을 통한 기대효과는 기업 또는 근로자 어느 한쪽만의 발전이 아니라 근로자와 기업 모두의 발전이 도모된다.

**55** 작업장에서의 통행 규칙
- 기중기 작업 중에는 접근하지 않는다.
- 자재 위에 앉거나 자재 위를 걷지 않도록 한다.
- 함부로 뛰지 않으며, 지름길로 가려고 위험한 장소를 횡단하여서는 안 된다.
- 주머니에 손을 넣지 않고 두 손을 자연스럽게 하고 걷는다.
- 높은 곳에서 작업하고 있으면 그 곳에 주의하며 통과한다.
- 운반차를 이용할 때는 즉시 정지할 수 있는 안전한 속도로 주행할 것

**56** 연천인율은 근로자 1,000명당 1년간에 발생하는 재해발생자 수의 비율이다(1년에 천명이 일할 때 재해자 비율)

**57** 전선로 부근에서 굴착기 작업할 때 주의사항 중 바람에 의한 전선의 흔들림은 철탑 또는 전주에서 멀어질수록 많이 흔들려서 위험하다.

**58** 도시가스 배관이 묻혀 있는지의 확인은, 가장 먼저 그 지역에 가스를 공급하는 도시가스 회사에 가스 배관의 매설 유무를 확인하여야 한다.

**59** 도시가스 배관의 지하매설 깊이[(심도(深度)]
- 공동주택 등의 부지 내 : 0.6m 이상
- 폭 8m 이상인 도로 : 1.2m 이상
- 폭 4m 이상 8m 미만인 도로 : 1m 이상

**60** 가공전선로 배전선로 그림에서 "A"의 명칭은 현수애자이며 전압이 높을수록 애자의 사용 개수가 많아진다.

# 02 제1회 모의고사

**01 2행정 사이클 디젤기관의 흡입과 배기행정에 관한 설명으로 틀린 것은?**

① 압력이 낮아진 나머지 연소가스가 배출되며 실린더 내는 와류를 동반한 새로운 공기로 가득 차게 된다.
② 연소가스가 자체의 압력에 의해 배출되는 것을 블로바이라고 한다.
③ 동력행정의 끝부분에서 배기밸브가 열리고 연소가스가 자체의 압력으로 배출이 시작된다.
④ 피스톤이 하강하여 소기포트가 열리면 예열된 공기가 실린더 내로 주입된다.

**02 크랭크축의 비틀림 진동에 대한 설명 중 틀린 것은?**

① 강성이 클수록 크다.
② 크랭크축이 길수록 크다.
③ 각 실린더의 회전력 반동이 클수록 크다.
④ 회전 부분의 질량이 클수록 커진다.

**03 엔진의 윤활유 압력이 높아지는 이유는?**

① 윤활유 펌프의 성능이 좋지 않다.
② 기관 내부의 마모가 심하다.
③ 윤활유량이 부족하다.
④ 윤활유의 점도가 너무 높다.

**04 기관에서 크랭크축의 역할은?**

① 원활한 직선운동을 하는 장치이다.
② 직선운동을 회전운동으로 변환시킨다.
③ 기관의 진동을 줄이는 장치이다.
④ 원운동을 직선운동으로 변환시키는 장치이다.

**05 엔진의 과열 원인이 아닌 것은?**

① 수온조절기의 고장
② 히터 스위치의 고장
③ 헐거워진 냉각팬
④ 물 통로 내의 물때

**06 가압식 라디에이터의 장점으로 틀린 것은?**

① 냉각수의 회전속도가 빠르다.
② 방열기를 작게 할 수 있다.
③ 냉각수의 비등점을 높일 수 있다.
④ 냉각장치의 효율을 높일 수 있다.

**07 라디에이터를 다운 플로우 형식(down flow type)과 크로스 플로우 형식(cross flow type)으로 구분하는 기준은?**

① 공기가 흐르는 방향에 따라
② 라디에이터의 설치 위치에 따라
③ 라디에이터의 크기에 따라
④ 냉각수가 흐르는 방향에 따라

**08** **예연소실식 연소실에 대한 설명으로 가장 거리가 먼 것은?**

① 분사압력이 낮다.
② 사용연료의 변화에 민감하다.
③ 예연소실은 주연소실 보다 작다.
④ 예열플러그가 필요하다.

**09** **4행정 기관에서 흡 · 배기밸브가 모두 열려있는 시점은?**

① 흡입행정 말　　② 압축행정 초
③ 폭발행정 초　　④ 배기행정 말

**10** **운전 중인 기관의 에어클리너가 막혔을 때 나타나는 현상으로 맞는 것은?**

① 배출가스의 색은 무색이고, 출력과는 무관하다.
② 배출가스의 색은 검고, 출력은 저하된다.
③ 배출가스의 색은 청백색이고, 출력은 증가된다.
④ 배출가스의 색은 희고, 출력은 정상이다.

**11** **축전지를 충전기에 의해 충전 시 정전류 충전 범위로 틀린 것은?**

① 최소충전전류 : 축전지 용량의 5%
② 표준충전전류 : 축전지 용량의 10%
③ 최대충전전류 : 축전지 용량의 20%
④ 최대충전전류 : 축전지 용량의 50%

**12** **직류(DC)발전기에서 발생전류를 조정하여 발전기의 소손을 방지하는 역할을 하는 것은?**

① 정류자
② 전류 제한기
③ 전압조정기
④ 컷 아웃 릴레이

**13** **교류(AC)발전기에서 전류가 흐를 때 전자석이 되는 것은?**

① 로터
② 아마추어
③ 계자 철심
④ 스테이터 철심

**14** **시동전동기의 주요부분에 대한 설명으로 틀린 것은?**

① 브러시 및 정류자 : 전기자 코일에 전류를 흐르게 하는 부분
② 계자철심, 계자코일 : 자계를 발생시키는 부분
③ 전기자 : 토크를 발생시키는 부분
④ 스테이터 : 계자 철심을 지지해서 자기회로를 이루는 부분

**15** **타이어식 굴착기의 장점이 아닌 것은?**

① 견인력이 강하다.
② 기동성이 좋다.
③ 주행저항이 적다.
④ 자력으로 이동한다.

**16** **수동변속기가 장착된 건설기계장비에서 주행 중 기어가 빠지는 원인이 아닌 것은?**

① 기어의 마모가 심할 때
② 기어의 물림이 덜 물렸을 때
③ 변속기의 록 장치가 불량할 때
④ 클러치판의 마모가 심할 때

**17** 타이어식 굴착기에서 조향기어 백래시가 클 경우 발생될 수 있는 형식으로 가장 적절한 것은?

① 조향 각도가 커진다.
② 핸들이 한쪽으로 쏠린다.
③ 핸들의 유격이 커진다.
④ 조향핸들의 축방향 유격이 커진다.

**18** 무한궤도식 굴착기에서 슈(shoe), 링크(link), 핀(pin), 부싱(bushing) 등이 연결되어 구성된 장치의 명칭은?

① 붐(boom)
② 센터 조인트(center joint)
③ 트랙(track)
④ 스프로킷(sprocket)

**19** 굴착기에서 상부회전체의 중심부에 설치되어 회전하더라도 호스, 파이프 등이 꼬이지 않고 오일을 하부주행체로 공급해주는 부품은?

① 등속 조인트 ② 유니버설 조인트
③ 트위스트 조인트 ④ 센터 조인트

**20** 운전자는 작업 전에 장비의 정비 상태를 확인하고 점검하여야 하는데 적합하지 않은 것은?

① 브레이크 및 클러치의 작동상태
② 모터의 최고 회전 시 동력 상태
③ 타이어 및 궤도 차륜상태
④ 낙석, 낙하물 등의 위험이 예상되는 작업 시 견고한 헤드 가드 설치상태

**21** 굴착기의 안전한 주행방법으로 거리가 먼 것은?

① 장거리 작업장소 이동 시에는 선회 고정핀을 끼울 것
② 지면이 고르지 못한 부분은 고속으로 통과할 것
③ 돌 등이 주행모터에 부딪히지 않도록 운행할 것
④ 급격한 출발이나 급정지는 피할 것

**22** 무한궤도식 건설기계에서 트랙이 자주 벗겨지는 원인으로 가장 거리가 먼 것은?

① 트랙의 중심 정열이 맞지 않았을 때
② 유격(긴도)이 규정보다 클 때
③ 최종 구동기어가 마모되었을 때
④ 트랙의 상 · 하부 롤러가 마모되었을 때

**23** 굴착기 작업장치의 일종인 우두 그래플(wood grapple)로 할 수 있는 작업은?

① 하천바닥 준설
② 전신주와 원목하역, 운반작업
③ 기초공사용 드릴작업
④ 하천 바닥 준설

**24** 굴착기의 일일점검 사항이 아닌 것은?

① 연료량 점검
② 엔진 오일 점검
③ 냉각수 점검
④ 배터리 전해액 점검

**25** 트랙장치에서 트랙과 아이들러의 충격을 완화시키기 위해 설치한 것은?

① 리코일 스프링
② 스프로킷
③ 하브롤러
④ 상부롤러

**26** 굴착기의 센터 조인트(선회이음)의 기능이 아닌 것은?

① 스윙모터를 회전시킨다.
② 상부 회전체의 오일을 주행모터에 전달한다.
③ 스위블 조인트라고도 한다.
④ 압력상태에서도 선회가 가능한 관이음이다.

**27** 유압실린더의 구성요소가 아닌 것은?

① 오일탱크 ② 제어밸브
③ 유압펌프 ④ 차동장치

**28** 유압모터의 장점이 아닌 것은?

① 작동이 신속·정확하다.
② 전동모터에 비하여 급속정지가 쉽다.
③ 관성력이 크며, 소음이 크다.
④ 광범위한 무단변속을 얻을 수 있다.

**29** 유압에 진공이 형성되어 기포가 생기며, 이로 인해 국부적인 고압이나 소음이 발생하는 현상을 무엇이라 하는가?

① 서징(surging) 현상
② 채터링(chattering) 현상
③ 오리피스(orifice) 현상
④ 캐비테이션(cavitation) 현상

**30** 유압실린더의 종류에 해당하지 않는 것은?

① 단동실린더
② 회전실린더
③ 복동실린더 싱글로드형
④ 복동실린더 더블로드형

**31** 일반적인 유압펌프에 대한 설명으로 가장 거리가 먼 것은?

① 엔진 또는 모터의 동력으로 구동된다.
② 벨트에 의해서만 구동된다.
③ 동력원이 회전하는 동안에는 항상 회전한다.
④ 오일을 흡수하여 컨트롤 밸브로 토출(송유)한다.

**32** 유압장치에서 내구성이 강하고 작동 및 움직임이 있는 곳에 사용하기 적합한 호스는?

① 구리 파이프 호스
② 플렉시블 호스
③ 강 파이프 호스
④ PVC 호스

**33** 유압모터를 선택할 때의 고려사항과 가장 거리가 먼 것은?

① 점도 ② 부하
③ 효율 ④ 동력

**34** 굴착기 붐의 자연 하강량이 많을 때의 원인이 아닌 것은?

① 유압실린더 배관이 파손되었다.
② 유압작동 압력이 과도하게 높다.
③ 유압실린더의 내부누출이 있다.
④ 컨트롤 밸브의 스풀에서 누출이 많다.

**35** 유압 작동부에서 오일이 누출되고 있을 때 가장 먼저 점검하여야 할 곳은?

① 실(seal) ② 펌프(pump)
③ 피스톤(piston) ④ 기어(gear)

## 36 공유압 기호 중 그림이 나타내는 것은?

① 원동기 ② 전동기
③ 유압동력원 ④ 공기압동력원

## 37 다음 그림과 같이 안쪽은 내·외측 로터로 바깥쪽은 하우징으로 구성되어 있는 오일펌프는?

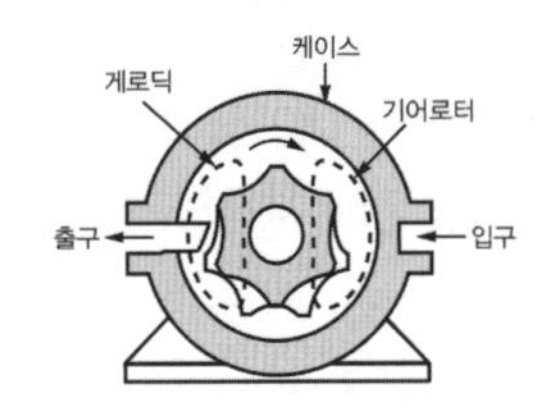


① 기어펌프 ② 베인펌프
③ 트로코이드 펌프 ④ 피스톤펌프

## 38 오일 팬에 있는 오일을 흡입하여 기관의 각 운행 부분에 압송하는 오일펌프로 가장 많이 사용되는 것은?

① 로터리펌프, 기어펌프, 베인펌프
② 피스톤펌프, 나사펌프, 원심펌프
③ 나사펌프, 원심펌프, 기어펌프
④ 기어펌프, 원심펌프, 베인펌프

## 39 도로교통법상 주차금지 장소가 아닌 곳은?

① 터널 안
② 다리 위
③ 소방용 방화물통으로부터 5m 이내
④ 화재경보기로부터 5m 이내

## 40 정차라 함은 주차 외의 정지 상태로서 몇 분을 초과하지 아니하고 차를 정지시키는 것을 말하는가?

① 3분 ② 5분
③ 7분 ④ 10분

## 41 운전자의 과실로 중상 1명이 발생했을 경우 행정처분의 기준은?

① 면허정지 15일
② 면허정지 30일
③ 면허정지 45일
④ 면허취소

## 42 건설기계 형식변경에 맞지 않는 것은?

① 원동기장치 형식변경
② 저압장치 형식변경
③ 기종 형식변경
④ 조종장치 형식변경

## 43 타이어식 굴착기의 정기검사의 유효기간은 몇 년인가?

① 1년 ② 2년
③ 3년 ④ 4년

## 44 최고속도 15km/h 미만의 건설기계가 갖추지 않아도 되는 등은?

① 차폭등 ② 전조등
③ 후부반사기 ④ 제동등

## 45 정비명령을 이행하지 아니한 자에 대한 벌칙은?

① 100만원 이하의 과태료
② 300만원 이하의 과태료
③ 1년 이하의 징역 또는 1,000만원 이하의 벌금
④ 2년 이하의 징역 또는 2,000만원 이하의 벌금

**46** **도로를 통행하는 자동차가 야간에 켜야 하는 등화의 구분 중 견인되는 자동차가 켜야 하는 등화는?**

① 차폭등, 미등, 안개등
② 전조등, 차폭등, 미등
③ 차폭등, 미등, 번호등
④ 전조등, 미등, 번호등

**47** **건설기계관리법상 건설기계의 등록말소 사유에 해당하지 않는 것은?**

① 건설기계를 변경할 목적으로 해체한 경우
② 건설기계를 도난당한 경우
③ 건설기계의 차대가 등록 시의 차대와 다른 경우
④건설기계를 교육연구 목적으로 사용한 경우

**48** **도로교통법상 어린이로 규정하고 있는 나이는 몇 세 미만인가?**

① 10세 미만
② 11세 미만
③ 12세 미만
④ 13세 미만

**49** **건설기계관리법에 의한 건설기계조종사의 적성검사 기준을 설명한 것으로 틀린 것은?**

① 두 눈을 동시에 뜨고 잰 시력(교정시력 포함)이 0.3 이상일 것
② 시각은 150도 이상일 것
③ 언어분별력이 80퍼센트 이상일 것
④ 55데시벨(다만, 보청기를 사용하는 사람은 40데시벨)의 소리를 들을 것

**50** **산업안전표지의 설명으로 틀린 것은?**

① 지시표지 : 보호구 착용 등 일정한 행동을 취할 것을 지시하는 표지
② 경고표지 : 유해 또는 위험물에 대한 주의를 환기시키는 표지
③ 안내표지 : 구급용구 등 위치를 안내하는 표지
④ 금지표지 : 특정의 행동을 허용하는 표지

**51** **건설기계관리법에서 정의한 건설기계 형식을 가장 잘 나타낸 것은?**

① 성능 및 용량을 말한다.
② 엔진구조 및 성능을 말한다.
③ 형식 및 규격을 말한다.
④ 구조 · 규격 및 성능 등에 관하여 일정하게 정한 것을 말한다.

**52** **토지나 도로상황 등으로 도로를 횡단하는 수평지선이 설치된 경우 "H"는 최소 몇 m 이상인가?**

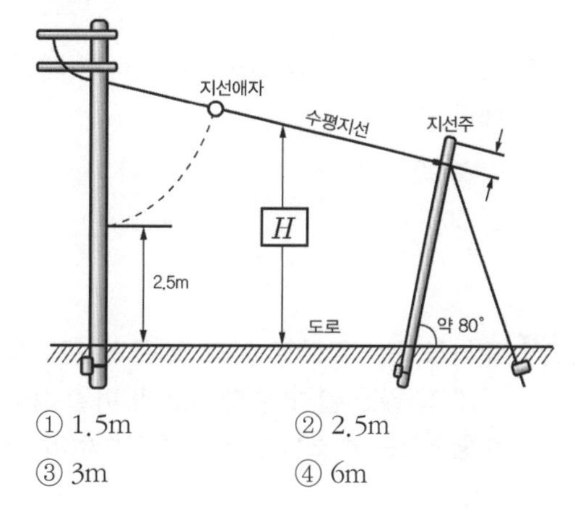


① 1.5m
② 2.5m
③ 3m
④ 6m

**53** 산업안전표지 중 지시표지에 해당하지 않는 것은?

① 방진마스크 착용
② 레이저광선 경고
③ 보안경 착용
④ 안전모 착용

**54** 안전 · 보건표지의 종류와 형태에서 그림의 안전표지판이 나타내는 것은?

① 사용금지 ② 출입금지
③ 작업금지 ④ 보행금지

**55** 굴착작업 중 황색바탕의 위험표지시트가 발견되었을 시, 예상할 수 있는 매설물은?

① 지하차도 ② 전력케이블
③ 지하철 ④ 하수도관

**56** 건설기계의 정기검사를 받지 아니한 때의 과태료는?

① 300만원 ② 100만원
③ 50만원 ④ 30만원

**57** 굴착공사를 위하여 가스 배관과 근접하여 "H" 파일을 설치 할 때 배관과 파일 사이의 수평거리는 최소한 얼마를 초과하여야 하는가?

① 5cm ② 10cm
③ 20cm ④ 30cm

**58** 도시가스 배관 중 중압의 압력은 얼마인가?

① 1MPa 미만
② 1MPa 이상
③ 0.1MPa～1MPa 미만
④ 0.1MPa 미만

**59** 전선을 철탑의 완금(Arm)에 고정시키고 전기적으로 절연하기 위하여 사용하는 것은?

① 애자 ② 완철
③ 클램프 ④ 가공전선

**60** 작업 중 매설배관의 보호판이 발견되었을 때 보호판으로부터 어느 정도의 거리 밑에 배관이 있는가?

① 30cm ② 60cm
③ 1m ④ 1.5m

# 02 제2회 모의고사

**01** 디젤기관의 연료분사 노즐에서 섭동면의 윤활은 무엇으로 하는가?

① 기어오일 ② 그리스
③ 경유 ④ 윤활유

**02** 라이너식 실린더에 비교한 일체식 실린더의 특징 중 맞지 않는 것은?

① 강성 및 강도가 크다.
② 냉각수 누출 우려가 적다.
③ 라이너 형식보다 내마모성이 높다.
④ 부품 수가 적고 중량이 가볍다.

**03** 기관에서 연료압력이 너무 낮다. 그 원인이 아닌 것은?

① 연료펌프의 공급압력이 누설되었다.
② 연료필터가 막혔다.
③ 리턴 호스에서 연료가 누설되었다.
④ 연료압력 레귤레이터에 있는 밸브의 밀착이 불량하여 리턴 포트 쪽으로 연료가 누설되었다.

**04** 디젤기관에서 터보차저의 기능으로 맞는 것은?

① 기관 회전수를 조절하는 장치이다.
② 윤활유 온도를 조절하는 장치이다.
③ 냉각수 유량을 조절하는 장치이다.
④ 실린더 내에 공기를 압축 공급하는 장치이다.

**05** 연료탱크의 배출 콕을 열었다가 잠그는 작업을 하는 것은 무엇을 배출하기 위한 작업인가?

① 공기 배출 ② 유압오일 배출
③ 엔진오일 배출 ④ 수분과 오물 배출

**06** 엔진에서 진동 소음이 발생하는 원인이 아닌 것은?

① 프로펠러 샤프트의 불량
② 분사량의 불량
③ 분사 시기의 불량
④ 분사 압력의 불량

**07** 디젤기관의 감압장치에 대한 설명으로 가장 올바른 것은?

① 냉각팬을 원활하게 회전시킨다.
② 엔진의 압축력을 높인다.
③ 크랭킹을 원활하게 해준다.
④ 흡 · 배기를 원활하게 해준다.

**08** 기관에 장착된 상태의 팬벨트의 장력 점검방법으로 적당한 것은?

① 엔진을 가동하여 점검한다.
② 발전기의 고정볼트를 느슨하게 하여 점검한다.
③ 벨트 길이 측정 게이지로 측정 점검한다.
④ 벨트의 중심을 엄지손가락으로 눌러서 점검한다.

**09** 냉각장치에서 냉각수의 비등점을 올리기 위한 것으로 맞는 것은?

① 라디에이터 ② 물재킷
③ 진공식 캡 ④ 압력식 캡

**10** 공기만을 실린더 내로 흡입하여 고압축비로 압축한 다음 압축열에 연료를 분사하는 작동 원리의 디젤기관은?

① 외연기관 ② 제트기관
③ 압축착화 기관 ④ 전기점화 기관

**11** 축전지 전해액의 비중 측정 등 전해액에 대한 설명으로 틀린 것은?

① 전해액은 황산에 물을 조금씩 혼합하도록 하며 유리막대로 천천히 저어서 냉각한다.
② 측정면에 전해액을 바른 후 렌즈 안으로 보이는 맑고 어두운 경계선을 읽는 광학식 비중계가 있다.
③ 전해액의 비중을 측정하면 축전지 충전 여부를 판단할 수 있다.
④ 유리 튜브 내에 전해액을 흡입하여 뜨개의 눈금을 읽는 흡입식 비중계가 있다.

**12** 건설기계의 전기회로를 보호하기 위한 장치는?

① 안전밸브 ② 턴시그널 램프
③ 캠버 ④ 퓨저블 링크

**13** 20℃에서 완전충전 시 축전지의 전해액 비중은?

① 0.0007 ② 0.128
③ 1.280 ④ 2.260

**14** 전압이 12V인 배터리를 저항 3Ω, 4Ω, 5Ω을 직렬로 연결할 때의 전류는 얼마인가?

① 1A ② 2A
③ 3A ④ 4A

**15** 실드빔식 전조등의 내용에 맞지 않는 것은?

① 사용에 따른 광도 변화가 적다.
② 대기조건에 따라 반사경이 흐려지지 않는다.
③ 내부에 불활성 가스가 들어있다.
④ 전구 교체가 가능하다.

**16** 수동변속기에서 클러치의 필요성으로 틀린 것은?

① 변속을 위해
② 엔진 기동 시 무부하 상태로 놓기 위해
③ 속도를 빠르게 하기 위해
④ 기동의 동력을 전달 또는 차단하기 위해

**17** 타이어식 건설기계를 길고 급한 경사길을 운전할 때 반 브레이크를 사용하면 어떤 현상이 생기는가?

① 라이닝은 페이드 현상, 파이프는 베이퍼 록 현상
② 라이닝은 페이드 현상, 파이프는 스팀 록 현상
③ 파이프는 스팀 록 현상, 라이닝은 베이퍼 록 현상
④ 파이프는 증기패쇄 현상, 라이닝은 스팀 록 현상

**18** 토크컨버터의 출력이 가장 큰 경우는?

① 항상 일정함
② 터빈 속도가 느릴 때
③ 1:1
④ 임펠러 속도가 느릴 때

**19** 굴착기로 작업할 때 주의사항으로 틀린 것은?

① 작업할 때는 실린더의 행정 끝에서 약간 여유를 남기도록 운전한다.
② 땅을 깊이 팔 때는 붐의 호스나 버킷 실린더의 호스가 지면에 닿지 않도록 한다.
③ 암석, 토사 등을 평탄하게 고를 때는 선회관성을 이용하면 능률적이다.
④ 암 레버를 조작할 때 잠깐 멈췄다 움직이는 것은 펌프의 토출량이 부족하기 때문이다.

**20** 작업장에서 굴착기를 이동 및 선회 시에 먼저 해야 할 것은?

① 경적 울림　② 급방향 전환
③ 굴착작업　④ 버킷 내림

**21** 하부 롤러, 링크 등 트랙부품이 조기 마모되는 원인으로 가장 맞는 것은?

① 트랙장력이 너무 헐거울 때
② 트랙장력이 너무 팽팽했을 때
③ 겨울철에 작업을 하였을 때
④ 일반 객토에서 작업을 하였을 때

**22** 토사 굴토작업, 도랑파기 작업, 토사 상차작업 등에 적합한 건설기계 작업장치는?

① 리퍼(ripper)　② 쇠스랑(pitchfork)
③ 버킷(bucket)　④ 블레이드(blade)

**23** 유압식 굴착기의 시동 전 점검사항이 아닌 것은?

① 유압유 탱크의 오일량 점검
② 각종 계기판 경고등의 램프 작동상태 점검
③ 후륜 구동축 감속기의 오일량 점검
④ 엔진오일 및 냉각수 점검

**24** 무한궤도식 굴착기에서 트랙이 벗겨지는 원인으로 거리가 먼 것은?

① 프런트 아이들러의 마멸이 클 때
② 트랙이 너무 팽팽할 경우
③ 트랙의 정렬이 불량할 때
④ 고속주행 중 급선회를 하였을 때

**25** 굴착기 운전 시 작업안전 사항으로 적합하지 않은 것은?

① 작업을 중지할 때는 파낸 모서리로부터 장비를 이동시킨다.
② 굴삭하면서 주행하지 않는다.
③ 스윙하면서 버킷으로 암석을 부딪쳐 파쇄하는 작업을 하지 않는다.
④ 안전한 작업반경을 초과해서 하중을 이동시킨다.

**26** 무한궤도식 굴착기에서 슈, 링크, 핀, 부싱 등이 연결되어 구성된 장치의 명칭은?

① 붐　② 센터조인트
③ 스프로킷　④ 트랙

**27** 굴착기의 붐 제어 레버를 계속하여 상승위치로 당기고 있으면 다음 중 어느 곳에 가장 큰 손상이 발생하는가?

① 유압모터　② 엔진
③ 유압펌프　④ 릴리프 밸브 및 시트

**28** 어큐뮬레이터(축압기)의 사용용도에 해당하지 않는 것은?

① 오일누설 억제
② 충격압력의 흡수
③ 맥동감소
④ 회로 내의 압력보상

**29** 압력제어밸브 중 상시 닫혀 있다가 일정조건이 되면 열려서 작동하는 밸브가 아닌 것은?

① 릴리프 밸브 ② 시퀀스 밸브
③ 리듀싱 밸브 ④ 언로더 밸브

**30** 유압장치에서 가변용량형 유압펌프의 기호는?

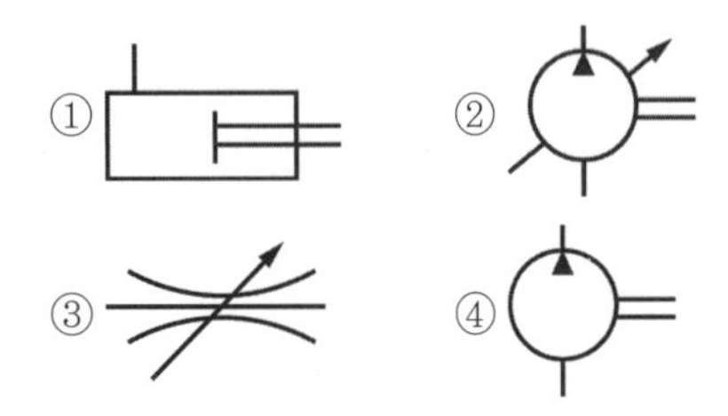

**31** 일반적으로 캠(cam)으로 조작되는 유압밸브로서 액추에이터의 속도를 서서히 감속시키는 밸브는?

① 릴리프 밸브(relief valve)
② 체크밸브(check valve)
③ 카운터 밸런스 밸브(counter valve)
④ 디셀러레이션 밸브(deceleration valve)

**32** 유압장치에서 방향제어밸브에 해당하는 것은?

① 릴리프 밸브
② 언로드 밸브
③ 체크 밸브
④ 시퀀스 밸브

**33** 유압모터의 특징으로 맞는 것은?

① 무단 변속이 용이하다.
② 밸브 오버랩으로 회전력을 얻는다.
③ 오일의 누출이 많다.
④ 가변체인 구동으로 유량 조정을 한다.

**34** 공유압 기호 중 그림이 나타내는 것은?

① 단동 가변식 조작 액추에이터
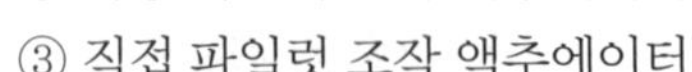
② 복동 가변식 조작 액추에이터
③ 직접 파일럿 조작 액추에이터
④ 요동형 액추에이터

**35** 유압실린더에서 피스톤 행정이 끝날 때 발생하는 충격을 흡수하기 위해 설치하는 장치는?

① 스로틀 밸브
② 쿠션기구
③ 서보밸브
④ 압력보상 장치

**36** 액체의 일반적인 성질이 아닌 것은?

① 액체는 압축할 수 있다.
② 액체는 운동 방향을 바꿀 수 있다.
③ 액체는 운동을 전달할 수 있다.
④ 액체는 힘을 전달할 수 있다.

**37** 유압기기의 작동속도를 높이기 위해서는 무엇을 변화시켜야 하는가?

① 유압펌프의 토출압력을 증가시킨다.
② 유압펌프의 토출유량을 증가시킨다.
③ 유압모터의 압력을 증가시킨다.
④ 유압모터의 크기를 적게 한다.

**38** 자동차를 운행할 때 어린이가 타는 이동수단 중 주의하여야 할 것은?

> 1. 킥보드
> 2. 인라인스케이트
> 3. 롤러스케이트
> 4. 스노보드

① 1, 2, 4
② 1, 2, 3
③ 2, 3, 4
④ 1, 2, 3, 4

**39** 특별표지판을 부착해야 되는 건설기계가 아닌 것은?

① 길이가 17m인 건설기계
② 너비가 3m인 건설기계
③ 높이가 3m인 건설기계
④ 총중량이 45톤인 건설기계

**40** 다음 중 교차로 통과에서 가장 우선하는 것은?

① 경찰공무원의 수신호
② 신호기의 신호
③ 안내판의 표시
④ 운전자의 임의 판단

**41** 특별표지판을 부착하여야 할 건설기계의 범위에 속하지 않는 것은?

① 길이가 16m인 건설기계
② 너비가 2.7m인 건설기계
③ 총중량 42t인 건설기계
④ 축중이 11t인 건설기계 기계

**42** 건설기계의 등록말소사유에 해당되지 않는 것은?

① 건설기계를 도난당한 경우
② 거짓이나 그 밖의 부정한 방법으로 등록을 한 경우
③ 건설기계 조종사 면허가 취소된 때
④ 최고(催告)를 받고 지정된 기한까지 정기검사를 받지 아니한 경우

**43** 건설기계 조정사의 적성검사 기준으로 틀린 것은?

① 시각은 150도 이상일 것
② 두 눈을 동시에 뜨고 잰 시력(교정시력 포함)이 0.7 이상이고 두 눈의 시력이 각각 0.3 이상일 것
③ 언어 분별력이 50퍼센트 이상일 것
④ 55데시벨(다만, 보청기를 사용하는 사람은 40데시벨)의 소리를 들을 것

**44** 건설기계를 주행 중 교차로 전방 20m 지점에서 황색 등화로 바뀌었을 경우 운전자의 조치방법으로 가장 옳은 것은?

① 그대로 계속 진행한다.
② 주위의 교통에 주의하면서 진행한다.
③ 교차로 직전에 정지한다.
④ 일시정지하여 안전을 확인하고 진행한다.

**45** 장갑을 착용하고 작업을 해선 안 되는 작업은?

① 차량정비 ② 용접작업
③ 해머작업 ④ 청소작업

**46** 금속 표면에 있는 거칠거나 각진 부분에 다칠 우려가 있어 매끄럽게 다듬질하고자 한다. 적합한 수공구는?

① 줄　　② 쇠톱
③ 끌　　④ 대패

**47** 작업장에서 일상적인 안전점검의 가장 주된 목적은?

① 위험을 사전에 발견하여 시정한다.
② 시설 및 장비의 설계 상태를 점검한다.
③ 관련법의 적합 여부를 점검하는 데 있다.
④ 안전작업 표준의 적합 여부를 점검한다.

**48** 스패너를 사용할 때의 주의사항이다. 안전에 어긋나는 점은?

① 스패너를 해머로 두드리지 않는다.
② 해머 대용으로 사용한다.
③ 좁은 장소에서는 몸의 일부를 충분히 기대고 작업한다.
④ 너트에 스패너를 깊이 물리고, 조금씩 앞으로 당기는 식으로 풀고 조인다.

**49** 도시가스 작업 중 브레이커로 도시가스관을 파손 시켰을 때 가장 먼저 해야 할 일과 거리가 먼 것은?

① 소방서에 연락한다.
② 라인마크를 따라가 파손된 가스관과 연결된 가스밸브를 잠근다.
③ 차량을 통제한다.
④ 브레이커를 빼지 않고 도시가스 관계자에게 연락한다.

**50** 블래더식 축압기(어큐뮬레이터)의 고무주머니에 들어가는 물질은?

① 그리스
② 매탄
③ 에틸렌 글린콜
④ 질소

**51** 도로상의 한전 맨홀에 근접하여 굴착작업 시 가장 올바른 것은?

① 접지선이 노출되면 제거한 후 계속 작업한다.
② 맨홀 뚜껑을 경계로 하여 뚜껑이 손상되지 않도록 하고 나머지는 임의로 작업한다.
③ 교통에 지장이 되므로 주민 및 관련기관이 모르게 야간에 신속히 작업한다.
④ 한전 직원의 입회하에 안전하게 작업한다.

**52** 다음은 감전재해의 대표적인 발생 형태이다. 틀린 것은?

① 전기기기의 충전부와 대지 사이에 인체가 접촉되는 경우
② 전선이나 전기기기의 노출된 충전부의 양단간에 인체가 접촉되는 경우
③ 누전상태의 전기기기에 인체가 접촉되는 경우
④ 고압 전력선에 안전거리 이상 이격한 경우

**53** 천연가스의 특징으로 틀린 것은?

① 주성분은 메탄이다.
② 누출 시 공기보다 무겁다.
③ 원래 무색, 무취이나 부취제를 첨가한다.
④ 천연고무에 대한 용해성은 거의 없다.

**54** 도시가스 배관의 안전조치 및 손상방지를 위해 다음과 같이 안전조치를 하여야 하는데 굴착공사자는 굴착공사 예정지역의 위치에 어떤 조치를 하여야 하는가?

> 도시가스사업자는 굴착공사자에게 연락하여 굴착공사 현장 위치와 매설배관 위치를 굴착공사자와 공동으로 표시할 것인지를 결정하고, 굴착공사 담당자의 인적 사항 및 연락처, 굴착공사 개시예정 일시가 포함된 결정사항을 정보 지원센터에 통지할 것

① 흰색 페인트로 표시
② 청색 페인트로 표시
③ 적색 페인트로 표시
④ 황색 페인트로 표시

**55** 작업현장에서 사용되는 안전표지의 색으로 잘못 짝지어진 것은?

① 녹색 – 비상구 표시
② 노란색 – 충돌 추락 경고표시
③ 보라색 – 안전지도 표시
④ 빨간색 – 방화표시

**56** 도시가스 배관 주위에서 굴착작업을 할 때 준수사항으로 옳은 것은?

① 가스 배관 좌우 1m 이내에는 장비 작업을 금지하고 인력으로 굴착해야 한다.
② 관리자 입회 시 가스 배관 주위 50cm까지 중장비로 작업할 수 있다.
③ 가스 배관 주의 30cm 이내까지 중장비로 작업이 가능하다.
④ 가스 배관 3m 이내에는 모든 중장비 작업이 금지된다.

**57** 도시가스가 공급되는 지역에서 도로공사 중 그림과 같은 것이 일렬로 설치되어있는 것이 발견되었다. 이것을 무엇이라고 하는가?

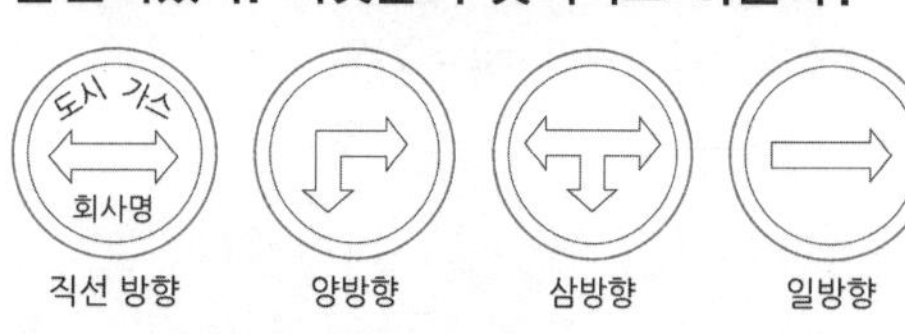


① 가스 배관 매몰 표지판
② 라인마크
③ 가스누출 검지공
④ 보호판

**58** 다음 중 전기화재에 대하여 가장 적합하지 않은 소화기는?

① 포말 소화기
② 할론 소화기
③ 분말 소화기
④ $CO_2$(이산화탄소) 소화기

**59** 그림은 시가지에서 시설한 고압 전선로에서 자가용 수용가에 구내 전주를 경유하여 옥외 수전설비에 이르는 전선로 및 시설의 설계도이다. "ⓗ" 로 표시된 곳과 같은 지중 전선로 차도 부분의 매설 깊이는 최소 몇 m 이상인가?

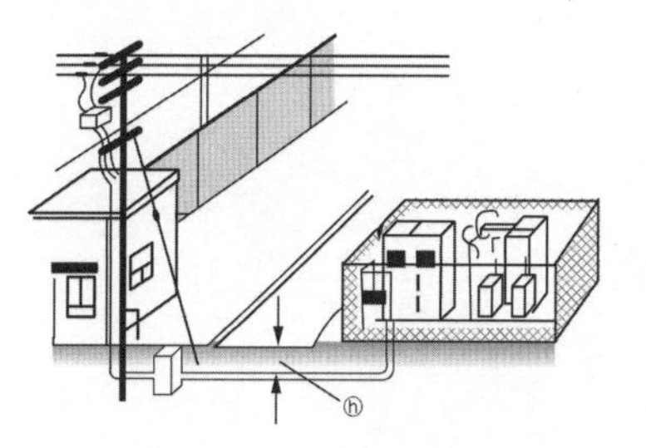


① 0.5m ② 0.75m
③ 1m ④ 1.2m

**60** 매몰된 배관의 침하 여부는 침하관측공을 설치하고 관측한다. 침하관측공은 줄파기를 하는 때에 설치하고 침하측정은 며칠에 1회 이상을 원칙으로 하는가?

① 3일　　② 7일
③ 10일　　④ 15일

# 02 제3회 모의고사

**01 기관에서 피스톤링의 작용으로 틀린 것은?**

① 완전연소 억제작용
② 기밀작용
③ 열전도 작용
④ 오일제어 작용

**02 오일 팬에 있는 오일을 흡입하여 기관의 각 운행 부분에 압송하는 오일펌프로 가장 많이 사용되는 것은?**

① 나사펌프, 원심펌프, 기어펌프
② 피스톤펌프, 나사펌프, 원심펌프
③ 로터리펌프, 기어펌프, 배인펌프
④ 기어펌프, 원심펌프, 배인펌프

**03 2행정 사이클 디젤기관의 흡입과 배기행정에 관한 설명으로 틀린 것은?**

① 압력이 낮아진 나머지 연소가스가 배출되며 실린더 내는 와류를 동반한 새로운 공기로 가득 차게 된다.
② 동력행정의 끝 부분에서 배기밸브가 열리고 연소가스가 자체의 압력으로 배출이 시작된다.
③ 피스톤이 하강하여 소기포트가 열리면 예열된 공기가 실린더 내로 주입된다.
④ 연소가스가 자체의 압력에 의해 배출되는 것을 블로바이라고 한다.

**04 피스톤과 실린더 사이의 간극이 너무 클 때 일어나는 현상은?**

① 압축압력의 증가
② 기관출력 향상
③ 윤활유 소비량 증대
④ 실린더 소결

**05 디젤기관의 연료장치의 구성품이 아닌 것은?**

① 연료여과기 ② 연료공급펌프
③ 예열플러그 ④ 분사노즐

**06 연소에 필요한 공기를 실린더로 흡입할 때 먼지 등의 여과역할을 하며 피스톤 등의 마모를 방지하는 부품은?**

① 체크 밸브 ② 토크 컨버터
③ 과급기 ④ 에어 클리너

**07 기관을 시동하기 전에 점검해야 할 사항이 아닌 것은?**

① 냉각수의 양 ② 엔진 오일의 양
③ 연료의 양 ④ 엔진의 회전수

**08 축전지의 용량을 결정짓는 인자가 아닌 것은?**

① 극판의 크기 ② 전해액의 양
③ 셀당 극판의 수 ④ 단자의 크기

**09** 기동전동기의 전기자 코일을 시험하는 데 사용되는 시험기는?

① 그롤러 시험기 ② 저항 시험기
③ 전압계 시험기 ④ 전류계 시험기

**10** 종합경보장치인 에탁스(ETACS)의 기능으로 가장 거리가 먼 것은?

① 뒷유리 열선 제어기능
② 메모리 파워시트 제어기능
③ 간헐 와이퍼 제어기능
④ 감광 룸 램프 제어기능

**11** 납산축전지의 전해액을 만들 때 올바른 방법은?

① 황산과 물을 1:1의 비율로 동시에 붇고 잘 젓는다.
② 축전지에 필요한 양의 황산을 직접 붓는다.
③ 증류수에 황산을 조금씩 부으면서 잘 젓는다.
④ 황산에 물을 조금씩 부으면서 유리막대로 잘 젓는다.

**12** 일반적인 축전지 터미널의 식별법으로 적합하지 않은 것은?

① 굵고 가는 것으로 구분한다.
② (+), (−)의 표시로 구분한다.
③ 적색과 흑색 등의 색으로 구분한다.
④ 터미널의 요철로 구분한다.

**13** 수동식변속기가 장착된 건설기계에서 변속기 기어에서 이상음이 발생하는 이유가 아닌 것은?

① 웜과 웜기어의 마모
② 기어 백래시 과다.
③ 변속기 베어링 마모
④ 변속기의 오일 부족

**14** 건설기계에서 변속기의 구비조건으로 가장 적절한 것은?

① 연속적 변속에는 단계가 있어야 한다.
② 대형이고 고장이 없어야 한다.
③ 조작이 쉬우므로 신속할 필요는 없다.
④ 전달효율이 좋아야 한다.

**15** 타이어식 건설기계에서 브레이크를 연속하여 자주 사용하면 브레이크 드럼이 과열되어 마찰계수가 떨어지며 브레이크가 잘 듣지 않는 것으로서, 내리막길을 내려갈 때 브레이크 효과가 나빠지는 현상은?

① 채터링 현상
② 하이드로 플레이닝 현상
③ 페이드 현상
④ 노킹 현상

**16** 무한궤도형 굴착기의 한쪽 주행레버만 조작하여 회전하는 것을 무슨 회전이라고 하는가?

① 피벗회전 ② 스핀회전
③ 급회전 ④ 완회전

**17** 무한궤도형 건설기계에서 주행 불량현상의 원인이 아닌 것은?

① 유압펌프의 토출 유량이 부족할 때
② 스프로킷이 손상되었을 때
③ 트랙에 오일이 묻었을 때
④ 한쪽 주행모터의 브레이크 작동이 불량할 때

**18** 굴착기로 작업할 때 주의사항으로 틀린 것은?

① 암 레버의 조작 시 잠깐 멈췄다 움직이는 것은 펌프의 토출량이 부족하기 때문이다.
② 땅을 깊이 팔 때는 붐의 호스나 버킷 실린더의 호스가 지면에 닫지 않도록 한다.
③ 작업 시에는 실린더의 행정 끝에서 약간 여유를 남기도록 운전한다.
④ 암석, 토사 등을 평탄하게 고를 때는 선회관성을 이용하면 능률적이다.

**19** 크롤러형의 굴착기를 주행 운전할 때 적합하지 않은 것은?

① 가능하면 평탄지면을 택하고, 엔진은 중속이 적당하다.
② 주행 시 전부 장치는 전방을 향해야 한다.
③ 주행 시 버킷의 높이는 30~50cm가 좋다.
④ 암반통과 시 엔진 속도는 고속이어야 한다.

**20** 굴착기에서 2,000시간마다 점검, 정비해야 할 항목으로 맞지 않는 것은?

① 스윙기어 케이스 오일 교환
② 트랜스퍼 케이스 오일 교환
③ 액슬 케이스 오일 교환
④ 작동유 탱크 오일 교환

**21** 굴착기의 주행 시 주의해야 할 사항으로 거리가 먼 것은?

① 가능한 평탄지면을 택하여 주행하고 엔진은 중속 범위가 적당하다.
② 상부 회전체를 선회로크 장치로 고정시킨다.
③ 버킷, 암, 붐 실린더는 오므리고 하부 주행체 프레임에 올려놓는다.
④ 암반이나 부정지 등은 트랙을 느슨하게 조정 후 고속으로 주행한다.

**22** 셔블(shovel)의 프런트 어태치먼트(front attatch-ment)의 상부 회전체는 무엇으로 연결되어 있는가?

① 풋 핀(foot pin)
② 암 핀(arm pin)
③ 로크 핀(lock pin)
④ 디퍼 핀(dipper pin)

**23** 무한궤도식 굴착기로 콘크리트관을 매설한 후 매설된 관 위를 주행하는 방법으로 옳은 것은?

① 콘크리트관 매설시 10일 이내에는 주행하면 안 된다.
② 버킷을 지면에 대고 주행한다.
③ 매설된 콘크리트관이 파손되면 새로 교체하면 되므로 그냥 주행한다.
④ 콘크리트관 위로 토사를 쌓아 관이 파손되지 않게 조치한 후 서행으로 주행한다.

**24** 무한궤도식 건설기계에서 트랙 전면에 오는 충격을 완화시키기 위해 설치한 것은?

① 상부 롤러 ② 하부 롤러
③ 리코일 스프링 ④ 프런트 롤러

**25** 점도지수가 큰 오일의 온도변화에 따른 점도변화는?

① 온도와 무관하다.
② 크다.
③ 작다.
④ 온도와 무관하다.

**26** 모터와 유압실린더의 설명으로 맞는 것은?

① 둘 다 왕복운동을 한다.
② 둘 다 회전운동을 한다.
③ 모터는 직선운동, 실린더는 회전운동을 한다.
④ 실린더는 직선운동, 모터는 회전운동을 한다.

**27** 그림의 유압기호는 무엇을 표시하는가?

① 유압실린더
② 어큐뮬레이터
③ 오일탱크
④ 유압실린더 로드

**28** 다음 중 유압모터의 종류에 속하는 것은?

① 볼모터 ② 디젤모터
③ 플런저모터 ④ 터빈모터

**29** 건설기계 장비의 유압장치 관련 취급 시 주의사항으로 적합하지 않은 것은?

① 오일량을 1주에 1회 소량 보충한다.
② 작동유가 부족하지 않은지 점검하여야 한다.
③ 작동유에 이물질이 포함되지 않도록 관리 취급하여야 한다.
④ 유압장치는 워밍업 후 작업하는 것이 좋다.

**30** 유압실린더에 숨돌리기 현상이 생겼을 때 일어나는 현상이 아닌 것은?

① 오일의 공급이 과대해진다.
② 피스톤작동이 불안정하게 된다.
③ 서지압이 발생한다.
④ 작동지연 현상이 생긴다.

**31** 유압유에 포함된 불순물을 제거하기 위해 유압펌프 흡입관에 설치하는 것은?

① 어큐뮬레이터 ② 공기 청정기
③ 스트레이너 ④ 부스터

**32** 유압장치의 기호회로도에 사용되는 유압기호의 표시방법으로 적합하지 않은 것은?

① 기호는 어떠한 경우에도 회전하여서는 안된다.
② 기호에는 각 기기의 구조나 적용압력을 표시하지 않는다.
③ 각 기기의 기호는 정상상태 또는 중립상태를 표시한다.
④ 기호에는 흐름의 방향을 표시한다.

**33** 다음 유압기호가 나타내는 것은?

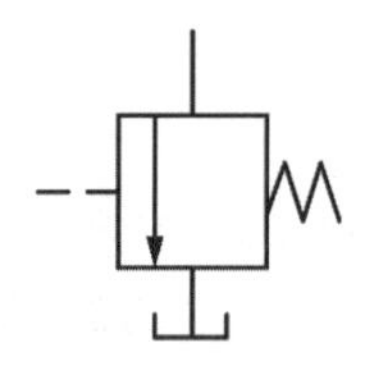

① 무부하 밸브(unloader valve)
② 릴리프 밸브(relief valve)
③ 감압밸브(reducing valve)
④ 순차 밸브(sequence valve)

**34** 유압펌프가 오일을 토출하지 않을 경우에 점검항목으로 틀린 것은?

① 흡입 관로에서 공기가 흡입되는지 점검한다.
② 토출 측 회로에 압력이 너무 낮은지 점검한다.
③ 흡입 스트레이너가 막혀 있지 않은지 점검한다.
④ 오일탱크에 오일이 규정량으로 들어있는지 점검한다.

**35** 무한궤도식 굴착기의 조향작용은 무엇으로 행하는가?

① 유압펌프
② 유압모터
③ 브레이크 페달
④ 조향 클러치

**36** 등록 건설기계의 기종별 표시방법 중 맞는 것은?

① 01 : 불도저
② 02 : 모터그레이더
③ 03 : 지게차
④ 04 : 덤프트럭

**37** 건설기계의 등록신청 시 첨부하지 않아도 되는 서류는?

① 건설기계 소유자임을 증명하는 서류
② 건설기계 제원표
③ 호적등본
④ 건설기계 제작증

**38** 건설기계의 등록신청은 누구에게 하는가?

① 건설기계 소유자의 주소지 또는 사용 본거지 관할 시 · 도지사
② 건설기계 작업현장 관할 시 · 도지사
③ 국무총리실
④ 국토교통부장관

**39** 건설기계의 조정사면허에 대한 효력정지처분을 받은 후에도 건설기계를 계속하여 조정한 자에 대한 벌칙은?

① 500만원 이하의 벌금 또는 1년 이하의 징역
② 500만원 이하의 벌금 또는 2년 이하의 징역
③ 1000만원 이하의 벌금 또는 1년 이하의 징역
④ 2000만원 이하의 벌금 또는 2년 이하의 징역

**40** 철길건널목 통과방법으로 틀린 것은?

① 건널목에서 앞차가 서행하면서 통과할 때는 그 차를 따라 서행한다.
② 건널목 앞에서 일시정지하여 안전한지 여부를 확인한 후 통과한다.
③ 경보기가 울리고 있는 동안에는 통과하여서는 아니 된다.
④ 차단기가 내려지려고 할 때는 통과하여서는 아니 된다.

**41** 임시운행 사유에 해당되지 않는 것은?

① 수출을 하기 위하여 등록 말소한 건설기계를 점검 · 정비의 목적으로 운행할 때
② 등록신청을 하기 위하여 건설기계를 등록지로 운행하고자 할 때
③ 수출을 하기 위하여 건설기계를 선적지로 운행할 때
④ 등록신청 전에 건설기계를 공사를 하기 위하여 임시로 사용하고자 할 때

**42** 타이어식 굴착기를 신규 등록한 후 최초 정기검사를 받아야 하는 시기는?

① 1년　② 1년 6월
③ 2년　④ 2년 6월

**43** 도로교통법상 안전표지의 종류가 아닌 것은?

① 주의표지　② 규제표지
③ 안심표지　④ 보조표지

**44** 보호구는 반드시 한국산업안전 보건공단으로부터 보호구 검정을 받아야 한다. 검정을 받지 않아도 되는 것은?

① 안전장갑 ② 안전모
③ 방한복 ④ 보안경

**45** 안전표지의 종류 중 안내표지에 속하지 않는 것은?

① 출입금지 ② 녹십자표지
③ 응급구호표지 ④ 비상구

**46** 소화작업에 대한 설명으로 틀린 것은?

① 유류 화재 시 표면에 물을 붓는다.
② 점화원을 발화점 이하로 낮춘다.
③ 산소의 공급을 차단한다.
④ 가열물질의 공급을 차단한다.

**47** 공구사용 시 주의해야 할 사항으로 틀린 것은?

① 손이나 공구에 기름을 바른 다음에 작업할 것
② 주위 환경에 주의해서 작업할 것
③ 강한 충격을 가하지 말 것
④ 해머 작업 시 보호안경을 쓸 것

**48** 절연용 보호구의 종류가 아닌 것은?

① 절연화 ② 절연장갑
③ 절연모 ④ 절연시트

**49** 안전보호구 선택 시 유의사항으로 틀린 것은?

① 작업행동에 방해되지 않을 것
② 보호구 검정에 합격하고 보호 성능이 보장될 것
③ 반드시 강철로 제작되어 안전 보장형일 것
④ 작용이 용이하고 크기 등 사용자에게 편리할 것

**50** 산업재해의 분류에서 사람이 평면상으로 넘어졌을 때(미끄러짐 포함)를 말하는 것은?

① 충돌 ② 추락
③ 낙하 ④ 전도

**51** 다음은 화재 예방과 대책 중 국한 대책에 해당하지 않는 것은?

① 공한지의 확보
② 방화벽 등의 정비
③ 건물설비에 불연성 소재를 쓴다.
④ 가연물을 쌓아 놓는다.

**52** 해머(hammer) 작업 시 주의사항으로 틀린 것은?

① 난타하기 전에 주위를 확인한다.
② 1~2회 정도는 가볍게 치고 나서 본격적으로 작업한다.
③ 해머 작업 시에는 장갑을 사용해서는 안 된다.
④ 해머의 정확성을 유지하기 위하여 기름을 바른다.

**53** 소화 작업 시 적합하지 않은 것은?

① 배선의 부근에 물을 뿌릴 때는 전기가 통하는지 여부를 확인 후에 한다.
② 카바이트 및 유류화재에는 물을 뿌린다.
③ 가스밸브를 잠그고 전기 스위치를 끈다.
④ 화재가 일어나면 화재 경보를 한다.

**54** 굴착공사 현장 위치와 매설 배관 위치를 공동으로 표시하기로 결정한 경우 굴착공사자와 도시가스사업자가 준수하여야 할 조치사항에 대한 설명으로 옳지 않은 것은?

① 페인트로 매설 배관 위치를 표시하는 것이 곤란한 경우에는 표시 말뚝 · 표시 깃발 · 표지판 등을 사용하여 표시할 수 있다.
② 굴착공사자는 굴착공사 예정지역의 위치를 황색 페인트로 표시할 것
③ 굴착공사자는 굴착공사 예정지역의 위치를 흰색 페인트로 표시할 것
④ 굴착공사자는 매설배관 위치를 매설배관 직상부의 지면에 황색 페인트로 표시할 것

**55** 도시가스가 공급되는 지역에서 굴착공사 중에 그림과 같은 것이 발견되었다. 이것은 무엇인가?

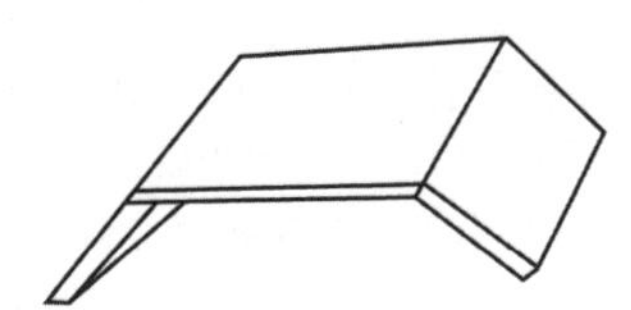

① 라인마크 ② 보호포
③ 가스누출 검지공 ④ 보호판

**56** 관련법상 도로 굴착자가 가스 배관 매설위치를 확인 시 인력굴착을 실시하여야 하는 범위로 맞는 것은?

① 가스 배관의 주위 0.5m 이내
② 가스 배관의 주위 1m 이내
③ 보호판이 육안으로 확인되었을 때
④ 가스 배관이 육안으로 확인이 될 때

**57** 도시가스가 공급되는 지역에서 굴착공사를 하고자 하는 자는 가스 배관 보호를 위하여 누구에게 확인 요청을 하여야 하는가?

① 소방서장
② 경찰서장
③ 도시가스사업자
④ 한국가스안전공사

**58** 그림과 같이 시가지에 있는 배전선로 "A"에는 보통 몇 V의 전압이 인가되고 있는가?

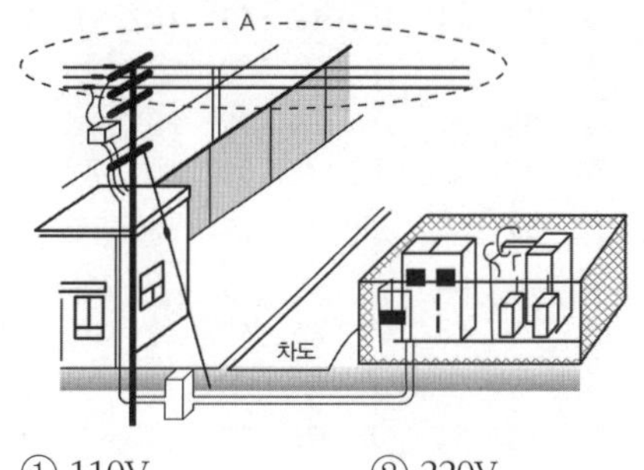


① 110V ② 220V
③ 440V ④ 22,900V

**59** 굴착기, 지게차 및 불도저가 고압전선에 근접 접촉으로 인한 사고 유형이 아닌 것은?

① 화재 ② 감전
③ 화상 ④ 휴전

**60** 다음 중 감전재해의 요인이 아닌 것은?

① 절연 열화 · 손상 · 파손 등에 의해 누전된 전기기기 등에 접촉할 때
② 전기 기기 등의 회항과 대지 간의 정전용량에 의한 전압 발생부분 접촉할 때
③ 충전부에 직접 접촉하거나 안전거리 이내 접근할 때
④ 작업 시 절연장비 및 안전장구 착용할 때

# 02 모의고사 -정답 및 해설-

## 제1회 모의고사

**정답**

| 01 | 02 | 03 | 04 | 05 | 06 | 07 | 08 | 09 | 10 |
|---|---|---|---|---|---|---|---|---|---|
| ② | ① | ④ | ② | ② | ① | ④ | ② | ④ | ② |
| **11** | **12** | **13** | **14** | **15** | **16** | **17** | **18** | **19** | **20** |
| ④ | ② | ① | ④ | ① | ④ | ③ | ③ | ④ | ② |
| **21** | **22** | **23** | **24** | **25** | **26** | **27** | **28** | **29** | **30** |
| ② | ③ | ② | ④ | ① | ① | ④ | ③ | ④ | ② |
| **31** | **32** | **33** | **34** | **35** | **36** | **37** | **38** | **39** | **40** |
| ② | ② | ① | ② | ① | ③ | ③ | ① | ④ | ② |
| **41** | **42** | **43** | **44** | **45** | **46** | **47** | **48** | **49** | **50** |
| ① | ③ | ① | ① | ③ | ③ | ① | ④ | ① | ④ |
| **51** | **52** | **53** | **54** | **55** | **56** | **57** | **58** | **59** | **60** |
| ④ | ④ | ② | ① | ② | ③ | ④ | ③ | ① | ① |

**01** 2행정 사이클 디젤기관은 흡입과 배기행정 등 별도의 독립된 행정이 없으며, 연소가스가 자체의 압력에 의해 배출되는 소기행정이 있다. 또한 블로바이란 엔진의 압축 및 폭발행정 시에 혼합기 또는 연소가스가 피스톤과 실린더 사이로 새는 것을 말한다.

**02** 크랭크축은 엔진작동 중 폭발압력에 의해 휨, 비틀림, 전단력 등을 받으며 회전한다. 이러한 비틀림에 따른 진동은 강성이 작을수록 커진다.

**03** 엔진오일 압력이 높아지는 원인

- 유압 조절 밸브가 고착되었다.
- 유압 조절 밸브 스프링의 장력이 크다.
- <u>오일의 점도가 너무 높다.</u>
- 각 마찰부의 베어링 간극이 적다.
- 오일의 회로가 막혔다.

윤활유의 점도가 너무 낮으면 압력이 내려가고 높으면 올라간다.

**04** 크랭크축은 피스톤을 커넥팅로드와 연결하여 직선(왕복)운동을 회전운동으로 바꿔주는 역할을 한다.

**05** 엔진의 과열은 냉각장치의 고장으로 발생하므로 겨울에 차량의 실내를 따듯하게 하는 히터장치는 엔진의 과열원인(냉각기능)과는 무관하다.

**06** 냉각수는 물펌프에 의하여 회전하므로 냉각수 회전속도의 빠르기는 가압식 라디에이터의 장점과는 연관이 없으며, 물펌프의 용량에 의해 결정된다.

**07** 라디에이터 형식

- 다운 플로우 형식(down flow type) : 냉각수가 흐르는 방향이 상하(上下), 위에서 아래로 흐르는 형식
- 크로스 플로우 형식(cross flow type) : 라디에이터 코어의 좌우(左右)에 냉각수 탱크가 설치되어 있어서 냉각수가 수평으로 흐르는 형식

**08** 예연소실식은 주연소실 이외에 별도로 규모가 작은 보조연소실을 갖춘 복실식(複室式)으로서 예연소실(부실)에 예열 플러그 및 분사노즐을 설치하며, 분사압력이 낮아 연료장치의 고장률이 적고 <u>사용연료 성질의 변화에 둔감</u>하므로 선택의 범위가 넓다.

**09** 4행정 기관에서 "배기행정 초"에는 배기밸브가 열리고 흡기밸브는 닫혀 있으나 "배기행정 말"에는 흡기밸브가 열려서 흡·배기밸브가 모두 열려있는 시점이 된다.

**10** 운전 중인 기관의 에어클리너가 막히면 연소실에 흡입되는 공기의 부족으로 인하여 연료가 불완전 연소되어 매연이 발생하므로 배출가스의 색은 검고, 출력은 저하된다.

**11** 정전류 충전범위

- 최소충전전류 : 축전지 용량의 5%
- 표준충전전류 : 축전지 용량의 10%
- 최대충전전류 : 축전지 용량의 20%

정전류 충전이란 충전 시작부터 끝까지 일정한 전류로 충전하는 방법을 말한다.

**12** 전류 제한기는 직류(DC)발전기에서 발생전류를 조정하여 발전기 출력 전류가 규정 이상이 되지 않도록 하여 발전기가 소손되는 것을 방지하며 DC발전기에만 설치되어 있다.

**13** 교류(AC)발전기에서 로터는 로터코어, 로터코일 및 슬립링으로 구성되어 있으며, 스테이터 내부에서 회전하여 자속을 형성하여 전좌석이 된다. 직류발전기의 계자코일과 계자철심에 해당한다.

**14** AC(교류) 발전기에서 스테이터는 전류가 발생하는 부분으로 외부에 고정되어 있으며 DC(직류)발전기의 전기자에 해당된다. 계자 철심을 지지해서 자기회로를 이루는 부분은 계철이다.

**15** 무한궤도식(크롤러형, crawler type)은 주행 장치가 강철제의 발판을 이어 맞춘 형식이며 타이어식(휠형, wheel type)은 주행 장치가 고무 타이어로 된 형식으로 일반 자동차의 형식과 동일하므로 견인력이 약한 단점이 있다.

**16** 수동변속기가 장착된 건설기계 장비에서 주행 중 기어가 빠지는 원인은 기어의 마모가 심하거나 기어의 물림이 덜 물렸을 때 또는 변속기의 록 장치가 불량할 때 발생하며, 클러치판(clutch disc)의 마모가 심할 경우는 클러치가 미끄러지는 원인이다.

**17** 조향기어 백래시(steering gear back lash)의 뜻은 볼과 너트 식에서는 래크와 섹터기어, 래크와 피니언식은 피니언과 래크와의 틈새를 말하며 이러한 틈새가 클 경우에는 핸들의 유격이 커진다.

**18** 무한궤도식 굴착기의 트랙(track)은 슈(shoe), 링크(link), 핀(pin), 부싱(bushing) 등으로 연결되어 구성되어 있다.

**19** 센터 조인트는 굴착기에서 상부회전체가 회전하더라도 호스, 파이프 등이 꼬이지 않고 오일을 하부주행모터에 원활하게 공급할 수 있도록 상부회전체의 중심부에 설치되어 있다.

**20** 운전자는 작업 전에 안전을 위하여 브레이크 및 클러치의 작동상태, 타이어 및 궤도 차륜상태, 헤드 가드 설치상태 등 장비의 정비 상태를 확인하고 점검하여야 한다. 그러나 모터의 최고 회전 시 동력 상태는 작업 중 점검사항이다.

**21** 주행시 버킷의 높이는 30~50cm가 적당하며 작업(전부) 장치는 전방을 향하여야 한다. 또한 급가속 급제동을 금지하며 가능하면 평탄지면을 택하되 부득이한 경우 굴곡이 심한 부분을 통과할 때는 저속으로 천천히 통과하여야 한다.

**22** 트랙이 자주 벗겨지는 원인

- 트랙의 유격(긴도)이 너무 커서 트랙이 이완되었다.
- 프런트 아이들러와 스프로킷의 중심 정열이 맞지 않는다.

• 프런트 아이들러, 상 · 하부 롤러 및 스프로킷의 마멸이 크다.
• 리코일 스프링의 장력이 부족하다.
• 고속 주행 중 급선회할 경우 트랙이 벗겨질 수 있다.

**23** 굴착기 작업장치의 일종인 우드 그레이플(wood grapple)은 사람의 손가락 같은 형태로써 전신주와 원목을 집어서 하역 및 운반작업에 활용된다.

**24** 일상 점검 · 정비란 장비의 수명연장과 효율적인 장비의 관리를 위하여 시행하며, 10시간 또는 매일 고장 유무를 사전에 점검 · 정비하는 것을 말하며 연료량, 엔진오일, 냉각수, 자동변속기 오일량, 유압 오일량 점검 등이 있다.
배터리 전해액은 주간점검의 대상이다.

**25** 리코일 스프링(recoil spring)은 주행 중 트랙 전면에서 트랙과 아이들러에 가해지는 충격을 완화시켜 차체의 파손을 방지하고 운전을 원활하게 해주는 역할을 하며, 이중 스프링으로 이너 스프링과 아우터 스프링으로 구성되어 있다.

**26** 굴착기의 센터 조인트(선회 이음)는 상부회전체의 오일을 주행모터에 전달하며, 압력상태에서도 선회가 가능한 관이음이다. 그러나 스윙모터의 회전은 센터 조인트의 기능이 아니다.

**27** 유압실린더는 직선 왕복운동을 하는 액추에이터로써 단동 실린더, 복동 실린더(싱글 로드형과 더블 로드형), 다단 실린더, 램형 실린더 등이 있으며 구성요소로는 오일탱크, 제어밸브, 유압펌프 등으로 구성된다.

**28** 유압모터의 장점
• 소형 경량으로 큰 출력을 낼 수 있다.
• 변속, 역전 등 속도나 방향의 제어가 용이하다.
• 전동 모터에 비하여 급속정지가 쉽다.
• 작동이 신속 · 정확하다.

**29** 공동현상(캐비테이션, cavitation)은 유압장치 내부에 국부적인 높은 압력으로 인하여 진공이 형성되어 기포가 발생하며 국부적인 고압이나 소음과 진동 등이 발생하는 현상을 말한다.

**30** 유압 실린더란 직선 왕복운동을 하는 액추에이터이며 유압 실린더의 종류로는 단동 실린더, 복동 실린더(싱글 로드형과 더블 로드형), 다단 실린더, 램형 실린더 등이 있다.

**31** 유압펌프는 엔진 또는 모터의 동력으로 동력원이 회전하는 동안에는 항상 회전하며 종류로는 기어펌프, 베인펌프, 피스톤(플런저) 펌프 등이 있으며 기어장치에 의해 구동된다.

**32** 플렉시블 호스란 호스가 굳어있지 않고 정상적인 압력상태에서 파손 없이 잘 구부러지는 호스를 말하며, 유압장치에서 내구성이 강하고 작동 및 움직임이 있는 곳에 사용하기 적합한 호스이다.

**33** 유압모터의 구비조건
• 부하 : 주어진 부하에 내구성이 클 것
• 효율 : 체적 및 효율이 좋을 것
• 동력 : 모터로 필요한 동력을 얻을 수 있을 것

점도란 유압유의 점성의 정도를 나타내는 척도를 말한다.

**34** 굴착기 붐의 자연 하강량이 많은 원인은 유압실린더, 컨트롤 밸브 등 오일계통의 장치에서 고장이 발생하여 오일이 새므로 유압이 낮아졌기 때문이다.

**35** 오일 실(oil seal)은 유압기기의 접합 부분이나 이음 부분에서 작동유의 누설을 방지하고 외부에서 유압기기 내로 이물질이 침입하는 것을 방지하는 역할을 한다. 따라서 유압 작동부에서 오일이 누출될 경우에는 가장 먼저 오일 실(oil seal)을 점검하여야 한다.

**36** 그림의 공유압 기호는 유압 동력원 기호이다.

**37** 트로코이드 펌프(trochoid pump)는 그림과 같이 안쪽은 내·외측 로터로 바깥쪽은 하우징으로 구성되어 있으며, 안쪽기어가 회전하면 바깥쪽 로터도 따라서 회전하게 된다.

**38** 윤활장치에서 오일을 흡입하여 기관의 각 운행 부분에 보내는 오일펌프로는 대부분 로터리펌프, 기어펌프, 베인펌프 등이 사용된다.

**39** 주차 금지장소
- 터널 안 및 다리 위
- 화재경보기로부터 3미터 이내의 곳
- 다음 장소로부터 5미터 이내의 곳
  - 소방용 기계·기구가 설치된 곳, 소방용 방화물통
  - 소화전 또는 소화용 방화 물통의 흡수구나 흡수관을 넣는 구멍
  - 도로공사를 하고 있는 경우에는 그 공사구역의 양쪽 가장자리

**40** 정차란 운전자가 5분을 초과하지 아니하고 차를 정지시키는 것으로서 주차 외의 정지 상태를 말한다.

**41** 인명피해 사고 시 행정처분의 기준
- 사망 1명마다 : 면허정지 45일
- 중상 1명마다 : 면허정지 15일
- 경상 1명마다 : 면허정지 5일

**42** 건설기계의 주요 구조를 변경하거나 개조하는 형식변경의 불가 항목으로는 건설기계의 기종 형식변경, 규격의 증가, 적재함의 용량증가 등을 위한 형식변경은 할 수 없다.

**43** 굴착기 정기검사 유효기간
- 타이어식(휠형) 굴착기 : 1년
- 무한궤도식(크롤러형) 굴착기 : 3년

**44** 최고속도 15km/h 미만의 건설기계가 갖춰야 할 등화로는 전조등, 제동등, 후부반사기(후부반사판, 후부반사지) 등을 설치하여야 하나 차의 폭을 나타내는 차폭등은 설치대상이 아니다.

**45** 1년 이하의 징역 또는 1천만원 이하의 벌금
- 거짓이나 그 밖의 부정한 방법으로 등록을 한 자
- 등록번호를 지워 없애거나 그 식별을 곤란하게 한 자
- 구조변경검사 또는 수시검사를 받지 아니한 자
- 정비명령을 이행하지 아니한 자
- 형식승인, 형식변경승인 또는 확인검사를 받지 아니하고 건설기계의 제작 등을 한 자

**46** 야간에 견인되는 자동차(피견인 자동차)는 앞부분의 전조등을 켤 필요는 없으나, 뒷부분에 설치된 차폭등, 미등, 번호등은 켜야 한다.

**47** 건설기계의 등록말소 사유
- 거짓이나 그 밖의 부정한 방법으로 등록을 한 경우
- 건설기계가 천재지변 또는 이에 준하는 사고 등으로 사용할 수 없게 되거나 멸실된 경우
- 건설기계의 차대가 등록 시의 차대와 다른 경우
- 건설기계 안전기준에 적합하지 아니하게 된 경우
- 최고(催告)를 받고 지정된 기한까지 정기검사를 받지 아니한 경우
- 건설기계를 수출하는 경우
- 건설기계를 도난당한 경우
- 건설기계를 폐기한 경우

**48** 도로교통법상 유아는 6세 미만, 어린이는 13세 미만을 말하며 보호자는 이러한 어린이를 교통이 빈번한 도로에서 놀게 해서는 아니 된다.

**49** 건설기계 조정사 면허의 적성검사 기준
- 두 눈을 동시에 뜨고 잰 시력(교정시력 포함)이 0.7 이상일 것
- 두 눈의 시력이 각각 0.3 이상일 것
- 55데시벨(보청기를 사용하는 사람은 40데시벨)의 소리를 들을 수 있을 것
- 언어 분별력이 80퍼센트 이상일 것
- 시각은 150도 이상일 것
- 정신질환자 또는 뇌전증 환자가 아닐 것
- 마약 · 대마 · 향정신성의약품 · 또는 알코올중독자가 아닐 것

**50** 산업안전표지는 지시표지, 경고표지, 안내표지, 금지표지 등으로 구분하며 그중 금지표지는 출입금지, 보행금지, 금연 등 특정의 행동을 금지하는 표지이다.

**51** 건설기계관리법에서 정의한 건설기계 형식이란 건설기계의 구조 · 규격 및 성능 등에 관하여 일정하게 정한 것을 말한다.

**52** 수평지선의 높이는 도로를 횡단하는 수평지선은 6m 이상, 노단의 수평지선은 4.5m 이상, 그 외는 3m 이상이어야 한다.

**53** 산업안전표지 중 지시표지로는 방독마스크 착용, 방진 마스크 착용, 보안경 착용, 보안면 착용, 안전모 착용, 귀마개 착용, 안전화 착용, 안전장갑 착용, 안전복 착용 등 9종이 있다.

**54** 안전 · 보건표지의 종류와 형태에서 그림의 안전표지판은 특정의 행동을 금지하는 금지표지 중에서 사용금지표지이다.

**55** 황색 바탕의 위험표지시트는 전력케이블이 매설되어 있음을 표시하기 위한 표지를 말하며 차도에서 지표면 아래 30cm 깊이에 설치되어 있고 표지시트 바로 아래[직하(直下)]에 전력 케이블이 묻혀 있다.

**56** 50만원 이하의 과태료
- 임시번호표를 붙이지 아니하고 운행한 자
- 등록사항 변경신고를 하지 아니하거나 거짓으로 신고한 자
- 등록의 말소를 신청하지 아니한 자
- 등록번호표를 반납하지 아니한 자
- 정기검사를 받지 아니한 자
- 형식 신고를 하지 아니한 자
- 건설기계 사업자 신고를 하지 아니하거나 거짓으로 신고한 자
- 등록말소사유 변경신고를 하지 아니하거나 거짓으로 신고한 자
- 주택가 주변에 건설기계를 세워 둔 자

**57** 가스 배관과의 수평거리 30cm 이내에서는 파일박기를 금지하므로 "H"파일을 설치할 때 배관과 파일 사이의 수평거리는 최소한 30cm를 초과하여야 한다.

**58** 도시가스 구분
- 고압가스 : 1MPa 이상의 압력
- 중압가스 : 0.1MPa 이상~1MPa 미만의 압력
- 저압가스 : 0.1MPa 미만의 압력

**59** 애자는 전선을 철탑 또는 전봇대의 원금(어깨쇠)에 고정하고 절연하기 위하여 사용하는 지지물로서 사기, 유리, 합성수지 등으로 만들며 전압이 높을수록 애자의 사용 개수가 많아진다.

**60** 매설 배관의 보호판은 가스공급 압력이 중압 이상의 배관 상부에 사용하며, 배관 직상부 30cm 상단에 매설되어 있다.

## 제2회 모의고사

### 정답

| 01 | 02 | 03 | 04 | 05 | 06 | 07 | 08 | 09 | 10 |
|---|---|---|---|---|---|---|---|---|---|
| ③ | ③ | ③ | ④ | ④ | ① | ③ | ④ | ④ | ③ |
| **11** | **12** | **13** | **14** | **15** | **16** | **17** | **18** | **19** | **20** |
| ① | ④ | ③ | ① | ④ | ③ | ① | ② | ③ | ① |
| **21** | **22** | **23** | **24** | **25** | **26** | **27** | **28** | **29** | **30** |
| ② | ③ | ③ | ② | ④ | ④ | ④ | ① | ③ | ② |
| **31** | **32** | **33** | **34** | **35** | **36** | **37** | **38** | **39** | **40** |
| ④ | ③ | ① | ④ | ② | ① | ② | ② | ③ | ① |
| **41** | **42** | **43** | **44** | **45** | **46** | **47** | **48** | **49** | **50** |
| ① | ③ | ③ | ③ | ③ | ① | ① | ② | ② | ④ |
| **51** | **52** | **53** | **54** | **55** | **56** | **57** | **58** | **59** | **60** |
| ④ | ④ | ② | ① | ③ | ① | ② | ① | ④ | ③ |

**01** 디젤기관에서 연료분사 노즐의 고착을 방지하기 위한 섭동면의 윤활은 윤활유가 별도로 없으며 디젤연료인 경유가 윤활작용을 한다.

**02** 일체식 실린더는 실린더 라이너(cylinder liner)식과 달리 실린더블록과 실린더가 일체형이므로 라이너식에 비해서 상대적으로 부품수가 적고 중량이 가벼우며 강성 및 강도가 크고 냉각수 누출 우려가 적은 특징이 있다.
내마모성이 높은 것은 아니다.

**03** 기관에서 연료압력이 너무 낮은 원인으로는 연료펌프의 공급압력이 누설되거나 연료필터가 막히는 등 연료공급라인의 불량이 원인이며, 연료 리턴 호스는 과잉 공급된 연료를 연료탱크로 되돌리는 라인이므로 연료의 압력과는 관련이 없다.

**04** 과급기(터보차저, turbo charger)는 기관의 출력을 증가시키기 위하여 흡기관과 배기관 사이에 설치하며, 공기를 압축하여 실린더 내에 공급하는 장치이다.

**05** 연료탱크의 밑에 설치된 드레인 코크를 열었다가 잠그는 작업은 연료탱크의 밑에 축적되는 수분과 금속가루 등 각종 오물을 배출하기 위한 작업이다.

**06** 추진축(프로펠러 샤프트, propeller shaft)은 엔진의 동력을 변속기로부터 최종 구동 기어까지 기다란 축을 이용하여 동력을 전달하는 역할을 하는 장치이므로 엔진에서 발생하는 진동 및 소음과는 관련이 없다.

**07** 감압장치(디콤프, De-comp)는 디젤기관을 시동할 때 운전실에서 감압 레버를 잡아당겨서 캠축의 운동과 관계없이 흡기 및 배기 밸브를 열어 실린더 내의 압력을 감압시킨다.
엔진의 회전(크랭킹)을 원활하게 해주는 시동보조장치이다.

**08** 팬벨트의 장력점검은 기관을 정지한 상태에서 엄지손가락으로 벨트의 중심을 "꾸~욱" 눌러(10kgf 정도)보아 처짐의 정도가 13~20mm이면 정상이다.

**09** 압력식 라디에이터 캡은 냉각수의 마개로서 냉각 계통을 밀폐시켜 내부의 온도 및 압력을 항상 일정하게 조절하여 냉각수의 비등점을 올려주는 역할을 한다.

**10** 디젤기관은 공기만을 흡입하여 고압축비로 압축하여 압축열에 의한 자연착화 방식의 압축착화 기관으로서 점화장치가 없으므로 가솔린 엔진인 전기점화기관보다 상대적으로 고장률이 적다.

**11** 전해액을 혼합할 때 황산에 물을 부으면 폭발할 수 있으므로, 증류수에 황산을 조금씩 부으면서 혼합하여야 하며 유리막대로 천천히 저어서 냉각하여야 한다.

**12** 퓨저블 링크는 전기회로를 보호하는 일종의 퓨즈로써 건설기계의 전기회로가 단락될 때 전기회로를 보호하기 위한 연결 장치이다.

**13** 건설기계의 전기장치인 축전지가 20℃에서 완전충전될 경우 축전지 전해액의 비중은 1.280이다.

**14** 옴의 법칙에 의하면 도체에 흐르는 전류(I)는 도체에 가해진 전압(E)에 정비례하고 저항(R)에는 반비례한다.
따라서, I=E/R(전류=전압/저항)이므로
전류는 12/3+4+5=12/12=1A

**15** 실드빔형 전조등
- 반사경에 필라멘트를 붙이고 렌즈를 녹여 붙인 전조등이다.
- 내부에 불활성 가스를 넣어 그 자체가 1개의 전구가 되도록 한 것이다.
- 밀봉되어 있기 때문에 광도의 변화가 적다.
- 대기의 조건에 따라 반사경이 흐려지지 않는다.
- 필라멘트가 끊어지면 전체를 교환하여야 한다.

필라멘트가 끊어지면 전구만 교환이 가능한 전조등은 세미 실드빔형 전조등이다.

**16** 클러치(clutch)는 기관과 변속기 사이에 설치되어 기관의 회전력을 변속기에 전달하거나 차단하여 시동 시 엔진을 무부하 상태로 유지한다.
변속 시에는 동력을 차단하여 기어 변속이 원활하게 이루어지도록 하고 자동차의 관성 주행이 되도록 한다.

**17** 제동장치의 이상현상
- 베이퍼 록(vapor lock) 현상 : 반 브레이크를 사용하면 제동부의 마찰열로 브레이크 회로 내의 오일이 끓어올라 파이프 내에 기포가 형성되어 송유압력의 전달 작용을 방해하는 현상을 말한다.
- 페이드(fade) 현상 : 브레이크를 연속하여 자주 사용하면 브레이크 드럼이 과열되어 브레이크 라이닝의 마찰계수가 떨어지며, 브레이크가 잘 듣지 않는 것으로서 짧은 시간 내에 반복 조작이나 내리막길을 내려갈 때 브레이크 효과가 나빠지는 현상을 말한다.

  때문에 길고 급한 경사길을 내려갈 때는 엔진브레이크를 사용하여야 한다.

**18** 토크 컨버터(Torque Converter)는 유체 클러치(Fluide Clutch)와 달리 스테이터가 터빈 속도가 느릴 때 오일의 흐름 방향을 바꾸어 회전력을 증대시키며 출력이 가장 큰 토크를 전달한다.

**19** 버킷을 이용하여 낙하력으로 굴착 및 선회 동작과 토사 등을 버킷의 측면으로 타격을 가하거나 암석, 토사 등을 평탄하게 고를 때 선회관성을 이용하면 안전사고의 원인이 되므로 선회관성을 이용하는 일이 없도록 해야 한다.

**20** 작업장에서 굴착기를 이동 및 선회 시에는 가장 먼저 경적을 울려서 주위를 환기시키고 이동 및 선회하여야 안전사고를 예방할 수 있다.

**21** 트랙의 장력이 과다하여 너무 팽팽하게 조정된 경우에는 상부롤러, 하부롤러, 트랙 핀, 트랙 부싱, 트랙 링크, 프런트 아이들러, 구동 스프로킷 등의 트랙부품이 조기 마모된다.

**22** 버킷(디퍼, bucket or dipper)은 직접 작업을 하는 부분으로 토사굴토 작업, 도랑파기 작업, 토사 상차작업 등에 적합하며 고강력의 강철판으로 제작되어 있다.

**23** 운전 전 점검 · 정비 사항
- 엔진의 오일량 점검
- 냉각수의 양 및 누출 여부 점검
- 각 작동 부분의 그리스 주입
- 공기 청정기 커버 먼지 청소
- 조종 레버 및 각 레버의 작동 이상 유무 확인
- 각종 스위치, 등화 등 점검
- 연료탱크의 연료량 확인
- 자동변속기 오일량 확인
- 유압 오일량 확인

후륜 구동축 감속기의 오일량 점검은 시동 전 점검사항이 아니다.

**24** 무한궤도식 굴착기에서 트랙의 유격이 너무 커 느슨해지며 이완된 경우에는 트랙이 벗겨지기 쉽다. 트랙이 너무 팽팽할 경우는 상부롤러, 하부롤러, 트랙 핀, 트랙 부싱, 트랙 링크 등의 트랙부품 및 프런트 아이들러, 구동 스프로킷 등이 조기 마모된다.

**25** 굴착기의 각종 조작 레버를 작동시키기 전에 주변에 장애물이 없는가를 확인하고 안전한 작업반경을 초과해서 하중을 이동시키지 말아야 한다.

**26** 무한궤도식 굴착기의 트랙(track)은 트랙 슈, 링크, 핀, 부싱, 슈 볼트 등으로 구성되어 있으며, 트랙의 연결은 링크에 링크 핀(연결 핀, link pin)이 일정한 간격을 두고 끼워져 연결한다.

**27** 굴착기의 붐 제어 레버를 계속하여 상승위치로 당기고 있으면 릴리프 밸브 및 시트에 가장 큰 손상이 발생한다.

**28** 어큐뮬레이터(축압기)의 용도
- 유압 에너지를 저장(축척)한다.
- 유압펌프의 맥동을 제거(감소)해 준다.
- 충격 압력을 흡수한다.
- 회로 내의 압력을 보상해 준다.
- 유압 회로를 보호한다.
- 보조 동력원으로 사용한다.
- 기체 액체형 어큐뮬레이터에 사용되는 가스는 질소이다.

**29** 감압 밸브(리듀싱 밸브, reducing valve)는 상시 열려 있다가 압력이 지시압력보다 낮은 조건이 되면 닫혀서 밸브 유입 회로에서 입구 압력을 감압하여 유압실린더 출구 설정 유압으로 유지한다.

**30** ① 단동식 편로디형
② 가변용량형 유압펌프
③ 가변축 밸브
④ 정용량형 유압펌프

**31** 감속밸브인 디셀러레이션 밸브(deceleration valve)는 방향제어밸브의 일종으로 캠(cam)으로 조작되며, 유압실린더의 속도를 감속하여 서서히 정지시키고자 할 때 사용하는 유압밸브이다.

**32** 방향 제어 밸브의 종류
- 디셀러레이션 밸브(deceleration valve) : 유압 실린더의 속도를 감속하여 서서히 정지시키고자 할 때 사용되는 밸브이다.
- 체크 밸브(check valve) : 역류를 방지하는 밸브이다.
- 스풀 밸브(spool valve) : 작동유의 흐름 방향을 바꾸기 위해 사용하는 밸브이다.

**33** 유압모터의 특징
- 무단 변속이 용이하다.
- 소형 경량으로 큰 출력을 낼 수 있다.
- 변속, 역전 등 속도나 방향의 제어가 용이하다.
- 전동 모터에 비하여 급속정지가 쉽다.

**34** 그림의 공기압 기호는 부속기기 중에서 요동형 액추에이터 기호이다.

**35** 유압실린더에서 쿠션기구는 피스톤 행정의 끝에서 피스톤이 커버에 충돌하여 발생하는 충격을 흡수하기 위해 설치하며 충격력으로부터 유압회로 및 유압기기의 손상을 방지한다.

**36** 액체의 일반적인 성질
액체란 일정한 부피는 가졌으나 일정한 형태를 가지지 못한 물질을 말한다.
- 압축할 수 없다.
- 운동 방향을 바꿀 수 있다.

- 운동을 전달할 수 있다.
- 힘을 전달할 수 있다.

**37** 유압기기의 작동속도는 유압펌프의 토출 유량으로 제어하므로 작동속도를 높이려면 유압펌프의 토출 유량을 증가시켜야 한다.

**38** 도로에서 킥보드, 인라인스케이트, 롤러스케이트 등을 타고 이동하는 어린이는 보행자로서 자동차를 운행하는 운전자는 이들을 보호해야 할 의무가 있으며, 스노보드는(snowboard) 일반도로가 아닌 눈이 쌓인 비탈을 미끄러지며 내려오는 운동기구이다.

**39** 특별표지판을 부착해야 되는 대형건설기계
- 길이가 16.7미터를 초과하는 건설기계
- 너비가 2.5미터를 초과하는 건설기계
- 높이가 4.0미터를 초과하는 건설기계
- 최소회전반경이 12미터를 초과하는 건설기계
- 총중량이 40톤을 초과하는 건설기계
- 총중량 상태에서 축하중이 10톤을 초과하는 건설기계

**40** 교통안전시설이 표시하는 신호 또는 지시와 경찰공무원의 신호 또는 지시가 서로 다른 경우에는 경찰공무원의 신호 또는 지시에 따라야 하므로 경찰공무원의 수신호가 가장 우선한다.

**41** 특별표지판 부착대상 대형 건설기계
- 길이가 16.7미터를 초과하는 건설기계
- 너비가 2.5미터를 초과하는 건설기계
- 높이가 4.0미터를 초과하는 건설기계
- 최소회전반경이 12미터를 초과하는 건설기계
- 총중량이 40톤을 초과하는 건설기계
- 총중량 상태에서 축하중이 10톤을 초과하는 건설기계

**42** 건설기계의 등록말소 사유
- 거짓이나 그 밖의 부정한 방법으로 등록을 한 경우
- 건설기계가 천재지변 또는 이에 준하는 사고 등으로 사용할 수 없게 되거나 멸실된 경우
- 건설기계의 차대가 등록 시의 차대와 다른 경우
- 건설기계 안전기준에 적합하지 아니하게 된 경우
- 최고(催告)를 받고 지정된 기한까지 정기검사를 받지 아니한 경우
- 건설기계를 수출하는 경우
- 건설기계를 도난당한 경우
- 건설기계를 폐기한 경우

**43** 건설기계 조정사 면허의 적성검사 기준
- 두 눈을 동시에 뜨고 잰 시력(교정시력 포함)이 0.7 이상일 것
- 두 눈의 시력이 각각 0.3 이상일 것
- 55데시벨(보청기를 사용하는 사람은 40데시벨)의 소리를 들을 수 있을 것
- 언어 분별력이 80퍼센트 이상일 것
- 시각은 150도 이상일 것
- 정신질환자 또는 뇌전증 환자가 아닐 것
- 마약 · 대마 · 향정신성의약품 · 또는 알코올중독자가 아닐 것

**44** 황색신호의 뜻은 정지선이 있거나 횡단보도가 있을 때는 그 직전이나 교차로의 직전에 정지하여야 하며, 이미 교차로에 건설기계의 일부라도 진입한 경우에는 신속히 교차로 밖으로 진행하여야 한다.

**45** 장갑 착용 금지작업은 선반 작업, 드릴 작업, 목공기계 작업, 연삭 작업, 해머 작업, 정밀기계 작업 등 감겨들 위험이 있는 작업에는 착용하지 않는다.

**46** 수공구 중 줄은 금속 표면에 있는 거칠거나 각진 부분을 매끄럽게 다듬을 수 있는 공구로써 이러한 줄은 망치 대용으로 사용하지 말아야 하며 줄 작업 후 쇳가루를 입으로 불어내지 말아야 한다.

**47** 작업장에서 일상적인 안전점검의 가장 주된 목적은 위험요소의 배제 등을 통해 사고 발생 가능성을 사전에 발견하여 시정하는 데 있다.

**48** 스패너는 해머 대용으로 사용하여 두드리지 말아야 하며, 너트에 스패너를 깊이 물리고, 조금씩 앞으로 당기는 식으로 풀고 조이며, 좁은 장소에서는 몸의 일부를 충분히 기대고 작업하여야 한다.

**49** 가스 배관 손상으로 가스누출 시 긴급 조치사항
- 브레이커를 빼지 않고 건설기계의 작동을 멈춘다.
- 주위 사람을 대피시키고 차량을 통제한다.
- 소방서 및 해당 도시가스회사 또는 한국가스안전공사에 신고한다.

**50** 블래더식 축압기(어큐뮬레이터)는 유압 출구 가까이에 설치하여 펌프의 순간적인 과부하를 방지하며 압력용기 상부에 설치한 블래더(고무주머니)에는 질소가스를 충전한다.

**51** 도로상의 한전 맨홀에 근접하여 굴착작업을 할 때는 지중(地中) 전선로(땅속에 부설하는 케이블을 보호하는 전선로)가 있고 전력 케이블이 지표면 아래 약 1.2~1.5m의 깊이에 매설되어 있으므로 한전 직원의 입회하에 안전하게 작업하여야 한다.

**52** 고압 충전 전선로에 근접 작업할 때 최소 이격 거리는 1.2m이며 디퍼(버킷)를 고압선(600v 초과)으로부터 10m 이상 떨어져서 작업하여야 한다. 건설장비가 접촉하지 않고 근접만 해도 감전사고가 발생할 수 있으므로 안전거리 이상 이격하여야 한다.

**53** 액화천연가스(LNG)의 특징
- 주성분은 메탄이다.
- 누출 시 공기보다 가볍다.
- 무색, 무취이나 안전을 위해 부취제를 첨가한다.
- 천연고무에 대한 용해성은 없다.

**54** 굴착공사자는 도시가스 배관의 안전조치 및 손상방지를 위해 굴착공사 예정지역의 현장 위치와 매설 배관의 위치에 흰색 페인트로 표시하여야 한다.

**55** 안전 · 보건 표지의 색채
- 빨간색 : 금지, 경고의 용도(방화표시)
- 노란색 : 경고의 용도(충돌 추락 경고표시)
- 파란색 : 지시의 용도(보안경 착용표시)
- 녹색 : 안내의 용도(비상구 표시)
- 흰색 및 검은색 : 빨간색, 노란색, 파란색 등의 보조색
- 보라색 : 방사능 등의 표시에 사용

**56** 도시가스 배관 주위를 굴착하고자 할 때 가스 배관 좌우 1m 이내에는 안전을 위하여 장비 작업을 금지하고 인력으로 굴착해야 한다.

**57** 그림과 같은 라인 마크는 도시가스 배관 매설 시 배관 길이의 최소 50m마다 1개 이상 설치하며, 형태는 직경 9cm의 원형으로 재질은 동합금 또는 황동주철이다.

**58** C급 화재인 전기화재는 전기 기계, 전기 기구 등에서 발생되는 화재로서 사용 소화기는 이산화탄소 소화기가 가장 적합하며 할론, 분말소화기 등을 사용할 수 있으나 포말소화기는 사용할 수 없다.

**59** 전력케이블의 매설은 차도의 경우 지표면 아래 약 1.2~1.5m의 깊이에 매설하며, 차도 이외의 장소에는 60cm 이상의 깊이에 매설한다.

**60** 매몰된 배관의 침하 여부를 확인하기 위한 침하측정은 침하관측공에 의해 관측하며 10일에 1회 이상을 원칙으로 한다.

## 제3회 모의고사

**정답**

| 01 | 02 | 03 | 04 | 05 | 06 | 07 | 08 | 09 | 10 |
|---|---|---|---|---|---|---|---|---|---|
| ① | ③ | ④ | ③ | ③ | ④ | ④ | ④ | ① | ② |
| 11 | 12 | 13 | 14 | 15 | 16 | 17 | 18 | 19 | 20 |
| ③ | ④ | ① | ④ | ③ | ① | ③ | ④ | ④ | ① |
| 21 | 22 | 23 | 24 | 25 | 26 | 27 | 28 | 29 | 30 |
| ④ | ① | ④ | ③ | ③ | ④ | ② | ③ | ① | ① |
| 31 | 32 | 33 | 34 | 35 | 36 | 37 | 38 | 39 | 40 |
| ③ | ① | ① | ② | ② | ① | ③ | ① | ③ | ① |
| 41 | 42 | 43 | 44 | 45 | 46 | 47 | 48 | 49 | 50 |
| ④ | ① | ③ | ③ | ① | ① | ① | ④ | ③ | ④ |
| 51 | 52 | 53 | 54 | 55 | 56 | 57 | 58 | 59 | 60 |
| ④ | ④ | ② | ② | ④ | ② | ③ | ④ | ④ | ④ |

**01** 피스톤링의 3대 작용

- 기밀작용(기밀을 유지하여 압축가스가 새는 것을 막아 완전연소할 수 있도록 작용한다)
- 오일제어작용(실린더 벽의 엔진 오일을 긁어내린다)
- 냉각작용(실린더 벽과 접촉하여 열을 전도한다)

**02** 오일펌프의 종류로는 플런저(피스톤)식, 로터리식, 기어펌프식, 배인펌프식 등이 있다.

**03** 블로바이 현상은 압축 및 동력 행정 시 혼합기 또는 연소가스가 피스톤과 실린더 사이에서 새는 현상이며, 연소가스가 자체의 압력에 의해 배출되는 것은 소기행정이다.

**04** 피스톤과 실린더 사이의 간극이 너무 크면 연소실로 엔진오일(윤활유)이 유입되면서 연소되므로 윤활유 소비량이 증대된다.

**05** 연료장치는 연료탱크(fuel tank), 연료펌프(fuel pump), 연료필터(fuel filter), 분사펌프(injection pump), 분사노즐(injection nozzle) 등이 있다.
예열플러그는 연소실에 흡입된 공기를 가열하는 시동보조 장치이다.

**06** 공기청정기(에어클리너, Air Cleaner)는 연소에 필요한 공기를 흡입할 때, 먼지 등의 불순물을 여과하여 피스톤 등의 마모를 방지한다.

**07** 기관을 시동하기 전 점검사항으로는 연료의 양, 냉각수의 양, 엔진 오일의 양과 색깔 등을 점검한다.
시동 후 공전 시 점검사항으로는 엔진의 회전수, 엔진 오일의 누출 여부, 냉각수의 누출 여부, 배기가스의 색깔 등이다.

**08** 축전지의 용량이란 완전 충전된 축전지를 일정의 전류로 연속 방전하여 방전 종지 전압까지 사용할 수 있는 전기의 양을 말한다.
이러한 축전지 용량의 결정은 전해액의 온도, 극판(크기, 형상, 수량), 전해액(비중, 온도, 양) 격리판(재질, 형상, 크기)에 의해 좌우된다.

**09** 기동전동기의 시험항목은 무부하시험, 회전력시험, 저항시험 등이 있으며, 전기자 코일 시험은 그롤러 시험기로 측정한다.

**10** 에탁스(ETACS) 경보기 기능의 종류는 뒤 유리열선 타이머, 간헐 와이퍼 제어기능, 감광 룸 램프 제어기능 및 안전띠경고, 잠금장치, 자동도어록, 파워 윈도, 와셔 연동 와이퍼 등에 사용된다.

**11** 배터리 전해액은 묽은황산으로, 증류수에 황산을 조금씩 부으면서 잘 저어서 황산 35%, 증류수 65%로 조성한다.

**12** 축전지 터미널의 식별은 터미널의 직경(양극이 굵다), 색깔(양극－적색 음극－흑색), 표시문자(양극－P 음극－N), 부식물의 정도(양극 터미널에 많다) 등으로 구분한다.

**13** 윙과 윙기어는 변속기 기어가 아니며 굴착기 상부 회전체의 선회장치(swing device)를 회전시키는 부품이다.

**14** 변속기는 소형으로 단계 없이 연속적으로 신속하게 변속되어야 하며, 전달효율이 좋아야 한다.

**15** 페이드(fade) 현상의 예방법

- 긴 내리막길을 내려갈 때는 엔진브레이크를 사용한다.
- 드럼의 냉각성능을 크게 한다.
- 드럼은 열팽창률이 적은 재질을 사용한다.
- 온도 상승에 따른 마찰계수 변화가 작은 라이닝을 사용한다.

**16** 무한궤도형 굴착기 조향 방법 중 완회전(피벗 회전, pivot turn)은 한쪽 주행 레버만 밀거나 당겨서 한쪽 트랙만 전 · 후진시키며 완만하게 회전하는 방법이다. 급회전(스핀 회전, spin turn)은 좌우측 주행 레버를 동시에 한쪽 레버는 앞으로 밀고 다른 한쪽 레버는 조종사 쪽으로 당기면 급회전이 이루어진다.

**17** 주행 불량의 원인으로는 유압펌프의 토출 유량 부족, 스프로킷 손상, 주행 모터의 브레이크 작동 불량 등이 있으나, 트랙에 오일이 묻은 상태는 주행 불량현상의 원인이 아니다.

**18** 암석, 토사 등을 평탄하게 고르거나 잘게 부수는 작업을 할 때 선회관성을 이용하여 작업하면 굴착기 고장의 원인이 된다.

**19** 암반 등 그 형태가 정상이 아닌 부정지(不定地)를 통과할 때는 트랙을 팽팽하게 조정하고 저속으로 통과하여야 한다.

**20** 매 2,000 시간마다 점검 · 정비 사항

- 액슬 케이스 오일 교환
- 트랜스퍼 케이스 오일 교환
- 작동유 탱크 오일 교환
- 냉각수 교환
- 유압 오일 교환
- 탠덤 구동 케이스 오일 교환
- 작동유 탱크 오일 교환

스윙기어 케이스 오일교환은 1,000 시간마다 점검 · 정비 사항이다.

**21** 굴착기로 암반이나 부정지 등을 주행할 때는 트랙을 느슨하지 않게 팽팽하게 조정하고 저속으로 천천히 주행하여야 한다.

**22** 셔블(shovel)의 프런트 어태치먼트(front attach－ment)의 상부 회전체는 풋 핀(foot pin)으로 연결되어 있다.

**23** 무한궤도식 굴착기로 콘크리트관을 매설한 후 그 위를 주행할 때는 콘크리트관이 파손되지 않도록 토사를 쌓아 파손되지 않도록 조치한 후 서행으로 주행한다.

**24** 리코일 스프링(recoil spring)은 이중 스프링으로서 이너 스프링과 아우터 스프링으로 구성되어 있으며, 주행 중 트랙 전면에서 오는 충격을 완화시켜 차체의 파손을 방지하고 운전을 원활하게 해주는 역할을 한다.

**25** 유압유의 점도지수(viscosity index)란 온도 변화에 대한 점도의 변화 비율을 나타내는 것을 말하며, 점도지수가 큰 오일은 온도 변화에 대한 점도의 변화가 적고 점도지수가 낮은 오일은 온도 변화에 대한 점도의 변화가 많다.

**26** 유압펌프에서 기계에너지를 유압 에너지로 바꿔서 유압실린더로 보내면 직선 왕복운동으로 변환하여 유압모터를 회전시킨다.

**27** 그림은 어큐뮬레이터 유압 기호이며 어큐뮬레이터 회로는 유압 펌프의 순간적인 과부하 방지 및 회로에서의 진동, 소음, 배관의 느슨함에 의해서 발생되는 누유 및 파손 등을 방지하는 회로이다.

**28** 유압모터의 종류로는 기어형 모터, 베인(vane, 날개)형 모터, 피스톤형(플런저형) 모터 등이 있다.

**29** 유압장치는 워밍업 후 작업해야 하며, 유압장치에 이물질 포함 여부 및 오일량이 부족하지 않은지 매일 점검하여야 한다.

**30** 숨돌리기 현상이란 공기의 혼입으로 유압의 힘이 완벽하게 전달되지 않을 경우에 기계가 작동하다가 짧은 시간이지만 순간적으로 '멈칫'하는 현상으로서, 이러한 숨돌리기 현상이 발생하면 작동지연, 서지압 등이 발생하고, 피스톤의 작동이 원활하지 못하고 불안정하게 된다.

**31** 유압펌프 흡입관에는 유압유 공급 파이프라인의 스케일 및 불순물 등을 제거하기 위하여 스트레이너를 설치한다.

**32** 유압 기호의 표시는 흐름의 방향, 정상상태 또는 중립상태, 회전 방향 등을 표시하며, 각 기기의 구조나 적용압력은 표시하지 않는다.

**33** 무부하 밸브(언로더 밸브, unloader valve)의 유압 기호이며 유압 회로의 압력이 설정 압력에 도달하였을 때 유압 펌프로부터 전체 유량을 작동유 탱크로 리턴시키는 밸브이다.

**34** 유압펌프가 오일을 토출하지 않을 경우에는 토출 측이 아니라 흡입 측 회로에 압력이 너무 낮은지 점검하여야 한다.

**35** 무한궤도식 굴착기의 조향은 유압모터의 회전력을 이용하며, 조정사가 주행 레버를 밀거나 당겨서 트랙을 전・후진시키면서 회전한다.

**36** **건설기계 기종별 표시방법**
기호01 – 불도저, 기호02 – 굴착기, 기호03 – 로더, 기호04 – 지게차, 기호08 – 모터그레이더

**37** **건설기계 등록신청 시 제출서류**
- 해당 건설기계의 출처를 증명하는 서류 : 건설기계 제작증, 수입면장, 매수증서 등
- 건설기계의 소유자임을 증명하는 서류
- 건설기계 제원표
- 보험 또는 공제의 가입을 증명하는 서류

**38** 건설기계의 소유자가 건설기계를 등록할 때는 건설기계 소유자의 주소지 또는 사용본거지를 관할하는 특별시장・광역시장・도지사 또는 특별자치도지사(시・도지사)에게 건설기계 등록신청을 하여야 한다.

**39** 건설기계조종사면허가 취소되거나 건설기계조종사면허의 효력정지처분을 받은 후에도 건설기계를 계속하여 조종한 자는 1년 이하의 징역 또는 1천만원 이하의 벌금이 부과된다.

**40** 철길건널목 통과방법
- 일시정지 : 건널목 앞에서 일시정지하여 안전한지 확인한 후에 통과하여야 한다.
- 건널목 진입금지 : 차단기가 내려져 있거나 내려지려고 하는 경우 또는 건널목의 경보기가 울리고 있는 동안에는 그 건널목으로 들어가서는 아니 된다.
- 고장 시 조치 : 즉시 승객을 대피시키고 철도공무원이나 경찰공무원에게 그 사실을 알려야 한다.

**41** 미등록 건설기계의 임시운행사유
- 등록신청을 하기 위하여 건설기계를 등록지로 운행하는 경우
- 신규등록검사 및 확인검사를 받기 위하여 건설기계를 검사장소로 운행하는 경우
- 수출을 하기 위하여 건설기계를 선적지로 운행하는 경우
- 수출을 하기 위하여 등록 말소한 건설기계를 점검 · 정비의 목적으로 운행하는 경우
- 신개발 건설기계를 시험 · 연구의 목적으로 운행하는 경우
- 판매 또는 전시를 위하여 건설기계를 일시적으로 운행하는 경우

**42** 굴착기 정기검사 유효기간은 타이어식(휠형) 굴착기는 1년이며, 무한궤도식(크롤러형) 굴착기는 3년이다.

**43** 안전표지의 종류
- 주의표지 : 도로상태가 위험하거나 도로 또는 그 부근에 위험물이 있는 경우에 필요한 안전조치를 할 수 있도록 이를 도로 사용자에게 알리는 표지
- 규제표지 : 도로교통의 안전을 위하여 각종 제한 · 금지 등의 규제를 하는 표지
- 지시표지 : 도로의 통행방법 · 통행구분 등 필요한 지시를 하는 표지
- 보조표지 : 주의표지 · 규제표지 또는 지시표지의 주 기능을 보충하는 표지
- 노면표시 : 각종 주의 · 규제 · 지시 등의 내용을 노면에 기호 · 문자 또는 선으로 알리는 표시

**44** 보호구로서 검정을 받아야 하는 품목은 안전장갑, 안전모, 안전화, 보안경, 방열복, 절연용 보호구 등이 있으나 방한복은 검정대상이 아니다.

**45** 안전표지의 종류 중 안내표지는 녹십자표지, 응급구호표지, 비상구 등이 있으며 출입금지 표지는 각종 제한 또는 금지를 나타내는 규제표지이다.

**46** 유류화재는 B급화재로서 사용소화기는 분말, 이산화탄소 소화기 및 모래 등이 있으며, 물은 기름과 혼합되지 않으므로 화재가 더 확산된다.

**47** 공구, 장갑, 손 등에는 기름이 묻어서 미끄러운 상태로 작업해서는 안 된다.

**48** 절연용 보호구의 종류로는 절연 안전모, 절연 고무장갑, 절연장화, 절연복 등이 있다.

**49** 안전보호구의 구비조건
- 보호구 검정에 합격하고 보호 성능이 보장되어야 한다.
- 작업 행동에 방해되지 않아야 한다.
- 착용이 용이하고 크기 등 사용자에게 편리해야 한다.
- 위험 유해요소에 대한 방호 성능이 충분할 것
- 재료의 품질이 우수할 것

• 사용 목적에 적합해야 한다.
• 사용방법이 간편하고 손질이 쉬워야 한다.
• 잘 맞는지 확인해야 한다.
반드시 강철로 제작되어야 하는 것은 아니다.

**50** 재해와 관련한 용어
- 전도(顚倒) : 사람이 평면상으로 넘어져 발생하는 재해를 말한다.
- 접착(接着) : 중량물을 들어 올리거나 내릴 때 손이나 발이 중량물과 지면 등에 끼어 발생하는 재해를 말한다.
- 낙하(落下) : 물체가 높은 곳에서 낮은 곳으로 떨어져 사람을 가해한 경우나, 자신이 들고 있는 물체를 놓침으로써 발생된 재해 등을 말한다.
- 비래(飛來) : 날아오는 물건, 떨어지는 물건 등이 사람에 부딪쳐 발생하는 재해를 말한다.
- 협착(狹窄) : 왕복 운동을 하는 동작 부분과 움직임이 없는 고정 부분 사이에 끼어 발생하는 위험으로 사업장의 기계 설비에서 많이 볼 수 있다.

**51** 화재의 국한 대책이란 피해를 최소화하기 위한 노력을 말하며, 가연물의 집적방지, 건물 및 설비의 불연성화, 일정한 공한지의 확보, 방호벽 및 방유액 정비, 위험물 시설의 지하매설 등이 있다.

**52** 해머 사용 시 주의사항
- 해머의 타격면이 찌그러진 것을 사용하지 않는다.
- 장갑을 끼거나 기름 묻은 손으로 작업하여서는 안 된다.
- 쐐기를 박아서 손잡이가 튼튼하게 박힌 것을 사용하여야 한다.
- 좁은 곳이나 발판이 불안한 곳에서는 해머 작업을 하여서는 안 된다.
- 큰 해머로 작업할 때는 물품에 해머를 대고 몸의 위치를 조절하며, 충분히 발을 버티고 작업 자세를 취한다.
- 1～2회 정도는 가볍게 치고 나서 본격적으로 작업한다.

**53** B급 화재인 유류화재는 포말소화기, 모래 등을 사용하여 소화 작업을 하여야 하며, 물을 뿌리면 기름이 물을 타고 오르며 더 확산된다.

**54** 굴착공사자는 도시가스 배관의 안전조치 및 손상방지를 위해 굴착공사 예정지역의 위치에 흰색 페인트로 표시하여야 한다.

**55** 보기와 같은 그림은 보호판이며 가스공급 압력이 중압 이상인 도시가스 배관이 매설된 상부에 설치하며 배관 직상부 30cm 상단에 매설되어 있다.

**56** 가스 배관의 주위를 굴착하고자 할 때는 가스 배관의 좌우 1m 이내의 부분은 인력으로 굴착작업을 하여야 한다.

**57** 도시가스 시설 부근에서 굴착공사를 하고자 할 때는 공사착공 전에 도시가스사업자와 현장협의를 통해 각종사항 및 안전조치를 상호 확인하여야 한다.

**58** 현재 우리나라 배전 전압은 모두 22,900V를 사용한다.

**59** 굴착기가 고압전선에 근접접촉으로 인한 사고는 감전 및 화상을 입을 수 있으며 결국은 화재사고가 발생하게 된다.

**60** 전기공사 작업을 할 때는 안전한 작업계획을 수립하고 절연장비 및 안전장구 착용하면 감전재해를 예방할 수 있다.

# 03 제1회 과년도 기출문제

**01** **디젤기관과 엔진오일의 압력이 규정 이상으로 높아질 수 있는 원인은?**

① 엔진오일의 점도가 지나치게 낮다.
② 엔진오일의 점도가 지나치게 높다.
③ 기관의 회전속도가 낮다.
④ 엔진오일이 희석되었다.

해설 엔진오일 압력이 높아지는 원인
- 엔진오일의 점도가 너무 높다.
- 유압 조절 밸브가 고착되었다.
- 유압 조절 밸브 스프링의 장력이 크다.
- 각 마찰부의 베어링 간극이 적다.
- 오일의 회로가 막혔다.

**02** **실린더 헤드와 블록 사이에 삽입하여 압축과 폭발가스의 기밀을 유지하고 냉각수와 엔진오일이 누출되는 것을 방지하는 역할을 하는 것은?**

① 헤드 개스킷 ② 헤드 밸브
③ 헤드 오일 통로 ④ 헤드 워터 재킷

해설 실린더 헤드 개스킷(cylinder head gasket)은 실린더 블록과 실린더 헤드 사이에 설치되어 혼합기의 밀봉과 냉각수 및 엔진오일의 누출을 방지하므로, 이러한 헤드 개스킷이 손상되면 압축압력과 폭발압력이 낮아지고 엔진오일이 누출되어 냉각수에 흡입된다.

**03** **기관 연소실이 갖추어야 할 구비조건이다. 가장 거리가 먼 것은?**

① 돌출부가 없어야 한다.
② 화염전파 거리가 짧아야 한다.
③ 압축행정에서 혼합기의 와류를 형성하는 구조이어야 한다.
④ 연소실 내의 표면적은 최대가 되도록 한다.

해설 연소실의 구비조건
- 짧은 화염전파 시간에 완전연소가 되어야 한다.
- 연소실의 표면적은 최소가 되어야 한다.
- 압축행정에서 강한 와류가 형성되어야 한다.
- 진동이나 소음이 적어야 한다.
- 평균 유효 압력이 높으며, 연료 소비량이 적어야 한다.
- 가동이 쉬우며, 노킹이 발생되지 않아야 한다.
- 고속 회전에서도 연소 상태가 양호하여야 한다.

**04** **기관에서 팬 벨트 및 발전기 구동벨트의 장력이 너무 강한 경우에 발생할 수 있는 현상은?**

① 발전기 베어링이 손상될 수 있다.
② 기관이 과열된다.
③ 기관의 밸브장치가 손상될 수 있다.
④ 기관이 손상될 수 있다.

해설 팬벨트 또는 구동 벨트의 장력이 너무 약할 경우(느슨함)에는 기관이 과열, 발전기 출력 저하되며, 장력이 너무 강할 경우(빡빡함)에는 기관이 과냉 또는 발전기 베어링이 손상된다. 이러한 팬벨트의 장력 점검은 기관을 정지한 상태에서 엄지손가락으로 중심을 "꾸~욱" 눌러(10kgf 정도)보아 처짐의 정도가 13~20mm이면 정상이다.

**05** **다음 중 내연기관의 구비조건으로 틀린 것은?**

① 열효율이 높을 것
② 점검 및 정비가 쉬울 것
③ 저속에서 회전력이 클 것
④ 단위 중량당 출력이 작을 것

정답 01 ② 02 ① 03 ④ 04 ① 05 ④

해설 내연기관의 구비조건
- 저속에서 회전력이 크고 가속도가 클 것
- 소형 · 경량으로 단위 중량당 출력이 클 것
- 진동 · 소음이 작고 점검정비가 용이할 것
- 연료 소모율이 작고 열효율이 높을 것

**06 디젤기관의 노크방지 방법으로 틀린 것은?**

① 실린더 벽의 온도를 낮춘다.
② 흡기압력을 높게 한다.
③ 압축비를 높게 한다.
④ 세탄가가 높은 연료를 사용한다.

해설 노킹(노크) 방지법
- 실린더 벽의 온도를 높인다.
- 흡기 압력과 온도를 높인다.
- 압축비를 높인다.
- 착화 지연 기간을 짧게 한다.
- 세탄가가 높은 연료를 사용한다.

노킹이란 기관의 실린더 내에서 착화 지연 기간이 길어지며 이상연소가 발생하여 망치로 두드리는 것과 같은 소리가 나는 현상을 말한다.

**07 기관에 작동 중인 엔진오일에 가장 많이 포함되는 이물질은?**

① 금속분말 ② 산화물
③ 카본(carbon) ④ 유입먼지

해설 기관이 작동 중에는 각종 이물질이 발생하는데 그 중 카본(carbon)이 가장 많이 발생하며 이러한 카본은 먼지나 블로바이가스 등에 의하여 형성된다. 세척은 다른 금속분말 등 이물질을 포함하여 엔진오일이 세척한다.

**08 유압식 밸브 리프터의 장점이 아닌 것은?**

① 밸브 개폐시기가 정확하다.
② 밸브기구의 내구성이 좋다.
③ 밸브간극이 자동으로 조정된다.
④ 밸브 구조가 간단하다.

해설 유압식 밸브 리프터는 밸브간극을 항상 제로(0)가 되도록 자동으로 조정하는 장치로써 밸브의 개폐시기를 정확하게 유지하며 밸브기구의 내구성이 좋다. 그러나 오일펌프의 고장이 발생하면 작동이 불량하고 기계식보다 유압식은 상대적으로 오일회로의 구조가 복잡하다.

**09 실린더의 내경이 행정보다 작은 기관을 무엇이라고 하는가?**

① 정방행정 기관 ② 스퀘어 기관
③ 단행정 기관 ④ 장행정 기관

해설 실린더의 내경 즉 피스톤의 직경이 행정보다 작으면 피스톤의 상하 왕복운동의 거리가 길어지므로 장행정 기관이라 한다.

**10 디젤기관에서 압축압력이 저하되는 가장 큰 원인은?**

① 기어오일의 열화 ② 엔진오일 과다
③ 냉각수 부족 ④ 피스톤링의 마모

해설 피스톤링은 압축링(2~3개), 오일링(1~2개)으로 구성되어 있으며 그 중 압축링은 기밀을 유지하여 압축가스가 새는 것을 막아주므로 이러한 피스톤링이 마모되면 압축압력이 저하된다.

**11 디젤기관에서 발생하는 진동의 원인이 아닌 것은?**

① 분사량의 불균형
② 분사압력의 불균형
③ 프로펠러 샤프트의 불균형
④ 분사시기의 불균형

해설 추진축(프로펠러 샤프트, propeller shaft)은 변속기로부터 최종 구동기어까지 기다란 축을 이용하여 동력을 전달하는 역할을 하는 동력전달 장치이므로, 디젤기관에서 발생하는 진동의 원인이 아니다.

정답 06 ① 07 ③ 08 ④ 09 ④ 10 ④ 11 ③

## 12 다음 회로에서 퓨즈에는 몇 A가 흐르는가?

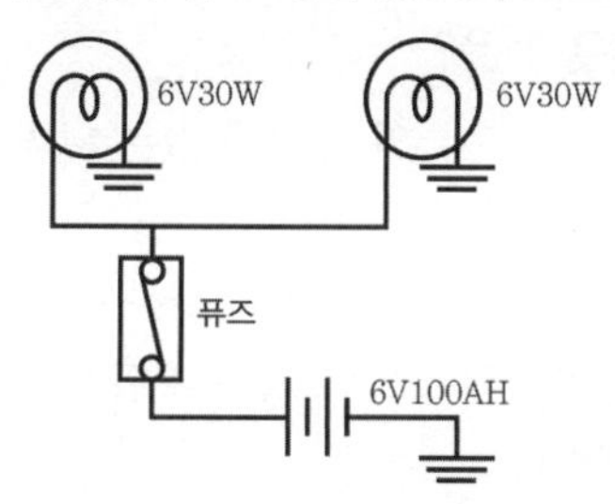


① 5A ② 10A
③ 50A ④ 100A

해설 회로는 6V 30W 2개의 병렬연결이므로
전력 30(W) = 6(V) × 전류(I),
전류(I) = 5A × 2개 = 10A

## 13 전기자 철심을 두께 0.35~1.0mm의 얇은 철판을 각각 절연하여 겹쳐 만든 주된 이유는?

① 자력선의 통과를 차단하기 위해
② 맴돌이 전류를 감소시키기 위해
③ 열 발산을 방지하기 위하여
④ 코일의 발열 방지를 위해

해설 전기자 철심의 철판을 각각 절연하여 겹쳐 만든 이유는, 변화하고 있는 자기장 안의 도체에 전자기 유도로 생기는 소용돌이 모양의 전류인 맴돌이 전류를 감소시키기 위한 것이다.

## 14 축전지의 용량을 결정짓는 인자가 아닌 것은?

① 극판의 크기 ② 전해액의 양
③ 셀당 극판 수 ④ 단자의 크기

해설 축전지 용량이란 완전 충전된 축전지를 일정의 전류로 연속 방전하여 방전종지 전압까지 사용할 수 있는 전기의 양을 말하며,
축전지 용량의 결정은 극판의 크기, 극판의 형상 및 극판의 수, 전해액의 비중, 전해액의 온도 및 전해액의 양에 의해 좌우된다.
[용량(Ah) = 방전 전류(A) × 방전 시간(h)]

## 15 타이어식 건설기계의 액슬 허브에 오일을 교환하고자 한다. 오일을 배출시킬 때와 주입할 때의 플러그 위치로 옳은 것은?

① 배출시킬 때 1시 방향, 주입할 때 9시 방향
② 배출시킬 때 2시 방향, 주입할 때 12시 방향
③ 배출시킬 때 3시 방향, 주입할 때 9시 방향
④ 배출시킬 때 6시 방향, 주입할 때 9시 방향

해설 타이어식 건설기계의 액슬 허브에 오일을 배출시킬 때 플러그 위치는 6시 방향이며, 주입할 때의 플러그 위치는 9시 방향이다.

## 16 클러치식 지게차의 동력전달 순서는?

① 엔진 – 변속기 – 종감속기어장치 – 앞구동축 – 차륜
② 엔진 – 변속기 – 종감속기어장치 – 클러치 – 차륜
③ 엔진 – 클러치 – 변속기 – 종감속기어장치 – 앞구동축 – 차륜
④ 엔진 – 클러치 – 변속기 – 앞구동축 – 종감속기어장치 – 차륜

해설 지게차 동력전달 순서
- 기계식 클러치형 : 엔진 – 클러치 – 변속기 – 최종감속기어장치 – 앞구동축 – 차륜
- 토크 컨버터형 : 엔진 – 토크 컨버터 – 변속기 – 종감속기어 및 차동장치 – 앞구동축 – 최종감속기 – 차륜

## 17 건설장비에 부하가 걸릴 때 토크 컨버터의 터빈속도에 대해 바르게 설명한 것은?

① 하중이 작용하여 터빈 속도가 빨라진다.
② 하중이 작용하여 터빈 속도가 느려진다.
③ 하중이 작용하여 터빈 속도가 일정해진다.
④ 하중의 작용과 터빈 속도는 관련이 없다.

해설 건설장비에 부하(負荷)가 걸리면 토크 컨버터의 터빈에 하중이 작용하므로 컨버터의 터빈 속도는 느려진다.

정답 12 ② 13 ② 14 ④ 15 ④ 16 ③ 17 ②

**18** 굴착기 하부구동체 기구의 구성요소와 관련된 사항이 아닌 것은?

① 붐 실린더　② 트랙 프레임
③ 주행용 모터　④ 트랙 및 롤러

해설 붐 실린더는 하부구동체 기구가 아닌 작업장치에 속한다. 굴착기 하부구동체 기구인 주행장치는 트랙 프레임, 주행용 모터, 트랙 및 롤러 등이 있다.

**19** 굴착기에서 매 1,000시간마다 점검, 정비해야할 항목으로 맞지 않는 것은?

① 주행감속기 기어의 오일점검
② 작동유 배수 및 여과기 교환
③ 발전기, 기동전동기 점검
④ 어큐뮬레이터 압력 점검

해설 매 1,000 시간 점검 · 정비 사항

- 발전기 및 기동전동기 점검
- 연료 분사 노즐 점검
- 어큐뮬레이터 압력 점검
- 엔진 밸브 조정
- 냉각 계통 내부의 세척
- 주행감속기 기어오일 교환
- 스윙기어 케이스 오일 교환
- 유압펌프 구동장치 오일 교환
- 작동유 흡입여과기 교환

작동유 배수 및 여과기 교환은 2,000 시간마다 점검 · 정비 사항이다.

**20** 무한궤도식 굴착기의 부품이 아닌 것은?

① 주행모터　② 자재이음
③ 유압펌프　④ 오일쿨러

해설 무한궤도식(크롤러형, crawler type) 굴착기는 센터 조인트로부터 유압을 받아 주행 모터가 회전하면서 동력을 직접 트랙에 전달하여 구동하기 때문이다. 타이어식(휠형, wheel type) 굴착기에 있는 자재이음이 없다.

**21** 굴착기에서 센터 조인트의 기능으로 가장 알맞은 것은?

① 전 · 후륜의 중앙에 있는 디퍼런셜 기어에 오일을 공급한다.
② 트랙을 구동시켜 주행하도록 한다.
③ 차체의 중앙 고정축 주위에서 움직이는 암이다.
④ 메인 펌프에서 공급되는 오일을 하부 유압 부품에 공급한다.

해설 굴착기에서 센터 조인트는 상부 선회체(회전체)의 중심부에 설치되어 있으며 상부 회전체의 오일을 상부 선회체가 회전하더라도 호스, 파이프 등이 꼬이지 않고 오일을 하부주행체로 원활히 송유한다.

**22** 하부주행체에서 프런트 아이들러의 작용으로 맞는 것은?

① 트랙의 회전력을 증대시킨다.
② 동력을 발생시켜 트랙으로 전달한다.
③ 트랙의 진행 방향을 유도한다.
④ 차체의 파손을 방지하고 원활한 운전이 되도록 해준다.

해설 프런트 아이들러(front idler)는 좌우 트랙 앞부분에 설치되어있어서 전부(前部) 유동륜이라고도 한다. 트랙의 진로를 조정하면서 주행 방향으로 트랙을 유도하며 요크 축 끝에 조정 실린더가 연결되어 트랙의 유격을 조정한다.

**23** 굴착기 상부 회전체에서 선회장치의 구성요소가 아닌 것은?

① 스윙 볼 레이스　② 링기어
③ 선회모터　④ 차동기어

해설 굴착기 상부 회전체에서 선회장치는 선회모터, 선 기어, 유성기어, 캐리어, 선회(스윙) 피니언, 링기어 스윙 볼 레이스 등으로 구성되어 있으며 차동기어는 휠형 굴착기의 구동장치 구성요소이다.

정답 18 ① 19 ② 20 ② 21 ④ 22 ③ 23 ④

**24** 굴착기 운전 시 작업안전 사항으로 적절하지 못한 것은?

① 암과 붐의 각도는 90~110℃일 때 굴착력이 가장 크다.

② 스윙하면서 버킷으로 암석을 부딪쳐 파쇄하는 작업을 하지 않는다.

③ 굴착하면서 주행하지 않는다.

④ 주행할 때 전부 장치는 후방을 향하는 것이 좋다.

해설 주행할 때 작업(전부)장치는 전방을 향하게 하고 버킷의 높이는 30~50cm가 적당하며, 작업장치의 레버를 조작하지 말아야 한다.

**25** 전기기기에 의한 감전사고를 막기 위하여 필요한 설비로 가장 중요한 것은?

① 방폭등 설치

② 이중 절연구조 설비

③ 고압계 설비

④ 접지설비

해설 전기누전(감전) 재해방지 조치

- 전기기기에 대한 접지설비(감전의 위험을 방지하기 위하여 가장 중요하다)
- 이중 절연구조의 전동기계, 기구의 사용
- 비접지식 전로의 채용
- 감전 방지용 누전차단기 설치

**26** 굴착기 작업 시 장비의 밸런스를 잡아주기 위하여 상부 회전체의 뒷부분에 설치한 것은?

① 센터 조인트

② 리코일 스프링

③ 카운터 웨이트

④ 스프로킷

해설 카운터 웨이트는 상부 회전체 뒷부분에 설치하며 굴삭 작업 시 안정성을 주고 붐과 버킷 및 스틱에 가해지는 하중의 평형을 이루어 장비의 밸런스를 잡아준다.

**27** 시·도지사가 수시검사를 명령하고자 하는 때는 수시검사를 받아야 할 날부터 며칠 이전에 건설기계 소유자에게 명령서를 교부하여야 하는가?

① 7일　　② 10일

③ 15일　　④ 1개월

해설 시·도지사가 수시검사를 명령하고자 하는 때는 수시검사를 받아야 할 날부터 10일 이전에 건설기계 소유자에게 명령서를 교부하여야 한다.

**28** 건설기계장비의 축전지 케이블을 탈거할 때 가장 먼저 탈거해야 하는 것은?

① 작업하기 편한 케이블을 먼저 탈거한다.

② (+)케이블을 먼저 탈거한다.

③ (−)케이블을 먼저 탈거한다.

④ 접지되어 있는 케이블을 먼저 탈거한다.

해설 축전지의 탈거·부착

- 축전지의 탈거 : 접지되어 있는 케이블을 우선 탈거한 다음에 (−) 케이블을 떼어낸 후, (+) 케이블을 나중에 떼어낸다.
- 축전지의 부착 : 설치할 때는 탈거의 반대 순서로 작업한다.

**29** 무한궤도식 건설기계에서 트랙이 벗겨지는 주원인은?

① 트랙이 너무 이완되었을 때

② 보조 스프링이 파손되었을 때

③ 트랙의 서행회전

④ 파이널 드라이브의 마모

해설 트랙이 자주 벗겨지는 원인

- 트랙이 너무 이완되었다.
- 트랙의 유격(긴도)이 너무 크다.
- 프런트 아이들러와 스프로킷의 중심이 맞지 않는다.
- 프런트 아이들러, 상·하부 롤러 및 스프로킷의 마멸이 크다.
- 리코일 스프링의 장력이 부족하다.
- 고속 주행 중 급선회할 경우 트랙이 벗겨질 수 있다.

정답 24 ④ 25 ④ 26 ③ 27 ② 28 ④ 29 ①

## 30 체크밸브를 나타낸 것은?

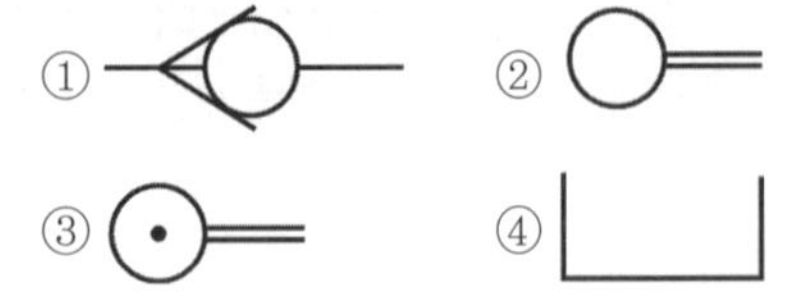


(해설) 체크밸브는 유체를 한쪽 방향으로만 흐르게 하여 역류를 방지한다.

## 31 유압이 규정치보다 높아질 때 작동하여 계통을 보호하는 밸브는?

① 시킨스밸브
② 리듀싱밸브
③ 릴리프밸브
④ 카운터밸런스밸브

(해설) 릴리프 밸브(relief valve)는 유압장치 내의 압력을 일정하게 유지하고, 최고 압력을 제한하여 회로를 보호하며, 과부하 방지와 유압 기기의 보호를 위하여 최고 압력을 규제한다.

## 32 유압유의 첨가제가 아닌 것은?

① 유동점 강하제
② 점도지수 저하제
③ 마모 방지제
④ 산화 방지제

(해설) 유압유의 첨가제로는 점도지수 향상제, 유동점 강하제, 마모 방지제, 산화 방지제, 소포제, 유성 향상제 등이 있다.

## 33 작동유의 열화 및 수명을 판정하는 방법으로 적합하지 않은 것은?

① 냄새로 확인
② 점도 상태로 확인
③ 색깔이나 침전물의 유무로 확인
④ 오일을 가열한 후 냉각되는 시간으로 확인

(해설) 작동유의 열화 및 수명을 판정하는 방법으로는 냄새, 점도 및 색깔이나 침전물의 유무를 육안으로 확인한다.

## 34 다음 그림과 같이 안쪽은 내 · 외측 로터로 바깥쪽은 하우징으로 구성되어 있는 오일펌프는?

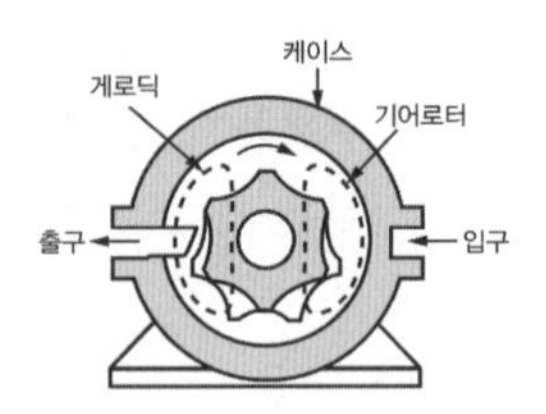


① 기어펌프 ② 베인펌프
③ 트로코이드 펌프 ④ 피스톤펌프

(해설) 트로코이드 펌프(trochoid pump)는 그림과 같이 안쪽은 내 · 외측 로터로 바깥쪽은 하우징으로 구성되어 있으며, 안쪽기어가 회전하면 바깥쪽 로터도 따라서 회전하게 된다.

## 35 압력제어밸브는 어느 위치에서 작동하는가?

① 펌프와 방향전환밸브 사이
② 실린더 내부 사이
③ 방향전환밸브와 실린더 사이
④ 탱크와 펌프 사이

(해설) 압력제어밸브는 유압펌프와 방향전환밸브 사이에 설치되어 있으며, 그 위치에서 작동된다. 따라서 유압 회로의 압력을 점검하는 위치 역시 동일하다.

## 36 유압 액추에이터의 기능에 대한 설명으로 맞는 것은?

① 유압의 빠르기를 조정하는 장치이다.
② 유압의 오염을 방지하는 장치이다.
③ 유압을 일로 바꾸는 장치이다.
④ 유압의 방향을 바꾸는 장치이다.

정답 30 ① 31 ③ 32 ② 33 ④ 34 ③ 35 ① 36 ③

해설 액추에이터(Actuator)는 압력 에너지인 유압을 기계적 에너지로 바꾸는 역할을 하는 기기로써, 직선 왕복운동을 하는 유압실린더와 회전운동을 하는 유압모터로 구성되어있다.

**37 크롤러 굴착기가 경사면에서 주행모터에 공급되는 유량과 관계없이 자중에 의해 빠르게 내려가는 것을 방지해 주는 밸브는?**

① 브레이크밸브
② 피스톤모터의 피스톤
③ 카운터 밸런스 밸브
④ 포트 릴리프밸브

해설 카운터 밸런스 밸브(counter balance valve)는 유압실린더의 복귀 쪽에 배압을 발생시켜 피스톤이 중력에 의하여 자유 낙하하는 것을 방지하여 하강 속도를 제어하기 위해 사용된다.

**38 건설기계 장비 유압 계통에 사용되는 라인(Line) 필터의 종류가 아닌 것은?**

① 복귀관　② 흡입관
③ 압력관　④ 누유관

해설 오일필터(oil filter)는 유압 펌프의 토출 관로나 유압유 탱크로 되돌아오는 통로(드레인 회로)에 사용되는 것으로써 금속 등 마모된 찌꺼기나 카본 덩어리 등의 이물질을 제거하며, 관로용 필터와 라인 필터로 구분된다. 그중 라인 필터의 종류로는 복귀관 필터, 흡입관 필터, 압력관 필터 등이 있다.

**39 작동유 온도가 과열되었을 때 유압계통에 미치는 영향으로 틀린 것은?**

① 점도의 저하에 의해 누유되기 쉽다.
② 열화를 촉진한다.
③ 온도변화에 의해 유압기기가 열변형되기 쉽다.
④ 유압펌프의 효율은 좋아진다.

해설 작동유(유압유)의 과열에 따른 영향

- 점도가 저하되어 유압유 누출이 증대된다.
- 유압유의 산화작용(열화)을 촉진한다.
- 유압기기가 열에 의하여 변형되기 쉽다.
- 유압 펌프의 효율이 저하된다.
- 실린더의 작동 불량이 생긴다.
- 기계적인 마모가 생긴다.
- 중합(重合)이나 분해가 일어난다.
- 고무 같은 물질이 생긴다.
- 밸브류의 기능이 저하된다.

**40 2개 이상의 분기회로를 갖는 회로 내에서 작동순서를 회로의 압력 등에 의하여 제어하는 밸브는?**

① 시퀀스밸브(Sequence valve)
② 서보밸브(Servo valve)
③ 체크밸브(Check valve)
④ 한계밸브(Limit valve)

해설 순차 밸브(시퀀스밸브, sequence valve)는 2개 이상의 분기회로에서 실린더나 모터의 작동순서를 회로의 압력 등에 의하여 결정하는 자동 제어 밸브이다.

**41 시 · 도지사의 지정을 받지 아니하고 등록번호표를 제작한 자에 대한 벌칙은?**

① 1백만원 이하의 벌금
② 2백만원 이하의 벌금
③ 1년 이하의 징역 또는 1천만원 이하의 벌금
④ 2년 이하의 징역 또는 2천만원 이하의 벌금

해설 2년 이하의 징역 또는 2천만원 이하의 벌금

- 시 · 도지사의 지정을 받지 아니하고 등록번호표를 제작하거나 등록번호를 새긴 자
- 등록되지 아니한 건설기계를 사용하거나 운행한 자
- 등록이 말소된 건설기계를 사용하거나 운행한 자
- 건설기계의 주요 구조나 원동기, 동력전달장치, 제동장치 등 주요 장치를 변경 또는 개조한 자

정답 37 ③ 38 ④ 39 ④ 40 ① 41 ④

- 무단 해체한 건설기계를 사용 · 운행하거나 타인에게 유상 · 무상으로 양도한 자
- 제작 결함의 시정명령을 이행하지 아니한 자
- 등록을 하지 아니하고 건설기계사업을 하거나 거짓으로 등록을 한 자
- 등록이 취소되거나 사업의 전부 또는 일부가 정지된 건설기계사업자로서 계속하여 건설기계사업을 한 자

**42** **검사소 이외의 장소에서 출장검사를 받을 수 있는 건설기계에 해당되는 것은?**

① 도서 지역의 지게차
② 덤프트럭
③ 아스팔트 살포기
④ 콘크리트 믹서트럭

해설 출장검사 대상 건설기계
- 도서 지역에 있는 경우
- 차체 중량이 40톤을 초과하는 경우
- 축중이 10톤을 초과하는 경우
- 너비가 2.5m를 초과하는 경우
- 최고속도가 시속 35km 미만인 경우

**43** **다음 내용 중 (  ) 안에 들어갈 내용으로 맞는 것은?**

| 도로를 통행하는 차마의 운전자는 교통안전시설이 표시하는 신호 또는 지시와 교통정리를 위한 경찰공무원 등의 신호 또는 지시가 다른 경우에는 (  )의 (  )에 따라야 한다. |
|---|

① 교통신호, 지시
② 교통신호, 신호
③ 운전자, 판단
④ 경찰공무원 등, 신호 또는 지시

해설 신호기의 고장 등으로 인하여 교통안전시설이 표시하는 신호 또는 지시와 교통정리를 위한 경찰공무원 등의 신호 또는 지시가 서로 다른 경우에는 경찰공무원 등의 신호 또는 지시에 따라야 한다.

**44** **경찰공무원의 수신호 중 틀린 것은?**

① 직진신호 ② 우회전신호
③ 정지신호 ④ 추월신호

해설 경찰공무원 등의 수신호 종류로는 진행, 좌회전, 우회전, 정지 등이며, 추월(앞지르기) 신호는 별도로 없다.

**45** **진로를 변경하고자 할 때 운전자가 지켜야 할 사항으로 틀린 것은?**

① 방향지시기로 신호를 한다.
② 손이나 등화로도 신호를 할 수 있다.
③ 제한속도와 관계없이 최단시간 내에 진로변경을 하여야 한다.
④ 신호는 행위가 끝날 때까지 계속하여야 한다.

해설 진로를 변경하고자 할 때는 후사경 등으로 주위의 교통상황을 확인한 후 그 행위를 하려는 지점에 이르기 전 30미터(고속도로에서는 100미터) 이상의 지점에 이르렀을 때 방향지시기 또는 등화를 조작하고 제한속도를 지키며 신속하게 진로를 변경하여야 한다. 다만, 뒤차와 충돌을 피할 수 있는 거리를 확보할 수 없거나 정상적인 통행에 장해를 줄 우려가 있는 때는 진로변경 할 수 없다.

**46** **최고속도의 100분의 20을 줄인 속도로 운행하여야 할 경우는?**

① 눈이 20mm 이상 쌓인 경우
② 폭우 · 폭설 · 안개 등으로 가시거리가 100m 이내인 경우
③ 노면이 얼어붙은 경우
④ 비가 내려 노면이 젖어있는 경우

해설 비 · 안개 · 눈 등으로 인한 악천후 시 감속운행
- 최고속도의 100분의 20을 줄인 속도로 운행
  - 비가 내려 노면이 젖어있는 경우
  - 눈이 20mm 미만 쌓인 경우
- 최고속도의 100분의 50을 줄인 속도로 운행
  - 폭우 · 폭설 · 안개 등으로 가시거리가 100m 이내인 경우
  - 노면이 얼어붙은 경우
  - 눈이 20mm 이상 쌓인 경우

정답 42 ① 43 ④ 44 ④ 45 ③ 46 ④

**47** **도로에서 정차하고자 할 때의 방법으로 옳은 것은?**

① 진행 방향의 반대 방향으로 정차한다.
② 일방통행로에서 좌측 가장자리에 정차한다.
③ 차체의 전단부를 도로 중앙을 향하도록 비스듬히 정차한다.
④ 차도의 우측 가장자리에 정차한다.

해설 도로에서 정차하고자 할 때는 차도의 오른쪽 가장자리에 진행 방향 수평으로 정차하여야 한다. 다만, 차도와 보도의 구별이 없는 도로의 경우에는 도로의 오른쪽 가장자리로부터 중앙으로 50cm 이상의 거리를 두어야 한다.

**48** **정차 및 주차금지장소에 해당되는 것은?**

① 정류장 표지판으로부터 12m 지점
② 교차로 가장자리로부터 10m 지점
③ 건널목 가장자리로부터 15m 지점
④ 도로 모퉁이로부터 5m 지점

해설 정차 및 주차금지장소
- 교차로 · 횡단보도 · 건널목이나 보도와 차도가 구분된 도로의 보도
- 다음 장소로부터 5미터 이내의 곳
  - 교차로의 가장자리로부터 5미터 이내인 곳
  - 도로의 모퉁이로부터 5미터 이내인 곳
  - 소방용수시설 또는 비상소화 장치가 설치된 곳으로부터 5미터 이내인 곳

**49** **보호자 없이 아동, 유아가 자동차의 진행 전방에서 놀고 있을 때 사고 방지상 지켜야 할 안전한 통행방법은?**

① 비상등을 켜고 빨리 진행한다.
② 일시 정지한다.
③ 경음기를 울리면서 서행한다.
④ 안전을 확인하면서 빨리 통과한다.

해설 운전자는 안전한 거리를 두고 일시정지 하여야 한다. 또한 어린이(13세 미만) 및 유아(6세 미만)의 보호자는 교통이 빈번한 도로에서 놀게 해서는 안 되며 유아는 보호자 없이 도로를 보행시켜서도 안 된다.

**50** **다음 중 물건을 여러 사람이 공동으로 운반할 때의 안전사항과 거리가 먼 것은?**

① 최소한 한 손으로는 물건을 받친다.
② 긴 화물은 같은 쪽의 어깨에 올려서 운반한다.
③ 명령과 지시는 한 사람이 한다.
④ 앞쪽에 있는 사람이 부하를 적게 담당한다.

해설 물건을 협동 운반할 때의 안전사항
- 육체적으로 고르고 키가 큰 사람으로 조를 편성한다.
- 정해진 지휘자의 구령 또는 호각 등에 따라 동작한다.
- 운반물의 하중이 여러 사람에게 평균적으로 걸리도록 한다.
- 지휘자를 정하고 지휘자는 작업자를 보고 지휘할 수 있는 위치에 선다.
- 긴 물건을 어깨에 메고 운반하는 경우에는 각 작업자와 같은 쪽의 어깨에 메고서 보조를 맞춘다.
- 물건을 들어 올리거나 내릴 때는 서로 같은 소리를 내는 등의 방법으로 동작을 맞춘다.

**51** **자연적 재해가 아닌 것은?**

① 태풍 ② 지진
③ 방화 ④ 홍수

해설 자연적 재해란 자연현상에 의해 발생하는 재해로서 태풍, 지진, 홍수 등을 말하며, 인위적 재해는 사람의 고의 또는 과실로 인하여 발생하는 실화, 방화 등의 화재와 같이 사람에 의해서 발생하는 재해가 있다.

**52** **안전 · 보건표지의 종류별 용도 · 사용장소 · 형태 및 색채에서 바탕은 흰색, 기본모형은 빨간색, 관련부호 및 그림은 검은색으로 된 표지는?**

① 지시표지 ② 금지표지
③ 주의표지 ④ 보조표지

정답 47 ④ 48 ④ 49 ② 50 ④ 51 ③ 52 ②

해설 금지표지는 정지신호, 소화설비 및 그 장소, 유해행위 금지 등의 용도로 사용되며, 바탕은 흰색, 기본모형은 빨간색, 관련부호 및 그림은 검은색이다.

**53 벨트를 풀리에 걸 때 가장 올바른 방법은?**

① 회전을 정지시킨 후
② 저속으로 회전할 때
③ 중속으로 회전할 때
④ 고속으로 회전할 때

해설 벨트를 풀리에 걸 때와 풀 때는 반드시 회전을 완전히 정지시킨 후에 벨트를 걸거나 풀어야 한다.

**54 산업안전보건표지의 종류에서 지시표시에 해당하는 것은?**

① 안전모착용　② 출입금지
③ 고온경고　④ 차량통행금지

해설 산업안전표지의 종류
- 지시표지 : 특정 행위의 지시 및 사실의 고지(안전모착용, 보안경착용, 안전복착용 등)
- 금지표지 : 정지신호, 소화설비 및 그 장소, 유해행위의 금지(출입금지, 보행금지, 화기금지 등)
- 경고표지 : 화학물질 취급장소에서의 유해위험경고 및 이외의 위험경고(고온경고, 방사성 물질경고, 위험장소 경고 등)
- 안내표지 : 비상구 및 피난소, 사람 또는 차량의 통행표지(녹십자표지, 들것, 비상구 등)

**55 드릴 머신으로 구멍을 뚫을 때 일감 자체가 가장 회전하기 쉬운 때는 어느 때인가?**

① 구멍을 거의 다 뚫었을 때
② 구멍을 처음 뚫기 시작할 때
③ 구멍을 거의 다 뚫었을 때와 구멍을 처음 뚫기 시작할 때
④ 구멍을 중간쯤 뚫었을 때

해설 드릴 머신으로 구멍을 뚫을 때 일감 자체가 가장 회전하기 쉬운 때는 구멍을 거의 다 뚫었을 때이므로 일감이 기울어지지 않도록 주의하여야 한다.

**56 화재의 분류기준에서 휘발유(액상 또는 기체상의 연료성 화재)로 인해 발생한 화재는?**

① A급 화재
② B급 화재
③ C급 화재
④ D급 화재

해설 유류화재는 B급 화재(가솔린, 알코올, 석유 등에서 발생되는 화재)이며, 소화기는 분말소화기, 이산화탄소 소화기, 모래 등을 사용한다.

**57 지하매설 배관탐지장치 등으로 확인된 지점 중 확인이 곤란한 분기점, 곡선부, 장해물 우회지점의 안전 굴착방법으로 가장 적합한 것은?**

① 시험굴착을 실시하여야 한다.
② 가스 배관 좌우측 굴착을 실시한다.
③ 유도관(가이드 파이프)을 설치하여 굴착한다.
④ 절대 불가 작업구간으로 제한되어 굴착할 수 없다.

해설 도시가스가 공급되는 지역에서 지하매설 배관탐지장치 등으로 확인이 곤란한 곳의 굴착공사를 하고자 하는 때는 가스 배관보호를 위하여 도시가스 사업자의 입회하에 시험 굴착을 실시하여야 한다.

**58 도시가스가 공급되는 지역에서 굴착공사를 하고자 하는 자는 가스 배관보호를 위하여 누구에게 확인 요청을 하여야 하는가?**

① 한국가스안전공사
② 소방서장
③ 도시가스 사업자
④ 경찰서장

해설 도시가스가 공급되는 지역에서 굴착공사를 하고자 하는 때는 가스 배관보호를 위하여 도시가스 사업자에게 확인 요청을 하여야 하며, 가스 배관과의 수평거리 2m 이내에서 파일 박기를 하고자 할 때는 도시가스 사업자의 입회하에 시험 굴착을 하여야 한다.

정답 53 ① 54 ① 55 ① 56 ② 57 ① 58 ③

**59** **그림과 같이 고압 가공전선로 주상변압기를 설치하는데 높이 "H"는 시가지(A)와 시가지 외(B)에서 각각 몇 m인가?**

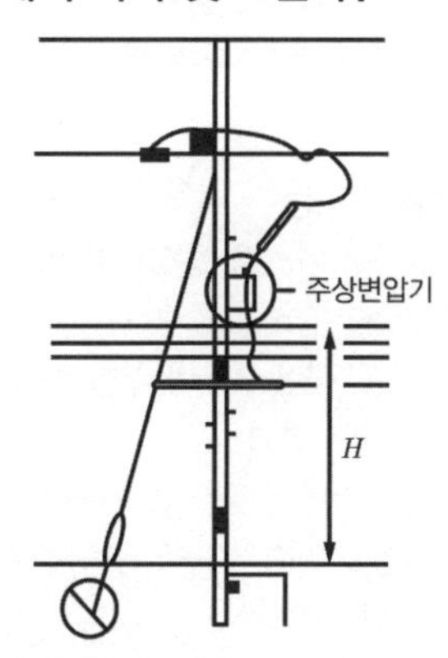


① A=4, B=4.5

② A=5, B=8

③ A=4.5, B=4

④ A=8, B=5

해설 주상변압기의 지상고

- 특고압 주상변압기 : 지표상 5.0m 이상
- 고압 주상변압기 : 시가지(A)는 지표상 4.5m 이상 (단, 시가지 이외의 장소(B)는 4.0m 이상)

**60** **굴착으로부터 전력 케이블을 보호하기 위하여 설치하는 표시시설이 아닌 것은?**

① 보호관

② 모래

③ 지중선로 표시기

④ 표지 시트

해설 지중전선로에 굴착으로부터 전력 케이블을 보호하기 위하여 설치하는 보호표시시설은 보호관, 지중선로 표시기, 표지 시트 등이 있으며, 모래는 주로 도시가스관을 보호하기 위하여 설치한다.

정답 59 ③ 60 ②

# 03 제2회 과년도 기출문제

**01 기관에서 피스톤의 행정이란?**

① 상사점과 하사점과의 총면적
② 상사점과 하사점과의 거리
③ 피스톤의 길이
④ 실린더 벽의 상하 길이

해설 피스톤의 행정이란 피스톤이 상사점(上死點)에서 하사점(下死點)까지의 간격을 왕복할 때, 상승 또는 하강하는 편도의 거리를 말한다.

**02 오일펌프에서 펌프량이 적거나 유압이 낮은 원인이 아닌 것은?**

① 펌프 흡입라인(여과망) 막힘이 있을 때
② 오일탱크에 오일이 너무 많을 때
③ 기어 옆 부분과 펌프 내벽 사이 간격이 클 때
④ 기어와 펌프 내벽 사이 간격이 클 때

해설 엔진오일 압력이 낮아지는 원인
- 오일이 희석되어 점도가 낮다.
- 유압 조절 밸브의 접촉이 불량하다.
- 유압 조절 밸브 스프링의 장력이 작다.
- 오일 통로에 공기가 유입되었다.
- 오일 통로의 파손으로 오일이 누출된다.
- 각 마찰부의 베어링 간극이 크다.
- 기어와 펌프 내벽 사이 간격이 크다.

**03 엔진오일의 작용에 해당되지 않는 것은?**

① 응력분산작용
② 오일제거작용
③ 방청작용
④ 냉각작용

해설 엔진오일의 기능
- 감마작용 : 유막을 형성하여 마찰 및 마멸을 방지한다.
- 기밀(밀봉) 작용 : 유막을 형성하여 가스가 누출되는 것을 방지한다.
- 냉각작용 : 마찰열을 흡수하여 과열을 방지한다.
- 세척작용 : 먼지, 카본, 금속 분말 등을 흡수하여 오염을 방지한다.
- 소음방지작용 : 기계적인 마찰로 인한 충격을 흡수하여 소음을 방지한다.
- 응력분산작용 : 국부의 압력을 오일 전체에 분산하여 완충시킨다.
- 방청작용 : 수분 및 부식성 가스가 침투하는 것을 막아 부식을 방지한다.

**04 압력식 라디에이터 캡에 있는 밸브는?**

① 압력밸브와 메인밸브
② 입구밸브와 출구밸브
③ 압력밸브와 진공밸브
④ 입력밸브와 출력밸브

해설 압력식 라디에이터 캡은 냉각수의 마개로서 냉각 계통을 밀폐시켜 내부의 온도 및 압력을 조절하는 압력밸브와 진공밸브가 설치되어 있다.
- 압력 밸브 : 냉각장치 내의 압력을 항상 일정하게 유지한다.
- 진공 밸브 : 냉각수 온도가 과냉할 때 밸브를 열어 진공으로 인한 라디에이터 코어의 파손을 방지한다.

**05 라디에이터 캡의 스프링이 파손되는 경우 발생하는 현상은?**

① 냉각수의 비등점이 낮아진다.
② 냉각수의 비등점이 높아진다.

정답 01 ② 02 ② 03 ② 04 ③ 05 ①

③ 냉각수의 순환이 빨라진다.

④ 냉각수의 순환이 불량해진다.

해설 라디에이터 캡의 스프링 파손되면 압력 밸브의 밀착이 불량하여 냉각수의 비등점이 낮아진다.

**06** 2행정 디젤기관의 소기방식에 속하지 않는 것은?

① 복류 소기식 ② 루프 소기식

③ 횡단 소기식 ④ 단류 소기식

해설 2행정 디젤기관의 흡입방법은 별도의 독립된 행정이 없으며, 피스톤이 하강하면서 와류를 동반한 공기가 유입되며, 배기방법 역시 연소가스 자체의 압력으로 배기가스를 배출한다. 소기방식의 종류로는 루프 소기식, 횡단 소기식, 단류 소기식 등이 있다.

**07** 디젤기관의 연소실에는 연료가 어떤 상태로 공급되는가?

① 노즐로 연료를 안개와 같이 분사한다.

② 액체 상태로 공급한다.

③ 기화기와 같은 기구를 사용하여 연료를 공급한다.

④ 가솔린 엔진과 동일한 연료 공급펌프로 공급한다.

해설 디젤기관 연소실의 연료공급은 분사펌프(injection pump)로부터 송출된 연료를 분사노즐(injection nozzle)이 안개와 같은 형태로 연소실에 분사한다.

**08** 6기통 디젤기관에서 병렬로 연결된 예열플러그가 있다. 3번 기통의 예열플러그가 단선되면 어떤 현상이 발생되는가?

① 예열플러그 전체가 작동을 안 한다.

② 2번과 4번 실린더의 예열플러그가 작동을 안 한다.

③ 3번 실린더의 예열플러그가 작동을 안 한다.

④ 축전지 용량의 배가 방전된다.

해설 직렬연결일 경우에는 예열플러그 전체가 작동을 안 하지만, 병렬연결이므로 3번 실린더의 예열플러그만 작동을 안 한다.

**09** 기관의 엔진오일 여과기가 막히는 것을 대비해서 설치하는 것은?

① 오일 팬(Oil Pan)

② 체크밸브(Check Valve)

③ 오일 디퍼(Oil Dipper)

④ 바이패스밸브(Bypass Valve)

해설 오일의 여과방식 중에서 전류식 여과방식은 오일의 전부를 여과시켜 오일 팬으로 되돌려 보내지 않고 곧바로 윤활부에 공급하는 방식이므로 만약 여과기가 막힐 경우에는 바이패스 밸브(bypass valve)를 열어 윤활유를 공급한다.

**10** 납산 베터리의 전해액을 측정하여 충전상태를 알 수 있는 게이지는?

① 전압계

② 스러스트 게이지

③ 비중계

④ 그라울러 테스터

해설 전해액을 측정하여 충전상태를 확인하는 게이지는 비중계이며, 그라울러 테스터기는 기동전동기의 전기자를 시험하는 테스터기이다.

**11** 건설기계용 납산 축전지에 대하여 설명한 것이다. 틀린 것은?

① 전압은 셀의 수에 의하여 결정된다.

② 전해액 면이 낮아지면 증류수를 보충하여야 한다.

③ 화학에너지를 전기에너지로 변환하는 것이다.

④ 완전 방전 시에만 재충전한다.

정답 06 ① 07 ① 08 ③ 09 ④ 10 ③ 11 ④

해설 건설기계를 운행 중에는 발전기에서 발전하는 전기를 사용하며, 사용 후 남는 전기는 축전지에 충전하여 보관하기 때문에 완전 방전되기 전에 지속적으로 충전된다.

## 12 전조등의 구성품으로 틀린 것은?

① 반사경 ② 플래셔 유닛

③ 렌즈 ④ 전구

해설 전조등은 반사경, 렌즈, 전구 등으로 구성되며, 플래셔 유닛(flasher unit)은 방향지시등에 흐르는 전류를 일정한 주기로 단속(斷續)하여 방향지시등을 점멸시켜 자동차의 주행 방향을 알리는 장치이다.

## 13 에어컨 장치에서 환경보존을 위한 대체물질로 신냉매가스에 해당되는 것은?

① R－12 ② R－12a

③ R－22 ④ R－134a

해설 에어컨의 냉매로써 구냉매(R－12)는 오존층의 파괴와 지구 온난화를 유발하는 물질로 판명되어 사용을 규제하고 있으며, 환경보전을 위하여 현재는 대체물질로 신냉매 HFC－134a (R－134a)를 활용하고 있다.

## 14 브레이크장치의 베이퍼록 발생 원인이 아닌 것은?

① 엔진브레이크를 장기간 사용

② 오일의 변질에 의한 비등점의 저하

③ 긴 내리막길에서 과도한 브레이크 사용

④ 드럼과 라이닝의 끌림에 의한 가열

해설 베이퍼 록 현상의 발생원인

- 긴 내리막길에서 엔진브레이크를 사용하지 아니했다.
- 긴 내리막길에서 과도한 브레이크를 사용하였다.
- 브레이크 드럼과 라이닝의 끌림에 의해 가열되었다.
- 브레이크 오일 변질에 의한 비점의 저하 또는 불량한 오일을 사용하였다.

베이퍼 록(vapor lock)이란 제동부의 마찰열로 브레이크 회로 내의 오일이 끓어올라 파이프 내에 기포가 형성되어 송유 압력의 전달 작용을 방해하는 현상을 말한다.

## 15 클러치의 구비조건 중 틀린 것은?

① 구조가 복잡할 것

② 동력의 차단이 확실할 것

③ 과열되지 않을 것

④ 회전 부분의 평형이 좋을 것

해설 클러치 구비조건

- 기관과 변속기 사이에 연결과 분리가 용이할 것
- 동력전달 및 차단이 원활하며 확실할 것
- 구조가 간단할 것
- 회전 부분의 평형이 좋을 것
- 과열되지 않아 동력전달 용량이 저하되지 않을 것

## 16 시동장치에서 스타트 릴레이의 설치 목적과 관계가 없는 것은?

① 축전지의 충전시간을 단축시킨다.

② 엔진 시동을 용이하게 한다.

③ 시동스위치를 보호한다.

④ 충분한 전류 공급으로 크랭킹을 원활하게 한다.

해설 스타트 릴레이는 시동회로에 충분한 전류 공급으로 크랭킹을 원활하게 하여 엔진 시동을 용이하게 하고 시동스위치를 보호하는 역할을 한다.
때문에 충전장치와는 관계가 없다.

## 17 굴착기 주행 레버를 한쪽으로 당겨 회전하는 방식을 무엇이라 하는가?

① 스핀 턴

② 피벗 턴

③ 원웨이 회전

④ 급회전

정답 12 ② 13 ④ 14 ① 15 ① 16 ① 17 ②

해설 무한궤도형 굴착기 조향방법
- 완회전(피벗 회전, pivot turn) : 한쪽 주행 레버만 밀거나 당겨서 한쪽 트랙만 전 · 후진시키며 완만하게 회전하는 방법
- 급회전(스핀 회전, spin turn) : 좌우측 주행 레버를 동시에 한쪽 레버는 앞으로 밀고 다른 한쪽 레버는 조종사 쪽으로 당겨서 차체 중심을 지지점으로 급회전하는 방법

**18** **무한궤도식 굴착기와 타이어식 굴착기의 운전 특성에 대한 설명으로 틀린 것은?**

① 무한궤도식은 습지, 사지에서 작업이 용이하다.
② 무한궤도식은 기복이 심한 곳에서 작업이 불리하다.
③ 타이어식은 변속 및 주행속도가 빠르다.
④ 타이어식은 장거리 이동이 쉽고 기동성이 양호하다.

해설 무한궤도식은 기복이 심한 곳, 습지, 사지에서 작업이 용이하며, 타이어식은 변속 및 주행속도가 빨라서 장거리 이동이 쉽고 기동성이 양호하며 승차감이 좋다.

**19** **트랙 구성품을 설명한 것으로 옳은 것은?**

① 부싱은 마멸되면 용접하여 재사용할 수 있다.
② 슈는 마멸되면 용접하여 재사용할 수 있다.
③ 슈는 마멸되면 용접하여 재사용할 수 없다.
④ 링크는 마멸되었을 때 용접하여 재사용할 수 없다.

해설 트랙의 구성품
- 링크(link) : 핀과 부싱에 의하여 연결되어 상 · 하부 롤러 등이 굴러갈 수 있는 레일(rail)을 구성해 주는 부분으로 마멸되었을 때 용접하여 재사용할 수 있다.
- 부싱(bushing) : 링크의 큰 구멍에 끼워지며, 구멍이 나기 전에 1회 180° 돌려서 사용할 수는 있으나 마멸되면 용접하여 재사용할 수 없다.
- 트랙 슈(track shoe) : 돌기의 길이가 2cm 정도 남았을 때 용접하여 재사용할 수 있다.

**20** **건설기계 장비의 운전 전 점검사항으로 틀린 것은?**

① 일상 점검
② 장비 점검
③ 급유상태 점검
④ 정밀도 점검

해설 건설기계 장비의 일상 점검 · 정비는 장비의 수명 연장과 효율적인 장비의 관리를 위하여 시행하며, 10시간 또는 매일 고장 유무를 사전에 점검 · 정비하여야 한다. 그러나 정밀도 점검은 운전 전 점검사항이 아니다.

**21** **건설기계에서 스티어링 클러치에 대한 설명으로 틀린 것은?**

① 조향 시 어느 한쪽을 차단하고 다른 쪽의 구동축만 구동시킨다.
② 조향 클러치라고도 한다.
③ 트랙이 설치된 장비는 동력을 끊은 반대쪽으로 돌게 된다.
④ 주행 중 진행 방향을 바꾸기 위한 장치이다.

해설 트랙이 설치된 굴착기는 동력을 차단한 쪽의 트랙은 멈추고 다른 쪽의 구동축만 구동시키므로 동력을 끊은 쪽으로 돌게 된다.

**22** **굴착기의 양쪽 주행레버를 조작하여 급회전하는 것을 무슨 회전이라고 하는가?**

① 피벗회전 ② 원웨이회전
③ 스핀회전 ④ 완회전

해설 무한궤도형 굴착기 조향 방법
- 급회전(스핀 회전, spin turn) : 좌우측 주행 레버를 동시에 한쪽 레버는 앞으로 밀고 다른 한쪽 레버는 조종사 쪽으로 당겨서 차체 중심을 지지점으로 급회전하는 방법
- 완회전(피벗 회전, pivot turn) : 한쪽 주행 레버만 밀거나 당겨서 한쪽 트랙만 전 · 후진시키며 완만하게 회전하는 방법

정답 18 ② 19 ② 20 ④ 21 ③ 22 ③

**23** **진흙 지대의 굴착작업 시 용이한 버킷은?**

① 그래플(grapple)

② 이젝터 버킷(ejector bucket)

③ 크러셔(crusher)

④ V 버킷(V bucket)

해설 이젝터 버킷(ejector bucket)은 버킷 안에 토사 등을 밀어내는 이젝터가 있어서 진흙 등의 굴삭작업에 이용한다.

**24** **굴착기 주행 시 안전운전 방법으로 맞는 것은?**

① 방향 전환 시 가속을 한다.

② 지그재그로 운전한다.

③ 천천히 속도를 증가시킨다.

④ 버킷을 2m 상승시켜 유지한 채 운전한다.

해설 굴착기 주행 시 안전운전 방법

- 주행 시 버킷의 높이는 30～50cm가 적당하다.
- 가능하면 굴곡이 심한 지면을 피하고 평탄지면을 택한다.
- 주행 시 작업(전부) 장치는 전방을 향하여야 한다.
- 커브 주행은 커브에 도달하기 전 직선도로에서 속도를 줄여야 한다.
- 주행 중에는 작업장치의 레버를 조작하지 말아야 한다.
- 급가속 급제동은 장비에 나쁜 영향을 주므로 하지 말아야 한다.

**25** **유압펌프에서 소음이 발생할 수 있는 원인이 아닌 것은?**

① 오일의 점도가 너무 높을 때

② 오일의 양이 적을 때

③ 펌프의 속도가 느릴 때

④ 오일 속에 공기가 들어있을 때

해설 유압 펌프에서 소음이 발생하는 원인

- 유압 펌프의 회전 속도가 너무 빠르다.
- 유압유의 양이 부족하거나 공기가 들어있다.
- 유압유 점도가 너무 높다.
- 스트레이너가 막혀 흡입 용량이 작아졌다.
- 유압 펌프의 베어링이 마모되었다.
- 펌프 흡입관 접합부로부터 공기가 유입되었다.
- 유압 펌프 축의 편심 오차가 크다.

**26** **유압실린더에서 피스톤 행정이 끝날 때 발생하는 충격을 흡수하기 위하여 설치하는 장치는?**

① 서보 밸브　　② 스로틀 밸브

③ 쿠션기구　　④ 압력 보상장치

해설 쿠션기구는 유압실린더에서 피스톤 행정이 끝날 때 발생하는 충격을 흡수하기 위하여 설치하는 장치이다.

**27** **유압장치에서 피스톤펌프의 장점이 아닌 것은?**

① 토출량의 범위가 넓다.

② 구조가 간단하고 수리가 쉽다.

③ 발생 압력이 고압이다.

④ 효율이 가장 높다.

해설 피스톤 펌프의 장점

- 펌프 효율이 가장 높다.
- 가변 용량에 적합하다.(토출량의 변화 범위가 넓다.)
- 일반적으로 토출 압력이 높다.
- 유압 펌프 중 가장 고압 · 고효율이다.
- 맥동적 출력을 하나 전체 압력의 범위가 높아 최근에 많이 사용된다.
- 다른 펌프에 비해 수명이 길고, 용적 효율과 최고 압력이 높다.

피스톤 펌프의 단점은 구조가 복잡하고 수리가 어려운 것이다.

**28** **유압유 교환을 판단하는 조건이 아닌 것은?**

① 유량의 감소　　② 수분의 함량

③ 색깔의 변화　　④ 점도의 변화

해설 유압유의 교환 여부를 판단하는 조건으로는 점도지수가 작아지거나, 산화로 인한 색깔의 변화, 수분의 함량 등으로 판단하여야 하나 유량의 감소는 교환을 판단하는 기준은 아니다.

정답 23 ② 24 ③ 25 ③ 26 ③ 27 ② 28 ①

**29** 유압장치의 주된 고장 원인이 되는 것과 가장 거리가 먼 것은?

① 과부하 및 과열로 인하여
② 덥거나 추운 날씨에 사용함으로 인하여
③ 공기, 물, 이물질의 혼합에 의하여
④ 기기의 기계적 고장으로 인하여

해설 유압장치의 고장 원인은 기온의 영향은 크게 받지 않으나, 과부하 및 과열 또는 공기, 물, 이물질 등의 혼합 및 기기의 기계적 고장이 주된 원인이다.

**30** 다음 보기에서 분기회로에 사용되는 밸브만 골라 나열한 것은?

> ㉠ 릴리프 밸브(relief valve)
> ㉡ 리듀싱 밸브(reducing valve)
> ㉢ 시퀀스 밸브(sequence valve)
> ㉣ 언로더 밸브(unloader valve)
> ㉤ 카운터밸런스 밸브(counter balance valve)

① ㉠, ㉡　② ㉡, ㉢
③ ㉢, ㉣　④ ㉣. ㉤

해설 분기회로에 사용되는 밸브
- 리듀싱 밸브(reducing valve) : 감압밸브라고도 하며, 분기회로의 압력을 주회로 압력보다 낮은 압력으로 감압하여, 주회로 압력보다 낮은 압력으로 유지하려할 때 사용한다.
- 시퀀스 밸브(sequence valve) : 순차밸브 라고도 하며, 2개 이상의 분기회로에서 실린더나 모터의 작동순서를 결정하는 자동 제어 밸브이다.

**31** 건설기계에서 사용하는 작동유의 정상 작동 온도 범위로 가장 적합한 것은?

① 10~30℃　② 40~60℃
③ 90~110℃　④ 120~150℃

해설 건설기계에서 사용하는 작동유의 정상 작동 온도 범위는 40~60℃ 이며, 온도가 상승하면 점도가 저하되고 온도가 내려가면 점도가 높아진다.

**32** 유압실린더의 구성부품이 아닌 것은?

① 피스톤　② 실린더
③ 피스톤로드　④ 커넥팅 로드

해설 커넥팅 로드(connecting – rod)는 기관(엔진, engine)에서 피스톤의 왕복운동을 크랭크축에 전달하는 부품이다.

**33** 압력의 단위가 아닌 것은?

① Pa　② GPM
③ bar　④ $kgf/cm^2$

해설 Pa, bar, $kgf/cm^2$ 등은 압력의 단위이나, GPM은 유압펌프에서 토출하는 작동유 양의 단위이다.

**34** 유압장치에서 작동 유압 에너지에 의해 연속적으로 회전운동을 함으로써 기계적인 일을 하는 것은?

① 유압제어밸브　② 유압모터
③ 유압탱크　④ 유압실린더

해설 유압장치에서 유압실린더로부터 받은 작동 유압 에너지에 의해 연속적으로 회전운동을 함으로써 기계적인 일을 하는 장치는 유압모터이다.

**35** 그림과 같은 실린더의 명칭은?

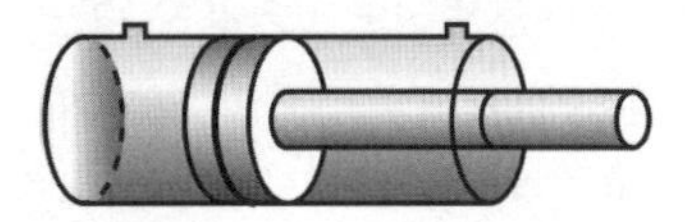

① 단동 실린더
② 복동 실린더
③ 단동 다단 실린더
④ 복동 다단 실린더

해설 그림과 같이 유압 파이프 또는 호스 연결구가 2개로써 전진(상승)과 복귀(하강) 모두의 힘이 필요하면 복동식이며, 1개로써 전진에만 힘이 필요하면 단동식이다.

정답 29 ② 30 ② 31 ② 32 ④ 33 ② 34 ② 35 ②

**36** 유압장치에서 방향제어밸브 설명으로 적합하지 않은 것은?

① 유압실린더나 유압모터의 작동 방향을 바꾸는데 사용한다.
② 액추에이터의 속도를 제어한다.
③ 유체의 흐름 방향을 변환한다.
④ 유체의 흐름 방향을 한쪽으로만 허용한다.

해설 유압장치의 방향제어밸브는 유압실린더나 유압모터의 작동 방향을 바꾸는데 사용하며, 유체의 흐름 방향을 변환하여 유체의 흐름 방향을 한쪽으로만 허용한다.

**37** 시 · 도지사의 정비명령을 이행하지 아니한 자에 대한 벌칙은?

① 30만원 이하의 과태료
② 50만원 이하의 벌금
③ 100만원 이하의 벌금
④ 1000만원 이하의 벌금 또는 1년 이하의 징역

해설 1년 이하의 징역 또는 1천만원 이하의 벌금
- 거짓이나 그 밖의 부정한 방법으로 등록을 한 자
- 등록번호를 지워 없애거나 그 식별을 곤란하게 한 자
- 구조변경검사 또는 수시검사를 받지 아니한 자
- 정비 명령을 이행하지 아니한 자

**38** 제1종 대형 면허로 조종할 수 없는 건설기계는?

① 노상안정기 ② 굴착기
③ 아스팔트살포기 ④ 콘크리트펌프

해설 제1종 대형운전면허로 조정하는 건설기계
- 덤프트럭
- 아스팔트 살포기
- 노상 안정기
- 콘크리트 믹서트럭
- 콘크리트 펌프
- 트럭적재식 천공기
- 특수건설기계 중 국토교통부장관이 지정하는 건설기계

**39** 자동차 제1종 대형면허로 조정할 수 있는 건설기계는?

① 불도저 ② 지게차
③ 굴착지 ④ 덤프트럭

해설 제1종 대형운전면허로 조정하는 건설기계
- 덤프트럭
- 아스팔트 살포기
- 노상 안정기
- 콘크리트 믹서트럭
- 콘크리트 펌프
- 트럭적재식 천공기
- 특수건설기계 중 국토교통부장관이 지정하는 건설기계

**40** 건설기계 등록지를 변경한 때는 등록번호표를 시 · 도지사에게 며칠 이내에 반납하여야 하는가?

① 5일 ② 10일
③ 20일 ④ 30일

해설 건설기계 등록지를 변경한 때는 등록번호표의 봉인을 떼어낸 후 그 등록번호표를 국토교통부령으로 정하는 바에 따라 시 · 도지사에게 10일 이내에 반납하여야 한다.

**41** 교통사고로 사상자가 발생하였을 때, 도로교통법상 운전자가 취하여야 할 조치사항 중 가장 옳은 것은?

① 즉시정지 → 사상자 구호 → 신고
② 증인확보 → 정지 → 사상자 구호
③ 즉시정지 → 위해방지 → 신고
④ 즉시정지 → 신고 → 사상자 구호

해설 교통사고로 사상자가 발생하였을 때는 즉시 정지하여 사상자를 구호하고 피해자에게 인적 사항(성명 · 전화번호 · 주소 등을 말한다)을 제공한 후 경찰공무원이 현장에 있을 때는 그 경찰공무원에게, 경찰공무원이 현장에 없을 때는 가장 가까운 국가경찰관서에 지체없이 신고하여야 한다.

정답 36 ② 37 ④ 38 ② 39 ④ 40 ② 41 ①

## 42 도로교통법상 운전자의 준수사항이 아닌 것은?

① 운전 중에 휴대용 전화를 사용하지 않을 의무
② 출석지시서를 받은 때 운전하지 않을 의무
③ 운행 시 고인물을 튀게 하여 다른 사람에게 피해를 주지 않을 의무
④ 운행 시 동승자에게도 좌석안전띠를 매도록 하여야 할 의무

해설 출석지시서는 운전자가 교통사고를 일으키거나 운전면허의 취소 · 정지처분 대상이 된다고 인정되는 경우와 즉결심판에 회부할 사람에 대하여 경찰관서에 출석할 것을 지시하는 통지서이므로 운전을 하지 않을 의무는 없다.

## 43 자동차의 승차 정원에 대한 내용으로 맞는 것은?

① 등록증에 기재된 인원
② 승용자동차 4명
③ 화물자동차 4명
④ 운전자를 제외한 나머지 인원

해설 승차정원이란 자동차에 승차할 수 있도록 허용한 운전자를 포함한 최대인원을 말하며 자동차등록증에 기재된 인원을 말한다.

## 44 도로교통법상 철길건널목을 통과하는 방법으로 가장 적합한 것은?

① 신호기가 없는 철길건널목을 통과할 때는 건널목 앞에서 일시정지하여 안전한지의 여부를 확인한 후에 통과하여야 한다.
② 신호등이 있는 철길건널목을 통과할 때는 건널목 앞에서 일시정지하여 안전한지의 여부를 확인한 후에 통과하여야 한다.
③ 신호등이 없는 철길건널목을 통과할 때는 서행으로 안전한지의 여부를 확인하며 통과하여야 한다.
④ 신호기와 관련 없이 철길건널목을 통과할 때는 건널목 앞에서 일시정지하여 안전한지의 여부를 확인한 후에 통과하여야 한다.

해설 신호기가 없는 철길건널목을 통과할 때는 건널목 앞에서 일시정지하여 안전한지의 여부를 확인한 후에 통과하여야 한다. 다만, 신호등이 있는 철길건널목을 통과할 때는 그 신호에 따라야 한다.

## 45 도로교통 관련법상 차마의 통행을 구분하기 위한 중앙선에 대한 설명으로 옳은 것은?

① 황색 및 백색의 실선 및 점선으로 되어있다.
② 회색 및 백색의 실선 및 점선으로 되어있다.
③ 백색의 실선 또는 황색의 점선으로 되어있다.
④ 황색의 실선 또는 황색의 점선으로 되어있다.

해설 중앙선이란 차마의 통행 방향을 명확하게 구분하기 위하여 도로에 황색 실선(實線)이나 황색 점선 등의 안전표지로 표시한 선 또는 중앙분리대나 울타리 등으로 설치한 시설물을 말한다. 다만, 가변차로가 설치된 경우에는 신호기가 지시하는 진행방향의 가장 왼쪽에 있는 황색 점선을 말한다.

## 46 감전되거나 전기화상을 입을 위험이 있는 곳에서 작업 시 착용해야 할 것은?

① 비상벨
② 구명구
③ 보호구
④ 구명조끼

해설 감전되거나 전기화상을 입을 위험이 있는 곳에서 작업할 때는 절연안전모, 절연화, 절연고무장갑, 절연장화, 절연복 등 절연용 보호구를 착용하여야 한다.

## 47 동력전달장치에서 가장 재해가 많이 발생할 수 있는 것은?

① 커플링 ② 벨트
③ 차축 ④ 기어

해설 동력기계의 사고로 가장 많은 재해는 벨트, 체인, 로프 등의 장치에서 가장 재해가 많이 발생한다.

정답 42 ② 43 ① 44 ① 45 ④ 46 ③ 47 ②

**48** **유압펌프의 종류별 특징을 바르게 설명한 것은?**

① 피스톤펌프 : 내부 누설이 많아 효율이 낮다.
② 베인펌프 : 토출 압력의 연동이 적고 수명이 길다.
③ 나사펌프 : 진동과 소음의 발생이 심하다.
④ 기어펌프 : 구조가 복잡하고 고압에 적당하다.

해설 베인 펌프는 캠링(cam ring), 로터(rotor), 날개(vane) 등으로 구성되어 구조가 간단해서 수리와 관리가 용이하며, 소형 · 경량으로 수명이 길고 토출 압력은 35 ~140kg/cm$^2$으로 연동이 적다.

**49** **산업안전보건법상 근로자의 의무사항으로 틀린 것은?**

① 사업장의 유해 · 위험요인에 대한 실태파악
② 보호구 착용
③ 위험상황 발생 시 작업 중지 및 대피
④ 위험장소에는 출입금지

해설 사업장의 유해 · 위험요인에 대한 실태 파악은 근로자의 의무사항이 아니라 사업주 의무사항이다.

**50** **안전작업 측면에서 장갑을 착용하고 작업해도 무리가 없는 작업은?**

① 건설현장에서 청소작업을 할 때
② 정밀기계작업을 할 때
③ 드릴 작업을 할 때
④ 해머 작업을 할 때

해설 장갑은 감겨들 위험이 있는 작업에는 착용하지 말아야 하며, 장갑 착용 금지작업으로는 선반 작업, 드릴 작업, 목공기계 작업, 연삭 작업, 해머 작업, 정밀기계 작업 등이 있다.

**51** **수공구를 사용하여 일상정비를 할 경우의 필요사항으로 가장 부적합한 것은?**

① 용도 외의 수공구는 사용하지 않는다.
② 수공구를 서랍 등에 정리할 때는 잘 정돈한다.
③ 수공구는 작업 시 손에서 놓치지 않도록 주의한다.
④ 작업성을 빠르게 하기 위해서 장비 위에 놓고 사용하는 것이 좋다.

해설 수공구를 사용하여 일상정비를 할 때 장비 위에 수공구를 올려놓고 사용하면 떨어지며 안전사고 발생 가능성이 있기 때문에 올려놓고 정비하지 말아야 한다.

**52** **일반 드라이버 사용 시 안전수칙으로 틀린 것은?**

① 드라이버에 충격압력을 가하지 말아야 한다.
② 드라이버의 날 끝은 항상 양호하게 관리하여야 한다.
③ 정을 대신할 때는 (−)드라이버를 이용한다.
④ 자루가 쪼개졌거나 또는 허술한 드라이버는 사용하지 않는다.

해설 정 대신 (−)드라이버를 이용하면 드라이버가 손상되며 안전사고의 위험이 있으므로 구멍을 뚫거나 쪼아서 다듬는 작업을 할 때는 반드시 정을 사용하여야 한다.

**53** **중량물 운전 시 안전사항으로 틀린 것은?**

① 크레인은 규정용량을 초과하지 않는다.
② 무거운 물건을 상승시킨 채 오랫동안 방치하지 않는다.
③ 화물을 운반할 경우에는 운전반경 내를 확인한다.
④ 흔들리는 화물은 사람이 승차하여 붙잡도록 한다.

해설 흔들리기 쉬운 중량물을 인양할 때는 사람이 승차하여 붙잡도록 하면 안 되며 반드시 가이드로프를 이용하여 유도하면서 인양하여야 한다.

정답 48 ② 49 ① 50 ① 51 ④ 52 ③ 53 ④

**54** 폭 4m 이상 8m 미만인 도로에 일반 도시가스 배관을 매설 시 지면과 도시가스 배관 상부와의 최소 이격거리는 몇 m 이상인가?

① 0.6m 이상　　② 1.0m 이상
③ 1.2m 이상　　④ 1.5m 이상

해설 도시가스 배관의 지하매설 깊이
- 폭 4m 이상 8m 미만인 도로 : 1m 이상
- 폭 8m 이상인 도로 : 1.2m 이상
- 공동주택 등의 부지 내 : 0.6m 이상

**55** 가공 전선로에서 건설기계 운전 · 작업 시 안전대책으로 가장 거리가 먼 것은?

① 가급적 물건은 가공 전선로 하단에 보관한다.
② 가공 전선로에 대한 감전 방지 수단을 강구한다.
③ 안전한 작업계획을 수립한다.
④ 장비 사용을 위한 신호수를 정한다.

해설 전주, 철탑 등을 지주물로 하여 공중에 가설된 가공전선로(架空 電線路)의 하단에 물건을 보관하면 작업 시 선로에 접촉될 수 있어 위험하므로 공간으로 남겨두어야 한다.

**56** 다음 그림의 안전 표지판이 나타내는 것은?

① 출입금지
② 보안경 착용
③ 녹십자 표지
④ 인화성 물질 경고

해설 녹십자표지로서 안전의식을 고취(鼓吹)시키기 위하여 필요한 장소에 게시하며, 인화성 물질 경고는 휘발유 등 화기의 취급을 극히 주의해야 하는 물질이 있는 장소에 게시한다.

**57** 굴착공사를 하고자 할 때 지하 매설물 설치 여부와 관련하여 안전상 가장 적합한 조치는?

① 굴착작업 중 전기, 가스, 통신 등의 지하매설물에 손상을 가하였을 경우에는 즉시 매설하여야 한다.
② 굴착공사 시행자는 굴착공사를 착공하기 전에 굴착지점 또는 그 인근의 주요 매설물 설치 여부를 미리 확인하여야 한다.
③ 굴착공사 도중 작업에 지장이 있는 고압 케이블은 옆으로 옮기고 계속 작업을 진행한다.
④ 굴착공사 시행자는 굴착공사를 시공 중에 굴착지점 또는 그 인근의 주요 매설물 설치 여부를 확인하여야 한다.

해설 굴착공사 시행자는 굴착공사를 시공하는 도중이 아니라 굴착공사를 착공하기 전에 굴착지점 또는 그 인근의 주요 매설물 설치 여부를 미리 확인하여야 한다.

**58** 건설기계 작업 중 가스 배관을 손상시켜 가스가 누출되고 있을 경우 긴급 조치사항으로 가장 거리가 먼 것은?

① 가스가 누출되면 가스 배관을 손상시킨 장비를 빼내고 안전한 장소로 이동한다.
② 가스 배관을 손상한 것으로 판단되면 즉시 기계작동을 멈춘다.
③ 가스가 다량 누출되고 있으면 우선적으로 주위 사람들을 대피시킨다.
④ 지체없이 해당 도시가스회사나 한국가스안전공사에 신고한다.

해설 가스 배관을 손상시켜 가스누출 시 긴급 조치사항
- 즉시 건설기계의 작동을 멈춘다.
- 주위 사람을 대피시킨다.
- 지체없이 해당 도시가스회사 또는 한국가스안전공사에 신고한다.

정답 54 ② 55 ① 56 ③ 57 ② 58 ①

**59** 다음 그림에서 A는 배전선로에서 전압을 변환하는 기기이다. A의 명칭으로 맞는 것은?

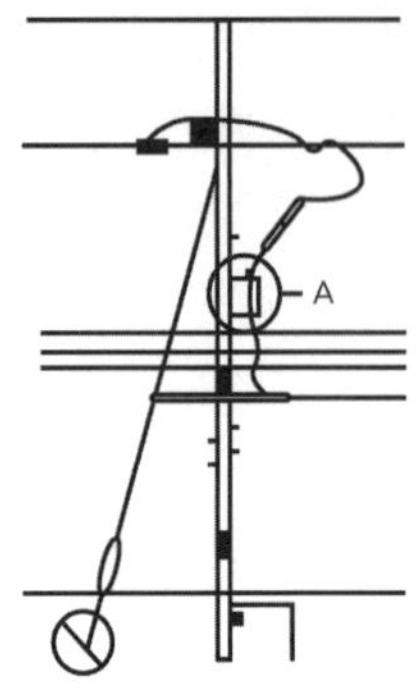


① 현수애자
② 컷아웃스위치(COS)
③ 아킹 혼(arcing horn)
④ 주상변압기(P.Tr)

해설 A는 주상변압기이다.

**60** 전선로와의 안전 이격거리에 대한 설명으로 틀린 것은?

① 전압이 높을수록 멀어져야 한다.
② 이격거리는 전선의 굵기와 관련이 있다.
③ 전압에 관계 없이 일정하다.
④ 1개 줄의 애자 수가 많을수록 멀어져야 한다.

해설 건설기계와 전선로와의 안전 이격거리(고압전선로 주변작업 시)는 애자 수가 많을수록, 전압이 높을수록, 전선이 굵을수록 멀어져야 한다.

정답 59 ④ 60 ③

# 03 제3회 과년도 기출문제

**01** 4행정 기관에서 크랭크축 기어와 캠축 기어와의 지름비 및 회전비는 각각 얼마인가?

① 1:2 및 2:1 ② 2:1 및 1:2
③ 2:1 및 2:1 ④ 1:2 및 1:2

해설 크랭크축과 캠축의 지름비는 1:2이므로 회전비율은 캠축이 크랭크축 대비 2:1(2배)이다. 따라서 크랭크축이 2회전할 때 캠축은 1회전 한다.

**02** 디젤기관에서 엔진의 시동을 멈추기 위한 방법으로 가장 적합한 것은?

① 기어를 넣어서 기관을 정지시킨다.
② 초크밸브를 닫는다.
③ 연료공급을 차단한다.
④ 축전지에 연결된 전선을 끊는다.

해설 디젤기관에서 엔진의 시동을 멈추려면 가솔린 기관과 달리 연료공급을 차단하는 방법을 사용한다.

**03** 기관에서 워터펌프의 역할로 맞는 것은?

① 기관의 냉각수를 순환시킨다.
② 냉각수 수온을 자동으로 조정한다.
③ 정온기 고장 시 자동으로 작동하는 펌프이다.
④ 기관의 냉각수 온도를 일정하게 유지한다.

해설 기관의 워터펌프는 라디에이터 하부의 냉각된 물을 물재킷으로 보내 강제순환 시키는 역할을 한다.

**04** 디젤기관에서만 사용되는 장치는?

① 발전기 ② 오일펌프
③ 분사펌프 ④ 연료펌프

해설 분사펌프(injection pump)는 연료를 압축하여 분사순서에 따라서 파이프를 통하여 분사노즐로 보내는 장치로써 전기 점화식인 가솔린기관에는 없는 디젤기관에서만 사용되는 장치이다.

**05** 기관의 방열기에 연결된 보조탱크의 역할을 설명한 것으로 적합하지 않은 것은?

① 오버플로(over flow) 되어도 증기만 방출한다.
② 냉각수의 체적 팽창을 흡수한다.
③ 냉각수 온도를 적절하게 조절한다.
④ 장기간 냉각수 보충이 필요 없다.

해설 라디에이터 보조 탱크의 역할은 냉각수가 일부 감소해도 보충이 가능하므로 장기간 냉각수 보충을 하지 않을 수 있으며 오버플로(over flow) 시 증기만 배출하여 냉각수의 체적 팽창을 흡수한다. 그러나 수온(냉각수 온도)조절은 정온기가 조절한다.

**06** 기관의 오일 압력계 수치가 낮은 경우와 관계가 없는 것은?

① 크랭크 케이스에 오일이 적다.
② 오일펌프가 불량하다.
③ 오일 릴리프 밸브가 막혔다.
④ 크랭크 축 오일 틈새가 크다.

해설 엔진오일 압력이 낮아지는 원인
- 오일펌프가 불량하다.
- 오일이 희석되어 점도가 낮다.
- 유압 조절 밸브의 접촉이 불량하다.
- 유압 조절 밸브 스프링의 장력이 작다.
- 오일 통로에 공기가 유입되었다.
- 오일 통로의 파손으로 오일이 누출된다.
- 각 마찰부의 베어링 간극이 크다.

그러나 오일 릴리프 밸브가 막히면 오히려 압력이 높아진다.

정답 01 ① 02 ③ 03 ① 04 ③ 05 ③ 06 ③

**07** 운전 중 기관이 과열되면 가장 먼저 점검해야 하는 것은?

① 팬벨트
② 냉각수량
③ 헤드 개스킷
④ 물재킷

해설 운전 중 기관이 과열되면 냉각장치에 이상이 있는 것이므로 엔진을 정지시키고 잠시 후에 열이 식은 다음 가장 먼저 냉각수의 양부터 점검하여야 한다.

**08** 디젤기관을 가동시킨 후 충분한 시간이 지났는데도 냉각수 온도가 정상적으로 상승하지 않을 경우 그 고장의 원인이 될 수 있는 것은?

① 라디에이터 코어의 파손
② 냉각팬 벨트의 헐거움
③ 수온조절기의 고장
④ 물펌프의 고장

해설 수온조절기(정온기, thermostat)는 실린더 헤드 냉각수 통로에 설치되어 냉각수의 온도를 알맞게 조절하는 기능이 있으며, 만약 닫힌 채 고장이면 기관이 과열하고 열린 채 고장이면 냉각수 온도가 정상적으로 상승하지 않고 기관이 과냉한다.

**09** 디젤기관의 부동액으로 맞지 않는 것은?

① 알코올
② 에틸렌글리콜
③ 메탄
④ 글리세린

해설 부동액은 증류수, 수돗물 등을 사용하는 냉각수의 응고점을 낮추어 기관의 동파를 방지하는 액체로써 글리세린, 메타놀(알코올) 또는 에틸렌글리콜 등을 냉각수와 혼합하여 사용한다.

**10** 진공식 제동 배력장치의 설명 중에서 옳은 것은?

① 하이드로릭, 피스톤의 체크볼이 밀착 불량이면 브레이크가 듣지 않는다.
② 진공밸브가 새면 브레이크가 전혀 듣지 않는다.
③ 릴레이 밸브의 다이어프램이 파손되면 브레이크는 듣지 않는다.
④ 릴레이 밸브의 피스톤 컵이 파손되어도 브레이크는 듣는다.

해설 진공식 제동 배력장치는 릴레이 밸브의 피스톤 컵의 파손 등 진공장치의 고장이 발생되어도 유압은 전달되므로 브레이크는 듣는다.

**11** 건설기계 장비에서 다음과 같은 상황의 경우 고장원인으로 가장 적합한 것은?

> • 기관을 크랭킹했으나 기동전동기는 작동되지 않는다.
> • 헤드라이트 스위치를 켜고 다시 시동전동기 스위치를 켰더니 라이트 빛이 꺼져버렸다.

① 회로의 단전
② 시동모터 배선의 단선
③ 솔레노이드 스위치 고장
④ 축전지 방전

해설 축전지가 구조상 자연방전, 전해액에 불순물 포함, 극판의 퇴적, 전기누설 등으로 인한 자기방전(Self-Discharge)으로 축전지가 방전된 상태이다.

**12** 급속충전 시 유의할 사항으로 틀린 것은?

① 충전전류는 축전지 용량의 90% 이상의 전류로 충전한다.
② 충전시간을 짧게 한다.
③ 전해액 온도가 45℃를 넘지 말아야 한다.
④ 통풍이 잘되는 곳에서 충전한다.

정답 07 ② 08 ③ 09 ③ 10 ④ 11 ④ 12 ①

해설 급속충전 시 유의사항
- 충전시간을 짧게 하고 가능한 한 자주하지 말아야 한다.
- 전해액 온도가 45℃를 넘지 않도록 각별히 유의하여야 한다.
- 통풍이 잘되는 곳에서 충전하여야 한다.
- 충전 중인 축전지에 충격을 가하지 않도록 하여야 한다.
- 충전전류는 축전지 용량의 50%의 전류로 충전하여야 한다.
- 발전기의 다이오드를 보호하기 위하여 접지 케이블을 분리하여야 한다.

## 13 축전지를 충전상태로 보관 시 방전되는 현상은?

① 자기방전 ② 화학방전
③ 발열방전 ④ 자연방전

해설 축전지의 자기방전(Self－Discharge)이란 축전지를 충전상태로 보관 시 방전되는 현상을 말한다. 이러한 자기방전의 원인은 구조상 자기방전, 전해액에 불순물 포함, 극판의 퇴적, 전기누설 등으로 자기방전된다.

## 14 교류발전기에서 교류를 직류로 바꾸어 주는 것은?

① 다이오드 ② 브러시
③ 계자 ④ 슬립링

해설 교류 발전기(AC 발전기, Alternator Current)에서 교류를 직류로 바꾸어 주는 것은 정류용 실리콘 다이오드가 바꿔주며, 직류 발전기(DC발전기, Direct Current)는 정류자와 브러시로 교류의 기전력을 직류로 만들어 직류를 출력한다.

## 15 변속기의 필요조건이 아닌 것은?

① 기관의 회전수 증대
② 역전이 가능
③ 무부하
④ 장비의 회전력 증대

해설 변속기(transmission)의 기능
- 장비의 회전력(回轉力)을 증대시킨다.
- 기관을 시동할 때 장비를 무부하 상태로 있게 한다.
- 장비의 후진을 위하여 필요하다.
- 주행 조건에 알맞은 회전력으로 바꾸는 역할을 한다.
- 기관의 회전수 증대는 가속페달의 역할이다.

## 16 건설기계에 사용되는 저압타이어의 호칭 치수 표시는?

① 타이어의 폭－림의 지름
② 타이어의 내경－타이어의 폭－플라이 수
③ 타이어의 외경－타이어의 폭－플라이 수
④ 타이어의 폭－타이어의 내경－플라이 수

해설 타이어의 호칭 치수 표시
- 저압 타이어 : 타이어의 폭－타이어의 내경－플라이 수
- 고압 타이어 : 타이어의 외경－타이어의 폭－플라이 수

## 17 타이어식 건설기계의 동력전달장치에서 추진축의 밸런스 웨이트에 대한 설명으로 맞는 것은?

① 변속 조작 시 변속을 용이하게 한다.
② 추진축의 회전수를 높인다.
③ 추진축의 비틀림을 방지한다.
④ 추진축의 회전 시 진동을 방지한다.

해설 추진축(propeller shaft)은 변속기로부터 최종 구동기어까지 기다란 축을 이용하여 동력을 전달하는 역할을 하며, 추진축이 휘었거나 밸런스 웨이트가 떨어지면 추진축이 평형을 유지하지 못하고 진동하게 된다.

## 18 자동변속기의 토크 컨버터 내에서 오일 흐름을 바꾸어 주는 구성품은?

① 스테이터 ② 펌프
③ 터빈 ④ 변속기 축

정답 13 ① 14 ① 15 ① 16 ④ 17 ④ 18 ①

해설 스테이터는 자동변속기의 토크 컨버터 내에서 오일 흐름을 바꾸어 회전력을 증대시키는 역할을 한다.

## 19 클러치의 미끄럼이 가장 많이 일어날 때는?

① 공전 시 ② 가속 시
③ 정지 시 ④ 출발 시

해설 클러치는 기관과 변속기 사이에 설치하여 기관의 회전력을 변속기에 전달하거나 차단할 때 활용하므로 기관의 회전력을 증가시키려고 가속할 때 미끄럼 현상이 가장 많이 발생한다.

## 20 무한궤도식 건설기계에서 트랙의 장력을 조정하는 이유가 아닌 것은?

① 구성품의 수명연장
② 트랙의 이완방지
③ 스프로킷 마모 방지
④ 스윙모터의 과부하 방지

해설 무한궤도식 건설기계에서 트랙의 장력은 트랙의 이완으로 인한 이탈방지 및 구성품의 수명연장을 위하여 조정하며, 스윙모터는 하부 트랙과는 무관한 상부 회전체를 선회(스윙)시키는 장치이다.

## 21 무한궤도식 건설기계에서 주행 중 구동 체인 장력 조정방법은?

① 슬라이드 슈의 위치를 변화시켜 조정한다.
② 드래그 링크를 전·후진시켜 조정한다.
③ 아이들러를 전·후진시켜 조정한다.
④ 구동 스프로킷을 전·후진시켜 조정한다.

해설 무한궤도식 건설기계에서 주행 중 구동 체인의 장력 조정은 아이들러를 전·후진시켜 조정하며, 정지상태에서 트랙의 장력 조정은 트랙 어저스터로 한다.

## 22 굴착기에서 그리스를 주입하지 않아도 되는 것은?

① 링키지 ② 선회베어링
③ 버킷 핀 ④ 트랙 슈

해설 굴착기에서 링키지, 선회베어링, 버킷 핀 등은 그리스를 주입하여야 하나, 트랙 슈는 그리스를 주입하여서는 안 된다.

## 23 무한궤도식 건설기계에서 리코일 스프링의 주된 역할은?

① 주행 중 트랙 전면에서 오는 충격 완화
② 트랙의 벗어짐 방지
③ 삽에 걸리는 하중 방지
④ 클러치의 미끄러짐 방지

해설 무한궤도식 건설기계에서 리코일 스프링은 이너 스프링과 아우터 스프링 등 이중으로 구성되어 있으며 주행 중 전면에서 오는 충격을 완화시켜 차체의 파손을 방지한다.

## 24 굴착기 붐은 무엇에 의해 상부회전체에 연결되어 있는가?

① 암 핀(arm pin)
② 로크 핀(lock pin)
③ 풋 핀(foot pin)
④ 디퍼 핀(dipper pin)

해설 굴착기 붐은 강판을 사용한 용접구조물로서 풋 핀(foot pin)에 의해 상부회전체에 연결되어 유압실린더에 의하여 상·하로 움직인다.

## 25 무한궤도식 굴착기에서 상부롤러의 설치 목적은?

① 트랙을 지지한다.
② 리코일 스프링을 지지한다.
③ 기동륜을 지지한다.
④ 전부 유동륜을 고정한다.

해설 무한궤도식 굴착기에서 상부 롤러는 트랙을 지지하여 밑으로 처지는 것을 방지하고 트랙의 회전위치를 유지한다.

정답 19 ② 20 ④ 21 ③ 22 ④ 23 ① 24 ③ 25 ①

**26** 무한궤도식 굴착기의 제동에 대한 설명으로 옳지 않은 것은?

① 제동은 주차제동 한가지만을 사용한다.
② 주행모터 내부에 설치된 브레이크 밸브에 의해 상시 잠겨있다.
③ 수동에 의한 제동이 불가하며, 주행신호에 의해 제동이 해제된다.
④ 주행모터의 주차 제동은 네거티브 형식이다.

해설 무한궤도식 굴착기의 제동은 주차제동 한 가지만을 사용하며 움직이는 것을 멈추는 일반적인 포지티브 제동방식이 아니라 멈춰있는 상태가 기본이며, 주행할 때 제동이 풀리는 네거티브 형식으로서 제동의 해제는 수동에 의한 제동은 불가하며 주행신호에 의하여 제동이 해제되고 주행 시 주행 모터에 설치된 브레이크 밸브가 열린다.

**27** 굴착기 규격 표시 방법은?

① 최대 굴삭 깊이(m)
② 버킷의 산적용량($m^3$)
③ 작업 가능 상태의 중량(ton)
④ 기관의 최대출력(ps/rpm)

해설 굴착기 규격은 버킷의 산적용량($m^3$)으로 표시하며 타이어식 휠형(wheel type) 굴착기는 산적용량(버킷 크기)의 숫자 뒤에 "W"를 붙여서 무한궤도식 굴착기와 구분한다.

**28** 다음 중 굴착기의 작업장치에 해당되지 않는 것은?

① 힌지버킷
② 브레이커
③ 크러셔
④ 파일드라이브

해설 굴착기의 작업 장치는 브레이커, 크러셔, 파일드라이브, 이젝터 버킷 등이며, 힌지 버킷은 지게차의 작업 장치이다.

**29** 방향전환 밸브의 조작 방식에서 단동솔레노이드 기호로 맞는 것은?

①
②
③
④

해설 ① 단동 솔레노이드
② 직접 파일럿 조작
③ 인력조작레버
④ 기계조작 누름방식

**30** 토크 변환기에 사용되는 오일의 구비조건으로 맞는 것은?

① 비중이 클 것
② 비중이 작을 것
③ 점도가 높을 것
④ 빙점이 높을 것

해설 토크 컨버터 오일의 구비조건
- 점도가 낮을 것
- 빙점이 낮을 것
- 비점이 높을 것
- 비중이 클 것
- 화학변화를 잘 일으키지 않을 것
- 고무나 금속을 변질시키지 않을 것

자동변속기 오일은 윤활작용 뿐 아니라 동력을 전달하는 구동유(驅動油) 역할을 하기 때문에 특별한 조건이 필요하다.

**31** 4행정기관에서 많이 쓰이는 오일펌프는?

① 로터리식, 기어식
② 원심식, 플런저식
③ 로터리식, 나사식
④ 기어식, 플런저식

해설 오일 펌프는 오일 팬 내의 오일을 빨아올려 압력을 높여서 각 윤활부에 공급하는 역할을 하며 기어 펌프, 로터리 펌프, 베인 펌프, 플런저 펌프 등이 있다. 4행정기관에는 대부분 기어식, 로터리식 등을 사용하고 2행정기관에는 플런저식을 사용한다.

정답 26 ② 27 ② 28 ① 29 ① 30 ① 31 ①

## 32 유압에너지를 기계적 에너지로 바꾸는 장치는?

① 스트레이너 ② 인젝터
③ 어큐뮬레이터 ④ 액추에이터

해설 액추에이터는 압력(유압) 에너지를 기계적 에너지로 바꾸는 역할을 하며, 유압실린더(왕복운동)와 유압모터(회전운동)로 구성되어있다.

## 33 유압모터의 특징 중 거리가 가장 먼 것은?

① 과부하에 대하여 안전하다.
② 무단변속이 용이하다.
③ 소형으로 강력한 힘을 낼 수 있다.
④ 정회전과 역회전의 변화가 불가능하다.

해설 유압모터의 특징
- 변속, 정회전, 역회전 등 속도나 방향의 제어가 용이하다.
- 소형 경량으로 큰 출력을 낼 수 있다.
- 전동 모터에 비하여 급속정지가 쉽다.
- 작동유에 먼지나 공기가 침입하지 않도록 하여야 한다.
- 작동유의 점도 변화에 따라 유압모터의 사용에 제약이 있다.

## 34 어큐뮬레이터(축압기)의 사용 목적이 아닌 것은?

① 유체의 맥동감소
② 압력보상
③ 충격압력 흡수
④ 유압회로 내의 압력상승

해설 어큐뮬레이터의 사용 목적
- 유압 에너지를 저장(축적)한다.
- 유압 펌프의 맥동을 제거(감소)해 준다.
- 충격 압력을 흡수한다.
- 압력을 보상해 준다.
- 유압 회로를 보호한다.
- 보조 동력원으로 사용한다.

## 35 유압실린더 등이 중력에 의한 자유낙하를 방지하기 위해 배압을 유지하는 압력제어 밸브는?

① 언로드 밸브
② 카운터 밸런스 밸브
③ 감압 밸브
④ 시퀀스 밸브

해설 카운터 밸런스 밸브(counter balance valve)는 유압실린더의 복귀 쪽에 배압을 발생시켜 피스톤이 중력에 의하여 자유 낙하하는 것을 방지하여 하강 속도를 제어하기 위해 사용된다.

## 36 제어밸브 설명으로 틀린 것은?

① 일의 속도 → 유량제어밸브
② 일의 방향 → 방향제어밸브
③ 일의 시간 → 속도제어밸브
④ 일의 크기 → 압력제어밸브

해설 압력 에너지를 기계적 에너지로 바꾸는 역할을 하는 작동체인 액추에이터의 운동속도를 조정하기 위하여 사용되는 밸브는 유량 제어 밸브이며, 별도로 일의 시간을 제어하는 속도제어밸브는 없다.

## 37 무한궤도식 건설기계에서 주행 불량 현상의 원인이 아닌 것은?

① 유압펌프의 토출 유량이 부족할 때
② 트랙에 오일이 묻었을 때
③ 한쪽 주행모터의 브레이크 작동이 불량할 때
④ 스프로킷이 손상되었을 때

해설 무한궤도식 건설기계에서 주행 불량 현상의 원인으로는 유압펌프의 토출유량 부족, 한쪽 주행모터의 브레이크 작동 불량, 스프로킷이 손상되었을 경우 등이 있으나 트랙에 오일이 묻었을 경우에는 주행 불량 현상이 발생하지 않는다.

정답 32 ④ 33 ④ 34 ④ 35 ② 36 ③ 37 ②

## 38 그림에서 체크밸브를 나타내는 것은?

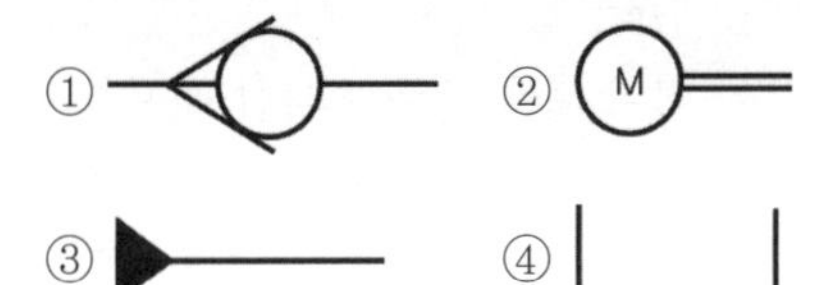

③ ④

해설 ① 체크밸브 ② 전동기
③ 유압압력원 ④ 오일탱크

## 39 가변용량 유압펌프의 기호는?

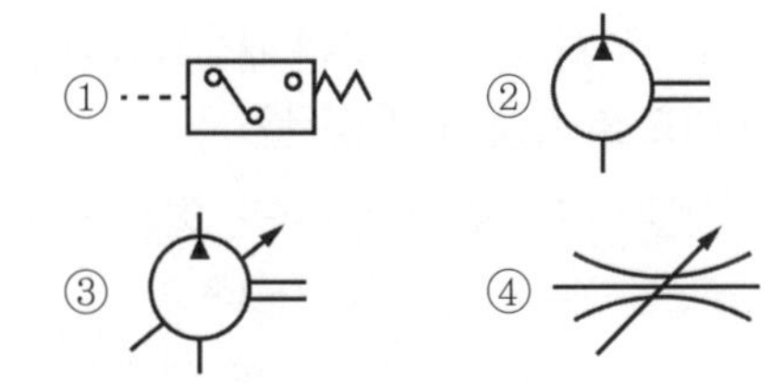

해설 ① 압력스위치
② 정용량형 유압펌프
③ 가변용량형 유압펌프
④ 가변 교축 밸브

## 40 펌프의 최고 토출압력, 평균효율이 가장 높아 고압 대출력에 사용하는 유압모터로 가장 적절한 것은?

① 피스톤 모터 ② 기어 모터
③ 베인 모터 ④ 트로코이드 모터

해설 피스톤 모터는 펌프의 최고 토출압력 및 평균효율이 가장 높아 고압 대출력에 사용되나, 구조가 복잡하고 대형이며 가격이 비싼 단점이 있다.

## 41 건설기계등록신청에 대한 설명으로 맞는 것은?

① 시 · 도지사에게 취득한 날로부터 15일 이내에 등록신청을 한다.
② 시 · 도지사에게 취득한 날로부터 2개월 이내에 등록신청을 한다.
③ 시 · 군 · 구청장에게 취득한 날로부터 10일 이내에 등록신청을 한다.
④ 시 · 군 · 구청장에게 취득한 날로부터 1개월 이내에 등록신청을 한다.

해설 건설기계의 소유자가 건설기계를 등록할 때는 특별시장 · 광역시장 · 도지사 또는 특별자치도지사에게 건설기계를 취득일로부터 2월 이내에 건설기계 등록신청을 하여야 한다.

## 42 건설기계대여업 등록신청서에 첨부하여야 할 서류가 아닌 것은?

① 주기장 시설보유 확인서
② 건설기계 소유 사실을 증명하는 서류
③ 사무실의 소유권 또는 사용권이 있음을 증명하는 서류
④ 주민등록등본

해설 건설기계 대여업이란 건설기계의 대여를 업(業)으로 하는 것을 말하며 일반 건설기계 대여업(5대 이상), 개별 건설기계 대여업(4대 이하)으로 구분한다. 이러한 대여업 등록신청 시 첨부서류로는 주기장 시설보유 확인서, 건설기계 소유사실을 증명하는 서류, 사무실의 소유권 또는 사용권이 있음을 증명하는 서류 등이다.

## 43 건설기계관리법상 타워크레인이 건설기계로 분류되려면 정격하중이 몇 톤 이상이어야 하는가?

① 0.5톤 ② 2.0톤
③ 3.0톤 ④ 5.0톤

해설 건설기계관리법상 건설기계로 분류되는 타워크레인은 수직 타워의 상부에 위치한 지브(jib)를 선회시켜 중량물을 이동시킬 수 있는 정격하중 3톤 이상의 원동기 또는 전동기를 가진 것을 말한다.

## 44 건설기계조종사 면허증 발급 신청 시 첨부하는 서류와 가장 거리가 먼 것은?

① 주민등록표 등본
② 소형건설기계조종교육 이수증

정답 38 ① 39 ③ 40 ① 41 ② 42 ④ 43 ③ 44 ①

③ 신체검사서
④ 국가기술 자격수첩

해설 건설기계조종사 면허증 발급 신청 시 첨부하는 서류로는 소형건설기계조종교육 이수증(소형건설기계조종사 면허증 발급 신청 시), 신체검사서, 국가기술자격수첩 등이며 주민등록표 등본은 구비서류가 아니다.

### 45 건설기계 등록신청은 누구에게 할 수 있는가?

① 서울특별시장
② 읍 · 면 · 동장
③ 지방경찰청장
④ 해양부장관

해설 건설기계 등록신청은 건설기계 소유자의 주소지 또는 건설기계의 사용 본거지를 관할하는 특별시장 · 광역시장 또는 시 · 도지사에게 신청한다.

### 46 제1종 대형면허로 운전할 수 없는 장비는?

① 콘크리트 피니셔
② 아스팔트 살포기
③ 덤프트럭
④ 3톤 미만의 지게차

해설 제1종 대형운전면허로 조정하는 건설기계
- 덤프트럭
- 아스팔트 살포기
- 노상 안정기
- 콘크리트 믹서트럭
- 콘크리트 펌프
- 트럭적재식 천공기
- 3톤 미만의 지게차

### 47 타이어식 건설기계를 조정하여 작업을 할 때 주의하여야 할 사항으로 틀린 것은?

① 지반의 침하방지 여부
② 노견의 붕괴방지 여부
③ 낙석의 우려가 있으면 운전실에 헤드가이드를 부착
④ 작업 범위 내에 물품과 사람 배치

해설 타이어식 건설기계를 조정하여 작업을 할 때 주의하여야 할 사항으로는 지반의 침하방지, 노견의 붕괴방지 및 낙석의 우려가 있으면 운전실에 헤드가이드를 부착하여야 하고 작업범위 내에는 물품과 사람을 배치하지 말아야 한다.

### 48 도로 굴착공사 시행 전 주변 매설물을 확인하는 방법으로 가장 옳은 것은?

① 매설물 관련기관에 의견을 조회한다.
② 도로 인근 주민에게 물어본다.
③ 시공관리자가 입회하여 작업하면 확인이 필요 없다.
④ 직접 매설물 탐지 조사를 시행한다.

해설 도로 굴착공사 시행 전 주변 매설물의 확인은 매설물 관련기관에 의견을 조회한 다음 해당 시설관리자의 입회하에 안전조치를 취한 후 작업하여야 한다.

### 49 기계운전 중 안전 측면에서의 설명으로 옳은 것은?

① 작업의 속도 및 효율을 높이기 위해 작업범위 이외의 기계도 동시에 작동한다.
② 기계장비의 이상으로 정상가동이 어려운 상황에서는 중속회전 상태로 작업한다.
③ 기계운전 중 이상한 냄새, 소음, 진동이 날 때는 정지하고 전원을 끈다.
④ 빠른 속도로 작업 시는 일시적으로 안전장치를 제거한다.

해설 기계운전 중 이상한 냄새, 소음, 진동이 나는 등 기계장비의 이상으로 정상가동이 어려운 상황에서는 즉시 정지하고 전원을 꺼야 한다.

정답 45 ① 46 ① 47 ④ 48 ① 49 ③

**50** 안전 · 보건표지의 종류와 형태에서 그림의 표지로 맞는 것은?

① 안전복 착용
② 안전모 착용
③ 출입금지
④ 보안면 착용

해설 그림의 표지는 안전모 착용을 지시하는 안전표지이다.

**51** 다음 중 연소의 3요소가 아닌 것은?

① 점화원 ② 질소
③ 산소 ④ 가연성 물질

해설 연소의 3대 요소로는 가연성 물질, 점화원, 산소 등이 있으며, 가연성 물질의 발열량이 크거나 주위 온도가 높을 경우 및 착화점이 낮을 경우 등에는 자연발화가 일어나기 쉽다.

**52** 가스용접의 안전작업으로 적합하지 않은 것은?

① 토치에 점화할 때 성냥불과 담뱃불로 사용하여도 된다.
② 산소 봄베와 아세틸렌 봄베 가까이에서 불꽃 조정을 피한다.
③ 산소누설 시험은 비눗물을 사용한다.
④ 토치 끝으로 용접물의 위치를 바꾸거나 재를 제거하면 안 된다.

해설 가스용접을 위하여 토치에 점화할 때는 전용점화기로 점화하여야 하며 성냥불과 담뱃불로 점화하면 화상(火傷) 사고가 발생할 수 있다.

**53** 연삭기 또는 해머 작업 시 해당되지 않는 보호 장구는?

① 안전모 ② 보안경
③ 안전화 ④ 차광안경

해설 일반적인 보안경은 물체가 흩날릴 위험이 있는 연삭기(그라인더) 작업할 때, 해머작업을 할 때 등에 착용하나, 차광안경은 전기용접 및 가스용접을 할 때 착용한다.

**54** 기계에 사용되는 방호덮개 장치의 구비조건으로 틀린 것은?

① 검사나 급유조정 등 검사가 용이할 것
② 작업자가 임의로 제거 후 사용할 수 있을 것
③ 최소의 손질로 장시간 사용할 수 있을 것
④ 마모나 외부로부터 충격에 쉽게 손상되지 않을 것

해설 기계에 사용되는 방호장치인 방호 덮개의 결함은 재해 발생의 간접적인 원인이 되므로 외부로부터의 충격에 쉽게 손상되지 않아야 하며 작업자가 임의로 제거하여서는 안 된다.

**55** 철탑에 154,000V라는 표시판이 부착되어 있는 전선 근처에서의 작업으로 틀린 것은?

① 전선에 30cm 이내로 접근되지 않도록 하며 작업한다.
② 전선이 바람에 흔들리는 것을 고려하여 접근금지 로프를 설치한다.
③ 철탑 기초에서 충분히 이격하여 굴착한다.
④ 철탑 기초 주변의 흙이 무너지지 않도록 한다.

해설 154kv 가공 선로에는 건설장비가 접촉하지 않고 근접만 해도 감전사고가 발생할 수 있으므로 송전선로에 대한 안전거리 10m 이상을 반드시 유지하고 작업 중에 붐 또는 권상 로프가 전선에 근접되지 않도록 주의하여야 한다.

정답 50 ② 51 ② 52 ① 53 ④ 54 ② 55 ①

## 56 가공전선로의 주변에서 굴삭작업 중 [보기]와 같은 상황이 발생 시 조치사항으로 가장 적절한 것은?

| 굴삭 작업 중 작업장 상부를 지나는 전선이 버킷 실린더에 의해 단선되었으나, 인명과 장비의 피해는 없다. |
|---|

① 가정용이므로 작업을 마친 후, 현장 전기공에 의해 복구시킨다.
② 전주나 전주 위의 변압기에 이상이 없으면 무관하다.
③ 발생 후 1일 이내에 감독관에게 알린다.
④ 발생 즉시 인근 한국전력영업소에 연락하여 복구시킨다.

해설 가공전선로의 주변에서 굴삭작업 중 작업장 상부를 지나는 전선이 버킷 실린더에 의해 단선되었을 경우에는 인명과 장비의 피해는 없더라도 사고발생 즉시 인근 한국전력영업소에 연락하여 복구시켜야 한다.

## 57 산업안전보건법상 사업주의 의무와 비교할 때 근로자의 의무사항이 아닌 것은?

① 사업장의 유해, 위험요인에 대한 실태 파악 및 개선
② 보호구 착용
③ 위험한 장소에는 출입금지
④ 위험상황 발생 시 작업 중지 및 대피

해설 산업안전보건법상 사업장의 유해(有害), 위험요인에 대한 실태 파악 및 개선 등은 근로자의 의무사항이 아니며 사업주의 의무사항이다.

## 58 보통화재라고 하며, 목재, 종이 등 일반 가연물의 화재로 분류되는 것은?

① A급 화재　② B급 화재
③ C급 화재　④ D급 화재

해설 A급 화재는 일반 가연물의 화재로써 목재, 종이, 석탄 등에서 발생되는 재를 남기는 일반적인 보통화재이며, 산 알칼리 소화기, 포말소화기, 물 등으로 소화한다.

## 59 디젤기관을 규제하는 배출가스 중 가장 중요한 것은?

① 매연　② 과산화수소
③ 일산화탄소　④ 탄화수소

해설 배출가스란 기관의 내부에서 연소된 가스가 배기관을 통하여 외부로 배출되는 가스를 말하며, 유해(有害)가스로는 탄화수소, 일산화탄소, 질소산화물(높은 연소온도가 발생원인), 매연 등이 있으며 특히 매연은 가장 중요하여 강력한 단속의 대상이 된다.

## 60 가스 배관 파손 시 긴급조치 요령으로 잘못된 것은?

① 누출된 가스 배관의 라인마크를 확인하여 후면벨브를 차단한다.
② 소방서에 연락한다.
③ 천공기 등으로 도시가스 배관을 뚫었을 경우 그 상태에서 기계를 정지시킨다.
④ 주변의 차량을 통제한다.

해설 굴착기 작업 중 가스 배관을 손상시켜 가스가 누출되고 있을 경우에 긴급 조치사항으로는 즉시 그 상태에서 건설기계의 작동을 멈춘 후 주위 사람을 대피시키고, 지체없이 소방서 및 해당 도시가스회사 또는 한국가스안전공사에 신고하여야 한다.

정답 56 ④ 57 ① 58 ① 59 ① 60 ①

[2022 최신판]

# 굴착기운전기능사 필기

발　　행 | 2022년 1월 10일　초판 1쇄

저　　자 | 임순기
발 행 인 | 최영민
발 행 처 | 피앤피북
주　　소 | 경기도 파주시 신촌로 16
전　　화 | 031-8071-0088
팩　　스 | 031-942-8688
전자우편 | pnpbook@naver.com
출판등록 | 2015년 3월 27일
등록번호 | 제406-2015-31호

정가 : 16,000원



ISBN 979-11-91188-63-9 (13550)